de Gruyter Lehrbuch

Kowalsky · Vektoranalysis II

Hans-Joachim Kowalsky

Vektoranalysis II

Walter de Gruyter · Berlin · New York 1976

Dr. rer. nat. *Hans-Joachim Kowalsky*
o. Professor für Mathematik an der Technischen Universität Braunschweig

CIP-Kurztitelaufnahme der Deutschen Bibliothek

Kowalsky, Hans-Joachim
Vektoranalysis.
2. – 1976.
(de-Gruyter-Lehrbuch)
ISBN 3-11-004642-3

 – Satz: Fotosatz Tutte, Salzweg-Passau - Druck: Gerike, Berlin - Bindearbeiten: Mikolai, Berlin. – Printed in Germany

Inhaltsverzeichnis

Siebentes Kapitel

Inhalte und Maße

Die Integrationstheorie in Vektorräumen bedarf einiger Vorbereitungen. Anders als im Fall der Zahlengeraden, in dem Integrale im allgemeinen nur über Intervalle erstreckt werden, treten hier wesentlich allgemeinere Mengen als Integrationsbereiche auf. Um nun einen entsprechend allgemeinen Integralbegriff definieren zu können, muß man zunächst geeigneten Teilmengen des Vektorraums ein Volumen zuordnen. Und zwar wird man bemüht sein, hierbei möglichst vielen Mengen in sinnvoller Weise eine Maßzahl zuzuordnen, nämlich so, daß dieser Maßbegriff einige natürliche Eigenschaften besitzt.
Eine einfachste Maßbestimmung, die unmittelbar an die Anschauung anknüpft, wird durch den *Jordan*'schen Inhalt geliefert, der auf den *Riemann*'schen Integralbegriff führt. Zu einem allgemeineren Integralbegriff mit einfacheren Eigenschaften gelangt man jedoch, wenn man den *Jordan*'schen Inhalt auf eine erheblich größere Klasse von Mengen ausdehnt und ihn so zum *Lebesgue*'schen Maß erweitert. Das durch ihn bestimmte *Lebesgue*'sche Integral liefert dann auch im Fall der Zahlengeraden einen neuen Integralbegriff.
Das *Lebesgue*'sche Maß ist nur ein Spezialfall eines allgemeinen, abstrakt definierten Maßbegriffs, durch den gerade die wesentlichen Eigenschaften erfaßt werden. Daher ist es auch häufig übersichtlicher, Begriffe, Sätze und Beweise für allgemeine Maße zu formulieren, und sie erst dann auf den hier gebrauchten Spezialfall anzuwenden. Deswegen werden in diesem Kapitel die einfachsten Grundlagen der allgemeinen Maßtheorie in dem hier erforderlichen Rahmen zusammengestellt, obwohl sie weitgehend nur in dem Spezialfall des *Lebesgue*'schen Maßes gebraucht werden.
Die Darstellung dieses Kapitels stützt sich in einigen Teilen auf die Bücher „*H. Bauer*, Wahrscheinlichkeitstheorie und Grundlagen der Maßtheorie" und „*E. Henze*, Einführung in die Maßtheorie". Dem ersten Buch wurde besonders die Verwendung der *Dynkin*-Systeme entlehnt.

§ 22 Figuren und Elementarinhalt

In diesem Paragraphen ist X stets ein euklidischer Vektorraum endlicher Dimension, und $\{\mathfrak{e}_1, \ldots, \mathfrak{e}_k\}$ ist eine fest gewählte Orthonormalbasis von X. Be-

züglich dieser Basis werden die Koordinaten von Vektoren $\mathfrak{a}, \ldots, \mathfrak{x}, \ldots$ sinngemäß mit $a_1, \ldots, a_k, \ldots, x_1, \ldots, x_k, \ldots$ bezeichnet.
Sind nun $\mathfrak{a}, \mathfrak{b}$ zwei Vektoren aus X, deren Koordinaten die Ungleichungen $a_\kappa < b_\kappa (\kappa = 1, \ldots, k)$ erfüllen, so wird die Menge

$$[\mathfrak{a}, \mathfrak{b}[= \{\mathfrak{x}: a_\kappa \leqq x_\kappa < b_\kappa \quad \textit{für} \quad \kappa = 1, \ldots, k\}$$

das von $\mathfrak{a}$ und $\mathfrak{b}$ aufgespannte **Intervall** genannt. Daß entsprechend der Symbolik die „linken Seiten" zu diesem Intervall hinzugenommen werden, die rechten aber nicht, ermöglicht das lückenlose Aneinanderfügen solcher Intervalle. Weiterhin wird jetzt die Bezeichnung „Intervall" immer nur in dieser Weise verwandt. Jedoch soll nachträglich auf die Bedingung $a_\kappa < b_\kappa (\kappa = 1, \ldots, k)$ verzichtet werden: Genau dann gilt also $[\mathfrak{a}, \mathfrak{b}[= \emptyset$, wenn mindestens eine der Ungleichungen verletzt ist. In diesem Sinn soll also auch die leere Menge zu den Intervallen gerechnet werden.

Definition 22a: *Eine Teilmenge F von X heißt eine* **Figur,** *wenn sie Vereinigungsmenge von endlich vielen Intervallen ist. Die Menge aller Figuren von X wird mit $\mathfrak{F}(X)$ oder auch nur mit $\mathfrak{F}$ bezeichnet.*

Genauer müßte in die Bezeichnung der Figurenmenge auch noch die Orthonormalbasis aufgenommen werden, auf die die Bildung der Intervalle bezogen wurde. Da diese Basis jedoch zunächst fest gewählt ist, soll auf ihre explizite Angabe verzichtet werden.
Die Intervalle selbst sind spezielle Figuren, weswegen insbesondere $\emptyset \in \mathfrak{F}$ gilt.

22.1 *Es seien J' und J'' Intervalle. Dann ist auch $J' \cap J''$ ein Intervall, und $F = J' \setminus J'' = J' \cap \complement J''$ ist eine Figur.*

Beweis: Es gelte $J' = [\mathfrak{a}', \mathfrak{b}'[$ und $J'' = [\mathfrak{a}'', \mathfrak{b}''[$. Mit den durch die Koordinaten

$$a_\kappa = \max\{a'_\kappa, a''_\kappa\} \qquad \textit{und} \qquad b_\kappa = \min\{b'_\kappa, b''_\kappa\} \qquad (\kappa = 1, \ldots, k)$$

bestimmten Vektoren $\mathfrak{a}, \mathfrak{b}$ ergibt sich dann unmittelbar $J' \cap J'' = [\mathfrak{a}, \mathfrak{b}[$.

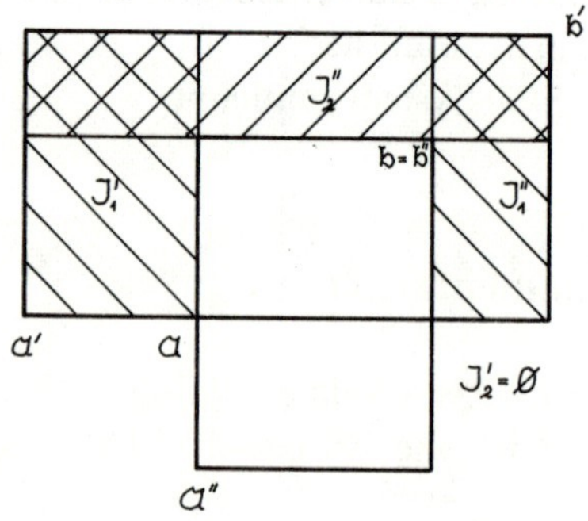

Weiter liegt ein Punkt $\mathfrak{x}$ genau dann in F, wenn seine Koordinaten die Ungleichungen $a'_\kappa \leqq x_\kappa < b'_\kappa$ $(\kappa = 1, \ldots, k)$ erfüllen, außerdem aber für mindestens einen Index λ entweder $x_\lambda < a''_\lambda$ oder $x_\lambda \geqq b''_\lambda$ gilt. Gleichwertig ist also, daß $\mathfrak{x}$ in mindestens einem der folgenden Intervalle liegt:

$$J'_\lambda = \{\mathfrak{x}\colon\ a'_\kappa \leqq x_\kappa < b'_\kappa (\kappa \neq \lambda) \wedge a'_\lambda \leqq x_\lambda < \min\{b'_\lambda, a''_\lambda\}\},$$
$$J''_\lambda = \{\mathfrak{x}\colon\ a'_\kappa \leqq x_\kappa < b'_\kappa (\kappa \neq \lambda) \wedge \max\{a'_\lambda, b''_\lambda\} \leqq x_\lambda < b'_\lambda\} \quad (\lambda = 1, \ldots, k).$$

Es folgt

$$F = \bigcup_{\lambda=1}^{k} J'_\lambda \cup \bigcup_{\lambda=1}^{k} J''_\lambda,$$

weswegen F eine Figur ist. ◆

22.2 *Mit F', F'' sind auch die Mengen*

$$F' \cup F'', \quad F' \cap F'', \quad F' \setminus F''$$

Figuren.

Beweis: Mit entsprechenden Intervallen J'_ϱ, J''_σ gilt

$$F' = J'_1 \cup \ldots \cup J'_r \qquad \textit{und} \qquad F'' = J''_1 \cup \ldots \cup J''_s.$$

Daher ist

$$F' \cup F'' = J'_1 \cup \ldots \cup J'_r \cup J''_1 \cup \ldots \cup J''_s$$

ebenfalls eine Figur. Weiter ergibt sich

$$F' \cap F'' = \Big(\bigcup_{\varrho=1}^{r} J'_\varrho\Big) \cap \Big(\bigcup_{\sigma=1}^{s} J''_\sigma\Big) = \bigcup_{\varrho=1}^{r} \bigcup_{\sigma=1}^{s} (J'_\varrho \cap J''_\sigma).$$

Nach 22.1 sind aber die Durchschnitte $J'_\varrho \cap J''_\sigma$ selbst Intervalle, so daß auch $F' \cap F''$ eine Figur ist. Schließlich erhält man

$$F' \setminus F'' = \Big(\bigcup_{\varrho=1}^{r} J'_\varrho\Big) \cap \complement\Big(\bigcup_{\sigma=1}^{s} J''_\sigma\Big) = \bigcup_{\varrho=1}^{r} (J'_\varrho \cap \complement J''_1 \cap \ldots \cap \complement J''_s).$$

Es ist daher nur noch zu beweisen, daß die Mengen $F_{\varrho,s} = J'_\varrho \cap \complement J''_1 \cap \ldots \cap \complement J''_s$ Figuren sind, da ja dann nach dem bereits Bewiesenen auch $F' \setminus F'' = F_{1,s} \cup \ldots \cup F_{r,s}$ eine Figur ist. Dies geschieht nun durch Induktion über s. Im Fall $s = 1$ wurde die Behauptung bereits in 22.1 gezeigt. Im Fall $s > 1$ gilt $F_{\varrho,s} = F_{\varrho,s-1} \cap \complement J''_s$ und nach Induktionsvoraussetzung $F_{\varrho,s-1} = J_1 \cup \ldots \cup J_t$ mit geeigneten Intervallen. Es folgt

$$F_{\varrho,s} = \bigcup_{\tau=1}^{t} (J_\tau \cap \complement J''_s),$$

wobei wieder wegen 22.1 die rechts auftretenden Durchschnitte Figuren sind. Daher ist dann auch $F_{\varrho,s}$ als Vereinigung endlich vieler Figuren selbst eine Figur. ◆

Ein (endliches oder unendliches) Mengensystem wird **disjunkt** genannt, wenn je zwei verschiedene Mengen des Systems disjunkt sind, also leeren Durchschnitt besitzen. Jede Figur läßt sich definitionsgemäß als Vereinigungsmenge eines Systems aus endlich vielen Intervallen darstellen. Dabei ist das Intervallsystem jedoch weder durch die Figur eindeutig bestimmt, noch wird es im allgemeinen ein disjunktes System sein. Ist jedoch eine Figur als Vereinigung eines disjunkten Systems endlich vieler Intervalle dargestellt, so spricht man von einer **disjunkten Darstellung**.

22.3 *Jede Figur besitzt eine disjunkte Darstellung. Mit geeigneten Intervallen gilt also*

$$F = J_1 \cup \ldots \cup J_r \qquad \textit{und} \qquad J_{\varrho_1} \cap J_{\varrho_2} = \emptyset \quad \textit{für} \quad \varrho_1 \neq \varrho_2 .$$

Beweis: Es kann $F \neq \emptyset$ angenommen werden. Es gilt dann

$$F = \bigcup_{\sigma=1}^{s} [\mathfrak{a}_\sigma, \mathfrak{b}_\sigma[$$

mit nicht notwendig disjunkten Intervallen, unter denen jedoch mindestens eines nicht leer ist. Für $\kappa = 1, \ldots, k$ seien nun $c_{\kappa,1}, \ldots, c_{\kappa,n_\kappa}$ diejenigen reellen Zahlen, die als κ-te Koordinate mindestens eines der Vektoren $\mathfrak{a}_1, \ldots, \mathfrak{a}_s$, $\mathfrak{b}_1, \ldots, \mathfrak{b}_s$ auftreten. Und zwar gelte $c_{\kappa,1} < c_{\kappa,2} < \ldots < c_{\kappa,n_\kappa}$. Da eines der Intervalle nicht leer ist, gilt hierbei in jedem Fall $n_\kappa \geqq 2$. Weiter bedeute C die Menge aller Vektoren $\mathfrak{c}$ der Form

$$\mathfrak{c} = c_{1,\nu_1} \mathfrak{e}_1 + \ldots + c_{k,\nu_k} \mathfrak{e}_k \qquad \textit{mit} \qquad \nu_\kappa < n_\kappa \qquad (\kappa = 1, \ldots, k),$$

und für jeden solchen Vektor $\mathfrak{c} \in C$ sei der Vektor $\mathfrak{c}'$ durch

$$\mathfrak{c}' = c_{1,\nu_1+1} \mathfrak{e}_1 + \ldots + c_{k,\nu_k+1} \mathfrak{e}_k$$

definiert. Dann ist offenbar $\{[\mathfrak{c}, \mathfrak{c}'[: \mathfrak{c} \in C\}$ ein disjunktes System endlich vieler Intervalle. Aus der Konstruktion der Vektoren $\mathfrak{c} \in C$ folgt, daß entweder $[\mathfrak{c}, \mathfrak{c}'[\subset F$ oder $[\mathfrak{c}, \mathfrak{c}'[\cap F = \emptyset$ gelten muß und daß andererseits jeder Punkt aus F in einem Intervall des Systems liegen muß. Daher ist

$$F = \bigcup \{[\mathfrak{c}, \mathfrak{c}'[: \mathfrak{c} \in C \wedge [\mathfrak{c}, \mathfrak{c}'[\subset F\}$$

eine disjunkte Darstellung von F. ◆

In Übereinstimmung mit dem üblichen Volumenbegriff wird man jedem nichtleeren Intervall $J = [\mathfrak{a}, \mathfrak{b}[$ die Maßzahl

$$\lambda(J) = (b_1 - a_1)(b_2 - a_2) \cdots (b_k - a_k),$$

der leeren Menge aber die Maßzahl $\lambda(\emptyset) = 0$ zuordnen. Allgemein gilt dann für ein beliebiges Intervall J stets $\lambda(J) \geqq 0$, und $\lambda(J) = 0$ ist gleichwertig mit $J = \emptyset$.

Diese Maßbestimmung kann man in naheliegender Weise auf Figuren ausdehnen: Jede Figur F besitzt nach dem letzten Satz eine disjunkte Darstellung $F = J_1 \cup \ldots \cup J_r$, so daß man die Maßzahl von F durch

$$\lambda(F) = \lambda(J_1) + \ldots + \lambda(J_r)$$

wird definieren wollen. Da dieser Wert aber zunächst noch von der Wahl der disjunkten Darstellung von F abhängt, muß erst gezeigt werden, daß eine solche Abhängigkeit tatsächlich nicht besteht. Ist nun $F = J_1' \cup \ldots \cup J_s'$ eine zweite disjunkte Darstellung, so bilden wegen 22.1 auch die Durchschnitte $J_{\varrho,\sigma}^* = J_\varrho \cap J_\sigma'$ ein disjunktes System aus endlich vielen Intervallen, und $F = \bigcup_{\varrho,\sigma} J_{\varrho,\sigma}^*$ ist eine dritte disjunkte Darstellung. Wegen

$$J_\varrho = J_{\varrho,1}^* \cup \ldots \cup J_{\varrho,s}^* \qquad \textit{und} \qquad J_\sigma' = J_{1,\sigma}^* \cup \ldots \cup J_{r,\sigma}^*$$

ergibt sich unmittelbar

$$\lambda(J_\varrho) = \sum_{\sigma=1}^{s} \lambda(J_{\varrho,\sigma}^*) \qquad \textit{und} \qquad \lambda(J_\sigma') = \sum_{\varrho=1}^{r} \lambda(J_{\varrho,\sigma}^*),$$

da sich die Maßzahl wegen der Disjunktheit der Intervalle offenbar additiv verhält. Es folgt

$$\sum_{\varrho=1}^{r} \lambda(J_\varrho) = \sum_{\varrho=1}^{r} \sum_{\sigma=1}^{s} \lambda(J_{\varrho,\sigma}^*) = \sum_{\sigma=1}^{s} \lambda(J_\sigma'),$$

also die Unabhängigkeit dieses Wertes von der Wahl der disjunkten Darstellung von F.

Definition 22b: *Es sei F eine Figur, und $F = J_1 \cup \ldots \cup J_r$ sei eine disjunkte Darstellung von F. Dann wird die nur von F, nicht aber von der Wahl der disjunkten Zerlegung abhängende Zahl*

$$\lambda(F) = \lambda(J_1) + \ldots + \lambda(J_r)$$

der **Elementarinhalt** *oder auch der* **Jordan'sche Inhalt** *von F genannt. Ebenso* *wird auch die hierdurch definierte Abbildung* $\lambda: \mathfrak{F} \rightarrow \mathbb{R}$ *als Elementarinhalt oder als Jordan'scher Inhalt bezeichnet.*

Ist die Figur F selbst ein Intervall J, so ist $F = J$ bereits eine disjunkte Darstellung. Die Definition des Elementarinhalts ist daher mit der ursprünglichen Festsetzung der Maßzahl für Intervalle verträglich.
Der Elementarinhalt besitzt folgende einfachen Eigenschaften, die nachher jedoch eine wesentliche Rolle spielen werden

22.4

(1) $\lambda(F) \geqq 0$ *für alle* $F \in \mathfrak{F}$.

(2) $\lambda(F) = 0 \Leftrightarrow F = \emptyset$.

(3) *Für disjunkte Figuren* $F_1, \ldots, F_n$ *gilt*

$$\lambda(F_1 \cup \ldots \cup F_n) = \lambda(F_1) + \ldots + \lambda(F_n) \qquad (\textit{Additivität}).$$

Beweis: (1) und (2) gelten für Intervalle und übertragen sich unmittelbar auf Figuren. Beim Beweis von (3) kann man sich auf zwei Figuren F, F' beschränken. Sind dann $F = J_1 \cup \ldots \cup J_r$ und $F' = J_1' \cup \ldots \cup J_s'$ disjunkte Darstellungen, so sind die dabei auftretenden Intervalle wegen $F \cap F' = \emptyset$ insgesamt disjunkt, und

$$F \cup F' = J_1 \cup \ldots \cup J_r \cup J_1' \cup \ldots \cup J_s'$$

ist eine ebenfalls disjunkte Darstellung der Vereinigungsmenge. Es folgt die Behauptung

$$\begin{aligned}\lambda(F \cup F') &= \lambda(J_1) + \ldots + \lambda(J_r) + \lambda(J_1') + \ldots + \lambda(J_s') \\ &= \lambda(F) + \lambda(F'). \quad \blacklozenge\end{aligned}$$

Der Elementarinhalt besitzt aber sogar eine über (3) hinausgehende Additivitätseigenschaft, die man als σ-**Additivität** bezeichnet. Hier und auch später in anderen Fällen weist der Buchstabe σ darauf hin, daß es sich um eine abzählbar unendliche Summen- oder Vereinigungsbildung handelt.

22.5 *Es sei* $(F_\nu)_{\nu \in \mathbb{N}}$ *eine Folge disjunkter Figuren, deren Vereinigungsmenge* $F = \bigcup F_\nu$ *ebenfalls eine Figur sei. Dann ist die nachstehende Reihe konvergent, und es gilt*

$$\lambda(F) = \sum_{\nu=0}^{\infty} \lambda(F_\nu) \qquad (\sigma\textit{-Additivität}).$$

Beweis: Da jede Figur als Vereinigung endlich vieler disjunkter Intervalle darstellbar ist und da der Elementarinhalt sich additiv verhält, kann man den Beweis auf den Fall beschränken, daß F und die F_ν Intervalle sind. Es gelte also $J = \bigcup J_\nu$ mit einer Folge $(J_\nu)_{\nu \in \mathbb{N}}$ disjunkter Intervalle. Für je endlich viele dieser Intervalle gilt wegen $J_0 \cup \ldots \cup J_n \subset J$ jedenfalls $\lambda(J_0) + \ldots + \lambda(J_n) \leqq \lambda(J)$, woraus sich einerseits die Konvergenz der Reihe, deren Glieder ja nicht-negativ sind, und zweitens

$$\sum_{\nu=0}^{\infty} \lambda(J_\nu) \leqq \lambda(J)$$

ergibt. Nachzuweisen ist noch die Gültigkeit des Gleichheitszeichens. Es muß also die folgende Annahme (*) zum Widerspruch geführt werden.

$$(*) \qquad \lambda(J) - \sum_{\nu=0}^{\infty} \lambda(J_\nu) = c > 0\,.$$

Ist $\mathfrak{a}$ der Mittelpunkt von J und ist b eine reelle Zahl mit $0 < b < 1$, so ist

$$J' = \{\mathfrak{a} + b(\mathfrak{x} - \mathfrak{a}) : \mathfrak{x} \in J\}$$

wieder ein Intervall mit $\overline{J'} \subset J$. Wählt man hierbei b noch hinreichend nahe bei Eins, so kann außerdem erreicht werden, daß sich die Elementarinhalte von J und J' höchstens um eine vorgegebene Schranke unterscheiden. Es sei nun J' so bestimmt, daß

$$(1) \qquad \overline{J'} \subset J \qquad \textit{und} \qquad \lambda(J) - \lambda(J') < \frac{c}{2}$$

erfüllt ist. Führt man statt einer Kontraktion eine entsprechende Dilatation aus, so ergibt sich zu jedem Intervall J_ν die Existenz eines Intervalls J'_ν mit

$$(2) \qquad J_\nu \subset \underline{J'_\nu} \qquad \textit{und} \qquad \lambda(J'_\nu) - \lambda(J_\nu) < \frac{c}{2^{\nu+2}} \qquad (\nu \in \mathbb{N})\,.$$

Dabei bedeutet $\underline{J'_\nu}$ den offenen Kern von J'_ν, also die größte in J'_ν enthaltene offene Menge, die aus J'_ν durch Fortlassen der „Seitenflächen“ entsteht. Es folgt wegen (*)

$$\lambda(J') - \sum_{\nu=0}^{\infty} \lambda(J'_\nu) > \left(\lambda(J) - \frac{c}{2}\right) - \sum_{\nu=0}^{\infty} \left(\lambda(J_\nu) + \frac{c}{2^{\nu+2}}\right) =$$
$$= \lambda(J) - \sum_{\nu=0}^{\infty} \lambda(J_\nu) - \frac{c}{2} - \frac{c}{4} \sum_{\nu=0}^{\infty} \frac{1}{2^\nu} > 0$$

und daher erst recht für jede natürliche Zahl n

$$(3) \qquad \lambda(J') - \lambda(J'_0) - \ldots - \lambda(J'_n) > 0\,.$$

Andererseits ergibt sich aus (1) und (2)

$$\overline{J'} \subset J = \bigcup_{\nu=0}^{\infty} J_\nu \subset \bigcup_{\nu=0}^{\infty} \underline{J'_\nu}.$$

Daher ist $\{\underline{J'_\nu} : \nu \in \mathbb{N}\}$ eine offene Überdeckung der kompakten Menge $\overline{J'}$. Nach dem Überdeckungssatz von *Heine-Borel* (5.2) gilt also bereits

$$J' \subset \overline{J'} \subset \underline{J'_0} \cup \ldots \cup \underline{J'_n} \subset J'_0 \cup \ldots \cup J'_n$$

mit einem geeigneten Index n. Im Widerspruch zu (3) folgt hieraus wegen der Additivität des Elementarinhalts

$$\lambda(J') \leqq \lambda(J'_0) + \ldots + \lambda(J'_n). \quad ◆$$

Da die Reihe aus dem letzten Satz lauter nicht-negative Glieder besitzt, ist sie sogar unbedingt konvergent. Ihr Wert hängt also nicht von der Reihenfolge der Summanden ab. Dies entspricht der Unabhängigkeit der Darstellung $F = \bigcup F_\nu$ von der Reihenfolge der Figuren F_ν.

Ergänzungen und Aufgaben

22A Aufgabe: Man entscheide, ob sich folgende Teilmengen von X als Vereinigung von abzählbar vielen disjunkten Intervallen darstellen lassen:

(1) $M_1 = \{\mathfrak{x} : \; x_\kappa \geqq 0 \; (\kappa = 1, \ldots, k) \; \wedge \; x_1 + \ldots + x_k < 1\}$,

(2) $M_2 = \{\mathfrak{x} : \; x_\kappa > 0 \; (\kappa = 1, \ldots, k) \; \wedge \; x_1 + \ldots + x_k \leqq 1\}$,

(3) $M_3 = \{\mathfrak{x} : \; x_\kappa < 0 \; (\kappa = 1, \ldots, k) \; \wedge \; x_1 + \ldots + x_k \geqq -1\}$.

22B Aufgabe: Es seien $B = \{\mathfrak{e}_1, \ldots, \mathfrak{e}_k\}$ und $B' = \{\mathfrak{e}'_1, \ldots, \mathfrak{e}'_k\}$ zwei verschiedene Orthonormalbasen von X, und λ, λ' seien die auf die entsprechenden Basen bezogenen Elementarinhalte. Ferner sei J' ein nicht leeres Intervall bezüglich der Basis B'. Man zeige: Es gilt $\underline{J'} = \bigcup J_\nu$ mit abzählbar vielen disjunkten Intervallen J_ν bezüglich B und weiter

$$\lambda'(J') = \sum_{\nu=0}^{\infty} \lambda(J_\nu).$$

22C Aufgabe: Man beweise, daß jede offene Teilmenge von X als Vereinigung abzählbar vieler disjunkter Intervalle und jede kompakte Teilmenge von X als Durchschnitt abzählbar vieler Figuren dargestellt werden kann.

§ 23 Mengenringe und σ-Algebren

Die in 22.2 hergeleiteten Eigenschaften des Systems $\mathfrak{F}$ der Figuren eines euklidischen Raumes hinsichtlich einer Orthonormalbasis bilden die Grundlage für eine Verallgemeinerung, die nicht mehr an die Vektorraumstruktur gebunden ist. Daher soll in diesem Paragraphen mit X im allgemeinen auch nur eine beliebige nicht leere Menge bezeichnet werden.

Definition 23a: *Ein System $\mathfrak{R}$ aus Teilmengen der Menge X heißt ein (Mengen-)* **Ring** *in X, wenn folgende Bedingungen erfüllt sind:*

(1) $\emptyset \in \mathfrak{R}$,

(2) $A, B \in \mathfrak{R} \Rightarrow A \cup B \in \mathfrak{R}$,

(3) $A, B \in \mathfrak{R} \Rightarrow A \backslash B \in \mathfrak{R}$.

Gilt außerdem

(4) $X \in \mathfrak{R}$,

so wird $\mathfrak{R}$ eine (Mengen-) **Algebra** *in X genannt.*

Die Bedingung (1) ist unter Voraussetzung von (3) gleichwertig mit $\mathfrak{R} \neq \emptyset$: Enthält nämlich $\mathfrak{R}$ mindestens eine Menge A, dann folgt wegen (3) auch $\emptyset = A \backslash A \in \mathfrak{R}$. Im Fall einer Algebra kann man daher auf das erste Axiom verzichten, weil (1) aus (3) und (4) folgt.

Beispiele

23.I Ist X ein euklidischer Vektorraum endlicher Dimension, so ist die hinsichtlich einer Orthonormalbasis gebildete Menge $\mathfrak{F}$ der Figuren ein Ring, da (2) und (3) wegen 22.2 erfüllt sind und die leere Menge als Intervall zu $\mathfrak{F}$ gehört. $\mathfrak{F}$ ist aber keine Algebra, da der ganze Raum X keine Figur ist.

23.II Das System aller beschränkten Teilmengen eines euklidischen Vektorraums ist offenbar ein Ring, aber keine Algebra.

23.III Es sei X eine unendliche Menge, und $\mathfrak{R}$ sei das System aller derjenigen Teilmengen A von X, für die A selbst oder $\complement A$ eine endliche Menge ist. Dann gilt jedenfalls $\emptyset \in \mathfrak{R}$. Mit A und B ist auch $A \cup B$ eine endliche Menge. Ist aber $\complement A$ eine endliche Menge, so erst recht die Teilmenge $\complement(A \cup B)$ mit beliebiger Menge B. Daher erfüllt $\mathfrak{R}$ auch (2). Die Gültigkeit von (3) ergibt sich schließlich wegen $A \backslash B = A \cap \complement B$ und $\complement(A \backslash B) = \complement A \cup B$: Ist nämlich A oder $\complement B$ endlich, so wegen der ersten Gleichung auch $A \backslash B$. Sind aber $\complement A$ und B endlich, so ist wegen der zweiten Gleichung auch $\complement(A\backslash B)$ eine endliche Menge. Weil wegen $\complement X = \emptyset$ auch $X \in \mathfrak{R}$ gilt, ist $\mathfrak{R}$ sogar eine Algebra.

23.IV Trivialerweise ist die Potenzmenge $\mathfrak{P}(X)$, nämlich das System aller Teilmengen einer gegebenen Menge X, eine Algebra in X.

23.1 *Jeder Ring enthält mit endlich vielen Mengen auch deren Durchschnitt:*

$$A_1, \ldots, A_n \in \mathfrak{R} \;\Rightarrow\; A_1 \cap \ldots \cap A_n \in \mathfrak{R}.$$

Ist $\mathfrak{R}$ eine Algebra, so folgt aus $A \in \mathfrak{R}$ außerdem $\complement A \in \mathfrak{R}$.

Beweis: Es genügt, die erste Behauptung für nur zwei Mengen zu beweisen. Wegen

$$A_1 \cap A_2 = A_1 \backslash (A_1 \backslash A_2)$$

folgt sie aus der Ringeigenschaft (3). Ebenso folgt im Fall einer Algebra wegen $X \in \mathfrak{R}$ aus $A \in \mathfrak{R}$ auch $\complement A = X \backslash A \in \mathfrak{R}$. ◆

23.2 *Der Durchschnitt beliebig vieler Ringe (Algebren) in X ist selbst ein Ring (eine Algebra).*

Beweis: Es seien $\mathfrak{R}_\iota (\iota \in I)$ Ringe in X, und $\mathfrak{R}$ sei ihr Durchschnitt. Wegen $\emptyset \in \mathfrak{R}_\iota$ für alle $\iota \in I$ folgt $\emptyset \in \mathfrak{R}$. Aus $A, B \in \mathfrak{R}$ ergibt sich zunächst $A, B \in \mathfrak{R}_\iota$ und dann auch $A \cup B \in \mathfrak{R}_\iota$ und $A \backslash B \in \mathfrak{R}_\iota$ für alle $\iota \in I$, also $A \cup B \in \mathfrak{R}$ und $A \backslash B \in \mathfrak{R}$. Schließlich gilt im Fall von Algebren wegen $X \in \mathfrak{R}_\iota$ für alle $\iota \in I$ auch $X \in \mathfrak{R}$. ◆

Ist $\mathfrak{E}$ ein beliebiges System aus Teilmengen von X, so gibt es mindestens einen Ring in X und sogar eine Algebra, die $\mathfrak{E}$ als Teilsystem enthält: nämlich die Potenzmenge $\mathfrak{P}(X)$. Dann ist nach dem vorangehenden Satz aber auch der Durchschnitt $\mathfrak{R}(\mathfrak{E})$ aller Ringe in X, die $\mathfrak{E}$ enthalten, selbst ein Ring. Offenbar ist $\mathfrak{R}(\mathfrak{E})$ der kleinste $\mathfrak{E}$ umfassende Ring. Entsprechendes gilt für den Durchschnitt $\mathfrak{A}(\mathfrak{E})$ aller $\mathfrak{E}$ umfassenden Algebren.

Definition 23b: *Es sei $\mathfrak{E}$ ein System aus Teilmengen von X. Dann wird*

$$\mathfrak{R}(\mathfrak{E}) = \bigcap \{\mathfrak{R} : \mathfrak{E} \subset \mathfrak{R} \wedge \mathfrak{R} \textit{ Ring in } X\}$$

der von $\mathfrak{E}$ **erzeugte Ring** *und*

$$\mathfrak{A}(\mathfrak{E}) = \bigcap \{\mathfrak{A} : \mathfrak{E} \subset \mathfrak{A} \wedge \mathfrak{A} \textit{ Algebra in } X\}$$

die von $\mathfrak{E}$ **erzeugte Algebra** *genannt. Umgekehrt heißt $\mathfrak{E}$ ein* **Erzeugendensystem** *eines Ringes $\mathfrak{R}$ oder einer Algebra $\mathfrak{A}$ in X, wenn $\mathfrak{R} = \mathfrak{R}(\mathfrak{E})$ bzw. $\mathfrak{A} = \mathfrak{A}(\mathfrak{E})$ gilt.*

Offenbar gilt immer $\mathfrak{R}(\mathfrak{E}) \subset \mathfrak{A}(\mathfrak{E})$. Ist das Erzeugendensystem $\mathfrak{E}$ schon selbst ein Ring, so folgt $\mathfrak{R}(\mathfrak{E}) = \mathfrak{E}$, und man erhält $\mathfrak{A}(\mathfrak{E})$ aus $\mathfrak{E}$ durch Hinzunahme aller Komplemente von Mengen aus $\mathfrak{E}$: Bei dieser Erweiterung erfaßt man nämlich wegen

$$\complement A \cup \complement B = \complement(A \cap B) \qquad \textit{und} \qquad \complement A \cup B = \complement(A \backslash B)$$

auch bereits die Vereinigungen und wegen

$$\complement A \backslash \complement B = B \backslash A, \quad \complement A \backslash B = \complement(A \cup B), \quad A \backslash \complement B = A \cap B$$

ebenso die relativen Komplemente. Schließlich gehört wegen $\emptyset \in \mathfrak{E}$ auch $X = \complement \emptyset$ zu dem erweiterten System, das somit die Algebra $\mathfrak{A}(\mathfrak{E})$ ist.

Beispiele

23.V Ein Erzeugendensystem des Figurenrings $\mathfrak{F}$ (vgl. 23.I) ist das System $\mathfrak{E}$ aller Intervalle: $\mathfrak{R}(\mathfrak{E})$ muß nämlich wegen der Ringeigenschaft (2) auch alle Vereinigungen von je endlich vielen Intervallen enthalten; d. h. es gilt $\mathfrak{F} \subset \mathfrak{R}(\mathfrak{E})$. Und da $\mathfrak{F}$ selbst ein Ring mit $\mathfrak{E} \subset \mathfrak{F}$ ist, folgt sogar $\mathfrak{F} = \mathfrak{R}(\mathfrak{E})$. Für die von $\mathfrak{E}$ erzeugte Algebra gilt $\mathfrak{A}(\mathfrak{E}) = \mathfrak{A}(\mathfrak{F})$. Nach der Vorbemerkung besteht sie daher aus allen Figuren und deren Komplementen.

23.VI Es sei X eine unendliche Menge, und $\mathfrak{E} = \{\{x\} : x \in X\}$ sei das System aller einelementigen Teilmengen von X. Dann besteht $\mathfrak{R}(\mathfrak{E})$ genau aus den endlichen Teilmengen von X, während $\mathfrak{A}(\mathfrak{E})$ die Algebra aus dem Beispiel 23.III ist.

Im Zusammenhang mit der in 22.5 bewiesenen σ-Additivität des Elementarinhalts ist es naheliegend, unter den bisher betrachteten Algebren diejenigen auszuzeichnen, die sogar gegenüber abzählbarer Vereinigungsbildung abgeschlossen sind.

Definition 23c: *Eine Algebra $\mathfrak{A}$ in X heißt* σ-**Algebra**, *wenn sie mit je abzählbar vielen Mengen auch deren Vereinigung enthält.*

23.3 *Ein System $\mathfrak{A}$ aus Teilmengen von X ist genau dann eine σ-Algebra, wenn es folgende Eigenschaften besitzt;*

(1) $X \in \mathfrak{A}$,

(2) $A_\nu \in \mathfrak{A} (\nu \in \mathbb{N}) \Rightarrow \bigcup_{\nu \in \mathbb{N}} A_\nu \in \mathfrak{A}$,

(3) $A \in \mathfrak{A} \Rightarrow \complement A \in \mathfrak{A}$.

Eine σ-Algebra enthält mit je abzählbar vielen Mengen auch deren Durchschnitt.

Beweis: Wegen 23a und 23.1 besitzt jede σ-Algebra die Eigenschaften (1)–(3). Umgekehrt folgt aus (1) und (3) zunächst $\emptyset \in \mathfrak{A}$. Sind weiter A und B Mengen aus $\mathfrak{A}$ und setzt man in (2) speziell $A_0 = A$, $A_1 = B$ und $A_\nu = \emptyset$ für $\nu \geqq 2$, so folgt

$$A \cup B = \bigcup_{\nu \in \mathbb{N}} A_\nu \in \mathfrak{A}$$

und mit Hilfe von (3) auch $A \cap B = \complement(\complement A \cup \complement B) \in \mathfrak{A}$, also schließlich $A \backslash B = A \cap \complement B \in \mathfrak{A}$. Aus den Eigenschaften (1)–(3) folgt somit, daß $\mathfrak{A}$ eine Algebra und wegen (2) sogar eine σ-Algebra ist. Daß eine σ-Algebra sogar gegenüber abzählbarer Durchschnittsbildung abgeschlossen ist, ergibt sich unmittelbar wegen

$$\bigcap_{\nu \in \mathbb{N}} A_\nu = \complement(\bigcup_{\nu \in \mathbb{N}} \complement A_\nu). \quad \blacklozenge$$

Ebenso wie in 23.2 erhält man sofort

23.4 *Der Durchschnitt beliebig vieler σ-Algebren in X ist selbst eine σ-Algebra.*

Da jedenfalls die Potenzmenge $\mathfrak{P}(X)$ eine σ-Algebra in X ist, gibt es zu jedem System $\mathfrak{E}$ aus Teilmengen von X eine kleinste σ-Algebra, die $\mathfrak{E}$ umfaßt: nämlich den Durchschnitt aller σ-Algebren $\mathfrak{A}$ in X mit $\mathfrak{E} \subset \mathfrak{A}$.

Definition 23d: *Es sei $\mathfrak{E}$ ein System aus Teilmengen von X. Dann heißt*

$$\mathfrak{A}_\sigma(\mathfrak{E}) = \bigcap \{\mathfrak{A} : \mathfrak{E} \subset \mathfrak{A} \wedge \mathfrak{A}\ \sigma\text{-}Algebra\ in\ X\}$$

die von $\mathfrak{E}$ **erzeugte σ-Algebra.** *Umgekehrt wird $\mathfrak{E}$ ein σ-***Erzeugendensystem** *einer σ-Algebra $\mathfrak{A}$ genannt, wenn $\mathfrak{A} = \mathfrak{A}_\sigma(\mathfrak{E})$ gilt.*

Beispiele

23.VII Wie in 23.VI sei $\mathfrak{E} = \{\{x\} : x \in X\}$ das System aller einelementigen Teilmengen der unendlichen Menge X. Die von $\mathfrak{E}$ erzeugte Algebra $\mathfrak{A}(\mathfrak{E})$ ist selbst noch keine σ-Algebra. $\mathfrak{A}_\sigma(\mathfrak{E})$ muß nämlich jedenfalls alle Teilmengen A von X enthalten, die entweder selbst abzählbar sind oder deren Komplement $\complement A$ eine abzählbare Menge ist. In X gibt es aber abzählbar unendliche Teilmengen, deren Komplement ebenfalls unendlich ist und die somit zu $\mathfrak{A}_\sigma(\mathfrak{E})$, nicht aber zu $\mathfrak{A}(\mathfrak{E})$ gehören. Gezeigt werden soll, daß $\mathfrak{A}_\sigma(\mathfrak{E})$ genau aus den höchstens abzählbaren Teilmengen von X und deren Komplementen besteht: Das System dieser Mengen enthält jedenfalls $\mathfrak{E}$ und besitzt die Eigenschaften (1) und (3) aus 23.3. Nachzuweisen ist lediglich noch (2). Sind dort alle Mengen $A_\nu (\nu \in \mathbb{N})$ höchstens abzählbar, so gilt dasselbe für ihre Vereinigung. Ist aber für nur eine der Mengen A_ν – etwa für A_n – die Komplementärmenge höchstens abzählbar, so ist auch das Komplement der Vereinigungsmenge wegen $\complement(\bigcup A_\nu) \subset \complement A_n$ ebenfalls höchstens abzählbar.

In einem euklidischen Vektorraum endlicher Dimension erzeugen das hinsichtlich einer Orthonormalbasis gebildete System $\mathfrak{E}$ der Intervalle und der Ring $\mathfrak{F}$ der Figuren wegen $\mathfrak{F} = \mathfrak{R}(\mathfrak{E})$ dieselbe σ-Algebra. Sie besitzt für die späteren Anwendungen entscheidende Bedeutung.

Definition 23e: *In dem euklidischen Vektorraum X mit* Dim $X = k$ *sei hinsichtlich einer Orthonormalbasis $\mathfrak{E}$ das System der Intervalle, und $\mathfrak{F}$ sei der Ring der Figuren. Dann wird $\mathfrak{B} = \mathfrak{B}(X) = \mathfrak{A}_\sigma(\mathfrak{E}) = \mathfrak{A}_\sigma(\mathfrak{F})$ die* **σ-Algebra der Borel'schen Teilmengen** *von X oder auch die* **Borel'sche Algebra** *von X genannt.*

Wenn es auf die Dimension k des Raumes ankommt, wird bisweilen statt $\mathfrak{B}$ auch $\mathfrak{B}^k$ geschrieben. Die *Borel*'schen Teilmengen von X können trotz des einfachen Erzeugendensystems von $\mathfrak{B}$ recht kompliziert aufgebaut sein, so daß eine anschauliche Charakterisierung nicht möglich ist. Der folgende Satz zeigt aber, daß große Klassen bekannter Mengentypen zu den *Borel*'schen Mengen gehören und sogar σ-Erzeugendensysteme bilden.

23.5 *In dem euklidischen Vektorraum X sei $\mathfrak{G}$ das System aller offenen, $\mathfrak{H}$ das System aller abgeschlossenen und $\mathfrak{K}$ das System aller kompakten Teilmengen von X. Dann gilt*

$$\mathfrak{B} = \mathfrak{A}_\sigma(\mathfrak{G}) = \mathfrak{A}_\sigma(\mathfrak{H}) = \mathfrak{A}_\sigma(\mathfrak{K}).$$

Beweis: Es werden folgende Inklusionen bewiesen, aus denen die Behauptung folgt:

$$\mathfrak{A}_\sigma(\mathfrak{G}) \supset \mathfrak{A}_\sigma(\mathfrak{H}) \supset \mathfrak{A}_\sigma(\mathfrak{K}) \supset \mathfrak{A}_\sigma(\mathfrak{F}) = \mathfrak{B} \supset \mathfrak{A}_\sigma(\mathfrak{G}).$$

Mit den offenen Mengen enthält $\mathfrak{A}_\sigma(\mathfrak{G})$ auch deren Komplemente, nämlich die abgeschlossenen Mengen. Es gilt also $\mathfrak{A}_\sigma(\mathfrak{G}) \supset \mathfrak{H}$ und daher auch $\mathfrak{A}_\sigma(\mathfrak{G}) \supset$ $\supset \mathfrak{A}_\sigma(\mathfrak{H})$.

Da jede kompakte Menge abgeschlossen ist, folgt $\mathfrak{H} \supset \mathfrak{K}$ und somit ebenfalls $\mathfrak{A}_\sigma(\mathfrak{H}) \supset \mathfrak{A}_\sigma(\mathfrak{K})$.

Jedes Intervall $[\mathfrak{a}, \mathfrak{b}[$ kann folgendermaßen als abzählbare Vereinigung dargestellt werden:

$$[\mathfrak{a}, \mathfrak{b}[= \bigcup_{\nu=1}^{\infty} \{\mathfrak{x} : a_\kappa \leqq x_\kappa \leqq b_\kappa - \frac{1}{\nu} \text{ für } \kappa = 1, \ldots, k\}.$$

Da die rechts stehenden Mengen kompakt sind, enthält $\mathfrak{A}_\sigma(\mathfrak{K})$ alle Intervalle und damit auch alle Figuren. Aus $\mathfrak{A}_\sigma(\mathfrak{K}) \supset \mathfrak{F}$ folgt aber wieder $\mathfrak{A}_\sigma(\mathfrak{K}) \supset$ $\supset \mathfrak{A}_\sigma(\mathfrak{F}) = \mathfrak{B}$.

Es sei A eine offene Menge. Jeder Punkt $\mathfrak{x} \in A$ ist dann innerer Punkt von A, besitzt also eine Umgebung $U_\mathfrak{x}$ mit $U_\mathfrak{x} \subset A$. In $U_\mathfrak{x}$ gibt es Vektoren $\mathfrak{a}_\mathfrak{x}, \mathfrak{b}_\mathfrak{x}$ mit lauter rationalen Koordinaten und mit $\mathfrak{x} \in [\mathfrak{a}_\mathfrak{x}, \mathfrak{b}_\mathfrak{x}[\subset U_\mathfrak{x} \subset A$. Wegen der Abzählbarkeit der rationalen Zahlen gibt es aber auch nur abzählbar viele Intervalle der Form $[\mathfrak{a}_\mathfrak{x}, \mathfrak{b}_\mathfrak{x}[$. Daher ist A als Vereinigung abzählbar vieler Intervalle darstellbar; es gilt also $A \in \mathfrak{A}_\sigma(\mathfrak{F})$. Es folgt $\mathfrak{A}_\sigma(\mathfrak{F}) \supset \mathfrak{G}$ und weiter $\mathfrak{A}_\sigma(\mathfrak{F}) \supset \supset \mathfrak{A}_\sigma(\mathfrak{G})$. ◆

Der soeben bewiesene Satz drückt außerdem eine Invarianzeigenschaft der *Borel*'schen Mengen aus: Ihrer Definition nach hängen sie über die Intervalle oder Figuren noch von der Wahl der Orthonormalbasis von X ab. Die neuen σ-Erzeugendensysteme $\mathfrak{G}$, $\mathfrak{H}$ und $\mathfrak{K}$ sind aber bereits durch die Struktur von X bestimmt und hängen nicht von einer speziellen Basis ab. Daher sind auch die *Borel*'schen Mengen allein durch den Raum X festgelegt.
Weiter sei jetzt X wieder eine beliebige Menge. Wenn man von einem System von Teilmengen von X mit Hilfe von 23.3 nachweisen will, daß es sich um eine σ-Algebra handelt, bereitet häufig die Verifikation der Eigenschaft (2) Schwierigkeiten. Vielfach wäre es erheblich einfacher, wenn man (2) nur für disjunkte Mengenfolgen zu beweisen brauchte. Diesem Ziel dienen die folgenden Begriffsbildungen und Sätze.

Definition 23f: *Ein System aus Teilmengen von X heißt* **durchschnittsstabil** (**vereinigungsstabil**), *wenn es mit je zwei Mengen auch deren Durchschnitt* (*Vereinigung*) *enthält.*

Definition 23g: *Ein System $\mathfrak{D}$ aus Teilmengen von X heißt ein* **Dynkin-System**, *wenn es folgende Eigenschaften besitzt:*

(a) $X \in \mathfrak{D}$,

(b) $\mathfrak{D}$ *enthält mit jeder disjunkten Folge auch deren Vereinigungsmenge*,

(c) $A, B \in \mathfrak{D} \wedge B \subset A \;\Rightarrow\; A \setminus B \in \mathfrak{D}$.

Im allgemeinen ist ein *Dynkin*-System noch keine σ-Algebra. Es gilt jedoch der einfache Satz

23.6 *Ein Dynkin-System $\mathfrak{D}$ ist genau dann eine σ-Algebra, wenn es durchschnittsstabil* (*gleichwertig: vereinigungsstabil*) *ist.*

Beweis: Jede σ-Algebra ist trivialerweise durchschnitts- und vereinigungsstabil. Umgekehrt kann man wegen (a) in (c) speziell $A = X$ setzen. Es folgt, daß $\mathfrak{D}$ gegenüber Komplementbildung abgeschlossen ist. Wegen

$$A \cap B = \complement(\complement A \cup \complement B), \qquad A \cup B = \complement(\complement A \cap \complement B)$$

bedingen sich daher die Durchschnitts- und die Vereinigungsstabilität gegenseitig. Ist schließlich (A_ν) eine beliebige Folge aus $\mathfrak{D}$, so bilden die durch

$$A'_0 = A_0, \quad A'_{\nu+1} = A_{\nu+1} \cap \complement(A_0 \cup \ldots \cup A_\nu) \qquad (\nu \in \mathbb{N})$$

definierten Mengen A'_ν eine disjunkte Folge aus $\mathfrak{D}$ mit $A = \bigcup A'_\nu = \bigcup A_\nu$. Wegen (b) folgt $A \in \mathfrak{D}$. Damit sind die Eigenschaften (1)–(3) aus 23.3 für $\mathfrak{D}$ nachgewiesen; d.h. $\mathfrak{D}$ ist eine σ-Algebra. ◆

23.7 *Es sei $\mathfrak{D}$ ein Dynkin-System aus Teilmengen von X, und $\mathfrak{C}$ sei ein beliebiges Teilsystem von $\mathfrak{D}$. Dann ist auch*

$$\Delta(\mathfrak{D}, \mathfrak{C}) = \{A : A \in \mathfrak{D} \wedge \bigwedge_{C \in \mathfrak{C}} A \cap C \in \mathfrak{D}\}$$

ein Dynkin-System.
Ist $\mathfrak{C}$ durchschnittsstabil, so folgt aus $A \in \Delta(\mathfrak{D}, \mathfrak{C})$ und $C \in \mathfrak{C}$ auch $A \cap C \in \Delta(\mathfrak{D}, \mathfrak{C})$.
Gilt $\mathfrak{C} = \mathfrak{D}$, so ist $\Delta(\mathfrak{D}, \mathfrak{C})$ eine σ-Algebra.

Beweis: Es gilt $X \in \mathfrak{D}$ und für alle $C \in \mathfrak{C}$ wegen $\mathfrak{C} \subset \mathfrak{D}$ auch $X \cap C = C \in \mathfrak{D}$, also $X \in \Delta(\mathfrak{D}, \mathfrak{C})$.
Zweitens sei (A_ν) eine disjunkte Folge aus $\Delta(\mathfrak{D}, \mathfrak{C})$, also auch aus $\mathfrak{D}$, weswegen jedenfalls $A = \bigcup A_\nu \in \mathfrak{D}$ erfüllt ist. Bei beliebigem $C \in \mathfrak{C}$ gilt wegen $A_\nu \in \Delta(\mathfrak{D}, \mathfrak{C})$ auch $A_\nu \cap C \in \mathfrak{D}$. Und da die Mengen $A_\nu \cap C$ ebenfalls eine disjunkte Folge bilden, ergibt sich auch $A \cap C = \bigcup (A_\nu \cap C) \in \mathfrak{D}$ und somit $A \in \Delta(\mathfrak{D}, \mathfrak{C})$.
Drittens sei $A, B \in \Delta(\mathfrak{D}, \mathfrak{C})$ und $B \subset A$ vorausgesetzt. Es folgt $A \backslash B \in \mathfrak{D}$ und für beliebiges $C \in \mathfrak{C}$ wegen $A \cap C \in \mathfrak{D}$, $B \cap C \in \mathfrak{D}$ und $B \cap C \subset A \cap C$ auch $(A \backslash B) \cap C = (A \cap C) \backslash (B \cap C) \in \mathfrak{D}$, also $A \backslash B \in \Delta(\mathfrak{D}, \mathfrak{C})$.
$\Delta(\mathfrak{D}, \mathfrak{C})$ besitzt somit die Eigenschaften (a)–(c) und ist daher selbst ein *Dynkin*-System.
Weiter sei $\mathfrak{C}$ durchschnittsstabil, und es gelte $A \in \Delta(\mathfrak{D}, \mathfrak{C})$ sowie $C \in \mathfrak{C}$. Aus $A \in \Delta(\mathfrak{D}, \mathfrak{C})$ folgt $A \cap C^* \in \mathfrak{D}$ für alle $C^* \in \mathfrak{C}$. Setzt man $C^* = C$, so ergibt sich $A \cap C \in \mathfrak{D}$. Ist andererseits $C' \in \mathfrak{C}$ beliebig, so ist auch $C^* = C \cap C'$ wegen der vorausgesetzten Durchschnittsstabilität eine Menge aus $\mathfrak{C}$, und man erhält $(A \cap C) \cap C' = A \cap C^* \in \mathfrak{D}$. Damit ist $A \cap C \in \Delta(\mathfrak{D}, \mathfrak{C})$ bewiesen.
Schließlich sei $\mathfrak{C} = \mathfrak{D}$ vorausgesetzt und außerdem $A, B \in \Delta(\mathfrak{D}, \mathfrak{D})$. Es folgt $A \cap C \in \mathfrak{D}$ für alle $C \in \mathfrak{D}$, wegen $B \in \mathfrak{D}$ also insbesondere $A \cap B \in \mathfrak{D}$. Außerdem gilt für beliebiges $C' \in \mathfrak{D}$ auch $C = B \cap C' \in \mathfrak{D}$ und daher $(A \cap B) \cap C' = A \cap C \in \mathfrak{D}$, also $A \cap B \in \Delta(\mathfrak{D}, \mathfrak{D})$. Damit ist $\Delta(\mathfrak{D}, \mathfrak{D})$ durchschnittsstabil, als *Dynkin*-System nach 23.6 also eine σ-Algebra. ◆

Wichtiger als der soeben benutzte Satz 23.6 ist für die Anwendungen das folgende Ergebnis. Es besagt, daß ein *Dynkin*-System alle σ-Algebren enthält, die von durchschnittsstabilen Teilsystemen erzeugt werden.

23.8 *Es sei $\mathfrak{D}$ ein Dynkin-System, und $\mathfrak{E}$ sei ein durchschnittsstabiles Teilsystem von $\mathfrak{D}$. Dann gilt auch $\mathfrak{A}_\sigma(\mathfrak{E}) \subset \mathfrak{D}$.*

Beweis: Nach 23.7 ist $\mathfrak{D}^* = \Delta(\mathfrak{D}, \mathfrak{E})$ ein *Dynkin*-System. Und wegen der Durchschnittsstabilität von $\mathfrak{E}$ folgt aus $A \in \mathfrak{D}^*$ und $E \in \mathfrak{E}$ auch $A \cap E \in \mathfrak{D}^*$. Nach demselben Satz ist weiter $\mathfrak{A} = \Delta(\mathfrak{D}^*, \mathfrak{D}^*)$ eine σ-Algebra. Wegen $X \in \mathfrak{D}^*$ folgt aus $E \in \mathfrak{E}$ nach der vorangehenden Bemerkung auch $E = X \cap E \in \mathfrak{D}^*$. Da außerdem $E \cap A \in \mathfrak{D}^*$ für alle $A \in \mathfrak{D}^*$ gilt, folgt sogar $E \in \Delta(\mathfrak{D}^*, \mathfrak{D}^*) = \mathfrak{A}$, also $\mathfrak{E} \subset \mathfrak{A}$. Da aber $\mathfrak{A}$ selbst eine σ-Algebra ist, muß auch $\mathfrak{A}_\sigma(\mathfrak{E}) \subset \mathfrak{A}$, wegen $\mathfrak{A} \subset \mathfrak{D}^* \subset \mathfrak{D}$ also $\mathfrak{A}_\sigma(\mathfrak{E}) \subset \mathfrak{D}$ erfüllt sein. ◆

Ergänzungen und Aufgaben

23A Obwohl die *Borel*'sche σ-Algebra $\mathfrak{B}$ eines Vektorraums X sehr gut zu übersehende σ-Erzeugendensysteme besitzt, ist es sehr schwierig, von den *Borel*'schen Mengen selbst einen zutreffenden Eindruck zu gewinnen. Man erkennt zwar verhältnismäßig leicht, daß *Borel*'sche Mengen sehr kompliziert aufgebaut sein können. Dabei kann aber auch der Verdacht entstehen, daß die *Borel*'schen Mengen aus einem anderen Grund sehr gut zu übersehen sein könnten. Es ist nämlich nicht unmittelbar auszuschließen, daß etwa jede Teilmenge von X eine *Borel*'sche Menge ist, daß $\mathfrak{B}$ also mit der Potenzmenge von X zusammenfällt. Tatsächlich trifft dies zwar nicht zu. Nur erfordert ein entsprechender Beweis weitergehende mengentheoretische und topologische Grundlagen, so daß er hier nur angedeutet werden kann.
Auf der Zahlengeraden werden zu jeder natürlichen Zahl n induktiv 2^n kompakte und disjunkte Intervalle $J_{n,\varrho}$ ($\varrho = 0, \dots, 2^n - 1$) durch folgende Vorschrift definiert:

$$J_{0,0} = [0,1].$$

Gilt $J_{n,\varrho} = [a,b]$, so sei

$$J_{n+1,2\varrho} = [a, \tfrac{2}{3}a + \tfrac{1}{3}b] \qquad \textit{und} \qquad J_{n+1,2\varrho+1} = [\tfrac{1}{3}a + \tfrac{2}{3}b, b].$$

Anschaulich bedeutet dieser Prozeß, daß aus den bereits konstruierten Intervallen im nächsten Schritt jeweils das mittlere Drittel entfernt wird. Die Mengen

$$V_n = J_{n,0} \cup \dots \cup J_{n,2^n-1} \qquad (n \in \mathbb{N})$$

sind als Vereinigungen je endlich vieler kompakter Intervalle selbst kompakt und nicht leer. Nach dem Durchschnittssatz von *Cantor* (5.2) ist daher auch

$$\mathbb{D} = \bigcap_{n=0}^{\infty} V_n$$

eine nicht leere und kompakte Teilmenge der Zahlengeraden, insbesondere also auch eine *Borel*'sche Menge. Sie wird das **Cantor'sche Diskontinuum** genannt und ist wegen ihrer interessanten topologischen Struktur ein häufig benutztes Beispiel.

Aufgabe: (1) Man zeige, daß die Mengen $G_{n,\varrho} = J_{n,\varrho} \cap \mathbb{D}$ $(n \in \mathbb{N}, \varrho = 0, \ldots, 2^n - 1)$ offen in $\mathbb{D}$ sind und daß sich jede in $\mathbb{D}$ offene Teilmenge als Vereinigung von solchen Mengen $G_{n,\varrho}$ darstellen läßt.
(2) Man zeige weiter, daß das System $\mathfrak{A}$ aller Durchschnitte je höchstens abzählbar vieler in $\mathbb{D}$ offener Mengen eine σ-Algebra ist.
(3) Man folgere, daß $\mathfrak{A}$ genau aus den *Borel*'schen Teilmengen von $\mathbb{D}$ besteht.

Da die Mengen aus $\mathfrak{A}$ abzählbare Durchschnitte und Vereinigungen der ebenfalls nur abzählbar vielen Mengen $G_{n,\varrho}$ sind, ergeben einfache mengentheoretische Überlegungen, daß $\mathfrak{A}$ höchstens die Mächtigkeit des Kontinuums (der reellen Zahlen) besitzen kann.

Aufgabe: (4) Man zeige, daß $\mathbb{D}$ aus genau denjenigen reellen Zahlen a besteht, die eine triadische Darstellung folgender Form besitzen:

$$a = \sum_{\nu=1}^{\infty} \frac{a_\nu}{3^\nu} \qquad \textit{mit} \qquad a_\nu = 0 \quad \textit{oder} \quad a_\nu = 2 \qquad\qquad (\nu = 1, 2, 3, \ldots).$$

Aus dieser Darstellung der Zahlen aus $\mathbb{D}$ folgt, daß $\mathbb{D}$ selbst die Mächtigkeit des Kontinuums, das System aller Teilmengen von $\mathbb{D}$ also echt größere Mächtigkeit besitzt. Zusammen mit der vorherigen Bemerkung über die Mächtigkeit von $\mathfrak{A}$ besagt dies, daß nicht jede Teilmenge von $\mathbb{D}$ eine *Borel*'sche Menge sein kann, sondern daß im Gegenteil die *Borel*'schen Teilmengen eine „Minderheit" bilden.

23B Es sei U ein Unterraum des endlichdimensionalen Vektorraums X. Jede Teilmenge von U kann also auch als Teilmenge von X aufgefaßt werden.

Aufgabe: Man zeige, daß jede *Borel*'sche Teilmenge von U auch *Borel*'sche Teilmenge von X ist, daß also $\mathfrak{B}(U) \subset \mathfrak{B}(X)$ gilt.

23C Es sei $\mathfrak{C}$ das System aller konvexen Teilmengen der Ebene $\mathbb{R}^2$. Welche der folgenden Beziehungen gelten:

$$\mathfrak{A}_\sigma(\mathfrak{E}) \subset \mathfrak{B}(\mathbb{R}^2)? \qquad \mathfrak{B}(\mathbb{R}^2) \subset \mathfrak{A}_\sigma(\mathfrak{E})?$$

§ 24 Inhalte und Maße

Die in § 22 hergeleiteten Eigenschaften des Elementarinhalts λ bilden den Ausgangspunkt für eine axiomatische Definition des Inhaltsbegriffs und seiner Verallgemeinerung zum Maßbegriff. Dabei erweist es sich jedoch als zweckmäßig, auch unendliche Inhaltswerte zuzulassen. Neben der Menge $\mathbb{R}_+$ der nicht-negativen reellen Zahlen soll daher die durch Hinzunahme des Symbols ∞ entstehende Menge $\overline{\mathbb{R}}_+$ benutzt werden. Außerdem werden für ∞ noch folgende Rechenregeln festgesetzt, die mit den üblichen Rechengesetzen verträglich sind und die später noch durch weitere Regeln ergänzt werden:
Für beliebige $a \in \mathbb{R}$ gelte

$$a + \infty = \infty + a = \infty, \qquad \infty - a = \infty, \qquad a < \infty$$

und außerdem

$$\infty + \infty = \infty.$$

Ausdrücke der Form $\infty - \infty$ werden hingegen nicht zugelassen.
Es sei jetzt wieder X eine beliebige nicht leere Menge.

Definition 24a: *Ist $\mathfrak{R}$ ein Ring aus Teilmengen von X, so heißt eine Abbildung $\mu: \mathfrak{R} \to \overline{\mathbb{R}}_+$ ein* **Inhalt** *auf $\mathfrak{R}$, wenn folgende Bedingungen erfüllt sind:*

(1) $\mu(\emptyset) = 0$.

(2) *Für disjunkte Mengen $A_1, \ldots, A_n \in \mathfrak{R}$ gilt*

$$\mu(A_1 \cup \ldots \cup A_n) = \mu(A_1) + \ldots + \mu(A_n) \qquad (\textit{Additivität}).$$

Ist sogar $\mu(A) < \infty$ für alle $A \in \mathfrak{R}$, also $\mu: \mathfrak{R} \to \mathbb{R}_+$ erfüllt, so wird μ ein **endlicher Inhalt** *genannt.*

Wegen 22.4 ist der Elementarinhalt λ auch im Sinn dieser Definition ein Inhalt auf dem Ring $\mathfrak{F}$ der Figuren; und zwar ist λ sogar ein endlicher Inhalt. Weiter sollen noch folgende einfache Beispiele der Illustration dienen.

24.I Es sei X eine beliebige nicht leere Menge. Für endliche Teilmengen A von X sei $\mu(A)$ die Anzahl der Elemente von A, und im Fall unendlicher Teilmengen A von X gelte $\mu(A) = \infty$. Dann ist μ ein Inhalt auf der Potenzmenge $\mathfrak{P}(X)$, der jedoch im Fall einer unendlichen Menge X kein endlicher Inhalt ist.

24.II Wieder sei X eine beliebige nicht leere Menge, und x^* sei ein fester Punkt aus X. Durch

$$\mu(A) = \begin{cases} 0 & \textit{wenn} \quad x^* \notin A \\ 1 & \phantom{\textit{wenn}} \quad x^* \in A \end{cases} \qquad (A \subset X)$$

wird dann ein endlicher Inhalt μ auf $\mathfrak{P}(X)$ definiert. Die Additivität ist hier trivialerweise gewährleistet, weil unter disjunkten Mengen höchstens eine den Punkt x^* enthalten kann.

Der folgende Satz faßt die wichtigsten Eigenschaften der Inhalte zusammen.

24.1 *Es sei μ ein Inhalt auf einem Ring $\mathfrak{R}$. Mit beliebigen Mengen aus $\mathfrak{R}$ gilt dann:*

(1) $A \subset B \Rightarrow \mu(A) \leqq \mu(B)$ (*Isotonie*).

(2) $A \subset B \wedge \mu(A) < \infty \Rightarrow \mu(B \setminus A) = \mu(B) - \mu(A)$.

(3) $\mu(A \cup B) + \mu(A \cap B) = \mu(A) + \mu(B)$.

(4) $\mu(A_1 \cup \ldots \cup A_n) \leqq \mu(A_1) + \ldots + \mu(A_n)$.

Beweis: Aus $A \subset B$ folgt $B = A \cup (B \setminus A)$, wobei A und $B \setminus A$ außerdem disjunkte Mengen sind. Wegen der Additivität von μ und wegen $\mu(B \setminus A) \geqq 0$ erhält man

$$\mu(B) = \mu(A) + \mu(B \setminus A) \geqq \mu(A),$$

also (1) und (2). Im Fall (2) muß $\mu(A) < \infty$ vorausgesetzt werden, damit die Differenzbildung $\mu(B) - \mu(A)$ möglich ist.
Gilt in (3) spezielle $\mu(A \cap B) = \infty$, so haben wegen (1) alle Glieder den Wert ∞. Es kann also weiter $\mu(A \cap B) < \infty$ vorausgesetzt werden. Wegen

$$A \cup B = [A \cap B] \cup [A \setminus (A \cap B)] \cup [B \setminus (A \cap B)]$$

und weil die in eckigen Klammern stehenden Mengen disjunkt sind, ergibt sich bei Berücksichtigung von (2)

$$\begin{aligned} \mu(A \cup B) &= \mu(A \cap B) + \mu(A \setminus (A \cap B)) + \mu(B \setminus (A \cap B)) \\ &= \mu(A \cap B) + \mu(A) - \mu(A \cap B) + \mu(B) - \mu(A \cap B) \\ &= \mu(A) + \mu(B) - \mu(A \cap B), \end{aligned}$$

also die Behauptung. Aus ihr folgt auch (4) im Fall $n = 2$, da aus demselben

Grund wie vorher $\mu(A_1 \cap A_2) < \infty$ angenommen werden kann. Allgemein erhält man (4) dann durch vollständige Induktion. ◆

Die in 22.5 bewiesene σ-Additivität des Elementarinhalts legt eine entsprechende allgemeine Definition nahe.

Definition 24b: *Ein Inhalt $\mu: \mathfrak{R} \to \overline{\mathbb{R}}_+$ heißt σ-additiv, wenn für jede disjunkte Folge $(A_\nu)_{\nu \in \mathbb{N}}$ aus $\mathfrak{R}$, deren Vereinigungsmenge $A = \bigcup A_\nu$ ebenfalls zu $\mathfrak{R}$ gehört,*

$$\mu(A) = \sum_{\nu=0}^{\infty} \mu(A_\nu) \qquad (\sigma\text{-}Additivität)$$

gilt.

Die die σ-Additivität kennzeichnende Gleichung ist dabei so zu verstehen, daß die rechts stehende Reihe auch den Wert ∞ haben darf. Dies ist genau dann der Fall, wenn $\mu(A_\nu) = \infty$ für mindestens einen Index ν gilt oder wenn andernfalls die Reihe im gewöhnlichen Sinn divergiert, ihre Partialsummen also unbeschränkt wachsen.
Außer dem Elementarinhalt sind auch die Inhalte aus den Beispielen 24.I und 24.II offensichtlich σ-additiv. Die σ-Additivität wird in dem folgenden Satz durch Stetigkeitseigenschaften des Inhalts gleichwertig gekennzeichnet. Dabei werden die Bezeichnungen

$$(A_\nu) \uparrow A \qquad \text{und} \qquad (A_\nu) \downarrow A$$

benutzt, die folgende Bedeutung haben: Im ersten Fall soll es sich um eine aufsteigende Mengenfolge handeln, bei der also $A_\nu \subset A_{\nu+1}$ für alle Indizes gilt. Und außerdem soll $A = \bigcup A_\nu$ erfüllt sein. Im zweiten Fall soll es sich entsprechend um eine absteigende Mengenfolge mit $A = \bigcap A_\nu$ handeln.

24.2 *Es sei $\mu: \mathfrak{R} \to \overline{\mathbb{R}}_+$ ein Inhalt. Ist μ sogar σ-additiv, so gilt:*

(1) *Aus $(A_\nu) \uparrow A$ mit $A_\nu, A \in \mathfrak{R}$ folgt*

$$\lim_{\nu \to \infty} \mu(A_\nu) = \mu(A) \qquad (\text{Stetigkeit von unten}).$$

(2) *Aus $(A_\nu) \downarrow A$ mit $A_\nu, A \in \mathfrak{R}$ und $\mu(A_\nu) < \infty$ für alle ν folgt*

$$\lim_{\nu \to \infty} \mu(A_\nu) = \mu(A) \qquad (\text{Stetigkeit von oben}).$$

Umgekehrt folgt die σ-Additivität von μ aus (1) *generell, aus* (2) *aber nur im Fall eines endlichen Inhalts, in dem es dann aber sogar genügt,* (2) *lediglich im Spezialfall $A = \emptyset$ vorauszusetzen ($\emptyset$-Stetigkeit).*

Beweis: Erstens sei μ ein σ-additiver Inhalt, und es gelte $(A_\nu) \uparrow A$ mit Mengen aus $\mathfrak{R}$. Dann bilden die durch

$$B_0 = A_0, \quad B_{\nu+1} = A_{\nu+1} \backslash A_\nu \qquad (\nu \in \mathbb{N})$$

definierten Mengen eine disjunkte Folge aus $\mathfrak{R}$ mit $A = \bigcup_{\nu=0}^{\infty} B_\nu$ und mit $A_n = B_0 \cup \ldots \cup B_n$ für alle $n \in \mathbb{N}$. Es folgt wegen der σ-Additivität

$$\mu(A) = \sum_{\nu=0}^{\infty} \mu(B_\nu) = \lim_{n\to\infty} \big(\mu(B_0) + \ldots + \mu(B_n)\big) = \lim_{n\to\infty} \mu(A_n),$$

also (1).

Umgekehrt sei zweitens (1) vorausgesetzt, und (A_ν) sei eine disjunkte Folge aus $\mathfrak{R}$ mit $A = \bigcup A_\nu \in \mathfrak{R}$. Dann folgt mit $B_n = A_0 \cup \ldots \cup A_n$ zunächst $(B_n) \uparrow A$ und weiter

$$\mu(A) = \lim_{n\to\infty} \mu(B_n) = \lim_{n\to\infty} \big(\mu(A_0) + \ldots + \mu(A_n)\big) = \sum_{\nu=0}^{\infty} \mu(A_\nu),$$

also die σ-Additivität von μ.

Weiter ist $(A_\nu) \downarrow A$ gleichwertig mit $(A_0 \backslash A_\nu) \uparrow (A_0 \backslash A)$. Hieraus folgt bei vorausgesetzter σ-Additivität, also bei der Gültigkeit von (1),

$$\lim_{\nu\to\infty} \mu(A_0 \backslash A_\nu) = \mu(A_0 \backslash A).$$

Gilt außerdem $\mu(A_\nu) < \infty$ und wegen der Isotonie von μ dann auch $\mu(A) < \infty$, so erhält man wegen 24.1 (2)

$$\mu(A_0) - \lim_{\nu\to\infty} \mu(A_\nu) = \lim_{\nu\to\infty} \mu(A_0 \backslash A_\nu) = \mu(A_0 \backslash A) = \mu(A_0) - \mu(A)$$

und damit (2).

Umgekehrt sei (2) im Spezialfall $A = \emptyset$ vorausgesetzt, und μ sei ein endlicher Inhalt. Nachgewiesen wird die zur σ-Additivität äquivalente Bedingung (1): Dazu sei $(B_\nu) \uparrow B$ mit Mengen $B_\nu, B \in \mathfrak{R}$ vorausgesetzt. Es folgt $(B \backslash B_\nu) \downarrow \emptyset$ und wegen der Endlichkeit von μ auch $\mu(B \backslash B_\nu) < \infty$, $\mu(B_\nu) < \infty$ und $\mu(B) < \infty$. Wegen der Voraussetzung ergibt sich jetzt

$$0 = \mu(\emptyset) = \lim_{\nu\to\infty} \mu(B \backslash B_\nu) = \mu(B) - \lim_{\nu\to\infty} \mu(B_\nu). \quad \blacklozenge$$

Da die σ-Additivität eines Inhalts an solche disjunkten Folgen aus dem Ring gebunden ist, deren Vereinigungsmenge ebenfalls in dem Ring liegt, kann sie sich erst dann voll auswirken, wenn der Ring sogar gegenüber abzählbarer Vereinigungsbildung abgeschlossen ist. Hierdurch wird die folgende Definition nahegelegt.

Definition 24c: *Ein σ-additiver Inhalt $\mu: \mathfrak{A} \to \overline{\mathbb{R}}_+$ heißt ein* **Maß,** *wenn sein De-*

finitionsbereich $\mathfrak{A}$ *eine* σ*-Algebra ist. Ein auf* $\mathfrak{A}$ *definiertes Maß* μ *besitzt also folgende Eigenschaften:*

(1) $\mu(\emptyset) = 0$.

(2) *Für jede disjunkte Folge* (A_ν) *aus* $\mathfrak{A}$ *gilt*

$$\mu\left(\bigcup_{\nu=0}^{\infty} A_\nu\right) = \sum_{\nu=0}^{\infty} \mu(A_\nu) \qquad (\sigma\text{-}\mathit{Additivität}).$$

Jedes Maß ist offenbar ein Inhalt, weil ja aus der σ-Additivität die gewöhnliche Additivität folgt: Man braucht nur $A_\nu = \emptyset$ für $\nu \geqq 2$ zu setzen, um aus (2) die Gleichung $\mu(A_0 \cup A_1) = \mu(A_0) + \mu(A_1)$ für disjunkte Mengen A_0, A_1 zu erhalten. Die für Inhalte hergeleiteten Eigenschaften gelten also auch für Maße, die ihrerseits durch die σ-Additivität und durch die Reichhaltigkeit ihres Definitionsbereichs ausgezeichnet sind. Daher stellt sich auch das folgende Erweiterungsproblem.

Gegeben sei ein Inhalt μ auf einem Ring $\mathfrak{R}$ aus Teilmengen der Grundmenge X. Zunächst kann man dann $\mathfrak{R}$ in eine σ-Algebra über X einbetten, nämlich in die von $\mathfrak{R}$ erzeugte σ-Algebra $\mathfrak{A}_\sigma(\mathfrak{R})$. Die Frage ist dann, ob sich der Inhalt μ zu einem Maß μ^* auf $\mathfrak{A}_\sigma(\mathfrak{R})$ fortsetzen läßt. Wegen der σ-Additivität der Maße ist dazu offenbar notwendig, daß bereits der Inhalt μ selbst σ-additiv ist. Ziel der folgenden Untersuchungen ist der Nachweis, daß diese Bedingung umgekehrt auch hinreichend ist. Dabei wird sich die folgende Verallgemeinerung des Maßbegriffs als nützliches Hilfsmittel erweisen.

Definition 24d: *Eine auf einer* σ*-Algebra* $\mathfrak{A}$ *aus Teilmengen von* X *definierte Abbildung* $\alpha: \mathfrak{A} \to \overline{\mathbb{R}}_+$ *heißt* **äußeres Maß,** *wenn sie folgende Eigenschaften hinsichtlich beliebiger Mengen aus* $\mathfrak{A}$ *besitzt:*

(1) $\alpha(\emptyset) = 0$.

(2) $A \subset B \Rightarrow \alpha(A) \leqq \alpha(B)$.

(3) $\alpha\left(\bigcup_{\nu=0}^{\infty} A_\nu\right) \leqq \sum_{\nu=0}^{\infty} \alpha(A_\nu)$.

Hierbei bezieht sich die dritte Eigenschaft auf beliebige Mengenfolgen aus $\mathfrak{A}$, also nicht nur auf disjunkte Folgen. Jedes Maß $\mu: \mathfrak{A} \to \overline{\mathbb{R}}_+$ ist auch ein äußeres Maß: Wegen 24.1 (4) gilt nämlich für jeden Index n

$$\mu(A_0 \cup \ldots \cup A_n) \leqq \mu(A_0) + \ldots + \mu(A_n) \leqq \sum_{\nu=0}^{\infty} \mu(A_\nu)$$

und daher wegen 24.2 (1)

$$\mu(\bigcup_{n=0}^{\infty} A_n) = \lim_{n\to\infty} \mu(A_0 \cup \ldots \cup A_n) \leqq \sum_{\nu=0}^{\infty} \mu(A_\nu).$$

Umgekehrt ist aber ein äußeres Maß im allgemeinen nicht einmal additiv: So wird z. B. durch

$$\alpha(A) = \begin{cases} 0 & \text{wenn} \quad A = \emptyset \\ 1 & \phantom{\text{wenn}} \quad A \neq \emptyset \end{cases} \qquad (A \subset X)$$

ein äußeres Maß auf der Potenzmenge $\mathfrak{P}(X)$ definiert, das im Fall einer mindestens zweielementigen Menge X wegen

$$\alpha\{x_1, x_2\} = 1 < 2 = \alpha\{x_1\} + \alpha\{x_2\} \qquad (x_1, x_2 \in X,\ x_1 \neq x_2)$$

nicht additiv ist. Der folgende Satz zeigt nun, daß jeder Inhalt in eindeutiger Weise ein äußeres Maß induziert.

24.3 *Es sei $\mu : \mathfrak{R} \to \overline{\mathbb{R}}_+$ ein auf einem Ring $\mathfrak{R}$ aus Teilmengen von X definierter Inhalt. Für jede Teilmenge M von X sei ferner $F(M)$ die (evtl. leere) Menge aller Folgen $(A_\nu)_{\nu\in\mathbb{N}}$ von Mengen $A_\nu \in \mathfrak{R}$ mit $M \subset \bigcup A_\nu$. Dann ist die durch*

$$\alpha_\mu(M) = \begin{cases} \inf\{\sum_{\nu=0}^{\infty} \mu(A_\nu) : (A_\nu) \in F(M)\} & \text{wenn} \quad F(M) \neq \emptyset \\ \infty & \phantom{\text{wenn}} \quad F(M) = \emptyset \end{cases}$$

definierte Abbildung $\alpha_\mu : \mathfrak{P}(X) \to \overline{\mathbb{R}}_+$ ein auf der Potenzmenge von X definiertes äußeres Maß.
Für Mengen $A \in \mathfrak{R}$ gilt $\alpha_\mu(A) \leqq \mu(A)$ und im Fall eines σ-additiven Inhalts μ sogar $\alpha_\mu(A) = \mu(A)$.

Beweis: Gilt $A \in \mathfrak{R}$, so wird durch $A_0 = A$, $A_{\nu+1} = \emptyset$ $(\nu \in \mathbb{N})$ eine Folge $(A_\nu) \in F(A)$ mit $\sum \mu(A_\nu) = \mu(A)$ definiert. Wie behauptet folgt $\alpha_\mu(A) \leqq \mu(A)$ und speziell $0 \leqq \alpha_\mu(\emptyset) \leqq \mu(\emptyset) = 0$, also $\alpha_\mu(\emptyset) = 0$.
Aus $M \subset N$ ergibt sich unmittelbar $F(N) \subset F(M)$ und daher weiter $\alpha_\mu(M) \leqq \leqq \alpha_\mu(N)$.
Zum Beweis von $\alpha_\mu(\bigcup M_\nu) \leqq \sum \alpha_\mu(M_\nu)$ kann $\alpha_\mu(M_\nu) < \infty$ für alle ν angenommen werden, weil sonst nichts zu beweisen ist. Bei gegebenem $\varepsilon > 0$ sei dann für jedes ν die Folge $(A_{\nu,\varrho})_{\varrho\in\mathbb{N}}$ aus $F(M_\nu)$ so gewählt, daß

$$\sum_{\varrho=0}^{\infty} \mu(A_{\nu,\varrho}) \leqq \alpha_\mu(M_\nu) + \frac{\varepsilon}{2^{\nu+1}}$$

gilt. Die Mengen $A_{\nu,\varrho}$ aus $\mathfrak{R}$ können selbst wieder als Folge geordnet werden, die wegen $M = \bigcup_\nu M_\nu \subset \bigcup_{\nu,\varrho} A_{\nu,\varrho}$ in $F(M)$ liegt. Es folgt

$$\alpha_\mu(M) \leqq \sum_{\nu,\varrho} \mu(A_{\nu,\varrho}) \leqq \sum_\nu \left(\alpha_\mu(M_\nu) + \frac{\varepsilon}{2^{\nu+1}}\right) = \left(\sum_\nu \alpha_\mu(M_\nu)\right) + \varepsilon$$

für jede positive Fehlerschranke ε, also (3).
Schließlich sei μ jetzt σ-additiv, es gelte $A \in \mathfrak{R}$, und (A_ν) sei eine Folge aus $F(A)$. Dann liegt auch die durch $A'_\nu = A \cap A_\nu$ definierte Folge in $F(A)$ und ebenfalls die disjunkte Folge

$$A_0^* = A'_0, \quad A_{\nu+1}^* = A'_{\nu+1} \setminus (A'_0 \cup \ldots \cup A'_\nu) \qquad (\nu \in \mathbb{N}).$$

Wegen $A_\nu^* \subset A'_\nu \subset A_\nu$, der Isotonie von α_μ und der σ-Additivität von μ folgt

$$\mu(A) = \mu\Big(\bigcup_\nu A_\nu^*\Big) = \sum_\nu \mu(A_\nu^*) \leqq \sum_\nu \mu(A_\nu),$$

und zwar für alle Folgen $(A_\nu) \in F(A)$, also $\mu(A) \leqq \alpha_\mu(A)$. Da die umgekehrte Ungleichung bereits am Anfang des Beweises nachgewiesen wurde, folgt $\alpha_\mu(A) = \mu(A)$. ◆

Obwohl die äußeren Maße nicht einmal additiv zu sein brauchen, haben sie deswegen eine besondere Bedeutung, weil sie bei geeigneter Einschränkung ihres Definitionsbereichs auf Maße führen. Dieser Verengung des Definitionsbereichs dient die folgende Festsetzung.

Definition 24e: *Es sei* $\alpha: \mathfrak{A} \to \overline{\mathbb{R}}_+$ *ein äußeres Maß. Dann wird eine Menge* $A \in \mathfrak{A}$ *eine* ***α-meßbare Menge*** *genannt, wenn*

$$(M) \quad \alpha(A \cap B) + \alpha(\complement A \cap B) \leqq \alpha(B)$$

für alle Mengen $B \in \mathfrak{A}$ *erfüllt ist. Die Menge aller α-meßbaren Mengen aus* $\mathfrak{A}$ *soll mit* $\mathfrak{A}(\alpha)$ *bezeichnet werden.*

Die Meßbarkeitsbedingung (M) hätte auch als Gleichung formuliert werden können: Wegen $B = (A \cap B) \cup (\complement A \cap B)$ und der Eigenschaft (3) der äußeren Maße folgt nämlich die umgekehrte Ungleichung

$$\alpha(B) \leqq \alpha(A \cap B) + \alpha(\complement A \cap B).$$

24.4 *Es sei* $\alpha: \mathfrak{A} \to \overline{\mathbb{R}}_+$ *ein äußeres Maß. Dann ist* $\mathfrak{A}(\alpha)$ *eine σ-Algebra, und die Einschränkung* $\alpha^*: \mathfrak{A}(\alpha) \to \overline{\mathbb{R}}_+$ *von* α *auf die α-meßbaren Mengen ist ein Maß.*

Beweis: Es gilt $X \in \mathfrak{A}$ und wegen $\alpha(\emptyset) = 0$ für beliebige $B \in \mathfrak{A}$ auch

$$\alpha(X \cap B) + \alpha(\complement X \cap B) = \alpha(B) + \alpha(\emptyset) = \alpha(B),$$

also $X \in \mathfrak{A}(\alpha)$. Weiter enthält $\mathfrak{A}(\alpha)$ mit A auch die Komplementärmenge $\complement A$, da ja A und $\complement A$ in die Meßbarkeitsbedingung (M) gleichberechtigt eingehen.

Im nächsten Beweisschritt wird gezeigt, daß $\mathfrak{A}(\alpha)$ vereinigungsstabil ist. Dazu sei $A, A' \in \mathfrak{A}(\alpha)$ vorausgesetzt. Beide Mengen erfüllen also die Meßbarkeitsbedingung (M), und zwar sogar mit dem Gleichheitszeichen. Da mit einer beliebigen Menge $B \in \mathfrak{A}$ auch $(A \cup A') \cap B$ eine Menge aus $\mathfrak{A}$ ist, gilt also

$$(1) \quad \alpha(A \cap B) + \alpha(\complement A \cap A' \cap B) = \alpha\big(A \cap (A \cup A') \cap B\big) + \alpha\big(\complement A \cap (A \cup A') \cap B\big) = \alpha\big((A \cup A') \cap B\big).$$

Nutz man andererseits die Meßbarkeitsbedingung für A' mit der Menge $\complement A \cap B$ aus, so erhält man

$$(2) \quad \alpha(A' \cap \complement A \cap B) + \alpha(\complement A' \cap \complement A \cap B) = \alpha(\complement A \cap B).$$

Beide Gleichungen zusammen liefern bei nochmaliger Ausnutzung der Meßbarkeitsbedingung für A

$$\begin{aligned}\alpha\big((A \cup A') \cap B\big) + \alpha\big(\complement(A \cup A') \cap B\big) &= \alpha\big((A \cup A') \cap B\big) + \alpha(\complement A \cap \complement A' \cap B)\\ &= \alpha(A \cap B) + \alpha(\complement A \cap A' \cap B) + \alpha(\complement A \cap B) - \alpha(A' \cap \complement A \cap B)\\ &= \alpha(A \cap B) + \alpha(\complement A \cap B) = \alpha(B).\end{aligned}$$

Daher erfüllt $A \cup A'$ ebenfalls die Meßbarkeitsbedingung; d.h. $\mathfrak{A}(\alpha)$ ist vereinigungsstabil. Da schon gezeigt wurde, daß $\mathfrak{A}(\alpha)$ gegenüber Komplementbildung abgeschlossen ist, folgt auch die Durchschnittsstabilität und die Abgeschlossenheit gegenüber der Bildung relativer Komplemente. Es muß daher nur noch bewiesen werden, daß $\mathfrak{A}(\alpha)$ mit jeder disjunkten Folge auch deren Vereinigungsmenge enthält: Dann ist nämlich $\mathfrak{A}(\alpha)$ ein *Dynkin*-System und nach 23.6 sogar eine σ-Algebra.

Es gelte also $A = \bigcup A_\nu$ mit einer disjunkten Folge (A_ν) aus $\mathfrak{A}(\alpha)$. Für jede natürliche Zahl n gilt wegen der Vereinigungsstabilität von $\mathfrak{A}(\alpha)$ jedenfalls $\bigcup_{\nu=0}^{n} A_\nu \in \mathfrak{A}(\alpha)$ und außerdem auch $\complement A \subset \complement(\bigcup_{\nu=0}^{n} A_\nu)$. Wegen der Isotonie von α folgt daher bei gegebenem $B \in \mathfrak{A}$

$$(3) \quad \alpha\Big(\bigcup_{\nu=0}^{n} (A_\nu \cap B)\Big) + \alpha(\complement A \cap B) \leqq \alpha\Big(\bigcup_{\nu=0}^{n} A_\nu \cap B\Big) + \alpha\Big(\complement\Big(\bigcup_{\nu=0}^{n} A_\nu\Big) \cap B\Big) \leqq \alpha(B).$$

Aus (1) folgt im Fall disjunkter Mengen A, A' wegen $\complement A \cap A' = A'$

$$(4) \quad \alpha(A \cap B) + \alpha(A' \cap B) = \alpha\big((A \cup A') \cap B\big).$$

Mehrfache Anwendung dieser Gleichung auf die Mengen $A_0, \ldots, A_n$ und Berücksichtigung von (3) ergibt nun

$$\sum_{\nu=0}^{n} \alpha(A_\nu \cap B) + \alpha(\complement A \cap B) = \alpha(\bigcup_{\nu=0}^{n} A_\nu \cap B) + \alpha(\complement A \cap B) \leqq \alpha(B).$$

Durch Grenzübergang erhält man jetzt bei Berücksichtigung der Eigenschaft (3) der äußeren Maße

$$\alpha(A \cap B) + \alpha(\complement A \cap B) \leqq \sum_{\nu=0}^{\infty} \alpha(A_\nu \cap B) + \alpha(\complement A \cap B) \leqq \alpha(B).$$

Daher erfüllt auch A die Meßbarkeitsbedingung, und es folgt $A \in \mathfrak{A}(\alpha)$.
Abschließend ist nur noch die σ-Additivität von α^* auf $\mathfrak{A}(\alpha)$ zu beweisen. Dazu sei wieder (A_ν) eine disjunkte Folge aus $\mathfrak{A}(\alpha)$. Da aus (4) mit $B = X$ die Additivität von α^* folgt, ergibt sich wegen der Isotonie

$$\sum_{\nu=0}^{n} \alpha^*(A_\nu) = \alpha^*(\bigcup_{\nu=0}^{n} A_\nu) \leqq \alpha^*(\bigcup_{\nu=0}^{\infty} A_\nu)$$

für alle natürlichen Zahlen n und damit

$$\sum_{\nu=0}^{\infty} \alpha^*(A_\nu) \leqq \alpha^*(\bigcup_{\nu=0}^{\infty} A_\nu).$$

Da die umgekehrte Ungleichung für äußere Maße generell gilt, ist hiermit die σ-Additivität von α^* bewiesen. ◆

Das soeben gewonnene Resultat kann speziell auf das von einem Inhalt nach 24.3 induzierte äußere Maß angewandt werden. Es sei also $\mu: \mathfrak{R} \to \overline{\mathbb{R}}_+$ ein auf einem Ring $\mathfrak{R}$ aus Teilmengen von X definierter Inhalt. Das durch ihn bestimmte äußere Maß α_μ ist dann auf der ganzen Potenzmenge $\mathfrak{P} = \mathfrak{P}(X)$ definiert, und nach dem letzten Satz bilden die α_μ-meßbaren Teilmengen von X eine σ-Algebra $\mathfrak{P}(\alpha_\mu)$, und die Einschränkung α_μ^* von α_μ auf $\mathfrak{P}(\alpha_\mu)$ ist ein Maß. Zur Bezeichnungsvereinfachung sollen in diesem Fall die α_μ-meßbaren Mengen auch kürzer **μ-meßbare Mengen** genannt werden, die σ-Algebra $\mathfrak{P}(\alpha_\mu)$ soll mit $\mathfrak{A}_\mu$ bezeichnet werden und schließlich das Maß α_μ^* kürzer mit μ^*.

24.5 *Es sei $\mu: \mathfrak{R} \to \overline{\mathbb{R}}_+$ ein Inhalt. Dann ist die von $\mathfrak{R}$ erzeugte σ-Algebra in der σ-Algebra der μ-meßbaren Mengen enthalten; es gilt also $\mathfrak{A}_\sigma(\mathfrak{R}) \subset \mathfrak{A}_\mu$.*
Ist μ ein σ-additiver Inhalt, so ist das auf $\mathfrak{A}_\mu$ definierte Maß μ^* eine Fortsetzung von μ; es gilt also $\mu^*(A) = \mu(A)$ für alle $A \in \mathfrak{R}$.

Beweis: Zum Beweis der ersten Behauptung muß nur $\mathfrak{R} \subset \mathfrak{A}_\mu$ nachgewiesen werden: Da nämlich $\mathfrak{A}_\mu$ eine σ-Algebra ist, enthält sie dann auch die von $\mathfrak{R}$ erzeugte σ-Algebra $\mathfrak{A}_\sigma(\mathfrak{R})$.
Es gelte also $A \in \mathfrak{R}$, und B sei eine beliebige Teilmenge von X. Mit ihr soll die

Gültigkeit der Meßbarkeitsbedingung

$$\alpha_\mu(A \cap B) + \alpha_\mu(\complement A \cap B) \leqq \alpha_\mu(B)$$

bewiesen werden. Dabei kann offenbar $\alpha_\mu(B) < \infty$ vorausgesetzt werden, da sonst die Ungleichung trivialerweise erfüllt ist. Im Sinn von 24.3 gilt daher $F(B) \neq \emptyset$. Ist nun (A_ν) eine beliebige Folge aus $F(B)$, so ist offenbar $(A \cap A_\nu)$ eine Folge aus $F(A \cap B)$ und entsprechend $(\complement A \cap A_\nu)$ eine Folge aus $F(\complement A \cap B)$. Es folgt bei Berücksichtigung der Additivität von μ

$$\begin{aligned}\alpha_\mu(A \cap B) + \alpha_\mu(\complement A \cap B) &\leqq \sum_{\nu=0}^{\infty} \mu(A \cap A_\nu) + \sum_{\nu=0}^{\infty} \mu(\complement A \cap A_\nu)\\ &= \sum_{\nu=0}^{\infty} \mu((A \cap A_\nu) \cup (\complement A \cap A_\nu)) = \sum_{\nu=0}^{\infty} \mu(A_\nu).\end{aligned}$$

Da diese Abschätzung für alle Folgen (A_ν) aus $F(B)$ gilt, kann in ihr die rechte Seite durch $\alpha_\mu(B)$ ersetzt werden. Daher ist A eine μ-meßbare Menge, also eine Menge aus $\mathfrak{A}_\mu$, und es folgt $\mathfrak{R} \subset \mathfrak{A}_\mu$.
Im Fall eines σ-additiven Inhalts μ gilt nach 24.3 für alle Mengen $A \in \mathfrak{R}$

$$\mu^*(A) = \alpha_\mu(A) = \mu(A). \quad \blacklozenge$$

Der soeben bewiesene Fortsetzungssatz besagt, daß sich ein Inhalt $\mu: \mathfrak{R} \to \overline{\mathbb{R}}_+$ genau dann zu einem Maß auf der von $\mathfrak{R}$ erzeugten σ-Algebra $\mathfrak{A}_\sigma(\mathfrak{R})$ fortsetzen läßt, wenn er σ-additiv ist. Daß diese Bedingung notwendig ist, wurde bereits früher festgestellt. Hier wurde sogar bewiesen, daß sich μ zu einem Maß auf der im allgemeinen echt größeren σ-Algebra $\mathfrak{A}_\mu$ der μ-meßbaren Mengen fortsetzen läßt (vgl. 24A). Dennoch verdient die Fortsetzung von μ auf die kleinere σ-Algebra $\mathfrak{A}_\sigma(\mathfrak{R})$ aus verschiedenen Gründen ein besonderes Interesse. Einer von diesen Gründen hängt mit der Frage nach der Eindeutigkeit der Fortsetzung zusammen. Diese ist zwar im allgemeinen nicht gewährleistet. Unter einer immer noch recht allgemeinen Zusatzvoraussetzung kann sie jedoch zumindest für die Fortsetzung auf $\mathfrak{A}_\sigma(\mathfrak{R})$ gesichert werden.

24.6 *Es sei μ ein σ-additiver Inhalt auf dem Ring $\mathfrak{R}$ aus Teilmengen von X. Wenn dann in $\mathfrak{R}$ eine Folge $(A_\nu)_{\nu \in \mathbb{N}}$ mit*

$$(A_\nu) \uparrow X \qquad \textit{und} \qquad \mu(A_\nu) < \infty \qquad\qquad (\nu \in \mathbb{N})$$

existiert, so gibt es nur genau eine Fortsetzung von μ zu einem Maß μ^* auf $\mathfrak{A}_\sigma(\mathfrak{R})$. Ist weiter $\mathfrak{E} \subset \mathfrak{R}$ ein durchschnittsstabiles σ-Erzeugendensystem von $\mathfrak{A}_\sigma(\mathfrak{R})$ mit $A_\nu \in \mathfrak{E}$ $(\nu \in \mathbb{N})$, so ist μ^* bereits eindeutig durch die Werte von μ auf den Mengen aus $\mathfrak{E}$ bestimmt.

Beweis: Es seien μ_1^* und μ_2^* Maße auf $\mathfrak{A}_\sigma(\mathfrak{R})$, die auf den Mengen von $\mathfrak{E}$ mit μ übereinstimmen. Zu beweisen ist $\mu_1^* = \mu_2^*$. Dazu sei $\mathfrak{D}$ das System aller Mengen B aus $\mathfrak{A}_\sigma(\mathfrak{R})$ mit der Eigenschaft

(*) $\quad \mu_1^*(A \cap B) = \mu_2^*(A \cap B) \qquad$ *für alle* $A \in \mathfrak{E}$ *mit* $\mu(A) < \infty$.

Aus der vorausgesetzten Durchschnittsstabilität von $\mathfrak{E}$ folgt unmittelbar $\mathfrak{E} \subset \mathfrak{D}$. Wenn daher außerdem

(**) $\quad \mathfrak{D}$ *ist ein Dynkin-System*

nachgewiesen werden kann, ergibt sich wegen 23.8 zunächst $\mathfrak{A}_\sigma(\mathfrak{R}) = \mathfrak{A}_\sigma(\mathfrak{E}) \subset \mathfrak{D}$, wegen $\mathfrak{D} \subset \mathfrak{A}_\sigma(\mathfrak{R})$ also sogar $\mathfrak{D} = \mathfrak{A}_\sigma(\mathfrak{R})$. Da die Mengen A_ν spezielle Mengen aus $\mathfrak{E}$ mit $\mu(A_\nu) < \infty$ sind, folgt jetzt aus (*) für alle Mengen $B \in \mathfrak{A}_\sigma(\mathfrak{R})$

$$\mu_1^*(A_\nu \cap B) = \mu_2^*(A_\nu \cap B) \qquad (\nu \in \mathbb{N})$$

und daher wegen 24.2 und wegen $(A_\nu) \uparrow X$

$$\begin{aligned}\mu_1^*(B) = \mu_1^*(X \cap B) &= \lim_{\nu \to \infty} \mu_1^*(A_\nu \cap B) = \lim_{\nu \to \infty} \mu_2^*(A_\nu \cap B)\\ &= \mu_2^*(X \cap B) = \mu_2^*(B).\end{aligned}$$

Zur Vervollständigung des Beweises muß also nur noch (**) gezeigt werden. Nach Voraussetzung ist (*) mit $B = X$ erfüllt, so daß $X \in \mathfrak{D}$ gilt. Zweitens sei (B_ν) eine disjunkte Folge aus $\mathfrak{D}$ mit $\bigcup B_\nu = B$. Wegen der σ-Additivität der Maße erhält man für beliebiges $A \in \mathfrak{E}$ mit $\mu(A) < \infty$

$$\begin{aligned}\mu_1^*(A \cap B) = \mu_1^*\Big(\bigcup_{\nu=0}^{\infty} (A \cap B_\nu)\Big) &= \sum_{\nu=0}^{\infty} \mu_1^*(A \cap B_\nu)\\ = \sum_{\nu=0}^{\infty} \mu_2^*(A \cap B_\nu) &= \mu_2^*\Big(\bigcup_{\nu=0}^{\infty} (A \cap B_\nu)\Big) = \mu_2^*(A \cap B),\end{aligned}$$

also $B \in \mathfrak{D}$. Schließlich gelte $B, B' \in \mathfrak{D}$ und $B \subset B'$. Aus $A \in \mathfrak{E}$ und $\mu(A) < \infty$ folgt dann wegen

$$A \cap (B' \setminus B) = (A \cap B') \setminus (A \cap B),$$
$$\mu_1^*(A \cap B) \leqq \mu(A) < \infty, \quad \mu_2^*(A \cap B) \leqq \mu(A) < \infty$$

nach 24.1

$$\begin{aligned}\mu_1^*\big(A \cap (B' \setminus B)\big) &= \mu_1^*(A \cap B') - \mu_1^*(A \cap B)\\ &= \mu_2^*(A \cap B') - \mu_2^*(A \cap B) = \mu_2^*\big(A \cap (B' \setminus B)\big)\end{aligned}$$

und somit $B'\backslash B \in \mathfrak{D}$. Damit ist (**) gezeigt und der gesamte Beweis abgeschlossen. ◆

Die σ-Algebra $\mathfrak{A}_\mu$ der μ-meßbaren Mengen besitzt jedoch trotz der geschilderten Verhältnisse ein spezielles Interesse. Das von dem äußeren Maß auf ihr induzierte Maß besitzt nämlich eine Vollständigkeitseigenschaft, die dem Maß μ^* auf $\mathfrak{A}_\sigma(\mathfrak{R})$ im allgemeinen nicht zukommt.

Definition 24f: *Es sei μ ein Maß auf einer σ-Algebra $\mathfrak{A}$. Eine Menge $A \in \mathfrak{A}$ wird μ-**Nullmenge** genannt, wenn $\mu(A) = 0$ gilt. Das Maß μ heißt **vollständig,** wenn alle Teilmengen von μ-Nullmengen zu $\mathfrak{A}$ gehören.*

Teilmengen von μ-Nullmengen sind wegen der Isotonie des Maßes selbst μ-Nullmengen, sofern sie überhaupt in $\mathfrak{A}$ liegen. Die Vollständigkeit eines Maßes ist also vorwiegend eine Vollständigkeitseigenschaft der zu dem Maß gehörenden σ-Algebra, die allerdings über den Begriff der Nullmenge auch von der Wertverteilung des Maßes abhängt.

24.7 *Es sei α ein auf der Potenzmenge $\mathfrak{P} = \mathfrak{P}(X)$ von X definiertes äußeres Maß. Dann ist das von α auf der σ-Algebra $\mathfrak{P}(\alpha)$ der α-meßbaren Mengen induzierte Maß α^* sogar ein vollständiges Maß.*

Beweis: Es sei A eine α^*-Nullmenge. Es gilt also $\alpha^*(A) = 0$ und wegen $A \in \mathfrak{P}(\alpha)$ nach 24e außerdem die Meßbarkeitsbedingung

$$\alpha(A \cap B) + \alpha(\complement A \cap B) \leqq \alpha(B)$$

für alle Teilmengen B von X. Weiter sei A' eine Teilmenge von A. Zu zeigen ist, daß A' ebenfalls die Meßbarkeitsbedingung mit einer beliebigen Teilmenge B von X erfüllt. Wegen der Isotonie von α erhält man

$$0 \leqq \alpha(A' \cap B) \leqq \alpha(A \cap B) \leqq \alpha(A) = \alpha^*(A) = 0,$$

also auch $\alpha(A' \cap B) = 0$. Es folgt

$$\alpha(A' \cap B) + \alpha(\complement A' \cap B) = \alpha(\complement A' \cap B) \leqq \alpha(B)$$

und damit die Gültigkeit der Meßbarkeitsbedingung. ◆

Geht man von einem σ-additiven Inhalt μ auf einem Ring $\mathfrak{R} \subset \mathfrak{P}(X)$ aus, so ist das von μ induzierte äußere Maß α_μ auf $\mathfrak{P}(X)$ definiert und bestimmt somit auf der σ-Algebra $\mathfrak{A}_\mu$ ein vollständiges Maß α_μ^*. Und dieses ist seinerseits eine Fortsetzung des Maßes μ^* auf $\mathfrak{A}_\sigma(\mathfrak{R})$. Jedoch braucht α_μ^* nicht die kleinste Erweiterung von μ^* zu einem vollständigen Maß zu sein. Außerdem ist α_μ^* nur eine Vervollständigung der speziellen Fortsetzung μ^* von μ auf $\mathfrak{A}_\sigma(\mathfrak{R})$, die von dem

äußeren Maß α_μ induziert wird, die aber im allgemeinen ja nicht eindeutig bestimmt sein muß. Es soll daher untersucht werden, ob sich allgemein ein auf einer σ-Algebra $\mathfrak{A}$ definiertes Maß μ zu einem vollständigen Maß $\hat{\mu}$ auf einer im allgemeinen größeren σ-Algebra $\hat{\mathfrak{A}}$ erweitern läßt.
Wenn dies möglich ist, muß $\hat{\mathfrak{A}}$ jedenfalls mit einer beliebigen μ-Nullmenge $N \in \mathfrak{A}$ auch alle Teilmengen N' von N und dann weiter mit allen Mengen $A \in \mathfrak{A}$ auch die Mengen der Form $\hat{A} = A \cup N'$ enthalten. Der folgende Satz zeigt, daß diese Mengen bereits eine σ-Algebra bilden, auf die sich μ zu einem vollständigen Maß fortsetzen läßt.

24.8 *Es sei μ ein auf einer σ-Algebra $\mathfrak{A}$ aus Teilmengen von X definiertes Maß. Dann ist*

$$\hat{\mathfrak{A}} = \{A \cup N' : A \in \mathfrak{A} \wedge \bigvee_{N \in \mathfrak{A}} (N' \subset N \wedge \mu(N) = 0)\}$$

eine σ-Algebra mit $\mathfrak{A} \subset \hat{\mathfrak{A}}$, und durch

$$\hat{\mu}(A \cup N') = \mu(A)$$

wird eine Fortsetzung von μ zu einem vollständigen Maß $\hat{\mu}: \hat{\mathfrak{A}} \to \bar{\mathbb{R}}_+$ definiert. Außerdem ist $\hat{\mu}$ auch die einzige Fortsetzung von μ auf $\hat{\mathfrak{A}}$.

Beweis: Innerhalb dieses Beweises bedeute A (evtl. mit Index) immer eine Menge aus $\mathfrak{A}$, weiter N immer eine μ-Nullmenge aus $\mathfrak{A}$ und N' eine Teilmenge der entsprechenden Menge N.
Wegen $\emptyset \in \mathfrak{A}$, $\mu(\emptyset) = 0$ und $A = A \cup \emptyset$ gilt auch $A \in \hat{\mathfrak{A}}$, also $\mathfrak{A} \subset \hat{\mathfrak{A}}$ und speziell $X \in \hat{\mathfrak{A}}$.
Weiter sei $\hat{A}_\nu = A_\nu \cup N'_\nu$ $(\nu \in \mathbb{N})$ eine Folge aus $\hat{\mathfrak{A}}$, und es gelte $\hat{A} = \bigcup \hat{A}_\nu$. Wegen $A = \bigcup A_\nu \in \mathfrak{A}$, $N' = \bigcup N'_\nu \subset \bigcup N_\nu = N \in \mathfrak{A}$ und $\mu(N) \leqq \sum \mu(N_\nu) = 0$ ist dann auch

$$\hat{A} = \bigcup_\nu (A_\nu \cup N'_\nu) = (\bigcup_\nu A_\nu) \cup (\bigcup_\nu N'_\nu) = A \cup N'$$

eine Menge aus $\hat{\mathfrak{A}}$.
Schließlich gilt mit $\hat{A} = A \cup N' \in \hat{\mathfrak{A}}$ zunächst

$$\complement\hat{A} = \complement A \cap \complement N' = (\complement A \cap \complement N) \cup (\complement A \cap (N \setminus N'))$$

und wegen $\complement A \cap \complement N \in \mathfrak{A}$ und $\complement A \cap (N \setminus N') \subset N$ weiter $\complement\hat{A} \in \hat{\mathfrak{A}}$.
Damit ist bewiesen, daß $\hat{\mathfrak{A}}$ eine σ-Algebra mit $\mathfrak{A} \subset \hat{\mathfrak{A}}$ ist. Im nächsten Beweisschritt soll nun $\hat{\mathfrak{A}} \subset \mathfrak{A}_\mu$ gezeigt werden. Für eine beliebige Menge $\hat{A} = A \cup N' \in \hat{\mathfrak{A}}$ ist also die Gültigkeit der Meßbarkeitsbedingung (M) aus 24e nachzuweisen. Nun gilt aber mit einer beliebigen Teilmenge B von X wegen $\alpha_\mu(N' \cap B) \leqq$

$\alpha_\mu(N') \leqq \alpha_\mu(N) = \mu(N) = 0$ und wegen der Gültigkeit von (M) für A

$$\begin{aligned}\alpha_\mu(\hat{A} \cap B) + \alpha_\mu(\complement \hat{A} \cap B) &= \alpha_\mu\big((A \cap B) \cup (N' \cap B)\big) + \alpha_\mu(\complement A \cap \complement N' \cap B)\\ &\leqq \alpha_\mu(A \cap B) + \alpha_\mu(N' \cap B) + \alpha_\mu(\complement A \cap B)\\ &= \alpha_\mu(A \cap B) + \alpha_\mu(\complement A \cap B) \leqq \alpha_\mu(B),\end{aligned}$$

also die Behauptung.

Wegen 24.5 induziert α_μ auf $\hat{\mathfrak{A}}$ ein Maß $\hat{\mu}$, das eine Fortsetzung von μ ist. Für $\hat{A} = A \cup N' \in \hat{\mathfrak{A}}$ muß wegen der Isotonie

$$\begin{aligned}\mu(A) = \hat{\mu}(A) &\leqq \hat{\mu}(A \cup N') \leqq \hat{\mu}(A \cup N) \leqq \hat{\mu}(A) + \hat{\mu}(N) =\\ &= \mu(A) + \mu(N) = \mu(A),\end{aligned}$$

also $\hat{\mu}(A \cup N') = \mu(A)$ gelten. Daher ist $\hat{\mu}$ bereits als Fortsetzung von μ eindeutig in der behaupteten Weise bestimmt. Daß $\hat{\mu}$ als Restriktion von α_μ aufgefaßt werden kann, wurde nur zum Existenznachweis gebraucht.

Ist schließlich $\hat{A} = A \cup N'$ eine $\hat{\mu}$-Nullmenge, so ist wegen $\mu(A) = \hat{\mu}(A \cup N') = 0$ auch A eine μ-Nullmenge und wegen $\mu(A \cup N) \leqq \mu(A) + \mu(N) = 0$ ebenfalls $N_0 = A \cup N$. Jede Teilmenge $\hat{A}_0$ von $\hat{A}$ kann daher in der Form $\hat{A}_0 = \emptyset \cup N_0'$ mit $N_0' \subset N_0$ dargestellt werden und gehört somit zu $\hat{\mathfrak{A}}$; d.h. $\hat{\mu}$ ist sogar vollständig. ◆

Nach der vorbereitenden Bemerkung zu dem soeben bewiesenen Vervollständigungssatz ist $\hat{\mathfrak{A}}$ die kleinste σ-Algebra, auf die μ zu einem vollständigen Maß fortgesetzt werden kann. Im allgemeinen ist $\hat{\mathfrak{A}}$ jedoch eine echte Teilalgebra der σ-Algebra $\mathfrak{A}_\mu$ der μ-meßbaren Mengen. Der jetzt folgende abschließende Satz zeigt indes, daß die beiden Algebren $\hat{\mathfrak{A}}$ und $\mathfrak{A}_\mu$ in wesentlichen Fällen doch zusammenfallen; nämlich gerade in solchen Fällen, in denen bereits die Eindeutigkeit der Fortsetzung eines Inhalts zu einem Maß gesichert werden konnte.

24.9 *Es sei μ ein Maß auf einer σ-Algebra $\mathfrak{A}$ aus Teilmengen von X. Ferner existiere in $\mathfrak{A}$ eine Folge $(A_\nu)_{\nu \in \mathbb{N}}$ mit $(A_\nu) \uparrow X$ und $\mu(A_\nu) < \infty$ $(\nu \in \mathbb{N})$. Dann gibt es zu jeder Menge $B \in \mathfrak{A}_\mu$ eine Menge $A \in \mathfrak{A}$ mit $B \subset A$ und $\alpha_\mu^*(A \backslash B) = 0$. Außerdem gilt $\hat{\mathfrak{A}} = \mathfrak{A}_\mu$.*

Beweis: Die Menge $B \in \mathfrak{A}_\mu$ sei gegeben. Mit den Mengen $B_\nu = A_\nu \cap B$ gilt dann $B_\nu \in \mathfrak{A}_\mu$, $\alpha_\mu^*(B_\nu) \leqq \alpha_\mu^*(A_\nu) = \mu(A_\nu) < \infty$ für alle $\nu \in \mathbb{N}$ und wegen $(A_\nu) \uparrow X$ außerdem $B = \bigcup B_\nu$. Aus der Definition des äußeren Maßes α_μ (24.3) folgt weiter die Existenz von Mengen $A'_{\nu,\varrho} \in \mathfrak{A}$ mit $B_\nu \subset A'_{\nu,\varrho}$ und mit

$$\alpha_\mu^*(B_\nu) \leqq \mu(A'_{\nu,\varrho}) < \alpha_\mu^*(B_\nu) + \frac{1}{\varrho} \qquad (\nu \in \mathbb{N},\ \varrho = 1, 2, 3, \ldots).$$

Dann ist auch $A'_\nu = \bigcap_\varrho A'_{\nu,\varrho}$ eine Menge aus $\mathfrak{A}$ mit $B_\nu \subset A'_\nu$ und $\alpha^*_\mu(B_\nu) = \mu(A'_\nu) = \alpha^*_\mu(A'_\nu)$. Wegen $\alpha^*_\mu(B_\nu) < \infty$ und wegen der Maßeigenschaft von α^*_μ erhält man daher $\alpha^*_\mu(A'_\nu \setminus B_\nu) = \alpha^*_\mu(A'_\nu) - \alpha^*_\mu(B_\nu) = 0$ für alle ν. Schließlich ist $A = \bigcup A'_\nu$ ebenfalls eine Menge aus $\mathfrak{A}$ mit $B = \bigcup B_\nu \subset \bigcup A'_\nu = A$ und mit

$$0 \leqq \alpha^*_\mu(A \setminus B) = \alpha^*_\mu\Big(\bigcup_{\nu=0}^{\infty} (A'_\nu \setminus B_\nu)\Big) \leqq \sum_{\nu=0}^{\infty} \alpha^*_\mu(A'_\nu \setminus B_\nu) = 0.$$

Dies ist die erste Behauptung. Zum Beweis der zweiten Behauptung sei wieder B eine Menge aus $\mathfrak{A}_\mu$. Dann gilt auch $\complement B \in \mathfrak{A}_\mu$, und nach dem bisher Bewiesenen existiert ein $A' \in \mathfrak{A}$ mit $\complement B \subset A'$ und $\alpha^*_\mu(A' \setminus \complement B) = 0$. Es folgt $A = \complement A' \in \mathfrak{A}$, $A \subset B$ und $\alpha^*_\mu(B \setminus A) = \alpha^*_\mu(A' \setminus \complement B) = 0$. Wieder nach dem vorher Bewiesenen gibt es ein $N \in \mathfrak{A}$ mit $B \setminus A \subset N$ und $\alpha^*_\mu\big(N \setminus (B \setminus A)\big) = 0$. Wegen $N = [N \setminus (B \setminus A)] \cup [B \setminus A]$ folgt

$$\mu(N) = \alpha^*_\mu(N) = \alpha^*_\mu\big(N \setminus (B \setminus A)\big) + \alpha^*_\mu(B \setminus A) = 0.$$

Damit kann B in der Form $B = A \cup N'$ mit $N' = B \setminus A \subset N$ dargestellt werden; d.h. es gilt $B \in \hat{\mathfrak{A}}$. Es hat sich somit $\mathfrak{A}_\mu \subset \hat{\mathfrak{A}} \subset \mathfrak{A}_\mu$ also die behauptete Gleichheit ergeben. ◆

Ergänzungen und Aufgaben

24A Es sei $\mathbb{D}$ das in 23A konstruierte *Cantor*'sche Diskontinuum. Ferner sei λ der Elementarinhalt auf den Intervallen der Zahlengeraden, der zu einem Maß λ^* auf der σ-Algebra $\mathfrak{B}$ der *Borel*'schen Mengen fortgesetzt werden kann.

Aufgabe: Man beweise $\lambda^*(\mathbb{D}) = 0$ und folgere, daß $\mathfrak{B}$ eine echte Teilalgebra der Algebra aller λ-meßbaren Mengen ist und daß λ^* kein vollständiges Maß sein kann.

24B Es seien X und Y nicht leere disjunkte Mengen, und es sei $Z = X \cup Y$. Ferner sei $\mathfrak{A}$ eine σ-Algebra in X, und μ sei ein auf $\mathfrak{A}$ definiertes Maß.

Aufgabe: Man fasse $\mathfrak{A}$ als Ring aus Teilmengen von Z auf und bestimme die von $\mathfrak{A}$ in Z erzeugte σ-Algebra $\mathfrak{A}^*$. Ferner fasse man μ als Inhalt auf dem Ring $\mathfrak{A}$ auf und zeige, daß es Fortsetzungen von μ zu Maßen μ_1^* und μ_2^* auf $\mathfrak{A}^*$ mit $\mu_1^*(Y) = 0$ und $\mu_2^*(Y) = \infty$ gibt. Warum ist hier der Eindeutigkeitssatz nicht anwendbar? Welches ist das von α_μ induzierte Maß?

24C Es sei X eine überabzählbare Menge, $\mathfrak{R}$ sei der Ring aller endlichen Teilmengen von X, und für jedes $A \in \mathfrak{R}$ sei $\mu(A)$ die Anzahl der Elemente von A.

Aufgabe: Man zeige, daß μ ein σ-additiver Inhalt ist. Man bestimme $\mathfrak{A}_\sigma(\mathfrak{R})$ und zeige, daß μ nur auf genau eine Weise zu einem Maß μ^* auf $\mathfrak{A}_\sigma(\mathfrak{R})$ fortgesetzt werden kann, daß aber die Voraussetzung des Eindeutigkeitssatzes nicht erfüllt ist. Man zeige weiter, daß μ^* sogar ein vollständiges Maß ist, daß aber die Algebra $\mathfrak{A}_\mu$ der μ-meßbaren Mengen echt größer als $\mathfrak{A}_\sigma(\mathfrak{R})$ ist.

24D Es sei $\mathfrak{R}$ ein Ring, und μ sei ein auf $\mathfrak{R}$ definierter Inhalt. Ferner sei α_μ das von μ induzierte äußere Maß, und μ^* sei das von α_μ auf $\mathfrak{A}_\sigma(\mathfrak{R})$ bestimmte Maß. Dieses induziert seinerseits ein äußeres Maß α_{μ^*}.

Aufgabe: Gilt stets $\alpha_{\mu^*} = \alpha_\mu$?

24E Aufgabe: Es sei $\mathfrak{A}$ ein Ring (eine σ-Algebra), und $\mu_1, \dots, \mu_n$ seien auf $\mathfrak{A}$ definierte Inhalte (σ-additive Inhalte, Maße). Man zeige, daß im Fall positiver Konstanten $c_1, \dots, c_n$ durch

$$\mu = c_1 \mu_1 + \dots + c_n \mu_n$$

ebenfalls ein Inhalt (σ-additiver Inhalt, Maß) auf $\mathfrak{A}$ definiert wird. Gilt $\alpha_\mu = c_1 \alpha_{\mu_1} + \dots + c_n \alpha_{\mu_n}$? Unter welcher Voraussetzung kann man im Fall von Maßen $\mu_1, \dots, \mu_n$ schließen, daß μ sogar ein vollständiges Maß ist?

24F Aufgabe: Man zeige an einem Beispiel, daß ein Inhalt die Eigenschaft (2) aus 24.2 besitzen kann, ohne σ-additiv zu sein.

§ 25 Das Lebesgue'sche Maß

Die allgemeinen Ergebnisse des letzten Paragraphen sollen jetzt speziell auf den Elementarinhalt angewandt werden. Im allgemeinen sei daher X in diesem Paragraphen wieder ein euklidischer Vektorraum der endlichen Dimension k, in dem zunächst auch noch eine Orthonormalbasis $\{\mathfrak{e}_1, \dots, \mathfrak{e}_k\}$ ausgezeichnet ist. Die hinsichtlich dieser Basis gebildeten Intervalle erzeugen dann den Ring $\mathfrak{F}$ der Figuren, und der auf $\mathfrak{F}$ definierte Elementarinhalt λ ist nach 22.5 sogar σ-additiv. Wegen 24.5 kann daher λ zu einem Maß λ^* auf der von $\mathfrak{F}$ erzeugten σ-Algebra $\mathfrak{B} = \mathfrak{A}_\sigma(\mathfrak{F})$ der *Borel*'schen Mengen von X erweitert werden. Und diese Erweiterung ist auch durch λ eindeutig bestimmt: Die mit den speziellen Vektoren $\mathfrak{a}_\nu = \nu(\mathfrak{e}_1 + \dots + \mathfrak{e}_k)$ gebildeten Intervalle $J_\nu = [-\mathfrak{a}_\nu, \mathfrak{a}_\nu[$ $(\nu \in \mathbb{N})$ erfüllen offenbar die Voraussetzungen $\lambda(J_\nu) < \infty$ und $(J_\nu) \uparrow X$ des Eindeutigkeitssatzes 24.6. Es ist also λ^* das einzige Maß auf $\mathfrak{B}$, das auf dem durchschnittsstabilen σ-Erzeugendensystem der Intervalle mit dem Elementarinhalt λ übereinstimmt. Allerdings ist dieses Maß λ^* noch kein vollständiges Maß (vgl. 24A). Wegen 24.8 und 24.9 kann aber λ^* seinerseits eindeutig zu einem vollständigen Maß $\hat{\lambda}$ auf der σ-Algebra $\mathfrak{L} = \mathfrak{A}_\lambda$ der λ-meßbaren Mengen erweitert werden. Und zwar ist $\mathfrak{L}$ auch die kleinste σ-Algebra, auf der ein Erweiterungsmaß von λ^* vollständig ist. Beide Maße λ^* und $\hat{\lambda}$ entstehen durch Einschränkung des durch λ bestimmten äußeren Maßes α_λ auf die σ-Algebra $\mathfrak{B}$ bzw. $\mathfrak{L}$.

Definition 25a: *Das durch den Elementarinhalt λ eindeutig bestimmte Maß λ^* auf der σ-Algebra $\mathfrak{B}$ der Borel'schen Mengen von X heißt das* **Borel-Lebesgue'sche Maß**. *Die σ-Algebra $\mathfrak{L}$ der λ-meßbaren Mengen wird* **Lebesgue'sche Algebra** *und die Mengen aus $\mathfrak{L}$ werden* **Lebesgue'sche Mengen** *genannt. Das ebenfalls durch λ eindeutig bestimmte vollständige Maß $\hat{\lambda}$ auf $\mathfrak{L}$ wird als* **Lebesgue'sches Maß** *bezeichnet.*

Da sich λ, λ^* und $\hat{\lambda}$ wechselseitig eindeutig bestimmen, sollen sie weiterhin im allgemeinen mit demselben Buchstaben λ ohne Unterscheidungsmerkmal bezeichnet werden. Eine etwa erforderliche Unterscheidung erfolgt dann durch Angabe des jeweiligen Definitionsbereichs. Bisweilen wird jedoch λ (und entsprechend werden $\mathfrak{F}$, $\mathfrak{B}$, $\mathfrak{L}$) die Dimensionszahl des Raumes als oberen Index erhalten, wenn es sich beim Auftreten mehrerer Vektorräume entsprechend um verschiedene Maße handelt. Um einen ersten Überblick zu gewinnen sollen nun zunächst einige Beispiele speziell für Nullmengen angegeben werden.

25.I Jede einpunktige Teilmenge von X ist abgeschlossen und daher eine *Borel*'sche Menge (23.5). Da sie außerdem in Intervallen beliebig kleinen Inhalts enthalten ist, besitzt sie das Maß Null, ist also eine *Borel-Lebesgue*'sche Nullmenge.
Weiter ist jede abzählbare Teilmenge von X als Vereinigung einer Folge einpunktiger Mengen ebenfalls eine *Borel*'sche Menge, deren Maß als Summe der Maße der einpunktigen Mengen gleichfalls Null ist. Damit hat sich ergeben

25.1 *Jede abzählbare Teilmenge von X ist eine Borel-Lebesgue'sche Nullmenge.*

So ist z. B. die Menge $\mathbb{Q}$ aller rationalen Zahlen eine *Borel-Lebesgue*'sche Nullmenge auf der Zahlengeraden, obwohl sie dort dicht liegt. Es gilt also $\lambda^1(\mathbb{Q}) = 0$, wegen $\overline{\mathbb{Q}} = \mathbb{R}$ aber $\lambda^1(\overline{\mathbb{Q}}) = \infty$. Allgemein ist die Hülle einer meßbaren Menge A als abgeschlossene Menge sogar eine *Borel*'sche Menge, für die wegen der Isotonie des Maßes jedenfalls $\lambda(\overline{A}) \geqq \lambda(A)$ gilt. Das Beispiel der rationalen Zahlen hat aber gezeigt, daß hierbei die Gleichheit ausgeschlossen sein kann.

25.II Nullmengen brauchen keineswegs abzählbar zu sein, wie das folgende Beispiel zeigt. Es sei U der durch $x_1 = 0$ gekennzeichnete Unterraum von X, also der Orthogonalraum zu $\mathfrak{e}_1$. Dabei sei Dim $X = k > 1$ vorausgesetzt, also Dim $U = k - 1 > 0$. Bei gegebenem $\varepsilon > 0$ werde nun jeder positiven natürlichen Zahl n der Vektor

$$\mathfrak{a}_n = n\left(\frac{\varepsilon}{2^{k+n}n^k}\mathfrak{e}_1 + \mathfrak{e}_2 + \ldots + \mathfrak{e}_k\right)$$

zugeordnet. Für die Intervalle $J_n = [-\mathfrak{a}_n, \mathfrak{a}_n[$ gilt dann

$$\lambda^k(J_n) = \frac{\varepsilon}{2^n} \qquad \textit{und} \qquad U \subset \bigcup_{n=1}^{\infty} J_n.$$

Da U als abgeschlossene Teilmenge von X jedenfalls eine *Borel*'sche Menge ist, folgt hieraus

$$\lambda^k(U) \leqq \sum_{n=1}^{\infty} \lambda^k(J_n) = \left(\sum_{n=1}^{\infty} \frac{1}{2^n}\right)\varepsilon = \varepsilon$$

für jedes $\varepsilon > 0$, also $\lambda^k(U) = 0$. Der Unterraum U ist also eine k-dimensionale Nullmenge. Faßt man hingegen U als Vektorraum für sich auf, so gilt natürlich $\lambda^{k-1}(U) = \infty$. Hier kommt es beim Maß also wesentlich auf die Dimensionszahl an. Entsprechendes gilt selbstverständlich für die Orthogonalräume der anderen Basisvektoren.

Ein analoger Beweis ließe sich sogar für jede niederdimensionale lineare Teilmannigfaltigkeit von X führen. Dies erübrigt sich jedoch wegen der anschließenden Untersuchungen.

Ein weiteres wichtiges Beispiel für eine überabzählbare *Borel-Lebesgue*'sche Nullmenge bildet das in 23A und 24A behandelte *Cantor*'sche Diskontinuum. Mit seiner Hilfe ergibt sich die Existenz *Lebesgue*'scher Mengen, die keine *Borel*'schen Mengen sind. Die *Lebesgue*'sche Algebra $\mathfrak{L}$ ist also eine echte Oberalgebra von $\mathfrak{B}$, weswegen umgekehrt das *Borel-Lebesgue*'sche Maß nicht vollständig sein kann.

Die folgenden Untersuchungen dienen unter anderem der Beseitigung einer störenden Zusatzvoraussetzung, nämlich der willkürlichen Auszeichnung einer Orthonormalbasis. Der Intervallbegriff, der Ring $\mathfrak{F}$ der Figuren und λ hängen ja zunächst noch von dieser Auswahl ab. Lediglich für die *Borel*'sche Algebra ergab sich mit Hilfe von 23.5 die Unabhängigkeit von der Basiswahl. Hier wird sich nun zeigen, daß das *Borel-Lebesgue*'sche und das *Lebesgue*'sche Maß bewegungs- und spieglungsinvariant, also ebenfalls unabhängig von der Auswahl der Orthonormalbasis sind. Vorbereitend hierzu zunächst eine allgemeine Vorbetrachtung, in der es sich wieder um Maße auf einer beliebigen Menge handelt.

25.2 *Es seien X und Y zwei Mengen, und $\varphi: X \to Y$ sei eine surjektive Abbildung. Ferner sei $\mathfrak{A}$ eine σ-Algebra aus Teilmengen von Y, und μ sei ein auf $\mathfrak{A}$ definiertes Maß. Dann ist*

$$_\varphi\mathfrak{A} = \{\varphi^-(A) : A \in \mathfrak{A}\}$$

eine σ-Algebra in X, und durch

$$_\varphi\mu(B) = \mu(\varphi B) \qquad (B \in {_\varphi\mathfrak{A}})$$

wird ein Maß $_\varphi\mu$ auf $_\varphi\mathfrak{A}$ definiert. Ist hierbei φ sogar bijektiv, so ist mit μ auch $_\varphi\mu$ ein vollständiges Maß.

Beweis: Wegen $Y \in \mathfrak{A}$ und $X = \varphi^-(Y)$ gilt $X \in {_\varphi\mathfrak{A}}$. Weiter sei (B_ν) eine Folge aus $_\varphi\mathfrak{A}$. Es gibt also Mengen $A_\nu \in \mathfrak{A}$ mit $B_\nu = \varphi^-(A_\nu)$. Wegen $A = \bigcup A_\nu \in \mathfrak{A}$ und wegen

$$B = \bigcup_\nu B_\nu = \bigcup_\nu \varphi^-(A_\nu) = \varphi^-(\bigcup_\nu A_\nu) = \varphi^-(A)$$

folgt $B \in {_\varphi\mathfrak{A}}$. Für $B = \varphi^-(A) \in {_\varphi\mathfrak{A}}$ ergibt sich wegen $A \in \mathfrak{A}$, also auch $\complement A \in \mathfrak{A}$, und wegen $\complement B = \complement(\varphi^-(A)) = \varphi^-(\complement A)$ schließlich $\complement B \in {_\varphi\mathfrak{A}}$. Daher ist $_\varphi\mathfrak{A}$ eine σ-Algebra.

Ist B eine Menge aus $_\varphi\mathfrak{A}$, so gibt es eine Menge $A \in \mathfrak{A}$ mit $B = \varphi^-(A)$. Diese Menge A ist aber dann umgekehrt auch durch B eindeutig bestimmt: Wegen der vorausgesetzten Surjektivität von φ gilt nämlich $A = \varphi B$. Aus $B \in {_\varphi\mathfrak{A}}$ folgt also $\varphi B \in \mathfrak{A}$, so daß die Definition von $_\varphi\mu$ überhaupt sinnvoll ist. Es gilt

$$_\varphi\mu(\emptyset) = \mu(\varphi\emptyset) = \mu(\emptyset) = 0.$$

Weiter sei (B_ν) eine disjunkte Folge aus $_\varphi\mathfrak{A}$. Wegen $B_\nu = \varphi^-(\varphi B_\nu)$ ist dann (φB_ν) eine ebenfalls disjunkte Folge aus $\mathfrak{A}$, und man erhält

$$_\varphi\mu(\bigcup_\nu B_\nu) = {_\varphi\mu}(\bigcup_\nu \varphi^-(\varphi B_\nu)) = {_\varphi\mu}(\varphi^- \bigcup_\nu (\varphi B_\nu)) =$$
$$= \mu(\bigcup_\nu (\varphi B_\nu)) = \sum_\nu \mu(\varphi B_\nu) = \sum_\nu {_\varphi\mu}(B_\nu).$$

Daher ist $_\varphi\mu$ ein Maß auf $_\varphi\mathfrak{A}$.

Schließlich sei μ ein vollständiges Maß, und B' sei Teilmenge einer $_\varphi\mu$-Nullmenge B. Dann gilt $\varphi B' \subset \varphi B$ und $\mu(\varphi B) = {_\varphi\mu}(B) = 0$. Es ist also φB eine μ-Nullmenge, und wegen der Vollständigkeit von μ ist dann die Teilmenge $\varphi B'$ von φB eine Menge aus $\mathfrak{A}$. Ist nun φ injektiv, so folgt $B' = \varphi^-(\varphi B') \in {_\varphi\mathfrak{A}}$; d.h. auch $_\varphi\mu$ ist vollständig. ◆

Der soeben bewiesene Satz wird hier besonders in Form der nachstehenden

Folgerung benutzt, die sich wieder auf den Spezialfall eines euklidischen Raumes und des *Lebesgue*'schen Maßes bezieht.

25.3 *Es seien die Voraussetzungen aus* 25.2 *erfüllt, es sei jedoch X speziell ein euklidischer Vektorraum. Ferner enthalte die* σ*-Algebra* ${}_\varphi\mathfrak{A}$ *alle hinsichtlich einer festen Orthonormalbasis von X gebildeten Intervalle, und für jedes solche Intervall J gelte* ${}_\varphi\mu(J)=\lambda(J)$. *Dann stimmt das Maß* ${}_\varphi\mu$ *auch auf der* σ*-Algebra* $\mathfrak{B}$ *der Borel'schen Teilmengen von X mit dem Borel-Lebesgue'schen Maß* λ *überein und im Fall eines vollständigen Maßes* μ *und einer injektiven Abbildung* φ *sogar auf der Lebesgue'schen* σ*-Algebra* $\mathfrak{L}$ *mit dem Lebesgue'schen Maß. Es gilt also* $\mathfrak{B}\subset{}_\varphi\mathfrak{A}$ *bzw.* $\mathfrak{L}\subset{}_\varphi\mathfrak{A}$ *und* ${}_\varphi\mu(A)=\lambda(A)$ *für alle* $A\in\mathfrak{B}$ *bzw.* $A\in\mathfrak{L}$.

Beweis: Das System $\mathfrak{E}$ aller Intervalle ist ein σ-Erzeugendensystem von $\mathfrak{B}$. Aus der Voraussetzung $\mathfrak{E}\subset{}_\varphi\mathfrak{A}$ folgt daher $\mathfrak{B}\subset{}_\varphi\mathfrak{A}$. Da außerdem ${}_\varphi\mu$ und λ auf $\mathfrak{E}$ übereinstimmen und $\mathfrak{E}$ die Voraussetzungen des Eindeutigkeitssatzes 24.6 erfüllt, müssen die Maße ${}_\varphi\mu$ und λ auch auf $\mathfrak{B}$ übereinstimmen. Ist μ vollständig und φ injektiv, so ist nach 25.2 auch ${}_\varphi\mu$ vollständig. Daher muß sogar $\mathfrak{L}\subset{}_\varphi\mathfrak{A}$ erfüllt sein, und wieder wegen der Eindeutigkeit der Fortsetzung (24.8, 24.9) stimmen jetzt ${}_\varphi\mu$ und λ sogar auf $\mathfrak{L}$ überein. ◆

Unter einer **Translation** des Vektorraums X versteht man bekanntlich eine Abbildung $\tau: X\to X$, für die $\tau\mathfrak{x}=\mathfrak{x}+\mathfrak{a}$ mit einem festen **Translationsvektor** $\mathfrak{a}$ gilt. Jede Translation ist bijektiv: Die inverse Abbildung zu τ ist die Translation mit dem Translationsvektor $-\mathfrak{a}$.

25.4 *Das Borel-Lebesgue'sche und das Lebesgue'sche Maß sind translationsinvariant: Ist* $\tau: X\to X$ *eine Translation, so ist mit A auch* τA *eine Borel'sche bzw. Lebesgue'sche Menge, und es gilt* $\lambda(\tau A)=\lambda(A)$.

Beweis: Translationen bilden Intervalle auf Intervalle ab und ändern Koordinatendifferenzen nicht. Daher gilt $\lambda(\tau J)=\lambda(J)$ für alle Intervalle und beliebige Translationen, und die σ-Algebren ${}_\tau\mathfrak{B}$ und ${}_\tau\mathfrak{L}$ enthalten alle Intervalle. Ferner stimmen wegen ${}_\tau\lambda(J)=\lambda(\tau J)=\lambda(J)$ die Maße ${}_\tau\lambda$ und λ auf den Intervallen überein. Wegen 25.3 folgt die Behauptung $\lambda(\tau A)={}_\tau\lambda(A)=\lambda(A)$ für alle $A\in\mathfrak{B}$ bzw. $A\in\mathfrak{L}$. ◆

25.5 *Es sei* $\varphi: X\to X$ *eine reguläre lineare Abbildung, und* J^* *sei ein fest gewähltes und nicht leeres Intervall. Dann gilt für alle* $A\in\mathfrak{L}$

$${}_\varphi\lambda(A)=\frac{{}_\varphi\lambda(J^*)}{\lambda(J^*)}\,\lambda(A).$$

Beweis: Es bedeute $\tau_\mathfrak{a}$ die Translation mit dem Translationsvektor $\mathfrak{a}$ und σ_c die durch $\sigma_c \mathfrak{x} = c\mathfrak{x}$ definierte Dilatation. Mit Dim $X = k$ gilt offenbar für jedes Intervall J

$$\lambda(\sigma_c J) = |c|^k \lambda(J).$$

Zunächst sei nun J ein zu J^* ähnliches Intervall; es gelte also $J = \tau_{\mathfrak{a}} \circ \sigma_c(J^*)$ mit einem geeigneten Translationsvektor $\mathfrak{a}$ und einem Ähnlichkeitsfaktor $c \geqq 0$. Wegen

$$(\varphi \circ \tau_{\mathfrak{a}} \circ \sigma_c)\mathfrak{x} = \varphi(c\mathfrak{x} + \mathfrak{a}) = c(\varphi\mathfrak{x}) + \varphi\mathfrak{a} = \tau_{\varphi\mathfrak{a}} \circ \sigma_c(\varphi\mathfrak{x})$$

und wegen der Translationsinvarianz des *Lebesgue*'schen Maßes (25.4) folgt

$$\begin{aligned} {}_{\varphi}\lambda(J) &= \lambda(\varphi J) = \lambda\big(\varphi \circ \tau_{\mathfrak{a}} \circ \sigma_c(J^*)\big) = \lambda\big(\tau_{\varphi\mathfrak{a}} \circ \sigma_c(\varphi J^*)\big) = \lambda\big(\sigma_c(\varphi J^*)\big) \\ &= c^k \lambda(\varphi J^*). \end{aligned}$$

Und zwar gilt diese Gleichung für beliebige lineare Abbildungen $\varphi: X \rightarrow X$. Man kann also φ speziell durch die Identität ersetzen und erhält $\lambda(J) = c^k \lambda(J^*)$, wegen $\lambda(J^*) \neq 0$ somit wieder im allgemeinen Fall

$$(*) \qquad {}_{\varphi}\lambda(J) = \frac{\lambda(\varphi J^*)}{\lambda(J^*)} \lambda(J)$$

für alle zu J^* ähnlichen Intervalle mit dem von J unabhängigen Faktor

$$a = \frac{\lambda(\varphi J^*)}{\lambda(J^*)} = \frac{{}_{\varphi}\lambda(J^*)}{\lambda(J^*)}.$$

Da sich aber jedes Intervall als Vereinigung einer disjunkten Folge zu J^* ähnlicher Intervalle darstellen läßt, gilt (*) sogar für beliebige Intervalle J.
Im Fall einer regulären Abbildung φ ist φJ^* ein nicht entartetes Parallelotop, so daß $\lambda(\varphi J^*) > 0$ und damit auch $a > 0$ gilt. Setzt man also $\mu = \frac{1}{a}\lambda$, so ist auch μ ein auf der *Lebesgue*'schen Algebra $\mathfrak{L}$ definiertes Maß mit ${}_{\varphi}\mu = \frac{1}{a}\,{}_{\varphi}\lambda$, und aus (*) folgt

$${}_{\varphi}\mu(J) = \frac{1}{a}\,{}_{\varphi}\lambda(J) = \lambda(J)$$

für alle Intervalle. Ferner enthält ${}_{\varphi}\mathfrak{L}$ alle offenen Mengen: $\mathfrak{L}$ enthält nämlich alle offenen Mengen, und wegen der Stetigkeit von φ und φ^{-1} sind die Urbilder der offenen Mengen wieder genau die offenen Mengen. Da die offenen Mengen aber ein σ-Erzeugendensystem von $\mathfrak{B}$ bilden, folgt $\mathfrak{B} \subset {}_{\varphi}\mathfrak{L}$, so daß ${}_{\varphi}\mathfrak{L}$ jedenfalls auch alle Intervalle enthält. Mit Hilfe von 25.3 ergibt sich daher für alle $A \in \mathfrak{L}$

die Behauptung

$$_{\varphi}\lambda(A) = a\,_{\varphi}\mu(A) = a\lambda(A). \quad \blacklozenge$$

Die wichtigste Konsequenz aus diesem Satz ist nun

25.6 *Das Borel-Lebesgue'sche und das Lebesgue'sche Maß sind bewegungs- und spieglungsinvariant: Ist φ eine Bewegung oder Spieglung, so ist mit A auch φA eine Borel'sche bzw. Lebesgue'sche Menge, und es gilt $\lambda(\varphi A) = \lambda(A)$.*

Beweis: Eine Bewegung und ebenso eine Spiegelung an einer Hyperebene läßt sich aus einer orthogonalen Abbildung und einer nachfolgenden Translation zusammensetzen. Wegen der schon in 25.4 bewiesenen Translationsinvarianz von λ muß jetzt also nur noch die Invarianz gegenüber orthogonalen Abbildungen bewiesen werden.
Die Einheitskugel $K = \{\mathfrak{x} : |\mathfrak{x}| \leqq 1\}$ ist als abgeschlossene Menge jedenfalls eine *Borel*'sche Menge, für die außerdem $\lambda(K) > 0$ gilt. Es sei nun φ eine orthogonale Abbildung, die also längentreu ist und für die somit $\varphi K = K$ gilt. Es folgt $_{\varphi}\lambda(K) = \lambda(\varphi K) = \lambda(K)$, so daß der in der Gleichung aus 25.5 auftretende Faktor, der ja nicht von A abhängt, den Wert Eins besitzen muß. Damit gilt dann aber $\lambda(\varphi A) = {_{\varphi}\lambda(A)} = \lambda(A)$ für alle *Borel*'schen bzw. *Lebesgue*'schen Mengen A. ◆

Dieser Satz besagt nun, daß das *Borel-Lebesgue*'sche und das *Lebesgue*'sche Maß tatsächlich von der Wahl der jeweiligen Orthonormalbasis unabhängig sind: Einem Wechsel der Orthonormalbasis entspricht ja eine orthogonale Abbildung, die nach dem soeben Bewiesenen das Maß λ unverändert läßt. $\mathfrak{B}$, $\mathfrak{L}$ und λ sind also allein durch die Struktur des euklidischen Raumes bestimmt.

25.7 *Es sei L eine lineare Mannigfaltigkeit in X mit* $\operatorname{Dim} L < \operatorname{Dim} X$. *Dann ist L eine Borel-Lebesgue'sche Nullmenge, es gilt also $\lambda(L) = 0$.*

Beweis: Als abgeschlossene Menge ist L auch eine Borel'sche Menge. Ferner gilt $L = \varphi V$ mit einer Bewegung φ und einem Unterraum V, der in dem Unterraum U aus 25.II enthalten ist. Wegen der Bewegungsinvarianz von λ folgt somit

$$0 \leqq \lambda(L) = \lambda(V) \leqq \lambda(U) = 0$$

und damit die Behauptung. ◆

Hinsichtlich einer beliebigen Basis gebildete offene bzw. abgeschlossene Intervalle

$$]\mathfrak{a},\mathfrak{b}[=\{\mathfrak{x}:\ a_\kappa < x_\kappa < b_\kappa (\kappa = 1,\ldots,k)\},$$

$$[\mathfrak{a},\mathfrak{b}]=\{\mathfrak{x}:\ a_\kappa \leqq x_\kappa \leqq b_\kappa (\kappa = 1,\ldots,k)\}$$

entstehen aus Intervallen der Form $[\mathfrak{a},\mathfrak{b}[$ bzw. $]\mathfrak{a},\mathfrak{b}]$ durch Fortlassen bzw. Hinzufügen von „Seitenflächen", die ihrerseits *Borel*'sche Teilmengen von linearen Mannigfaltigkeiten niederer Dimension, also Nullmengen sind. Daher gilt

$$\lambda(]\mathfrak{a},\mathfrak{b}[)=\lambda(]\mathfrak{a},\mathfrak{b}])=\lambda([\mathfrak{a},\mathfrak{b}[)=\lambda([\mathfrak{a},\mathfrak{b}]).$$

25.8 *Für jede lineare Abbildung $\varphi: X \to X$ und für alle Lebesgue'schen Mengen A gilt*

$$\lambda(\varphi A) = |\mathrm{Det}\ \varphi|\, \lambda(A).$$

Beweis: Ist φ singulär, so ist φX ein Unterraum niederer Dimension. Wegen 25.7 folgt $\lambda(\varphi X)=0$, wegen $\varphi A \subset \varphi X$ und der Vollständigkeit von λ also auch $\lambda(\varphi A)=0$. Da andererseits $\mathrm{Det}\ \varphi = 0$ gilt, ist die Behauptung in diesem Fall erfüllt.
Weiter sei jetzt φ regulär. Dann gilt $\varphi = \varphi_1 \circ \varphi_2$ mit einer orthogonalen Abbildung φ_1 und einer selbstadjungierten Abbildung φ_2, die lauter positive Eigenwerte besitzt (vgl. L.A. 23.8). Wegen $|\mathrm{Det}\ \varphi_1| = 1$, $\mathrm{Det}\ \varphi_2 > 0$ und wegen der Invarianz des *Lebesgue*'schen Maßes gegenüber orthogonalen Abbildungen gilt

$$\lambda(\varphi A) = \lambda(\varphi_2 A) \qquad \textit{und} \qquad |\mathrm{Det}\ \varphi| = \mathrm{Det}\ \varphi_2,$$

so daß nur noch $\lambda(\varphi_2 A) = (\mathrm{Det}\ \varphi_2)\, \lambda(A)$ bewiesen werden muß.
Da φ_2 selbstadjungiert ist, gibt es eine Orthonormalbasis $\{\mathfrak{e}_1, \ldots, \mathfrak{e}_k\}$ aus Eigenvektoren von φ_2, zu denen entsprechend positive Eigenwerte $c_1, \ldots, c_k$ gehören. Für das hinsichtlich dieser Orthonormalbasis gebildete Intervall

$$J^* = \{x_1\mathfrak{e}_1 + \ldots + x_k\mathfrak{e}_k: \quad 0 \leqq x_\kappa < 1\ (\kappa = 1, \ldots, k)\}$$

gilt dann offenbar

$$\varphi_2(J^*) = \{x_1\mathfrak{e}_1 + \ldots + x_k\mathfrak{e}_k: \quad 0 \leqq x_\kappa < c_\kappa\ (\kappa = 1, \ldots, k)\}$$

und daher

$$\lambda(\varphi_2 J^*) = c_1 \cdot c_2 \ldots c_k \cdot \lambda(J^*) = (\mathrm{Det}\ \varphi_2)\, \lambda(J^*).$$

Hieraus ergibt sich die Behauptung unmittelbar mit Hilfe von 25.5. ◆

Ergänzungen und Aufgaben

25A Da die Menge $\mathbb{Q}$ der rationalen Zahlen eine *Borel-Lebesgue*'sche Nullmenge ist, wird sie von abzählbar vielen Intervallen überdeckt, deren Gesamtlänge unterhalb einer vorgegebenen Schranke liegt.

Aufgabe: Man bestimme zu gegebenem $\varepsilon > 0$ disjunkte Intervalle $J_\nu (\nu \in \mathbb{N})$ auf der Zahlengeraden mit $\mathbb{Q} \subset \bigcup J_\nu$ und $\sum \lambda(J_\nu) < \varepsilon$.

25B Es sei f eine auf dem reellen Intervall $J = [a, b]$ definierte beschränkte reellwertige Funktion, und M sei die Menge der Unstetigkeitsstellen von f.

Aufgabe: (a) Es sei M_n die Menge aller derjenigen Punkte $x \in J$, für die

$$\lim_{\substack{\delta \to 0 \\ \delta > 0}} \Big(\sup_{y \in U_\delta(x)} f(y) - \inf_{y \in U_\delta(x)} f(y) \Big) \geqq \frac{1}{n}$$

gilt. Man beweise $\lambda(M_n) = 0$ für $n = 1, 2, 3, \ldots$ unter der Voraussetzung, daß f auf J im *Riemann*'schen Sinn integrierbar ist, und folgere $\lambda(M) = 0$.

(b) Umgekehrt folgere man aus $\lambda(M) = 0$ die Integrierbarkeit von f auf J im *Riemann*'schen Sinn.

Zusammenfassend ergibt sich hieraus der Satz, daß eine beschränkte reellwertige Funktion genau dann auf einem kompakten Intervall im *Riemann*'schen Sinn integrierbar ist, wenn ihre Unstetigkeitsstellen eine *Lebesgue*'sche Nullmenge bilden.

§ 26 Meßbare Abbildungen

Zur Definition eines Maßes gehören drei Bestimmungsstücke: Die Grundmenge X, die σ-Algebra $\mathfrak{A}$ aus Teilmengen von X und die auf $\mathfrak{A}$ definierte Maßfunktion μ. Häufig kommt es aber weniger auf die Wertverteilung von μ an, sondern im Vordergrund steht die σ-Algebra. Es ist daher zweckmäßig, bereits das Paar $(X, \mathfrak{A})$ besonders zu kennzeichnen.

Definition 26a: *Ein Paar $(X, \mathfrak{A})$, bestehend aus einer Menge X und einer σ-Algebra $\mathfrak{A}$ aus Teilmengen von X, wird ein* **Meßraum** *genannt. Ist außerdem auf $\mathfrak{A}$ ein Maß μ definiert, so heißt das Tripel $(X, \mathfrak{A}, \mu)$ ein* **Maßraum.**

In diesem Paragraphen sollen nun Abbildungen zwischen Meßräumen untersucht werden, die mit den durch die σ-Algebren bestimmten Strukturen in ähnlicher Weise gekoppelt sind wie die stetigen Abbildungen mit den topologischen Strukturen. Stetige Abbildungen zwischen Vektorräumen konnten ja dadurch gekennzeichnet werden, daß bei ihnen die Urbilder offener bzw. abgeschlossener Mengen wieder solche Mengen sind (7.7). Eine völlig analoge Begriffsbildung führt hier zu den meßbaren Abbildungen.

Definition 26b: *Es seien* $(X, \mathfrak{A})$ *und* $(Y, \mathfrak{A}^*)$ *Meßräume. Eine Abbildung* $\varphi: X \to Y$ *wird dann* **$\mathfrak{A}$-$\mathfrak{A}^*$-meßbar** *genannt, wenn* $\varphi^-(A^*) \in \mathfrak{A}$ *für alle* $A^* \in \mathfrak{A}^*$ *erfüllt ist.*

Gleichwertig mit dieser Meßbarkeitsbedingung ist mit den Bezeichnungen aus 25.2 die Beziehung ${}_\varphi\mathfrak{A}^* \subset \mathfrak{A}$. Bisweilen hat man es auch mit Abbildungen zu tun, die nicht auf ganz X, sondern nur auf einer Teilmenge D von X definiert sind, so daß D als neue Grundmenge zu betrachten ist. Nun ergibt sich aber unmittelbar, daß mit $\mathfrak{A}$ auch

$$\mathfrak{A}_D = \{A \cap D : A \in \mathfrak{A}\}$$

eine σ-Algebra ist, und zwar aus Teilmengen von D. Es ist also $(D, \mathfrak{A}_D)$ ein Meßraum, so daß jetzt die $\mathfrak{A}_D$-$\mathfrak{A}^*$-Meßbarkeit von φ definiert ist. Zur Vereinfachung der Bezeichnung soll φ aber auch in diesem Fall $\mathfrak{A}$-$\mathfrak{A}^*$-meßbar (auf D) genannt werden.

26.1 *Eine Abbildung* $\varphi: X \to Y$ *ist bereits dann* $\mathfrak{A}$-$\mathfrak{A}^*$-*meßbar, wenn* $\varphi^-(A^*) \in \mathfrak{A}$ *lediglich für alle Mengen* A^* *aus einem* σ-*Erzeugendensystem* $\mathfrak{E}^*$ *von* $\mathfrak{A}^*$ *erfüllt ist.*

Beweis: Das System

$$\mathfrak{A}' = \{M : M \subset Y \wedge \varphi^-(M) \in \mathfrak{A}\}$$

aller Teilmengen von Y mit Urbildern in $\mathfrak{A}$ ist eine σ-Algebra: Wegen $\varphi^-(Y) = X \in \mathfrak{A}$ gilt $Y \in \mathfrak{A}'$. Aus $M \in \mathfrak{A}'$, also $\varphi^-(M) \in \mathfrak{A}$, folgt $\varphi^-(\complement_Y M) = \complement_X \varphi^-(M) \in \mathfrak{A}$ und damit $\complement_Y M \in \mathfrak{A}'$. Schließlich enthält $\mathfrak{A}'$ mit einer Folge (M_ν) wegen $\varphi^-(\bigcup M_\nu) = \bigcup \varphi^-(M_\nu) \in \mathfrak{A}$ auch deren Vereinigungsmenge. Nach Voraussetzung gilt außerdem $\mathfrak{E}^* \subset \mathfrak{A}'$ und daher $\mathfrak{A}^* = \mathfrak{A}_\sigma(\mathfrak{E}^*) \subset \mathfrak{A}'$. Das ist die Behauptung. ◆

Unmittelbar aus der Definition folgt, daß die Hintereinanderschaltung meßbarer Abbildungen wieder auf meßbare Abbildungen führt.

26.2 *Es seien* $(X, \mathfrak{A})$, $(Y, \mathfrak{A}^*)$ *und* $(Z, \mathfrak{A}^{**})$ *Meßräume. Ferner sei* $\varphi: X \to Y$ *eine* $\mathfrak{A}$-$\mathfrak{A}^*$-*meßbare und* $\psi: Y \to Z$ *eine* $\mathfrak{A}^*$-$\mathfrak{A}^{**}$-*meßbare Abbildung. Dann ist auch* $\psi \circ \varphi$ *eine* $\mathfrak{A}$-$\mathfrak{A}^{**}$-*meßbare Abbildung.*

Anders als in 25.2 können meßbare Abbildungen dazu benutzt werden, Maße in der direkten Richtung zu übertragen.

26.3 *Es seien* $(X, \mathfrak{A}, \mu)$ *ein Maßraum,* $(Y, \mathfrak{A}^*)$ *ein Meßraum und* $\varphi: X \to Y$ *eine* $\mathfrak{A}$-$\mathfrak{A}^*$*-meßbare Abbildung. Dann wird durch*

$$\mu_\varphi(A^*) = \mu\big(\varphi^-(A^*)\big) \qquad (A^* \in \mathfrak{A}^*)$$

ein Maß μ_φ *auf* $\mathfrak{A}^*$ *definiert, das das* **Bildmaß** *von* μ *bei der Abbildung* φ *genannt wird. Mit einem weiteren Meßraum* $(Z, \mathfrak{A}^{**})$ *und einer* $\mathfrak{A}^*$-$\mathfrak{A}^{**}$*-meßbaren Abbildung* $\psi: Y \to Z$ *gilt* $\mu_{\psi\circ\varphi} = (\mu_\varphi)_\psi$.

Beweis: Wegen $\varphi^-(\emptyset) = \emptyset$ erhält man $\mu_\varphi(\emptyset) = \mu\big(\varphi^-(\emptyset)\big) = \mu(\emptyset) = 0$. Ist weiter (A_ν^*) eine disjunkte Folge aus $\mathfrak{A}^*$, so ist $\big(\varphi^-(A_\nu^*)\big)$ eine ebenfalls disjunkte Folge aus $\mathfrak{A}$, so daß sich

$$\mu_\varphi\big(\bigcup_\nu A_\nu^*\big) = \mu\big(\varphi^-\big(\bigcup_\nu A_\nu^*\big)\big) = \mu\big(\bigcup_\nu \varphi^-(A_\nu^*)\big) = \sum_\nu \mu\big(\varphi^-(A_\nu^*)\big) = \sum_\nu \mu_\varphi(A_\nu^*)$$

ergibt. Daher ist μ_φ ein Maß auf $\mathfrak{A}^*$. Wegen

$$\begin{aligned}\mu_{\psi\circ\varphi}(A^{**}) &= \mu\big((\psi\circ\varphi)^- A^{**}\big) = \mu\big(\varphi^-(\psi^-(A^{**}))\big)\\ &= \mu_\varphi\big(\psi^-(A^{**})\big) = (\mu_\varphi)_\psi(A^{**})\end{aligned}$$

gilt auch die zweite Behauptung. ◆

Bei allen weiteren Untersuchungen wird zumindest der Bildraum Y immer ein euklidischer Vektorraum mit $\operatorname{Dim} Y = r$ sein, und er wird als Meßraum immer hinsichtlich der σ-Algebra $\mathfrak{B}(Y)$ der *Borel*'schen Teilmengen aufgefaßt. Zur Bezeichnungsvereinfachung soll daher folgende Verabredung getroffen werden:

Im Fall eines Meßraums $(X, \mathfrak{A})$ *und eines Vektorraums* Y *wird eine* $\mathfrak{A}$-$\mathfrak{B}(Y)$*-meßbare Abbildung* $\varphi: X \to Y$ *kürzer nur* $\mathfrak{A}$*-meßbar genannt. Ist auch* X *ein euklidischer Vektorraum, so wird unter einer meßbaren Abbildung (ohne weiteren Zusatz) stets eine* $\mathfrak{B}(X)$-$\mathfrak{B}(Y)$*-meßbare Abbildung verstanden.*

Wegen $\mathfrak{B}(X) \subset \mathfrak{L}(X)$ folgt aus der Meßbarkeit, also aus der $\mathfrak{B}(X)$-Meßbarkeit, auch die $\mathfrak{L}(X)$-Meßbarkeit.

26.4 *Es seien* X *und* Y *Vektorräume. Ist dann* $\varphi: X \to Y$ *eine stetige oder spezieller eine lineare Abbildung, so ist* φ *meßbar.*

Beweis: Die offenen Teilmengen von Y bilden ein σ-Erzeugendensystem von $\mathfrak{B}(Y)$. Außerdem sind die Urbilder offener Mengen wegen der Stetigkeit von φ ebenfalls offen, liegen also in $\mathfrak{B}(X)$. Die Behauptung folgt daher mit Hilfe von 26.1. Erst recht gilt sie dann für lineare Abbildungen, die ja im Fall endlicher Dimension stetig sind. ◆

Der folgende Satz zeigt, daß man sich weitgehend auf die Untersuchung reellwertiger Abbildungen beschränken kann. Dabei ist $\mathbb{R}$ als eindimensionaler Vektorraum aufzufassen, so daß die Meßbarkeit auch in diesem Fall definiert ist.

26.5 *Es sei $(X, \mathfrak{A})$ ein Meßraum, und Y sei ein euklidischer Vektorraum. Ferner seien $\varphi_1, \ldots, \varphi_r$ hinsichtlich einer Basis von Y die Koordinatenabbildungen einer Abbildung $\varphi: X \to Y$. Dann gilt: Die Abbildung φ ist genau dann $\mathfrak{A}$-meßbar, wenn alle Koordinatenabbildungen $\varphi_1, \ldots, \varphi_r$ ebenfalls $\mathfrak{A}$-meßbar sind.*

Beweis: Mit der Projektionsabbildung π_ϱ, die jedem Vektor seine ϱ-te Koordinate zuordnet, gilt $\varphi_\varrho = \pi_\varrho \circ \varphi$ $(\varrho = 1, \ldots, r)$. Da π_ϱ als lineare Abbildung nach 26.4 meßbar ist (nämlich $\mathfrak{B}(Y)$ - $\mathfrak{B}(\mathbb{R})$-meßbar), sind im Fall einer meßbaren Abbildung φ wegen 26.2 auch alle Koordinatenabbildungen meßbar.
Umgekehrt seien jetzt alle Koordinatenabbildungen meßbar. Zusätzlich werde jedoch zunächst vorausgesetzt, daß es sich in Y um eine Orthonormalbasis handelt. Ist nun J ein bezüglich dieser Basis gebildetes Intervall, so sind die Mengen $J_\varrho = \pi_\varrho J$ Intervalle von $\mathbb{R}$, und es gilt $J = \pi_1^-(J_1) \cap \ldots \cap \pi_r^-(J_r)$. Wegen der Meßbarkeit der Koordinatenabbildungen gilt weiter $\varphi_\varrho^-(J_\varrho) \in \mathfrak{A}$. Es folgt

$$\varphi^-(J) = \varphi^-\left(\pi_1^-(J_1)\right) \cap \ldots \cap \varphi^-\left(\pi_r^-(J_r)\right) = \varphi_1^-(J_1) \cap \ldots \cap \varphi_r^-(J_r) \in \mathfrak{A}.$$

Und da die Intervalle ein σ-Erzeugendensystem von $\mathfrak{B}(Y)$ bilden, ergibt sich mit Hilfe von 26.1 die Meßbarkeit der Abbildung φ.
Schließlich erhält man die Koordinatenabbildungen hinsichtlich einer Orthonormalbasis aus den Koordinatenabbildungen bezüglich einer beliebig gegebenen Basis von Y durch Vorschalten der die Basistransformation vermittelnden linearen Abbildung. Da diese nach 26.4 meßbar ist, folgt wegen 26.2 die Behauptung auch allgemein. ◆

Der soeben bewiesene Satz ermöglicht weitgehend eine Spezialisierung auf reellwertige Abbildungen. Andererseits erweist es sich bisweilen als zweckmäßig, den Begriff der reellwertigen Abbildungen zu dem der „numerischen Abbildungen" zu erweitern, bei denen außer reellen Werten auch ∞ und $-\infty$ auftreten. Dieser Verallgemeinerung dienen folgende Festsetzungen:
Es sei

$$\bar{\mathbb{R}} = \{-\infty\} \cup \mathbb{R} \cup \{\infty\}$$

die um die Symbole ∞ und $-\infty$ erweiterte Zahlengerade. Die Ordnungsrelation von $\mathbb{R}$ wird durch die Zusatzforderung

$$-\infty < a < \infty \qquad \textit{für alle } a \in \mathbb{R}$$

auf $\overline{\mathbb{R}}$ fortgesetzt. Entsprechend kann der Konvergenzbegriff in üblicher Weise auf die Grenzwerte ∞ und $-\infty$ ausgedehnt werden: Für Folgen (a_ν) aus $\overline{\mathbb{R}}$ gelte

$$\lim (a_\nu) = \infty \Leftrightarrow \bigwedge_{c \in \mathbb{R}} \bigvee_{n \in \mathbb{N}} \bigwedge_{\nu \geqq n} a_\nu > c,$$

$$\lim (a_\nu) = -\infty \Leftrightarrow \bigwedge_{c \in \mathbb{R}} \bigvee_{n \in \mathbb{N}} \bigwedge_{\nu \geqq n} a_\nu < c.$$

Es sollen also fast alle Glieder der Folge oberhalb jeder beliebig großen bzw. unterhalb jeder beliebig kleinen reellwertigen Schranke liegen. Schließlich sollen die rationalen Operationen – soweit möglich – durch folgende Festsetzungen auf $\overline{\mathbb{R}}$ erweitert werden:

$$a + \infty = \infty + a = a - (-\infty) = \infty \qquad \textit{für} \quad -\infty < a \leqq \infty,$$

$$a + (-\infty) = (-\infty) + a = a - \infty = -\infty \qquad \textit{für} \quad -\infty \leqq a < \infty,$$

$$a \cdot \infty = \infty \cdot a = (-a) \cdot (-\infty) = (-\infty) \cdot (-a) = \infty \qquad \textit{für} \quad 0 < a \leqq \infty,$$

$$(-a) \cdot \infty = \infty \cdot (-a) = a \cdot (-\infty) = (-\infty) \cdot a = -\infty \qquad \textit{für} \quad 0 < a \leqq \infty,$$

$$0 \cdot \infty = \infty \cdot 0 = 0 \cdot (-\infty) = (-\infty) \cdot 0 = 0,$$

$$\frac{a}{\infty} = \frac{a}{-\infty} = 0 \qquad \textit{für} \qquad a \in \mathbb{R}.$$

In allen hierbei nicht berücksichtigten Fällen sollen die entsprechenden Operationen hingegen nicht definiert sein. Hingewiesen sei besonders auf die vorletzte Zeile, in der die Multiplikation mit Null definiert ist.
Schließlich sollen als *Borel*'sche Teilmengen von $\overline{\mathbb{R}}$ genau diejenigen Teilmengen bezeichnet werden, deren Durchschnitt mit $\mathbb{R}$ eine *Borel*'sche Teilmenge von $\mathbb{R}$ ist. Es ist also

$$\overline{\mathfrak{B}} = \{A : A \subset \overline{\mathbb{R}} \wedge A \cap \mathbb{R} \in \mathfrak{B}(\mathbb{R})\}$$

das System der *Borel*'schen Teilmengen von $\overline{\mathbb{R}}$, das offenbar ebenfalls eine σ-Algebra ist. Es besteht genau aus den *Borel*'schen Teilmengen von $\mathbb{R}$ und den Mengen der Form

$$A \cup \{\infty\}, \quad A \cup \{-\infty\}, \quad A \cup \{-\infty, \infty\} \qquad \textit{mit} \qquad A \in \mathfrak{B}(\mathbb{R}).$$

Definition 26c: *Abbildungen $\varphi: X \to \overline{\mathbb{R}}$ werden* **numerische Abbildungen** *genannt. Ist hierbei $(X, \mathfrak{A})$ ein Meßraum, so heißt φ eine $\mathfrak{A}$-meßbare Abbildung, wenn φ eine $\mathfrak{A}$-$\overline{\mathfrak{B}}$-meßbare Abbildung ist. Entsprechend wird φ im Fall eines Vektorraums X meßbar genannt, wenn φ eine $\mathfrak{B}(X)$-meßbare, also $\mathfrak{B}(X)$-$\overline{\mathfrak{B}}$-meßbare Abbildung ist.*

Jede reellwertige Abbildung $\varphi: X \to \mathbb{R}$ kann gleichzeitig auch als numerische Abbildung aufgefaßt werden, so daß für sie der Meßbarkeitsbegriff doppelt erklärt ist. Nun gilt aber in diesem Fall $\varphi^-(A) = \varphi^-(A \cap \mathbb{R})$ für alle Teilmengen A von $\overline{\mathbb{R}}$. Die Meßbarkeit bezüglich $\overline{\mathfrak{B}}$ fällt daher mit der Meßbarkeit bezüglich $\mathfrak{B}$ zusammen, so daß beide Definitionen verträglich sind.

26.6 *Es sei $(X, \mathfrak{A})$ ein Meßraum. Die $\mathfrak{A}$-Meßbarkeit einer numerischen Abbildung $\varphi: X \to \overline{\mathbb{R}}$ ist dann gleichwertig damit, daß eine der folgenden äquivalenten Bedingungen für alle $c \in \mathbb{R}$ erfüllt ist:*

(a) $A_1(c) = \{\mathfrak{x} : \varphi\mathfrak{x} \geqq c\} \in \mathfrak{A}$,

(b) $A_2(c) = \{\mathfrak{x} : \varphi\mathfrak{x} > c\} \in \mathfrak{A}$,

(c) $A_1'(c) = \{\mathfrak{x} : \varphi\mathfrak{x} < c\} \in \mathfrak{A}$,

(d) $A_2'(c) = \{\mathfrak{x} : \varphi\mathfrak{x} \leqq c\} \in \mathfrak{A}$.

Beweis: Wegen $\complement A_1(c) = A_1'(c)$ und $\complement A_2(c) = A_2'(c)$ ist $A_1(c) \in \mathfrak{A}$ gleichwertig mit $A_1'(c) \in \mathfrak{A}$ und ebenso $A_2(c) \in \mathfrak{A}$ gleichwertig mit $A_2'(c) \in \mathfrak{A}$. Außerdem gilt

$$A_2(c) = \bigcup_{n=1}^{\infty} A_1\left(c + \frac{1}{n}\right), \qquad A_1(c) = \bigcap_{n=1}^{\infty} A_2\left(c - \frac{1}{n}\right),$$

woraus die Gleichwertigkeit von $A_1(c) \in \mathfrak{A}$ mit $A_2(c) \in \mathfrak{A}$ folgt. Weiter gilt $A_1(c) = \varphi^-[c, \infty]$. Nun ist aber

$$[c, \infty] \cap \mathbb{R} = [c, \infty[= \bigcup_{n=0}^{\infty} [c, n[$$

eine *Borel*'sche Teilmenge von $\mathbb{R}$, das Intervall $[c, \infty]$ selbst also eine *Borel*'sche Menge aus $\overline{\mathfrak{B}}$. Im Fall der $\mathfrak{A}$-Meßbarkeit von φ folgt daher $A_1(c) = \varphi^-[c, \infty] \in \mathfrak{A}$ für beliebige $c \in \mathbb{R}$. Ist diese Bedingung umgekehrt erfüllt, so ergibt sich die $\mathfrak{A}$-Meßbarkeit von φ mit Hilfe von 26.1, wenn noch gezeigt wird, daß $\mathfrak{E}^* = \{[c, \infty] : c \in \mathbb{R}\}$ ein σ-Erzeugendensystem von $\overline{\mathfrak{B}}$ ist. Bereits vorher wurde $[c, \infty] \in \overline{\mathfrak{B}}$, also $\mathfrak{E}^* \subset \overline{\mathfrak{B}}$, bewiesen und damit auch $\mathfrak{A}_\sigma(\mathfrak{E}^*) \subset \overline{\mathfrak{B}}$. Weiter erhält man

$$\{\infty\} = \bigcap_{n=0}^{\infty} [n, \infty] \in \mathfrak{A}_\sigma(\mathfrak{E}^*), \qquad \{-\infty\} = \bigcap_{n=0}^{\infty} (\overline{\mathbb{R}} \setminus [-n, \infty]) \in \mathfrak{A}_\sigma(\mathfrak{E}^*)$$

und daher auch

$$\mathbb{R} = \overline{\mathbb{R}} \setminus \{-\infty, \infty\} \in \mathfrak{A}_\sigma(\mathfrak{E}^*)$$

sowie mit beliebigen $a, b \in \mathbb{R}$

$$[a, b[= [a, \infty] \setminus [b, \infty] \in \mathfrak{A}_\sigma(\mathfrak{E}^*).$$

Hieraus folgt zunächst $\mathfrak{B} \subset \mathfrak{A}_\sigma(\mathfrak{E}^*)$, wegen $\{\infty\}, \{-\infty\} \in \mathfrak{A}_\sigma(\mathfrak{E}^*)$ dann aber auch $\overline{\mathfrak{B}} \subset \mathfrak{A}_\sigma(\mathfrak{E}^*)$, also die nachzuweisende Gleichheit. ◆

26.7 *Es sei $(X, \mathfrak{A})$ ein Meßraum, und die numerischen Abbildungen $\varphi: X \to \overline{\mathbb{R}}$, $\psi: X \to \overline{\mathbb{R}}$ seien $\mathfrak{A}$-meßbar. Dann liegen die Mengen*

$$\{\mathfrak{x}: \varphi\mathfrak{x} \leqq \psi\mathfrak{x}\}, \quad \{\mathfrak{x}: \varphi\mathfrak{x} < \psi\mathfrak{x}\}, \quad \{\mathfrak{x}: \varphi\mathfrak{x} = \psi\mathfrak{x}\}, \quad \{\mathfrak{x}: \varphi\mathfrak{x} \neq \psi\mathfrak{x}\}$$

in der σ-Algebra $\mathfrak{A}$.

Beweis: Es gilt

$$\{\mathfrak{x}: \varphi\mathfrak{x} < \psi\mathfrak{x}\} = \bigcup_{c \in \mathbb{Q}} (\{\mathfrak{x}: \varphi\mathfrak{x} < c\} \cap \{\mathfrak{x}: c < \psi\mathfrak{x}\}),$$

wobei es sich wegen der Abzählbarkeit der rationalen Zahlen auch nur um eine abzählbare Vereinigungsbildung handelt. Wegen 26.6 folgt daher $\{\mathfrak{x}: \varphi\mathfrak{x} < \psi\mathfrak{x}\} \in \mathfrak{A}$. Die übrigen Behauptungen ergeben sich hieraus wegen

$$\{\mathfrak{x}: \varphi\mathfrak{x} \leqq \psi\mathfrak{x}\} = \complement\{\mathfrak{x}: \psi\mathfrak{x} < \varphi\mathfrak{x}\},$$

$$\{\mathfrak{x}: \varphi\mathfrak{x} = \psi\mathfrak{x}\} = \{\mathfrak{x}: \varphi\mathfrak{x} \leqq \psi\mathfrak{x}\} \cap \{\mathfrak{x}: \psi\mathfrak{x} \leqq \varphi\mathfrak{x}\},$$

$$\{\mathfrak{x}: \varphi\mathfrak{x} \neq \psi\mathfrak{x}\} = \complement\{\mathfrak{x}: \varphi\mathfrak{x} = \psi\mathfrak{x}\}.$$ ◆

26.8 *Es sei $(X, \mathfrak{A})$ ein Meßraum, und die numerischen Abbildungen $\varphi: X \to \overline{\mathbb{R}}$, $\psi: X \to \overline{\mathbb{R}}$ seien $\mathfrak{A}$-meßbar. Dann sind auch die folgenden numerischen Abbildungen $\mathfrak{A}$-meßbar:*

(1) *$\varphi + \psi$ und $\varphi - \psi$, falls sie in allen Punkten definiert sind.*

(2) *$\varphi \cdot \psi$.*

(3) *$\frac{1}{\varphi}$, wenn man etwa $\frac{1}{0} = \infty$ festsetzt, so daß die reziproke Funktion überall definiert ist.*

Beweis: Für jede reelle Zahl a sei $\hat{a}$ die durch $\hat{a}\mathfrak{x} = a$ definierte konstante Abbildung. Ist nun $\chi: X \to \overline{\mathbb{R}}$ eine $\mathfrak{A}$-meßbare Abbildung, so gilt mit $a, b, c \in \mathbb{R}$, $b \neq 0$ wegen 26.6

$$\{\mathfrak{x}: (\hat{a} + \hat{b}\chi)\mathfrak{x} \geqq c\} = \begin{cases} \{\mathfrak{x}: \chi\mathfrak{x} \geqq \frac{1}{b}(c-a)\} \in \mathfrak{A} & \text{für } b > 0 \\ \{\mathfrak{x}: \chi\mathfrak{x} \leqq \frac{1}{b}(c-a)\} \in \mathfrak{A} & \text{für } b < 0, \end{cases}$$

weswegen $\hat{a} + \hat{b}\chi$ eine $\mathfrak{A}$-meßbare Abbildung ist. Speziell hat sich damit die $\mathfrak{A}$-Meßbarkeit der Abbildungen $-\chi$, $\hat{a} - \chi$ und $\hat{b}\chi$ ergeben. Weiter erhält man für χ^2 im Fall $c \leqq 0$

$$\{x : \chi^2 x \geqq c\} = X \in \mathfrak{A}$$

und im Fall $c > 0$

$$\{x : \chi^2 x \geqq c\} = \{x : \chi x \geqq \sqrt{c}\} \cup \{x : \chi x \leqq -\sqrt{c}\} \in \mathfrak{A},$$

insgesamt also auch die $\mathfrak{A}$-Meßbarkeit von χ^2.

(1) Für alle $c \in \mathbb{R}$ ist mit ψ auch $\hat{c} - \psi$ eine $\mathfrak{A}$-meßbare Abbildung. Wegen 26.7 folgt

$$\{x : (\varphi + \psi)x \geqq c\} = \{x : \varphi x \geqq (\hat{c} - \psi)x\} \in \mathfrak{A},$$

also die $\mathfrak{A}$-Meßbarkeit von $\varphi + \psi$ und weiter von $\varphi - \psi = \varphi + (-\psi)$, da ja mit ψ auch $-\psi$ eine $\mathfrak{A}$-meßbare Abbildung ist.

(2) Mit den durch

$$\varphi' x = \begin{cases} 0 \\ \varphi x \end{cases}, \qquad \varphi'' x = \begin{cases} \varphi x \\ 0 \end{cases} \quad \text{für} \quad \begin{matrix} x \in \varphi^{-}\{\infty, -\infty\} \\ x \notin \varphi^{-}\{\infty, -\infty\} \end{matrix}$$

definierten Abbildungen gilt offenbar $\varphi = \varphi' + \varphi''$, wobei φ' sogar eine reellwertige Abbildung und die Summe auch überall bildbar ist. Wegen der $\mathfrak{A}$-Meßbarkeit von φ erhält man

$$\{x : \varphi' x > c\} = \begin{matrix} \{x : \varphi x > c\} \setminus \{x : \varphi x = \infty\} \in \mathfrak{A} \\ \{x : \varphi x > c\} \cup \{x : \varphi x = -\infty\} \in \mathfrak{A} \end{matrix} \quad \text{für} \quad \begin{matrix} c \geqq 0 \\ c < 0, \end{matrix}$$

so daß auch φ' eine $\mathfrak{A}$-meßbare Abbildung ist. Entsprechend ergibt sich die $\mathfrak{A}$-Meßbarkeit von φ'' wegen

$$\{x : \varphi'' x > c\} = \begin{matrix} \{x : \varphi x = \infty\} \in \mathfrak{A} \\ \{x : \varphi x > -\infty\} \in \mathfrak{A} \end{matrix} \quad \text{für} \quad \begin{matrix} c \geqq 0 \\ c < 0. \end{matrix}$$

Da Analoges hinsichtlich ψ gilt, erhält man

$$\varphi \cdot \psi = (\varphi' + \varphi'') \cdot (\psi' + \psi'') = \varphi' \cdot \psi' + \varphi' \cdot \psi'' + \varphi'' \cdot \psi' + \varphi'' \cdot \psi'',$$

so daß wegen (1) nur die $\mathfrak{A}$-Meßbarkeit der vier Summanden einzeln bewiesen zu werden braucht. Da φ' und ψ' reellwertig sind, folgt wegen

$$\varphi' \cdot \psi' = \tfrac{1}{4}(\varphi' + \psi')^2 - \tfrac{1}{4}(\varphi' - \psi')^2$$

die $\mathfrak{A}$-Meßbarkeit von $\varphi' \cdot \psi'$ nach dem bisher Bewiesenen. Die $\mathfrak{A}$-Meßbarkeit von $\varphi' \cdot \psi''$ ergibt sich aus

$$\begin{aligned} \{x : (\varphi' \cdot \psi'')x > c\} = \; & (\{x : \varphi x > 0\} \cap \{x : \psi x = \infty\}) \\ & \cup (\{x : \varphi x < 0\} \cap \{x : \psi x = -\infty\}) \\ & \cup [\{x : \varphi x = 0\} \cup \{x : -\infty < \psi x < \infty\}] \in \mathfrak{A}, \end{aligned}$$

wobei die eckige Klammer nur im Fall $c<0$ auftritt. Aus Symmetriegründen ist auch $\varphi''\cdot\psi'$ eine $\mathfrak{A}$-meßbare Abbildung. Schließlich folgt die $\mathfrak{A}$-Meßbarkeit von $\varphi''\cdot\psi''$ wegen

$$\begin{aligned}\{\mathfrak{x}:(\varphi''\cdot\psi'')\mathfrak{x}>c\} = {} & (\{\mathfrak{x}:\varphi\mathfrak{x}=\infty\}\cap\{\mathfrak{x}:\psi\mathfrak{x}=\infty\})\\ & \cup(\{\mathfrak{x}:\varphi\mathfrak{x}=-\infty\}\cap\{\mathfrak{x}:\psi\mathfrak{x}=-\infty\})\\ & \cup[\{\mathfrak{x}:-\infty<\varphi\mathfrak{x}<\infty\}\cup\{\mathfrak{x}:-\infty<\psi\mathfrak{x}<\infty\}]\in\mathfrak{A},\end{aligned}$$

wobei die eckige Klammer wieder nur im Fall $c<0$ auftritt.

(3) Wegen der $\mathfrak{A}$-Meßbarkeit von φ gilt

$$\left\{\mathfrak{x}:\frac{1}{\varphi\mathfrak{x}}\geqq c\right\}=\begin{cases}\{\mathfrak{x}:\varphi\mathfrak{x}\geqq 0\}\cap\{\mathfrak{x}:\varphi\mathfrak{x}\leqq\frac{1}{c}\}\in\mathfrak{A} & c>0\\ \{\mathfrak{x}:\varphi\mathfrak{x}\geqq 0\}\in\mathfrak{A} \qquad\qquad\qquad\qquad \textit{für} & c=0\\ \{\mathfrak{x}:\varphi\mathfrak{x}\geqq 0\}\cup\{\mathfrak{x}:\varphi\mathfrak{x}\leqq\frac{1}{c}\}\in\mathfrak{A} & c<0,\end{cases}$$

weswegen auch $\frac{1}{\varphi}$ eine $\mathfrak{A}$-meßbare Abbildung ist. ◆

Die $\mathfrak{A}$-Meßbarkeit der Summen- und Differenzabbildung überträgt sich wegen 26.5 über die Koordinatenabbildungen auch auf Abbildungen mit Werten in einem beliebigen Vektorraum. Entsprechendes gilt hinsichtlich jeder Art bilinearer Produkte, die sich ja durch rationale Operationen in den Koordinaten ausdrücken lassen. Als Folgerung aus dem vorangehenden Satz erhält man also

26.9 *Es sei $(X,\mathfrak{A})$ ein Meßraum. Ferner seien $\varphi:X\to Y$ und $\psi:X\to Z$ zwei $\mathfrak{A}$-meßbare Abbildungen in Vektorräume Y bzw. Z. Dann gilt:*

Im Fall $Y=Z$ sind $\varphi+\psi$ und $\varphi-\psi$ ebenfalls $\mathfrak{A}$-meßbar.

Ist zwischen Y und Z ein bilineares Produkt $\vartriangle$ mit Werten in einem Vektorraum erklärt, so ist auch die durch $(\varphi\vartriangle\psi)\mathfrak{x}=(\varphi\mathfrak{x})\vartriangle(\psi\mathfrak{x})$ definierte Abbildung $\varphi\vartriangle\psi$ eine $\mathfrak{A}$-meßbare Abbildung.

26.10 *Es sei $(X,\mathfrak{A})$ ein Meßraum, und (φ_ν) sei eine Folge $\mathfrak{A}$-meßbarer numerischer Abbildungen $\varphi_\nu: X\to\overline{\mathbb{R}}$. Dann sind auch die durch*

$$\begin{aligned}\psi_1\mathfrak{x}&=\sup\{\varphi_\nu\mathfrak{x}:\nu\in\mathbb{N}\}, & \psi_2\mathfrak{x}&=\inf\{\varphi_\nu\mathfrak{x}:\nu\in\mathbb{N}\},\\ \psi_1'\mathfrak{x}&=\overline{\lim_{\nu\to\infty}}(\varphi_\nu\mathfrak{x}), & \psi_2'\mathfrak{x}&=\underline{\lim_{\nu\to\infty}}(\varphi_\nu\mathfrak{x})\end{aligned}$$

definierten Abbildungen $\mathfrak{A}$-meßbar. Ist andererseits (φ_ν) eine auf X punktweise konvergente Folge $\mathfrak{A}$-meßbarer Abbildungen $\varphi_\nu: X\to Y$ in einen Vektorraum oder numerischer Abbildungen $\varphi_\nu: X\to\overline{\mathbb{R}}$, so ist auch die Grenzabbildung $\psi=\lim(\varphi_\nu)$ eine $\mathfrak{A}$-meßbare Abbildung.

Beweis: Aus der $\mathfrak{A}$-Meßbarkeit der Abbildungen φ_ν folgt

$$\{\mathfrak{x} : \psi_1 \mathfrak{x} \leqq c\} = \bigcap_{\nu=0}^{\infty} \{\mathfrak{x} : \varphi_\nu \mathfrak{x} \leqq c\} \in \mathfrak{A},$$

$$\{\mathfrak{x} : \psi_2 \mathfrak{x} \geqq c\} = \bigcap_{\nu=0}^{\infty} \{\mathfrak{x} : \varphi_\nu \mathfrak{x} \geqq c\} \in \mathfrak{A},$$

also die $\mathfrak{A}$-Meßbarkeit von ψ_1 und ψ_2. Aus ihr folgt die $\mathfrak{A}$-Meßbarkeit von ψ_1' und ψ_2' wegen

$$\overline{\lim_{\nu\to\infty}}\,(\varphi_\nu \mathfrak{x}) = \inf_{n\in\mathbb{N}}\,(\sup_{\nu\geqq n} \varphi_\nu \mathfrak{x}), \qquad \underline{\lim_{\nu\to\infty}}\,(\varphi_\nu \mathfrak{x}) = \sup_{n\in\mathbb{N}}\,(\inf_{\nu\geqq n} \varphi_\nu \mathfrak{x}).$$

Bei punktweiser Konvergenz fallen der Limes und der Limes superior bzw. inferior zusammen, woraus sich die $\mathfrak{A}$-Meßbarkeit von ψ im Fall numerischer Abbildungen ergibt. Für Abbildungen in einen Vektorraum folgt sie mit Hilfe von 26.5 über die Koordinatenabbildungen. ◆

Als Spezialfall folgt aus diesem Satz noch, daß die durch Maximum- oder Minimumbildung aus endlich vielen $\mathfrak{A}$-meßbaren numerischen Abbildungen gewonnenen Abbildungen wirder $\mathfrak{A}$-meßbar sind. So sind z. B. mit einer $\mathfrak{A}$-meßbaren numerischen Abbildung $\varphi : X \to \overline{\mathbb{R}}$ und der jedenfalls $\mathfrak{A}$-meßbaren Nullabbildung auch die durch

$$\varphi^+ \mathfrak{x} = \max\{\varphi\mathfrak{x}, 0\}, \qquad \varphi^- \mathfrak{x} = \max\{-\varphi\mathfrak{x}, 0\} = -\min\{\varphi\mathfrak{x}, 0\}$$

definierten Abbildungen $\mathfrak{A}$-meßbar. Die Abbildung φ^+ wird der **Positivteil** und φ^- der **Negativteil** von φ genannt. Für sie gilt offenbar

$$\varphi^+ \mathfrak{x} \geqq 0 \quad \textit{und} \quad \varphi^- \mathfrak{x} \geqq 0 \quad \textit{für alle } \mathfrak{x} \in X,$$
$$\varphi = \varphi^+ - \varphi^-, \qquad |\varphi| = \varphi^+ + \varphi^-,$$

wobei $|\varphi|$ durch $|\varphi|\mathfrak{x} = |\varphi\mathfrak{x}|$ definiert ist. Hieraus folgt unmittelbar

26.11 *Ist $(X, \mathfrak{A})$ ein Meßraum, so ist eine numerische Abbildung $\varphi : X \to \overline{\mathbb{R}}$ genau dann $\mathfrak{A}$-meßbar, wenn ihr Positivteil φ^+ und ihr Negativteil φ^- beide $\mathfrak{A}$-meßbar sind. Mit φ ist auch $|\varphi|$ eine $\mathfrak{A}$-meßbare Abbildung.*

Am Schluß dieses Paragraphen soll noch gezeigt werden, daß sich meßbare Abbildungen mit Hilfe besonders einfacher Abbildungen gewinnen lassen.

Definition 26d: *Eine Abbildung $\varphi : X \to Y$ eines Meßraumes $(X, \mathfrak{A})$ in einen Vektorraum Y heißt eine* **Elementarabbildung,** *wenn sie $\mathfrak{A}$-meßbar ist und nur endlich viele Werte annimmt, wenn also φX eine endliche Menge ist. Eine reellwertige Elementarabbildung wird auch als* **Elementarfunktion** *bezeichnet.*

Sind φ hinsichtlich einer Basis von Y die Koordinatenabbildungen $\varphi_1, \ldots, \varphi_r$ zugeordnet, so ist φX offenbar genau dann eine endliche Menge, wenn die Mengen $\varphi_\varrho X$ für $\varrho = 1, \ldots, r$ endlich sind. Berücksichtigt man noch 26.5, so erhält man

26.12 *Eine Abbildung $\varphi: X \to Y$ eines Meßraumes $(X, \mathfrak{A})$ in einen Vektorraum Y ist genau dann eine Elementarabbildung, wenn alle ihr hinsichtlich einer Basis von Y zugeordneten Koordinatenabbildungen Elementarfunktionen sind.*

26.I Ist M eine Teilmenge des Meßraumes $(X, \mathfrak{A})$, so wird die durch

$$\chi_M \mathfrak{x} = \begin{cases} 1 & \text{für} \quad \mathfrak{x} \in M \\ 0 & \phantom{\text{für}} \quad \mathfrak{x} \notin M \end{cases}$$

definierte Abbildung $\chi_M: X \to \mathbb{R}$ die **charakteristische Abbildung** oder die **Indikatorfunktion** von M genannt. Da sie nur die beiden Werte Null und Eins annehmen kann, ist sie genau dann eine Elementarfunktion, wenn sie $\mathfrak{A}$-meßbar ist. Nun gilt für die Menge

$$M_c = \{\mathfrak{x}: \chi_M \mathfrak{x} > c\}$$

offenbar $M_c = \emptyset$ für $c \geqq 1$ und $M_c = X$ für $c < 0$, und nur für $0 \leqq c < 1$ erhält man $M_c = M$. Daher ist χ_M genau dann eine Elementarfunktion, wenn $M \in \mathfrak{A}$ gilt.

26.II Wieder seien $(X, \mathfrak{A})$ ein Meßraum und Y ein Vektorraum. Ferner seien $M_1, \ldots, M_n$ endlich viele Mengen aus $\mathfrak{A}$, und $\mathfrak{y}_1, \ldots, \mathfrak{y}_n$ seien beliebige Vektoren aus Y. Dann wird durch

$$\varphi \mathfrak{x} = \sum_{\nu=1}^{n} (\chi_{M_\nu} \mathfrak{x}) \mathfrak{y}_\nu$$

eine Abbildung $\varphi: X \to Y$ definiert, die auch mit $\sum \chi_{M_\nu} \mathfrak{y}_\nu$ bezeichnet werden soll. Da wegen $M_\nu \in \mathfrak{A}$ die Indikatorfunktionen χ_{M_ν} nach dem vorangehenden Beispiel $\mathfrak{A}$-meßbar sind, folgt mit Hilfe von 26.9 auch die $\mathfrak{A}$-Meßbarkeit von φ. Und da φ offenbar nur endlich viele Werte annimmt, ist φ sogar eine Elementarabbildung.

Umgekehrt sei $\varphi: X \to Y$ eine Elementarabbildung mit der endlichen Bildmenge $\varphi X = \{\mathfrak{y}_1, \ldots, \mathfrak{y}_n\}$, wobei die Vektoren $\mathfrak{y}_1, \ldots, \mathfrak{y}_n$ paarweise verschieden seien. Da die einpunktigen Mengen $\{\mathfrak{y}_\nu\}$ abgeschlossen und damit *Borel*'sche Teilmengen von Y sind, folgt wegen der $\mathfrak{A}$-Meßbarkeit von φ weiter $M_\nu = \varphi^- \{\mathfrak{y}_\nu\} \in \mathfrak{A}$ $(\nu = 1, \ldots, n)$. Dabei ist jetzt $\{M_1, \ldots, M_n\}$ eine Zerlegung von X, nämlich ein disjunktes System mit $M_1 \cup \ldots \cup M_n = X$. Zu jedem $\mathfrak{x} \in X$ gibt es daher genau einen Index $\nu(\mathfrak{x})$ mit $\mathfrak{x} \in M_{\nu(\mathfrak{x})}$, und mit ihm gilt $\varphi\mathfrak{x} = \mathfrak{y}_{\nu(\mathfrak{x})}$. Es folgt

$$\sum_{\nu=1}^{n} (\chi_{M_\nu}\mathfrak{x})\mathfrak{y}_\nu = \mathfrak{y}_{\nu(\mathfrak{x})} = \varphi\mathfrak{x}$$

für alle $\mathfrak{x} \in X$ und daher $\varphi = \sum_{\nu=1}^{n} \chi_{M_\nu}\mathfrak{y}_\nu$. Darstellungen dieser Art, bei denen die Mengen $M_1, \ldots, M_n$ aus $\mathfrak{A}$ eine Zerlegung von X bilden, werden **Normaldarstellungen** von φ genannt. Bei ihnen wird nicht verlangt, daß die zugehörigen Vektoren $\mathfrak{y}_1, \ldots, \mathfrak{y}_n$ paarweise verschieden sind. Die soeben durchgeführten Betrachtungen haben jedoch gezeigt, daß es unter allen Normaldarstellungen von φ genau eine **ausgezeichnete Normaldarstellung** gibt, bei der dies der Fall ist. Zusammenfassend hat sich ergeben

26.13 *Eine Abbildung $\varphi: X \to Y$ eines Meßraumes $(X, \mathfrak{A})$ in einen Vektorraum Y ist genau dann eine Elementarabbildung, wenn sie sich in der Form*

$$\varphi = \sum_{\nu=1}^{n} \chi_{M_\nu}\mathfrak{y}_\nu$$

mit Mengen $M_1, \ldots, M_n \in \mathfrak{A}$ und Vektoren $\mathfrak{y}_1, \ldots, \mathfrak{y}_n \in Y$ darstellen läßt. Unter diesen Darstellungen gibt es Normaldarstellungen und genau eine ausgezeichnete Normaldarstellung.

26.14 *Linearkombinationen und bilineare Produkte von Elementarabbildungen sind wieder Elementarabbildungen.*

Beweis: Mit dem Meßraum $(X, \mathfrak{A})$ gelte $\varphi: X \to Y$ und $\psi: X \to Y^*$. Dabei seien φ und ψ Elementarabbildungen mit Normaldarstellungen

$$\varphi = \sum_{\nu=1}^{n} \chi_{A_\nu}\mathfrak{y}_\nu \qquad \psi = \sum_{\varrho=1}^{r} \chi_{B_\varrho}\mathfrak{y}_\varrho^*,$$

wobei also die Mengen $A_1, \ldots, A_n$ aus $\mathfrak{A}$ stammen und eine Zerlegung von X bilden und dasselbe für die Mengen $B_1, \ldots, B_r$ gilt. Dann bilden aber auch die in $\mathfrak{A}$ liegenden Mengen

$$C_{\nu,\varrho} = A_\nu \cap B_\varrho \qquad (\nu = 1, \ldots, n,\ \varrho = 1, \ldots, r)$$

eine Zerlegung von X, so daß

$$\varphi = \sum_{\nu=1}^{n} \sum_{\varrho=1}^{r} \chi_{C_{\nu,\varrho}}\mathfrak{y}_\nu, \qquad \psi = \sum_{\nu=1}^{n} \sum_{\varrho=1}^{r} \chi_{C_{\nu,\varrho}}\mathfrak{y}_\varrho^*$$

ebenfalls Normaldarstellungen sind. Im Fall $Y = Y^*$ folgt

$$\varphi + \psi = \sum_{\nu=1}^{n} \sum_{\varrho=1}^{r} \chi_{C_{\nu,\varrho}} (\mathfrak{y}_\nu + \mathfrak{y}_\varrho^*),$$

weswegen auch $\varphi + \psi$ eine Elementarabbildung ist. Ebenso ergibt sich im Fall eines bilinearen Produkts $\triangle$ zwischen Y und Y^*

$$\varphi \triangle \psi = \sum_{\nu=1}^{n} \sum_{\varrho=1}^{r} \chi_{C_{\nu,\varrho}} (\mathfrak{y}_\nu \triangle \mathfrak{y}_\varrho^*). \quad \blacklozenge$$

Wenn (φ_ν) eine punktweise konvergente Folge von Elementarabbildungen $\varphi_\nu : X \to Y$ eines Meßraumes $(X, \mathfrak{A})$ in einen Vektorraum ist, so ist wegen 26.10 ihre Grenzabbildung φ jedenfalls eine $\mathfrak{A}$-meßbare Abbildung. Und ebenso ist im Fall von Elementarfunktionen $\varphi_\nu : X \to \mathbb{R}$ die Grenzabbildung auch dann $\mathfrak{A}$-meßbar, wenn sie lediglich als numerische Abbildung $\varphi : X \to \overline{\mathbb{R}}$ existiert. Der letzte Satz zeigt nun, daß von diesem Sachverhalt auch die Umkehrung gilt.

26.15 *Es sei $(X, \mathfrak{A})$ ein Meßraum, und φ sei eine $\mathfrak{A}$-meßbare Abbildung von X in einem Vektorraum Y oder eine $\mathfrak{A}$-meßbare numerische Abbildung. Dann ist φ Grenzabbildung einer punktweise konvergenten Folge von Elementarabbildungen bzw. Elementarfunktionen.*
Ist φ beschränkt, so ist φ sogar Grenzabbildung einer gleichmäßig konvergenten Folge von Elementarabbildungen bzw. Elementarfunktionen.
Ist φ eine numerische Abbildung mit $\varphi\mathfrak{x} \geqq 0$ für alle $\mathfrak{x} \in X$, so ist φ Grenzabbildung einer monoton wachsenden Folge von Elementarfunktionen mit lauter nicht-negativen Werten.

Beweis: Wegen 26.5 genügt es, beim Beweis den Fall einer numerischen Abbildung $\varphi : X \to \overline{\mathbb{R}}$ zu betrachten. Zunächst soll außerdem $\varphi\mathfrak{x} \geqq 0$ für alle $\mathfrak{x} \in X$ vorausgesetzt werden.
Bei festem $n \in \mathbb{N}$, $n > 0$ gehören wegen der $\mathfrak{A}$-Meßbarkeit von φ die folgenden Mengen zu $\mathfrak{A}$ und bilden außerdem eine Zerlegung von X:

$$M_{n,\nu} = \left\{\mathfrak{x} : \frac{\nu}{2^n} \leqq \varphi\mathfrak{x} < \frac{\nu+1}{2^n}\right\} \qquad (\nu = 0, \ldots, n \cdot 2^n - 1),$$

$$M_{n,n\cdot 2^n} = \{\mathfrak{x} : n \leqq \varphi\mathfrak{x}\}.$$

Daher ist

$$\varphi_n = \sum_{\nu=0}^{n\cdot 2^n} \frac{\nu}{2^n} \chi_{M_{n,\nu}}$$

eine Elementarfunktion in Normaldarstellung. Wegen der Gültigkeit der Gleichung $M_{n,\nu} = M_{n+1,2\nu} \cup M_{n+1,2\nu+1}$ ergibt sich

$$\left.\begin{array}{ll} \varphi_n \mathfrak{x} = \dfrac{\nu}{2^n} = \dfrac{2\nu}{2^{n+1}} = \varphi_{n+1}\mathfrak{x} & \\ & \text{im Fall} \\ \varphi_n \mathfrak{x} = \dfrac{\nu}{2^n} < \dfrac{2\nu+1}{2^{n+1}} = \varphi_{n+1}\mathfrak{x} & \end{array}\right. \begin{array}{l} \mathfrak{x} \in M_{n+1,2\nu} \\ \\ \mathfrak{x} \in M_{n+1,2\nu+1}. \end{array}$$

Die Folge (φ_n) ist daher monoton wachsend. Außerdem gilt für alle $\mathfrak{x}$ mit $\varphi\mathfrak{x} \leqq k$ im Fall $n > k$

$$0 \leqq \varphi\mathfrak{x} - \varphi_n\mathfrak{x} < \frac{1}{2^n}.$$

Bei festem k konvergiert die Folge also auf der Menge aller derartigen Punkte gleichmäßig gegen φ. Ist daher φ beschränkt, so gilt $\varphi = \lim(\varphi_n)$ gleichmäßig auf ganz X. Bei unbeschränkter Abbildung φ folgt hingegen zunächst nur die punktweise Konvergenz in allen Punkten $\mathfrak{x}$ mit $\varphi\mathfrak{x} < \infty$. Sie ist aber auch in Punkten $\mathfrak{x}$ mit $\varphi\mathfrak{x} = \infty$ gewährleistet, weil dort $\varphi_n\mathfrak{x} = n$, also $\lim(\varphi_n\mathfrak{x}) = \infty = \varphi\mathfrak{x}$ gilt.
Läßt man die Voraussetzung $\varphi\mathfrak{x} \geqq 0$ fallen, so kann man wegen 26.11 das bisher Bewiesene auf φ^+ und φ^- anwenden. Die Behauptung folgt dann wegen $\varphi = \varphi^+ - \varphi^-$. ◆

Ergänzungen und Aufgaben

26A Es seien X und Y Vektorräume, und $\varphi: X \to Y$ sei eine meßbare, also $\mathfrak{B}(X)$-$\mathfrak{B}(Y)$-meßbare Abbildung. Ferner sei $\psi: X \to Y$ eine Abbildung, für die

$$M = \{\mathfrak{x}: \varphi\mathfrak{x} \neq \psi\mathfrak{x}\}$$

eine *Lebesgue*'sche Nullmenge ist.

Aufgabe: (1) Man zeige, daß ψ eine $\mathfrak{L}(X)$-meßbare Abbildung ist.
(2) Man zeige weiter, daß ψ im allgemeinen nicht $\mathfrak{B}(X)$-meßbar ist; auch dann nicht, wenn M eine *Borel-Lebesgue*'sche Nullmenge ist.

Ist hierbei φ eine stetige Abbildung, so ist sie wegen 26.4 auch meßbar. Daher ist dann auch jede Abbildung ψ *Lesbesgue*-meßbar, die sich von φ höchstens auf einer *Lebesgue*'schen Nullmenge unterscheidet. Bei einer solchen Abbildung bilden also die Unstetigkeitsstellen eine *Lebesgue*'sche Nullmenge.

Aufgabe: (3) Man zeige an einem Beispiel, daß die Unstetigkeitsstellen einer Abbildung $\psi: X \to Y$ eine *Lebesgue*'sche Nullmenge bilden können, daß es

aber keine stetige Abbildung gibt, von der sich ψ lediglich auf einer *Lebesgue*'schen Nullmenge unterscheidet.
(4) Man untersuche, ob Abbildungen $\psi: X \to Y$, deren Unstetigkeitsstellen eine *Lebesgue*'sche Nullmenge bilden, $\mathfrak{L}(X)$-meßbar sind.

26B Es seien X und Y Vektorräume, und $\varphi: X \to Y$ sei eine stetige Abbildung. Ferner sei $\mathfrak{A}$ die σ-Algebra aller Teilmengen von Y, die abzählbar sind oder deren Komplement abzählbar ist.

Aufgabe: Man zeige, daß φ eine $\mathfrak{B}(X)$-$\mathfrak{A}$-meßbare Abbildung ist.

26C Mit den Teilmengen

$$A =]\infty, 0], \quad B = [-3, -1], \quad C =]-2, 2], \quad D =]0, 3], \quad E =]1, \infty[$$

der Zahlengeraden wird durch

$$\varphi = \chi_A - \chi_B + \chi_C - \chi_D + 2\chi_E$$

eine Elementarfunktion definiert.

Aufgabe: Man berechne die ausgezeichnete Normaldarstellung von φ.

26D Jede von Null verschiedene reelle Zahl x besitzt eine eindeutige dyadische Darstellung der Form

$$x = (\operatorname{sgn} x) \cdot 2^{k(x)} \cdot \sum_{\nu=0}^{\infty} \varepsilon_\nu(x) \cdot 2^{-\nu}$$

mit einer ganzen Zahl $k(x)$, mit Koeffizienten $\varepsilon_\nu(x)$, die nur die Werte 0 und 1 annehmen können, mit $\varepsilon_0(x) = 1$ und mit $\varepsilon_\nu(x) = 0$ für unendlich viele Indizes ν. Es existiert daher

$$n(x) = \min\{\nu : \varepsilon_\nu(x) = 0\},$$

und durch

$$\varphi(x) = \begin{cases} 0 & \textit{für} \quad x = 0 \\ n(x) - 2k(x) & \phantom{\textit{für}} \quad x \neq 0 \end{cases}$$

wird eine Abbildung $\varphi: \mathbb{R} \to \mathbb{R}$ definiert.

Aufgabe: Man zeige, daß φ meßbar ist (nämlich $\mathfrak{B}$-$\mathfrak{B}$-meßbar), und berechne $\lambda_\varphi(M)$ für $M = [-2, 3]$ und $M = [0, \infty[$.

26E Es sei $(Y, \mathfrak{A})$ ein Meßraum, und es seien eine surjektive Abbildung $\varphi: X \to Y$ und eine Abbildung $\psi: Y \to Z$ in einen Vektorraum Z gegeben.

Aufgabe: Man zeige, daß ψ genau dan $\mathfrak{A}$-meßbar ist, wenn $\psi \circ \varphi$ eine $_\varphi\mathfrak{A}$-meßbare Abbildung ist.

Achtes Kapitel
Integrationstheorie

Der Integralbegriff wird hier zunächst allgemein für Abbildungen erklärt, die auf einem beliebigen Maßraum definiert sind und die in einen Vektorraum abbilden. Gerade der zweite Umstand bringt es aber mit sich, daß man das Integral nicht in der heute im allgemeinen bevorzugten Weise einführen kann, nämlich mit Hilfe monotoner Folgen von Elementarfunktionen. Jedenfalls ist dieser Weg nicht unmittelbar gangbar, wenn man das Integral basisfrei, also ohne Zuhilfenahme von Koordinatenfunktionen, definieren will. Es wird daher hier ein anderer Weg eingeschlagen, der an die *Riemann*'schen Summen anknüpft, die jedoch in geeigneter Weise durch die Bildung von konvexen Hüllen modifiziert wurden. Auf die Möglichkeit, reellwertige oder numerische Integrale mittels Elementarfunktionen zu gewinnen, wird erst an einer etwas späteren Stelle eingegangen.
Der Vorteil eines auf dem Maßbegriff aufbaunenden Integrals gegenüber dem *Riemann*'schen Integral besteht nur zum Teil darin, daß auf diesem Weg der Bereich der integrierbaren Funktionen erweitert wird. Wesentlicher ist die damit verbundene Konsequenz, daß sich viele Sätze und Rechenregeln unter erheblich schwächeren Voraussetzungen herleiten lassen. Derartige Fragen, insbesondere hinsichtlich des *Lebesgue*'schen Integrals auf Vektorräumen, machen den größten Teil dieses Kapitels aus. Eingeschoben ist ein Paragraph über den Satz von *Daniell* und *Stone*, der die Integrale auf andere Weise mit Methoden der linearen Algebra kennzeichnet. Es handelt sich um die Charakterisierung der Integrale als geeignete lineare Funktionale, also als Linearformen, auf speziellen Funktionenräumen.

§ 27 Das Integral

Bei der Einführung des Integralbegriffs werden einige einfache Eigenschaften konvexer Teilmengen eines Vektorraums gebraucht, die den eigentlichen Untersuchungen vorangestellt werden sollen.
Es sei Y ein Vektorraum, und M sei eine nicht leere Teilmenge von Y. Dann wird jeder Ausdruck der Form

$$\sum_{\nu=1}^{n} c_\nu \mathfrak{y}_\nu \quad mit \quad \mathfrak{y}_\nu \in M,\ c_\nu \geqq 0 \quad (\nu = 1, \dots, n) \quad und \quad c_1 + \dots + c_n = 1$$

eine **konvexe Linearkombination** von M genannt. Die Menge M selbst heißt **konvex,** wenn jede konvexe Linearkombination von M bereits in M liegt (vgl. 27A). Auch die leere Menge wird zu den konvexen Mengen gerechnet. Ist M eine beliebige Teilmenge von Y, so ist die Menge $\hat{M}$ aller konvexen Linearkombinationen von M eine konvexe Obermenge von M, und zwar auch die kleinste konvexe Obermenge. Sie wird die **konvexe Hülle** von M genannt. Es gilt $\hat{\emptyset} = \emptyset$, und M ist genau dann konvex, wenn $\hat{M} = M$ erfüllt ist.

27.1 *Es sei M eine konvexe Teilmenge von Y. Dann ist auch ihre abgeschlossene Hülle $\bar{M}$ konvex.*

Beweis: $\mathfrak{y} = c_1 \mathfrak{y}_1 + \dots + c_n \mathfrak{y}_n$ sei eine konvexe Linearkombination von $\bar{M}$. Wegen $\mathfrak{y}_\nu \in \bar{M}$ gilt $\mathfrak{y}_\nu = \lim_{\varrho \to \infty} \mathfrak{y}_{\nu,\varrho}$ mit Vektoren $\mathfrak{y}_{\nu,\varrho} \in M$ $(\nu = 1, \dots, n,\ \varrho \in \mathbb{N})$. Aus der Konvexität von M folgt $\mathfrak{y}'_\varrho = c_1 \mathfrak{y}_{1,\varrho} + \dots + c_n \mathfrak{y}_{n,\varrho} \in M$ und daher $\mathfrak{y} = \lim_{\varrho \to \infty} \mathfrak{y}'_\varrho \in \bar{M}$. ◆

Für eine beliebige Teilmenge M von Y ist nach diesem Satz $k(M) = \bar{\hat{M}}$ die kleinste abgeschlossene und konvexe Obermenge von M, die daher auch die **abgeschlossene konvexe Hülle** von M genannt wird.

27.2 *Es sei M eine Teilmenge von Y. Dann enthält $k(M)$ auch die Grenzvektoren $\mathfrak{y}$ konvergenter Reihen der Form*

$$\mathfrak{y} = \sum_{\nu=0}^{\infty} c_\nu \mathfrak{y}_\nu \qquad mit \qquad \mathfrak{y}_\nu \in M,\ c_\nu \geqq 0\ (\nu \in \mathbb{N}) \qquad und \qquad \sum_{\nu=0}^{\infty} c_\nu = 1 .$$

Beweis: Für hinreichend große n gilt $\sum_{\nu=0}^{n} c_\nu > 0$ und

$$\mathfrak{y}'_n = \Big(\sum_{\nu=0}^{n} c_\nu\Big)^{-1} \Big(\sum_{\nu=0}^{n} c_\nu \mathfrak{y}_\nu\Big) \in \hat{M} \subset k(M).$$

Es folgt

$$\mathfrak{y} - \mathfrak{y}'_n = \Big(1 - \Big(\sum_{\nu=0}^{n} c_\nu\Big)^{-1}\Big) \Big(\sum_{\nu=0}^{n} c_\nu \mathfrak{y}_\nu\Big) + \sum_{\nu=n+1}^{\infty} c_\nu \mathfrak{y}_\nu .$$

Auf der rechten Seite konvergiert mit wachsendem n die erste Klammer gegen Null, die zweite nach Voraussetzung gegen $\mathfrak{y}$ und daher die letzte Reihe gegen den Nullvektor. Es folgt $\mathfrak{y} = \lim (\mathfrak{y}'_n)$ und wegen der Abgeschlossenheit von $k(M)$ die Behauptung $\mathfrak{y} \in k(M)$. ◆

Es sei jetzt Y ein euklidischer Vektorraum. Unter dem **Durchmesser** einer Teilmenge M von Y versteht man bekanntlich den Wert

$$\delta(M) = \sup\{|\mathfrak{y} - \mathfrak{y}'| : \mathfrak{y}, \mathfrak{y}' \in M\},$$

wobei $\delta(M) = \infty$ für unbeschränkte Mengen gilt.

27.3 *Für beliebige Teilmengen M von Y gilt*

$$\delta(k(M)) = \delta(\hat{M}) = \delta(M).$$

Beweis: Wegen $\delta(k(M)) \geqq \delta(\hat{M}) \geqq \delta(M)$ ist die Behauptung im Fall $\delta(M) = \infty$ trivial. Es kann also weiter $\delta(M) < \infty$ vorausgesetzt werden.
Es seien jetzt $\mathfrak{y}$ und $\mathfrak{y}'$ Vektoren aus $\hat{M}$, es gelte also

$$\mathfrak{y} = \sum_{\nu=1}^{n} a_\nu \mathfrak{y}_\nu \quad mit \quad \mathfrak{y}_\nu \in M,\ a_\nu \geqq 0\ (\nu = 1, \ldots, n) \quad und \quad a_1 + \ldots + a_n = 1,$$

$$\mathfrak{y}' = \sum_{\varrho=1}^{r} b_\varrho \mathfrak{y}'_\varrho \quad mit \quad \mathfrak{y}'_\varrho \in M,\ b_\varrho \geqq 0\ (\varrho = 1, \ldots, r) \quad und \quad b_1 + \ldots + b_r = 1.$$

Es folgt wegen $|\mathfrak{y}_\nu - \mathfrak{y}'_\varrho| \leqq \delta(M)$

$$|\mathfrak{y} - \mathfrak{y}'| \leqq \sum_{\nu=1}^{n} a_\nu |\mathfrak{y}_\nu - \mathfrak{y}'| \leqq \sum_{\nu=1}^{n} a_\nu \Big(\sum_{\varrho=1}^{r} b_\varrho |\mathfrak{y}_\nu - \mathfrak{y}'_\varrho|\Big) \leqq$$

$$\leqq \delta(M) \Big(\sum_{\nu=1}^{n} a_\nu\Big)\Big(\sum_{\varrho=1}^{r} b_\varrho\Big) = \delta(M)$$

und daher $\delta(\hat{M}) = \delta(M)$. Sind jetzt weiter $\mathfrak{y}$ und $\mathfrak{y}'$ Punkte aus $k(M)$, gilt also $\mathfrak{y} = \lim(\mathfrak{y}_\nu)$ und $\mathfrak{y}' = \lim(\mathfrak{y}'_\nu)$ mit Vektoren $\mathfrak{y}_\nu, \mathfrak{y}'_\nu \in \hat{M}$, so ergibt sich wegen des bereits Bewiesenen

$$|\mathfrak{y} - \mathfrak{y}'| = \lim_{\nu \to \infty} |\mathfrak{y}_\nu - \mathfrak{y}'_\nu| \leqq \delta(\hat{M}) = \delta(M)$$

und damit $\delta(k(M)) = \delta(M)$. ◆

Sind $M_1, \ldots, M_n$ nicht leere Teilmengen von Y, so wird man die mit festen Skalaren $c_1, \ldots, c_n$ gebildete Menge aller Vektoren der Form $c_1 \mathfrak{x}_1 + \ldots + c_n \mathfrak{x}_n$ mit $\mathfrak{x}_1 \in M_1, \ldots, \mathfrak{x}_n \in M_n$ in naheliegender Weise mit $c_1 M_1 + \ldots + c_n M_n$ bezeichnen. Eine Erweiterung auf unendlich viele Summanden ist natürlich nur unter einschränkenden Voraussetzungen möglich: Es sei jetzt nämlich M_ν für alle $\nu \in \mathbb{N}$ eine nicht leere beschränkte Teilmenge von Y, und es sei

$$s_\nu = \sup\{|\mathfrak{y}| : \mathfrak{y} \in M_\nu\} \qquad (\nu \in \mathbb{N}).$$

Ferner sei die mit festen Skalaren c_ν gebildete Reihe $\sum_{\nu=0}^{\infty} c_\nu s_\nu$ absolut konvergent. Bei beliebiger Wahl der Vektoren $\mathfrak{y}_\nu \in M_\nu$ ($\nu \in \mathbb{N}$) gilt dann $|c_\nu \mathfrak{y}_\nu| \leqq |c_\nu| s_\nu$, so daß die Vektorreihe $\sum c_\nu \mathfrak{y}_\nu$ absolut und damit auch unbedingt konvergent ist. Man kann daher die Menge aller Grenzvektoren derartiger Reihen jetzt sinnvoll mit $\sum c_\nu M_\nu$ bezeichnen, wobei es wegen der unbedingten Konvergenz auch nicht auf die Reihenfolge der Summanden ankommt. In dem folgenden Satz sei nun die hier beschriebene Situation vorausgesetzt.

27.4 $\sum_{\nu=0}^{\infty} c_\nu k(M_\nu) \subset k\left(\sum_{\nu=0}^{\infty} c_\nu M_\nu\right)$.

Beweis: Es sei $\mathfrak{y} = a_1 \mathfrak{y}_1 + \ldots + a_r \mathfrak{y}_r$ eine konvexe Linearkombination von Vektoren $\mathfrak{y}_1, \ldots, \mathfrak{y}_r \in M_\nu$. Es folgt

$$|\mathfrak{y}| \leqq a_1 |\mathfrak{y}_1| + \ldots + a_r |\mathfrak{y}_r| \leqq (a_1 + \ldots + a_r)\, s_\nu = s_\nu .$$

Daher ist s_ν auch das Supremum der Beträge von Vektoren aus $\hat{M}_\nu$, woraus durch Grenzübergang ebenfalls

$$s_\nu = \sup\{|\mathfrak{y}| : \mathfrak{y} \in k(M_\nu)\}$$

folgt. Die mit Vektoren $\mathfrak{y}_\nu \in k(M_\nu)$ gebildeten Reihen $\sum c_\nu \mathfrak{y}_\nu$ sind also ebenfalls absolut konvergent.
Bei festem n gelte nun $\mathfrak{y}_\nu^* \in \hat{M}_\nu$ für $\nu \leqq n$ und $\mathfrak{y}_\nu^* \in M_\nu$ für $\nu > n$, insbesondere also

$$\mathfrak{y}_\nu^* = \sum_{\varrho_\nu=0}^{r_\nu} a_{\nu,\varrho_\nu} \mathfrak{y}_{\nu,\varrho_\nu}^* \quad \textit{mit} \quad \mathfrak{y}_{\nu,\varrho_\nu}^* \in M_\nu,\ a_{\nu,\varrho_\nu} \geqq 0 \ \textit{und} \ a_{\nu,0} + \ldots + a_{\nu,r_\nu} = 1 .$$

Es folgt

$$\sum_{\nu=0}^{\infty} c_\nu \mathfrak{y}_\nu^* = \sum_{\varrho_0=0}^{r_0} \cdots \sum_{\varrho_n=0}^{r_n} a_{0,\varrho_0} \cdots a_{n,\varrho_n} \left(\sum_{\nu=0}^{n} c_\nu \mathfrak{y}_{\nu,\varrho_\nu}^* + \sum_{\nu=n+1}^{\infty} c_\nu \mathfrak{y}_\nu^* \right).$$

Für jeden Wert der Indizes $\varrho_0, \ldots, \varrho_n$ liegt der in der Klammer stehende Vektor in $\sum c_\nu M_\nu$. Die rechte Seite der Gleichung ist daher eine konvexe Linearkombination von $\sum c_\nu M_\nu$ und liegt somit in deren konvexer Hülle. Durch Grenzübergang folgt hieraus

$$\sum_{\nu=0}^{n} c_\nu \mathfrak{y}_\nu + \sum_{\nu=n+1}^{\infty} c_\nu \mathfrak{y}_\nu^* \in k\left(\sum_{\nu=0}^{\infty} c_\nu M_\nu\right)$$

für Vektoren $\mathfrak{y}_\nu \in k(M_\nu)$ ($\nu = 0, \ldots, n$) und $\mathfrak{y}_\nu^* \in M_\nu$ ($\nu > n$). Die Behauptung ergibt sich nun schließlich durch den Grenzübergang $n \to \infty$. ◆

Nach diesen Vorbereitungen soll nun mit der Behandlung des Integralbegriffs begonnen werden. Dabei sollen folgende Festsetzungen gelten: $(X, \mathfrak{A}, \mu)$ ist ein weiterhin fester Maßraum. Und zwar kann dabei X zunächst noch eine beliebige Menge sein. Weil später aber X im allgemeinen ein Vektorraum sein wird, sollen auch hier die Elemente von X wie Vektoren bezeichnet werden. Weiter ist Y immer ein euklidischer Vektorraum, der auch als Meßraum hinsichtlich der σ-Algebra $\mathfrak{B}$ seiner *Borel*'schen Mengen aufgefaßt wird. Schließlich bedeutet φ stets eine Abbildung von X in Y. Wird sie als meßbar vorausgesetzt, so ist die $\mathfrak{A}$-$\mathfrak{B}$-Meßbarkeit gemeint.

Definition 27a: *Ein Teilsystem $\mathfrak{Z}$ von $\mathfrak{A}$ heißt eine* **Normalzerlegung** *von X – genauer von $(X, \mathfrak{A}, \mu)$ –, wenn es folgende Eigenschaften besitzt:*

(1) *$\mathfrak{Z}$ ist ein abzählbares disjunktes System.*

(2) *Für alle $A \in \mathfrak{Z}$ gilt $\mu(A) < \infty$.*

(3) $\bigcup \{A : A \in \mathfrak{Z}\} = X$.

Nicht gefordert wird, daß die Mengen einer Normalzerlegung positives Maß besitzen; sie dürfen sogar leer sein. Weiter wird der Buchstabe $\mathfrak{Z}$ ausschließlich für Normalzerlegungen benutzt werden, so daß dies nicht jedesmal besonders erwähnt werden muß.

Definition 27b: *$\mathfrak{Z}'$ heißt eine* **Verfeinerung** *von $\mathfrak{Z}$ – in Zeichen: $\mathfrak{Z}' \prec \mathfrak{Z}$ –, wenn jede Menge aus $\mathfrak{Z}'$ in einer Menge aus $\mathfrak{Z}$ enthalten ist, wenn $\mathfrak{Z}'$ also eine Unterteilung von $\mathfrak{Z}$ ist:*

$$\mathfrak{Z}' \prec \mathfrak{Z} \Leftrightarrow \bigwedge_{A' \in \mathfrak{Z}'} \bigvee_{A \in \mathfrak{Z}} A' \subset A.$$

Zu je zwei Normalzerlegungen gibt es immer eine gemeinsame Verfeinerung: Das Mengensystem

$$\mathfrak{Z}^* = \{A \cap A' : A \in \mathfrak{Z} \wedge A' \in \mathfrak{Z}'\}$$

ist nämlich wieder eine Normalzerlegung, mit der außerdem $\mathfrak{Z}^* \prec \mathfrak{Z}$ und $\mathfrak{Z}^* \prec \mathfrak{Z}'$ erfüllt ist.

27.I Der Maßraum X sei der zweidimensionale euklidische Raum mit dem *Borel-Lesbesgue*'schen Maß λ. Die hinsichtlich einer Orthonormalbasis $\{\mathfrak{e}_1, \mathfrak{e}_2\}$ mit Hilfe der Quadrate

$$Q_n = \{\mathfrak{x} : |x_1| \leqq n \wedge |x_2| \leqq n\} \qquad (n = 1, 2, 3, \ldots)$$

gebildeten Mengen

$$A_1 = Q_1, \quad A_{n+1} = Q_{n+1} \setminus Q_n \qquad (n \geqq 1)$$

bilden dann eine Normalzerlegung $\mathfrak{Z}$ von X. Eine zweite Normalzerlegung

$\mathfrak{Z}'$ von X bilden die Intervalle

$$J_{m,n} = \{\mathfrak{x} : m \leqq x_1 < m+1 \wedge n \leqq x_2 < n+1\} \qquad (m, n \in \mathbb{Z}).$$

Es ist aber $\mathfrak{Z}'$ keine Verfeinerung von $\mathfrak{Z}$ (man beachte die Ränder!).

27.II Ein Maßraum braucht keine Normalzerlegung zu besitzen: Es sei z.B. X eine überabzählbare Menge, $\mathfrak{A}$ sei die Potenzmenge von X, und μ ordne jeder Teilmenge von X die Zahl ihrer Elemente bzw. den Wert ∞ zu. Dann ist $(X, \mathfrak{A}, \mu)$ ein Maßraum, der sicher nicht als Vereinigung abzählbar vieler Teilmengen endlichen Maßes dargestellt werden kann.

Der in der folgenden Definition auftretende Begriff der Integrierbarkeit ist hier zunächst noch unmotiviert und wird erst durch das Folgende gerechtfertigt. Es ist jedoch zweckmäßig, ihn schon jetzt zur Bezeichnungsvereinfachung einzuführen.

Definition 27c: *Eine Abbildung $\varphi : X \to Y$ heißt* **integrierbar,** *wenn sie meßbar ist und wenn es eine Normalzerlegung $\mathfrak{Z}$ von X mit*

$$\sigma(\varphi, \mathfrak{Z}) = \sum_{A \in \mathfrak{Z}} \mu(A) \sup\{|\varphi\mathfrak{x}| : \mathfrak{x} \in A\} < \infty$$

*gibt. Jede Normalzerlegung, die diese Bedingung erfüllt, soll als φ-***Normalzerlegung** *bezeichnet werden.*

Die den numerischen Wert $\sigma(\varphi, \mathfrak{Z})$ definierende Reihe besteht wegen der Abzählbarkeit von $\mathfrak{Z}$ auch aus nur abzählbar vielen nicht-negativen Gliedern. Sie ist daher absolut konvergent (evtl. gegen ∞), so daß es auf die Anordnung der Glieder nicht ankommt.

27.5 *Aus $\mathfrak{Z}' \prec \mathfrak{Z}$ folgt $\sigma(\varphi, \mathfrak{Z}') \leqq \sigma(\varphi, \mathfrak{Z})$. Mit $\mathfrak{Z}$ ist also auch jede Verfeinerung $\mathfrak{Z}'$ von $\mathfrak{Z}$ eine φ-Normalzerlegung.*

Beweis: Mit $s(A) = \sup\{|\varphi\mathfrak{x}| : \mathfrak{x} \in A\}$ folgt aus $A' \subset A$ offenbar $s(A') \leqq s(A)$. Wegen $\mathfrak{Z}' \prec \mathfrak{Z}$ ergibt sich daher

$$\sigma(\varphi, \mathfrak{Z}') = \sum_{A' \in \mathfrak{Z}'} \mu(A')s(A') = \sum_{A \in \mathfrak{Z}} \Big(\sum_{\substack{A' \in \mathfrak{Z}' \\ A' \subset A}} \mu(A')s(A') \Big)$$

$$\leqq \sum_{A \in \mathfrak{Z}} \Big(\sum_{\substack{A' \in \mathfrak{Z}' \\ A' \subset A}} \mu(A') \Big) s(A) = \sum_{A \in \mathfrak{Z}} \mu(A)s(A) = \sigma(\varphi, \mathfrak{Z}). \quad \blacklozenge$$

Nun zunächst zwei Beispiele zum Integrierbarkeitsbegriff!

27.III Wie in 27.I sei X der zweidimensionale euklidische Raum mit dem *Borel-Lebesgue*'schen Maß λ, und die reellwertige Abbildung $\varphi_a : X \to \mathbb{R}$ sei in

Abhängigkeit von dem reellen Parameter $a > 0$ durch

$$\varphi_a \mathfrak{x} = \frac{1}{(1 + |\mathfrak{x}|)^a}$$

definiert. Als stetige Abbildung ist sie nach 26.4 jedenfalls meßbar. Hinsichtlich der Normalzerlegung $\mathfrak{Z}$ aus 27.I gilt weiter

$$\sup \{|\varphi_a \mathfrak{x}| : \mathfrak{x} \in A_n\} = \frac{1}{n^a}$$

und somit

$$\sigma(\varphi_a, \mathfrak{Z}) = \sum_{n=1}^{\infty} 4(2n-1) \cdot \frac{1}{n^a}.$$

Für $a \leqq 2$ konvergiert diese Reihe gegen ∞, für $a > 2$ aber gegen einen endlichen Grenzwert. Daher ist φ_a jedenfalls für $a > 2$ hinsichtlich des *Borel-Lebesgue*'schen Maßes λ integrierbar, und $\mathfrak{Z}$ ist eine φ_a-Normalzerlegung. Es folgt noch nicht, daß φ_a im Fall $a \leqq 2$ nicht integrierbar ist: Zwar ist dann $\mathfrak{Z}$ keine φ_a-Normalzerlegung mehr. Es muß aber $\sigma(\varphi_a, \mathfrak{Z}') = \infty$ für alle Normalzerlegungen $\mathfrak{Z}'$ von X nachgewiesen werden. Allerdings kann man sich hierbei auf Normalzerlegungen $\mathfrak{Z}'$ beschränken, die Verfeinerungen von $\mathfrak{Z}$ sind: Gilt nämlich $\sigma(\varphi_a, \mathfrak{Z}^*) < \infty$, so gibt es eine Normalzerlegung $\mathfrak{Z}'$ mit $\mathfrak{Z}' \prec \mathfrak{Z}$ und $\mathfrak{Z}' \prec \mathfrak{Z}^*$, für die wegen 27.5 dann ebenfalls $\sigma(\varphi_a, \mathfrak{Z}') \leqq \sigma(\varphi_a, \mathfrak{Z}^*) < \infty$ erfüllt ist. Nun folgt aber aus $A' \subset A_n$

$$\sup \{|\varphi_a \mathfrak{x}| : \mathfrak{x} \in A'\} \geqq \inf \{|\varphi_a \mathfrak{x}| : \mathfrak{x} \in A_n\} = \frac{2}{(1 + n\sqrt{2})^a}$$

und daher aus $\mathfrak{Z}' \prec \mathfrak{Z}$

$$\begin{aligned}
\sigma(\varphi_a, \mathfrak{Z}') &= \sum_{A' \in \mathfrak{Z}'} \lambda(A') \sup \{|\varphi_a \mathfrak{x}| : \mathfrak{x} \in A'\} \\
&\geqq \sum_{n=1}^{\infty} \Big(\sum_{\substack{A' \in \mathfrak{Z}' \\ A' \subset A_n}} \lambda(A') \Big) \frac{1}{(1 + n\sqrt{2})^a} \\
&= \sum_{n=1}^{\infty} \lambda(A_n) \frac{1}{(1 + n\sqrt{2})^a} = \sum_{n=1}^{\infty} \frac{4(2n-1)}{(1 + n\sqrt{2})^a}.
\end{aligned}$$

Die letzte Reihe konvergiert aber für $a \leqq 2$ gegen ∞, so daß φ_a dann also tatsächlich nicht integrierbar ist.

27.IV Es sei wieder $(X, \mathfrak{A}, \mu)$ ein beliebiger Maßraum, und $\varphi : X \to Y$ sei eine Elementarabbildung mit der ausgezeichneten Normaldarstellung

$$\varphi = \sum_{\nu=1}^{n} \chi_{M_\nu} \mathfrak{y}_\nu,$$

wobei also die Mengen $M_1, \ldots, M_n$ aus $\mathfrak{A}$ stammen und eine Zerlegung von X bilden. Als Elementarabbildung ist φ meßbar. Bei der Untersuchung der Integrierbarkeit kann man sich offenbar auf solche Normalzerlegungen $\mathfrak{Z}$ beschränken, die Unterteilungen von $\{M_1, \ldots, M_n\}$ sind. Dann aber gilt

$$\sigma(\varphi, \mathfrak{Z}) = \sum_{A \in \mathfrak{Z}} \mu(A) \sup \{|\varphi \mathfrak{x}| : \mathfrak{x} \in A\}$$

$$= \sum_{\nu=1}^{n} \Big(\sum_{\substack{A \in \mathfrak{Z} \\ A \subset M_\nu}} \mu(A) \Big) |\mathfrak{y}_\nu| = \sum_{\nu=1}^{n} \mu(M_\nu) |\mathfrak{y}_\nu| .$$

Sofern also überhaupt Normalzerlegungen $\mathfrak{Z}$ von X existieren, ist der Wert $\sigma(\varphi, \mathfrak{Z})$ unabhängig von $\mathfrak{Z}$ und genau dann endlich, wenn die Menge

$$T_\varphi = \{\mathfrak{x} : \varphi \mathfrak{x} \neq 0\},$$

die auch der **Träger** von φ genannt wird, endliches Maß besitzt.

Ist jetzt wieder allgemein $\varphi : X \to Y$ eine integrierbare Abbildung, so existiert nach den einleitenden Bemerkungen für jede φ-Normalzerlegung $\mathfrak{Z}$ die Menge $\sum_{A \in \mathfrak{Z}} \mu(A)(\varphi A)$ und daher auch ihre abgeschlossene konvexe Hülle

$$S(\varphi, \mathfrak{Z}) = k\Big(\sum_{A \in \mathfrak{Z}} \mu(A)(\varphi A) \Big).$$

Für diese Menge gilt nun folgender Satz

27.6 *Die Abbildung $\varphi : X \to Y$ sei integrierbar, und $\mathfrak{Z}$ sei eine φ-Normalzerlegung.*
Aus $\mathfrak{Z}' \prec \mathfrak{Z}$ folgt dann $S(\varphi, \mathfrak{Z}') \subset S(\varphi, \mathfrak{Z})$.
Ferner gibt es zu jeder Fehlerschranke $\varepsilon > 0$ eine φ-Normalzerlegung $\mathfrak{Z}_\varepsilon$ mit $\delta(S(\varphi, \mathfrak{Z}_\varepsilon)) < \varepsilon$.

Beweis: Es sei A eine Menge aus $\mathfrak{Z}$ mit $\mu(A) > 0$. Wählt man dann zu jedem $A' \in \mathfrak{Z}'$ mit $A' \subset A$ einen Vektor $\mathfrak{y}_{A'} \in \varphi A'$ beliebig aus, so folgt wegen $\sum_{A' \subset A} \mu(A') = \mu(A)$ und wegen 27.2

$$\sum_{\substack{A' \in \mathfrak{Z}' \\ A' \subset A}} \frac{\mu(A')}{\mu(A)} \mathfrak{y}_{A'} \in k(\varphi A),$$

also

$$\frac{1}{\mu(A)} \sum_{\substack{A' \in \mathfrak{Z}' \\ A' \subset A}} \mu(A')(\varphi A') \subset k(\varphi A).$$

Da in den entsprechenden Reihen Summanden mit $\mu(A) = 0$ keine Rolle spielen, folgt jetzt mit Hilfe von 27.4

$$\sum_{A' \in \mathfrak{Z}'} \mu(A')(\varphi A') = \sum_{\substack{A \in \mathfrak{Z} \\ \mu(A) > 0}} \mu(A) \left[\frac{1}{\mu(A)} \sum_{\substack{A' \in \mathfrak{Z}' \\ A' \subset A}} \mu(A')(\varphi A') \right]$$

$$\subset \sum_{\substack{A \in \mathfrak{Z} \\ \mu(A) > 0}} \mu(A) k(\varphi A) \subset k\Big(\sum_{A \in \mathfrak{Z}} \mu(A)(\varphi A) \Big) = S(\varphi, \mathfrak{Z})$$

und daher auch

$$S(\varphi, \mathfrak{Z}') = k\Big(\sum_{A' \in \mathfrak{Z}'} \mu(A')(\varphi A') \Big) \subset S(\varphi, \mathfrak{Z}).$$

Zum Beweis des zweiten Teils sei $\mathfrak{Z} = \{A_n : n \in \mathbb{N}\}$. Bei gegebenem $\varepsilon > 0$ sei für jeden Index n weiter $\{J_{n,r} : r \in \mathbb{N}\}$ eine Intervallzerlegung von Y mit

$$\delta(J_{n,r}) < \frac{\varepsilon}{2^{n+1}\big(1 + \mu(A_n)\big)}.$$

Wegen der Meßbarkeit von φ ist dann $\mathfrak{Z}_\varepsilon = \{A_n \cap \varphi^-(J_{n,r}) : n, r \in \mathbb{N}\}$ eine Normalzerlegung von X mit $\mathfrak{Z}_\varepsilon \prec \mathfrak{Z}$, die wegen 27.5 sogar eine φ-Normalzerlegung ist. Zu jedem $B \in \mathfrak{Z}_\varepsilon$ gibt es ein n und ein r mit $B \subset A_n$ und $\varphi B \subset J_{n,r}$, also mit $\delta(\varphi B) \leqq \delta(J_{n,r})$. Sind daher

$$\mathfrak{y} = \sum_{B \in \mathfrak{Z}_\varepsilon} \mu(B) \mathfrak{y}_B \qquad \textit{und} \qquad \mathfrak{y}' = \sum_{B \in \mathfrak{Z}_\varepsilon} \mu(B) \mathfrak{y}'_B$$

beliebige Punkte aus $\sum_{B \in \mathfrak{Z}_\varepsilon} \mu(B)(\varphi B)$, gilt also $\mathfrak{y}_B, \mathfrak{y}'_B \in \varphi B$, so erhält man

$$|\mathfrak{y} - \mathfrak{y}'| \leqq \sum \mu(B) |\mathfrak{y}_B - \mathfrak{y}'_B| \leqq \sum_{B \in \mathfrak{Z}_\varepsilon} \mu(B)\, \delta(\varphi B)$$

$$< \sum_{n=0}^{\infty} \Big(\sum_{\substack{B \in \mathfrak{Z}_\varepsilon \\ B \subset A_n}} \mu(B) \Big) \frac{\varepsilon}{2^{n+1}\big(1 + \mu(A_n)\big)} =$$

$$= \sum_{n=0}^{\infty} \frac{\mu(A_n) \cdot \varepsilon}{2^{n+1}\big(1 + \mu(A_n)\big)} \leqq \varepsilon \sum_{n=0}^{\infty} \frac{1}{2^{n+1}} = \varepsilon.$$

Bei Berücksichtigung von 27.3 folgt hieraus $\delta\big(S(\varphi, \mathfrak{Z}_\varepsilon)\big) < \varepsilon$. ◆

Der folgende Satz zeigt nun, daß jede integrierbare Abbildung $\varphi : X \to Y$ eindeutig einen Vektor in Y bestimmt, auf den sich die Mengen $S(\varphi, \mathfrak{Z})$ bei Verfeinerung von $\mathfrak{Z}$ zusammenziehen.

27.7 *Die Abbildung $\varphi : X \to Y$ sei integrierbar. Dann gibt es genau einen Vektor $\mathfrak{y}_\varphi \in Y$ mit folgender Eigenschaft: Zu gegebenem $\varepsilon > 0$ existiert eine φ-Normalzerlegung $\mathfrak{Z}_\varepsilon$ mit $S(\varphi, \mathfrak{Z}_\varepsilon) \subset U_\varepsilon(\mathfrak{y}_\varphi)$.*

Beweis: Nach dem vorangehenden Satz gibt es eine Folge $(\mathfrak{Z}_n')$ von φ-Normalzerlegungen mit $\delta(S(\varphi, \mathfrak{Z}_n')) < \frac{1}{n}$ $(n = 1, 2, 3, \ldots)$. Setzt man $\mathfrak{Z}_1 = \mathfrak{Z}_1'$ und bestimmt induktiv $\mathfrak{Z}_{n+1}$ als gemeinsame Verfeinerung von $\mathfrak{Z}_n$ und $\mathfrak{Z}_{n+1}'$, so sind die $\mathfrak{Z}_n$ wegen 27.5 ebenfalls φ-Normalzerlegungen, und wegen 27.6 gilt

$$S(\varphi, \mathfrak{Z}_{n+1}) \subset S(\varphi, \mathfrak{Z}_n), \qquad \delta(S(\varphi, \mathfrak{Z}_n)) < \frac{1}{n} \qquad (n = 1, 2, 3, \ldots).$$

Die Mengen $S(\varphi, \mathfrak{Z}_n)$ sind nicht leer, abgeschlossen und als Mengen mit endlichem Durchmesser sogar kompakt. Als absteigende Folge besitzen sie nach dem Satz von *Cantor* (5.2) einen nicht leeren Durchschnitt. Es existiert also ein Vektor $\mathfrak{y}_\varphi$ mit $\mathfrak{y}_\varphi \in S(\varphi, \mathfrak{Z}_n)$ für alle n. Bei gegebenem $\varepsilon > 0$ gilt nun für hinreichend großes n zunächst $\frac{1}{n} < \varepsilon$, und wegen

$$\mathfrak{y}_\varphi \in S(\varphi, \mathfrak{Z}_n) \qquad \textit{und} \qquad \delta(S(\varphi, \mathfrak{Z}_n)) < \frac{1}{n} < \varepsilon$$

weiter

$$S(\varphi, \mathfrak{Z}_n) \subset U_\varepsilon(\mathfrak{y}_\varphi).$$

Würde auch ein von $\mathfrak{y}_\varphi$ verschiedender Vektor $\mathfrak{y}_\varphi'$ dieselbe Eigenschaft besitzen, so würde mit $\varepsilon = \frac{1}{2}|\mathfrak{y}_\varphi - \mathfrak{y}_\varphi'|$ einerseits $U_\varepsilon(\mathfrak{y}_\varphi) \cap U_\varepsilon(\mathfrak{y}_\varphi') = \emptyset$ erfüllt sein. Andererseits gäbe es nach Voraussetzung φ-Normalzerlegungen $\mathfrak{Z}, \mathfrak{Z}'$ mit

$$S(\varphi, \mathfrak{Z}) \subset U_\varepsilon(\mathfrak{y}_\varphi) \qquad \textit{und} \qquad S(\varphi, \mathfrak{Z}') \subset U_\varepsilon(\mathfrak{y}_\varphi').$$

Mit einer gemeinsamen Verfeinerung $\mathfrak{Z}''$ von $\mathfrak{Z}$ und $\mathfrak{Z}'$ würde sich dann wegen 27.6 der Widerspruch

$$\emptyset \neq S(\varphi, \mathfrak{Z}'') \subset S(\varphi, \mathfrak{Z}) \cap S(\varphi, \mathfrak{Z}') \subset U_\varepsilon(\mathfrak{y}_\varphi) \cap U_\varepsilon(\mathfrak{y}_\varphi')$$

ergeben. Daher ist $\mathfrak{y}_\varphi$ eindeutig bestimmt. ◆

Definition 27d: *Der durch eine integrierbare Abbildung* $\varphi: X \to Y$ *nach dem letzten Satz eindeutig bestimmte Vektor* $\mathfrak{y}_\varphi$ *heißt der* **Integralvektor** *oder kürzer das* **Integral** *der Abbildung bezüglich des Maßes* μ *und wird mit*

$$\mathfrak{y}_\varphi = \int_X \varphi \, d\mu$$

bezeichnet.

Als einfaches Beispiel können wieder die Elementarabbildungen dienen.

27.V Wie in 27.IV gezeigt wurde, ist eine Elementarabbildung φ auf einem

Maßraum, in dem überhaupt Normalzerlegungen existieren, genau dann integrierbar, wenn $\mu(T_\varphi) < \infty$ gilt. Ist

$$\varphi = \sum_{\nu=1}^{n} \chi_{M_\nu} \mathfrak{y}_\nu$$

die ausgezeichnete Normaldarstellung von φ, so kann man sich bei der Berechnung des Integrals auf solche φ-Normalzerlegungen $\mathfrak{Z}$ beschränken, die Unterteilungen der Zerlegung $\{M_1, \ldots, M_n\}$ sind. In diesem Fall besteht aber die Menge $S(\varphi, \mathfrak{Z})$ bereits nur aus einem von $\mathfrak{Z}$ unabhängigen Vektor. Es gilt nämlich

$$S(\varphi, \mathfrak{Z}) = \{\sum_{\nu=1}^{n} \mu(M_\nu)\mathfrak{y}_\nu\},$$

so daß unmittelbar

$$\int_X \varphi \, d\mu = \int_X (\sum_{\nu=1}^{n} \chi_{M_\nu} \mathfrak{y}_\nu) \, d\mu = \sum_{\nu=1}^{n} \mu(M_\nu)\mathfrak{y}_\nu$$

folgt. Speziell ist die Indikatorfunktion χ_M einer Teilmenge M von X genau dann integrierbar, wenn $M \in \mathfrak{A}$ und $\mu(M) < \infty$ erfüllt ist. Es gilt dann

$$\int_X \chi_M \, d\mu = \mu(M).$$

27.8 *Die Abbildung $\varphi : X \to Y$ sei integrierbar, und $\psi : X \to Y$ sei eine meßbare Abbildung mit $|\psi \mathfrak{x}| \leqq |\varphi \mathfrak{x}|$ für alle $\mathfrak{x} \in X$. Dann sind auch $|\varphi|$ und ψ integrierbar, und es gilt*

$$|\int_X \psi \, d\mu| \leqq \int_X |\varphi| \, d\mu.$$

Beweis: Es sei $\mathfrak{Z}$ eine φ-Normalzerlegung. Dann gilt

$$\begin{aligned}\sigma(\psi, \mathfrak{Z}) &= \sum_{A \in \mathfrak{Z}} \mu(A) \sup\{|\psi \mathfrak{x}| : \mathfrak{x} \in A\} \\ &\leqq \sum_{A \in \mathfrak{Z}} \mu(A) \sup\{|\varphi \mathfrak{x}| : \mathfrak{x} \in A\} = \sigma(|\varphi|, \mathfrak{Z}) \\ &= \sigma(\varphi, \mathfrak{Z}) < \infty,\end{aligned}$$

so daß auch $|\varphi|$ und ψ integrierbare Abbildungen sind und die Integrale

$$\mathfrak{y}_\psi = \int_X \psi \, d\mu, \qquad a_\varphi = \int_X |\varphi| \, d\mu$$

existieren. Außerdem gilt $a_\varphi \geqq 0$. Bei gegebenem $\varepsilon > 0$ gibt es daher nach 27.7 eine ψ-Normalzerlegung $\mathfrak{Z}_1$ mit $S(\psi, \mathfrak{Z}_1) \subset U_\varepsilon(\mathfrak{y}_\psi)$ und eine $|\varphi|$-Normalzerlegung $\mathfrak{Z}_2$ mit $S(|\varphi|, \mathfrak{Z}_2) \subset U_\varepsilon(a_\varphi)$. Ist nun $\mathfrak{Z}$ eine gemeinsame Verfeinerung von $\mathfrak{Z}_1$ und $\mathfrak{Z}_2$ und wählt man in jeder Menge $A \in \mathfrak{Z}$ einen Vektor $\mathfrak{x}_A$ (es kann $A \neq \emptyset$ für alle $A \in \mathfrak{Z}$ angenommen werden), so gilt

$$|\sum_{A \in \mathfrak{Z}} \mu(A)(\psi \mathfrak{x}_A) - \mathfrak{y}_\psi| < \varepsilon \qquad \textit{und} \qquad |\sum_{A \in \mathfrak{Z}} \mu(A)|\varphi \mathfrak{x}_A| - a_\varphi| < \varepsilon .$$

Es folgt

$$\begin{aligned} |\mathfrak{y}_\psi| &< \varepsilon + |\sum_{A \in \mathfrak{Z}} \mu(A)(\psi \mathfrak{x}_A)| \leqq \varepsilon + \sum \mu(A)|\psi \mathfrak{x}_A| \\ &\leqq \varepsilon + \sum_{A \in \mathfrak{Z}} \mu(A)|\varphi \mathfrak{x}_A| < 2\varepsilon + a_\varphi \end{aligned}$$

für alle $\varepsilon > 0$, also die Behauptung $|\mathfrak{y}_\psi| \leqq a_\varphi$. ◆

Bei dem bisher behandelten Integralbegriff war die Integrandenabbildung stets auf der ganzen Menge X definiert, und auch die Integration wurde auf ganz X erstreckt, nämlich mit Hilfe von Normalzerlegungen von X durchgeführt. Diese Einschränkungen können in einerfacher Weise aufgehoben werden. Zunächst sei $\varphi: D \to Y$ lediglich auf einer Teilmenge D von X definiert. Dann wird durch

$$\hat{\varphi}\mathfrak{x} = \begin{cases} \varphi\mathfrak{x} & \textit{für} \quad \mathfrak{x} \in D \\ \mathfrak{o} & \phantom{\textit{für}} \quad \mathfrak{x} \notin D \end{cases}$$

eine Abbildung $\hat{\varphi}: X \to Y$ auf ganz X erklärt, die auf D mit φ übereinstimmt. Man definiert dann das Integral von φ auf X durch

$$\int_X \varphi \, d\mu = \int_X \hat{\varphi} \, d\mu ,$$

sofern $\hat{\varphi}$ integrierbar ist (vgl. 27D). Ist weiter M eine Teilmenge von X, so kann man das Integral von φ auf M durch

$$\int_M \varphi \, d\mu = \int_X \chi_M \cdot \hat{\varphi} \, d\mu$$

erklären, wobei χ_M die Indikatorfunktion von M ist. Hierbei kann M eine beliebige Teilmenge von X sein, die nicht in der zu μ gehörenden σ-Algebra $\mathfrak{A}$ zu liegen braucht. Andererseits zeigt sich jedoch (vgl. 27D), daß wie bei den Elementarabbildungen $M \cap T_\varphi$ eine Menge aus $\mathfrak{A}$ sein muß. Im wesentlichen kann man sich daher doch auf Integrationsbereiche M aus $\mathfrak{A}$ beschränken. Dann aber kann man mit der σ-Algebra $\mathfrak{A}_M = \{A \cap M : A \in \mathfrak{A}\}$ aus § 26 und mit der Einschränkung μ_M von μ auf $\mathfrak{A}_M$ die Menge M selbst als Grundmenge des Maßraumes $(M, \mathfrak{A}_M, \mu_M)$ auffassen und das Integral von φ bzw. $\hat{\varphi}$ direkt bezüglich dieses Maßraums bilden. Einfache Überlegungen zeigen aber, daß das so gewonnene Integral mit dem hier auf M definierten Integral übereinstimmt (27D).

Ergänzungen und Aufgaben

27A Aufgabe: (1) Man zeige, daß eine Teilmenge des Vektorraums X genau dann konvex ist, wenn sie mit je zwei Punkten auch deren Verbindungsstrecke enthält.

Für $M \subset X$ sei $v(M)$ die Vereinigungsmenge aller Verbindungsstrecken von je zwei (nicht notwendig verschiedenen) Punkten aus M. Ferner gelte

$$v^1(M) = v(M), \qquad v^{k+1}(M) = v\big(v^k(M)\big).$$

Aufgabe: (2) Im Fall Dim $X = n$ bestimme man die kleinste Zahl k, mit der $v^k(M) = \hat{M}$ für alle Teilmengen M von X gilt.

27B Aufgabe: Man zeige, daß in einem Vektorraum die Gleichung $k(M) = \hat{\bar{M}}$ im allgemeinen falsch ist, wohl aber für beschränkte Teilmengen M zutrifft.

27C Es seien M, N konvexe Teilmengen des Vektorraums X, und U, V seien konvexe Teilmengen von $\mathbb{R}$.

Aufgabe: (1) Man beweise, daß $M + N$ und $U \cdot M$ ebenfalls konvexe Teilmengen von X sind.
(2) Gelten die Gleichungen

$$(U + V) \cdot M = U \cdot M + V \cdot M, \qquad U \cdot (M + N) = U \cdot M + U \cdot N?$$

Oder wenigstens geeignete Inklusionen?

27D Eine Abbildung $\varphi: X \to Y$ kann schon deswegen bezüglich des Maßraumes $(X, \mathfrak{A}, \mu)$ nicht integrierbar sein, weil es keine Normalzerlegungen von X gibt. Diese Ursache kann in sinnvollen Fällen dadurch behoben werden, daß man bei einer Normalzerlegung $\mathfrak{Z}$ die Bedingung $\mu(A) < \infty$ nur an diejenigen Mengen $A \in \mathfrak{Z}$ stellt, die durch φ nicht auf $\{\mathfrak{o}\}$ abgebildet werden. Hierauf wurde verzichtet, da die hier hauptsächlich als Maßräume auftretenden Vektorräume mit dem *Borel-Lebesgue*'schen oder *Lebesgue*'schen Maß stets Normalzerlegungen besitzen. Weiter sei daher $(X, \mathfrak{A}, \mu)$ ein Maßraum, in dem Normalzerlegungen existieren. Ferner sei $\varphi: D \to Y$ eine Abbildung mit einer Teilmenge D von X als Definitionsbereich, und

$$T_\varphi = \{\mathfrak{x} : \varphi\mathfrak{x} \neq \mathfrak{o}\}$$

sei der **Träger** von φ. Schließlich sei $\hat{\varphi}$ die am Ende dieses Paragraphen definierte Fortsetzung von φ zu einer Abbildung $\hat{\varphi}: X \to Y$, und M sei eine Teilmenge von D.

Aufgabe: (1) Man zeige, daß $\hat{\varphi}$ genau dann $\mathfrak{A}$-meßbar ist, wenn $T_\varphi \in \mathfrak{A}$ gilt und φ im Sinn von § 26 eine $\mathfrak{A}$-meßbare, also $\mathfrak{A}_D$-meßbare Abbildung ist.
(2) Es sei $\mathfrak{A}_T = \{A \cap T_\varphi : A \in \mathfrak{A}\}$ und μ_T die Einschränkung von μ auf $\mathfrak{A}_T$. Man zeige, daß $\hat{\varphi}$ genau dann auf X integrierbar ist, wenn die Restriktion φ_T von φ auf T_φ bezüglich des Maßraumes $(T_\varphi, \mathfrak{A}_T, \mu_T)$ integrierbar ist, und daß dann

$$\int_X \hat{\varphi}\, d\mu = \int_D \varphi\, d\mu = \int_{T_\varphi} \varphi\, d\mu = \int_{T_\varphi} \varphi_T\, d\mu_T$$

gilt.
(3) Man beweise: Ist φ auf M integrierbar, so gilt $T_\varphi \cap M \in \mathfrak{A}$.

27E Es sei φ die in 26C definierte Elementarfunktion, und es sei weiter

a) $M =]-\infty, 0]$, b) $M = [0, \infty[$, c) $M = [-5, 5]$.

Aufgabe: Man untersuche, ob die Abbildung φ oder die Abbildung $\varphi^2 - \varphi$ auf M bezüglich des *Borel-Lebesgue*'schen Maßes λ der Zahlengeraden integrierbar ist, und berechne gegebenenfalls das Integral.

27F Aufgabe: Es sei φ die in 26D definierte Funktion. Man untersuche, ob φ oder φ^2 auf $[0,1]$ oder $[0, \infty[$ nach dem *Borel-Lebesgue*'schen Maß λ der Zahlengeraden integrierbar sind.

§ 28 Rechengesetze

Wie bisher ist auch in diesem Paragraphen $(X, \mathfrak{A}, \mu)$ ein fester Maßraum und Y ein Vektorraum. Als Integrationsbereich können nach den letzten Bemerkungen des vorangehenden Paragraphen ohne wesentliche Einschränkung der Allgemeinheit gleich μ-meßbare Mengen, nämlich Mengen aus $\mathfrak{A}$, benutzt werden. Dann aber kann der Integrationsbereich M selbst als Maßraum aufgefaßt werden, so daß man bei Beweisen im allgemeinen nur den Fall $M = X$ zu betrachten braucht. Alle auftretenden Abbildungen sind auf einem Definitionsbereich $D \subset X$ erklärt, der den jeweiligen Integrationsbereich enthalten soll, und bilden in den Vektorraum Y ab.

28.1 *Die Abbildungen φ und ψ seien auf M integrierbar. Dann sind auch $\varphi + \psi$ und $c\varphi\, (c \in \mathbb{R})$ auf M integrierbar, und es gilt*

$$\int_M (\varphi + \psi)\, d\mu = \int_M \varphi\, d\mu + \int_M \psi\, d\mu, \qquad \int_M (c\varphi)\, d\mu = c \int_M \varphi\, d\mu.$$

Beweis: Ohne Beschränkung der Allgemeinheit kann $M = X$ angenommen werden. Wegen 26.9 sind mit φ und ψ auch $\varphi + \psi$ und $c\varphi$ ebenfalls $\mathfrak{A}$-meßbar. Ist weiter $\mathfrak{Z}_1$ eine φ-Normalzerlegung, $\mathfrak{Z}_2$ eine ψ-Normalzerlegung und $\mathfrak{Z}_3$ eine gemeinsame Verfeinerung, so folgt wegen 27.5

$$\begin{aligned}\sigma(\varphi + \psi, \mathfrak{Z}_3) &= \sum_{A \in \mathfrak{Z}_3} \mu(A) \sup\{|\varphi\mathfrak{x} + \psi\mathfrak{x}| : \mathfrak{x} \in A\} \\ &\leqq \sum_{A \in \mathfrak{Z}_3} \mu(A)(\sup\{|\varphi\mathfrak{x}| : \mathfrak{x} \in A\} + \sup\{|\psi\mathfrak{x}| : \mathfrak{x} \in A\}) \\ &= \sigma(\varphi, \mathfrak{Z}_3) + \sigma(\psi, \mathfrak{Z}_3) \leqq \sigma(\varphi, \mathfrak{Z}_1) + \sigma(\psi, \mathfrak{Z}_2) < \infty,\end{aligned}$$

$$\begin{aligned}\sigma(c\varphi, \mathfrak{Z}_1) &= \sum_{A \in \mathfrak{Z}_1} \mu(A) \sup\{|c(\varphi\mathfrak{x})| : \mathfrak{x} \in A\} \\ &= |c| \sum_{A \in \mathfrak{Z}_1} \mu(A) \sup\{|\varphi\mathfrak{x}| : \mathfrak{x} \in A\} \\ &= |c| \sigma(\varphi, \mathfrak{Z}_1) < \infty\end{aligned}$$

und damit die Integrierbarkeit von $\varphi + \psi$ und $c\varphi$.

Bei gegebenem $\varepsilon > 0$ existiert zu den Integralvektoren $\mathfrak{y}_\varphi$ und $\mathfrak{y}_\psi$ wegen 27.7 eine φ-, ψ- und $(\varphi + \psi)$-Normalzerlegung $\mathfrak{Z}$ mit

$$S(\varphi, \mathfrak{Z}) \subset U_{\frac{\varepsilon}{2}}(\mathfrak{y}_\varphi) \qquad \textit{und} \qquad S(\psi, \mathfrak{Z}) \subset U_{\frac{\varepsilon}{2}}(\mathfrak{y}_\psi).$$

Unmittelbar erhält man

$$S(\varphi + \psi, \mathfrak{Z}) \subset S(\varphi, \mathfrak{Z}) + S(\psi, \mathfrak{Z}) \subset U_{\frac{\varepsilon}{2}}(\mathfrak{y}_\varphi) + U_{\frac{\varepsilon}{2}}(\mathfrak{y}_\psi) \subset U_\varepsilon(\mathfrak{y}_\varphi + \mathfrak{y}_\psi).$$

Daher ist $\mathfrak{y}_\varphi + \mathfrak{y}_\psi$ der Integralvektor von $\varphi + \psi$. Im zweiten Fall kann $c \neq 0$ angenommen werden, weil die Behauptung sonst trivial ist. Dann gibt es wieder zu gegebenem $\varepsilon > 0$ eine φ- und damit auch $(c\varphi)$-Normalzerlegung $\mathfrak{Z}$ mit

$$S(\varphi, \mathfrak{Z}) \subset U_{\frac{\varepsilon}{|c|}}(\mathfrak{y}_\varphi),$$

woraus unmittelbar

$$S(c\varphi, \mathfrak{Z}) = cS(\varphi, \mathfrak{Z}) \subset U_\varepsilon(c\mathfrak{y}_\varphi)$$

folgt. Daher ist $c\mathfrak{y}_\varphi$ das Integral von $c\varphi$. ◆

Ist $\{\mathfrak{b}_1, \ldots, \mathfrak{b}_r\}$ eine Basis von Y und sind $\varphi_1, \ldots, \varphi_r$ die Koordinatenabbildungen der Abbildung φ, so ist φ nach 26.5 genau dann $\mathfrak{A}$-meßbar, wenn dies für alle Koordinatenabbildungen der Fall ist. Da mit einer geeigneten Konstanten c die Ungleichung $|\varphi_\varrho\mathfrak{x}| \leqq c|\varphi\mathfrak{x}|$ für alle Punkte $\mathfrak{x}$ des Definitionsbereichs und für $\varrho = 1, \ldots, r$ erfüllt ist, folgt weiter aus der Integrierbarkeit von φ wegen 27.8 die Integrierbarkeit der Koordinatenabbildungen. Umgekehrt sind mit den Koordinatenabbildungen auch die durch $\varphi_\varrho^*\mathfrak{x} = (\varphi_\varrho\mathfrak{x})\mathfrak{b}_\varrho$ definierten Abbildungen φ_ϱ^* integrierbar. Wegen $\varphi = \varphi_1^* + \ldots + \varphi_r^*$ folgt daher mit Hilfe des vorher bewiesenen Satzes

28.2 *Eine Abbildung $\varphi: D \to Y$ ist genau dann auf M integrierbar, wenn die ihr hinsichtlich einer Basis von Y zugeordneten Koordinatenabbildungen $\varphi_1, \ldots, \varphi_r$ auf M integrierbar sind. Es gilt dann*

$$\int_M \varphi\, d\mu = \Big(\int_M \varphi_1\, d\mu\Big)\mathfrak{b}_1 + \ldots + \Big(\int_M \varphi_r\, d\mu\Big)\mathfrak{b}_r .$$

Die naheliegende Vermutung, daß aus integrierbaren Abbildungen bildbare bilineare Produkte ebenfalls integrierbar sind, wird durch folgendes Beispiel widerlegt.

28.I Das Intervall $J =]0, 1]$ werde bezüglich des auf die *Borel*'schen Teilmengen von J beschränkten *Borel-Lebesgue*'schen Maßes λ als Maßraum aufgefaßt. Die durch $\varphi x = x^{-\frac{2}{3}}$ definierte Funktion $\varphi: J \to \mathbb{R}$ ist stetig, woraus wie in 26.4 ihre Meßbarkeit folgt. Ferner ist

$$\mathfrak{Z}^* = \left\{ \left]\frac{1}{n+1}, \frac{1}{n}\right] : n = 1, 2, 3, \ldots \right\}$$

eine Normalzerlegung von J mit

$$\sigma(\varphi, \mathfrak{Z}^*) = \sum_{n=1}^{\infty} \left(\frac{1}{n} - \frac{1}{n+1}\right)(n+1)^{\frac{2}{3}} = \sum_{n=1}^{\infty} \frac{1}{n\sqrt[3]{n+1}} \leqq \sum_{n=1}^{\infty} \frac{1}{n^{\frac{4}{3}}} < \infty ,$$

weswegen φ auf J integrierbar ist. Die Produktfunktion $\varphi^2 = \varphi \cdot \varphi$ ist wegen 26.8 ebenfalls meßbar. Sie ist aber auf J nicht nach dem Maß λ integrierbar: Mit einer beliebigen Normalzerlegung $\mathfrak{Z}$ von J gilt nämlich bei fester Wahl von n mit $J_n = \left]\frac{1}{n^2}, \frac{1}{n}\right]$

$$\begin{aligned}
\sigma(\varphi^2, \mathfrak{Z}) &= \sum_{A \in \mathfrak{Z}} \lambda(A) \sup\{x^{-\frac{4}{3}} : x \in A\} \\
&\geqq \Big(\sum_{A \in \mathfrak{Z}} \lambda(A \cap J_n)\Big) \inf\{x^{-\frac{4}{3}} : x \in J_n\} \\
&= \left(\frac{1}{n} - \frac{1}{n^2}\right) n^{\frac{4}{3}} = \frac{n-1}{n^{\frac{2}{3}}} > n^{\frac{1}{3}} - 1 .
\end{aligned}$$

Da diese Abschätzung für jede natürliche Zahl n erfüllt ist, folgt $\sigma(\varphi^2, \mathfrak{Z}) = \infty$ für alle Normalzerlegungen $\mathfrak{Z}$.

Anders liegen die Verhältnisse, wenn z. B. eine Faktorabbildung beschränkt ist oder die folgende schwächere Bedingung erfüllt ist.

28.3 *Die Abbildungen φ und ψ seien auf der Menge $M \in \mathfrak{A}$ integrierbar, und mit einer geeigneten Schranke s gelte für alle $\mathfrak{x} \in M$*

$$\min\{|\varphi\mathfrak{x}|, |\psi\mathfrak{x}|\} \leqq s.$$

Dann ist auch jedes bilineare Produkt $\varphi \vartriangle \psi$ dieser Abbildungen auf M integrierbar.

Beweis: Es kann $M = X$ vorausgesetzt werden. Wegen 26.9 ist $\varphi \vartriangle \psi$ jedenfalls meßbar. Ferner folgt aus der Bilinearität des Produkts nach 2.1

$$|(\varphi \vartriangle \psi)\mathfrak{x}| \leqq c|\varphi\mathfrak{x}| \cdot |\psi\mathfrak{x}|$$

mit einer geeigneten Konstanten c für alle $\mathfrak{x}$. Das Produkt auf der rechten Seite kann durch das Produkt aus Maximum und Minimum der beiden Faktoren ersetzt werden, so daß man weiter

$$|(\varphi \vartriangle \psi)\mathfrak{x}| \leqq c \cdot s \cdot \max\{|\varphi\mathfrak{x}|, |\psi\mathfrak{x}|\} \leqq c \cdot s \cdot (|\varphi\mathfrak{x}| + |\psi\mathfrak{x}|)$$

erhält. Ist nun $\mathfrak{Z}$ eine φ- und ψ-Normalzerlegung, so folgt

$$\begin{aligned}\sigma(\varphi \vartriangle \psi, \mathfrak{Z}) &= \sum_{A \in \mathfrak{Z}} \mu(A) \sup\{|(\varphi \vartriangle \psi)\mathfrak{x}| : \mathfrak{x} \in A\} \\ &\leqq c \cdot s \cdot \sum_{A \in \mathfrak{Z}} \mu(A) \sup\{|\varphi\mathfrak{x}| + |\psi\mathfrak{x}| : \mathfrak{x} \in A\} \\ &\leqq c \cdot s \cdot \big(\sigma(\varphi, \mathfrak{Z}) + \sigma(\psi, \mathfrak{Z})\big) < \infty\end{aligned}$$

und damit die Integrierbarkeit von $\varphi \vartriangle \psi$. ◆

28.4 *Die Abbildung φ sei auf der Menge $M \in \mathfrak{A}$ integrierbar. Dann gilt*

$$\Big|\int_M \varphi \, d\mu\Big| \leqq \int_M |\varphi| \, d\mu \leqq \mu(M) \cdot \sup\{|\varphi\mathfrak{x}| : \mathfrak{x} \in M\}.$$

Beweis: Wieder kann $M = X$ angenommen werden. Wegen 27.8 ist $|\varphi|$ integrierbar, und

$$\Big|\int_X \varphi \, d\mu\Big| \leqq \int_X |\varphi| \, d\mu$$

folgt, wenn man dort $\psi = \varphi$ setzt. Die zweite Ungleichung ist im Fall $\mu(X) = 0$ trivial, weil dann auch $\mu(A) = 0$ für alle Mengen A einer beliebigen Normalzerlegung $\mathfrak{Z}$, also $S(|\varphi|, \mathfrak{Z}) = 0$ gilt, so daß das Integral ebenfalls den Wert Null besitzt. Es kann daher weiter $\mu(X) > 0$ vorausgesetzt werden. Zur Abkürzung werde außerdem $\int_X |\varphi| \, d\mu = a$ gesetzt. Nimmt man nun an, daß mit einem $\varepsilon > 0$ die Ungleichung $\mu(X)|\varphi\mathfrak{x}| \leqq a - \varepsilon$ für alle $\mathfrak{x}$ erfüllt ist, so erhält man mit einer nach 27.7 existierenden Normalzerlegung $\mathfrak{Z}_\varepsilon$, für die $S(|\varphi|, \mathfrak{Z}_\varepsilon)$

$\subset U_\varepsilon(a)$ gilt, bei beliebiger Wahl der Vektoren $\mathfrak{x}_A \in A$ den Widerspruch

$$a - \varepsilon < \sum_{A \in \mathfrak{Z}} \mu(A) |\varphi \mathfrak{x}_A| \leqq \sum_{A \in \mathfrak{Z}} \mu(A) \frac{a-\varepsilon}{\mu(X)} = a - \varepsilon .$$

Zu jedem $\varepsilon > 0$ gibt es daher ein $\mathfrak{x}_\varepsilon \in X$ mit $a - \varepsilon < \mu(X) |\varphi \mathfrak{x}_\varepsilon|$. Hieraus ergibt sich durch Grenzübergang $\varepsilon \to 0$ die zweite Behauptung. ◆

Der folgende Satz zeigt, daß sich das Integral bei Zerlegung des Integrationsbereichs ebenfalls additiv verhält, und zwar auch bei abzählbar unendlichen Zerlegungen. Der Fall endlicher Zerlegungen ergibt sich als Spezialfall, wenn man die übrigen Mengen durch die leere Menge ersetzt.

28.5 *Die Abbildung φ sei auf der Menge $M \in \mathfrak{A}$ integrierbar, und $\{M_n : n \in \mathbb{N}\}$ sei eine Zerlegung von M in Mengen $M_n \in \mathfrak{A}$. Dann ist φ auch auf M_n integrierbar ($n \in \mathbb{N}$), und es gilt*

$$\int_M \varphi \, d\mu = \sum_{n \in \mathbb{N}} \Big(\int_{M_n} \varphi \, d\mu \Big),$$

wobei die rechts stehende Reihe absolut und daher unbedingt konvergiert.

Beweis: Es sei $\mathfrak{Z}'$ eine φ-Normalzerlegung von M (aufgefaßt als Maßraum), es gelte also $\sigma(\varphi, \mathfrak{Z}') < \infty$. Dann ist wegen $M_n \in \mathfrak{A}$

$$\mathfrak{Z}^* = \{A' \cap M_n : A' \in \mathfrak{Z}' \wedge n \in \mathbb{N}\}$$

ebenfalls eine φ-Normalzerlegung von M und außerdem eine Unterteilung der Zerlegung $\{M_n : n \in \mathbb{N}\}$. Faßt man weiter M_n selbst als Maßraum auf, was wegen $M_n \in \mathfrak{A}$ möglich ist, so ist

$$\mathfrak{Z}_n^* = \{A' \cap M_n : A' \in \mathfrak{Z}'\}$$

für jedes $n \in \mathbb{N}$ eine Normalzerlegung von M_n, mit der

$$\begin{aligned} \sigma(\varphi, \mathfrak{Z}_n^*) &= \sum_{A^* \in \mathfrak{Z}_n^*} \mu(A^*) \sup \{|\varphi \mathfrak{x}| : \mathfrak{x} \in A^*\} \\ &\leqq \sum_{A^* \in \mathfrak{Z}^*} \mu(A^*) \sup \{|\varphi \mathfrak{x}| : \mathfrak{x} \in A^*\} = \sigma(\varphi, \mathfrak{Z}^*) < \infty \end{aligned}$$

gilt. Es ist also $\mathfrak{Z}_n^*$ sogar eine φ-Normalzerlegung von M_n, φ ist auf M_n integrierbar, und es existieren somit die Integrale

$$\int_{M_n} \varphi \, d\mu = \mathfrak{y}_n \ (n \in \mathbb{N}), \qquad \int_M \varphi \, d\mu = \mathfrak{y} .$$

Bei gegebenem $\varepsilon > 0$ gibt es nun wegen 27.7 zu jedem n eine φ-Normalzerlegung $\mathfrak{Z}_n \prec \mathfrak{Z}_n^*$ von M_n mit

$$S(\varphi, \mathfrak{Z}_n) \subset U_{\varepsilon_n}(\mathfrak{y}_n) \qquad und \qquad \varepsilon_n = \frac{\varepsilon}{2^{n+1}}.$$

Es ist $\mathfrak{Z} = \bigcup \mathfrak{Z}_n$ eine φ-Normalzerlegung von M mit $\mathfrak{Z} \prec \mathfrak{Z}^*$, und bei fester Wahl der Punkte $\mathfrak{x}_A \in A\,(A \in \mathfrak{Z})$ erhält man

$$\begin{aligned}\sum_{n=0}^{\infty} |\mathfrak{y}_n| &\leqq \sum_{n=0}^{\infty}\left(\left|\sum_{A \in \mathfrak{Z}_n} \mu(A)(\varphi \mathfrak{x}_A)\right| + \frac{\varepsilon}{2^{n+1}}\right)\\ &\leqq \sum_{n=0}^{\infty}\Big(\sum_{A \in \mathfrak{Z}_n} \mu(A)|\varphi \mathfrak{x}_A|\Big) + \sum_{n=0}^{\infty} \frac{\varepsilon}{2^{n+1}}\\ &= \sum_{A \in \mathfrak{Z}} \mu(A)|\varphi \mathfrak{x}_A| + \varepsilon \leqq \sigma(\varphi, \mathfrak{Z}) + \varepsilon < \infty.\end{aligned}$$

Daher ist die Reihe $\sum \mathfrak{y}_n$ absolut konvergent. Entsprechend erhält man

$$\sum_{A \in \mathfrak{Z}} \mu(A)(\varphi A) = \sum_{n=0}^{\infty}\Big(\sum_{A \in \mathfrak{Z}_n} \mu(A)(\varphi A)\Big) \subset \sum_{n=0}^{\infty} U_{\varepsilon_n}(\mathfrak{y}_n) \subset U_{\varepsilon}\Big(\sum_{n=0}^{\infty} \mathfrak{y}_n\Big),$$

also auch $S(\varphi, \mathfrak{Z}) \subset U_{\varepsilon}(\sum \mathfrak{y}_n)$. Wieder wegen 27.7 folgt die Behauptung $\mathfrak{y} = \sum \mathfrak{y}_n$. ◆

Als einfache Folgerung aus diesem Satz erhält man noch

28.6 *Es seien $A_n (n \in \mathbb{N})$ und M Mengen aus $\mathfrak{A}$ mit $(A_n) \uparrow M$. Ferner sei φ auf M integrierbar. Dann ist φ auch auf den Mengen A_n integrierbar, und es gilt*

$$\int_M \varphi\, d\mu = \lim_{n \to \infty}\Big(\int_{A_n} \varphi\, d\mu\Big).$$

Beweis: Die Mengen $M_0 = A_0$, $M_{n+1} = A_{n+1} \setminus A_n$ erfüllen die Voraussetzungen des vorangehenden Satzes. Es folgt wegen $A_n = M_0 \cup \ldots \cup M_n$ zunächst

$$\int_{A_n} \varphi\, d\mu = \sum_{\nu=0}^{n}\Big(\int_{M_\nu} \varphi\, d\mu\Big)$$

und daher weiter

$$\lim_{n \to \infty}\Big(\int_{A_n} \varphi\, d\mu\Big) = \sum_{\nu=0}^{\infty}\Big(\int_{M_\nu} \varphi\, d\mu\Big) = \int_M \varphi\, d\mu. \quad ◆$$

Der folgende Satz behandelt die Vertauschbarkeit der Integration mit der Limesbildung bei Abbildungsfolgen. Bemerkenswert ist dabei, daß man bei dem mit Hilfe eines Maßes gewonnenen Integralbegriff schon im wesentlichen mit der punktweisen Konvergenz auskommt.

28.7 (Majorisierte Konvergenz.) *Es gelte $M \in \mathfrak{A}$, und (φ_ν) sei eine Folge $\mathfrak{A}$-meßbarer Abbildungen $\varphi_\nu : M \to Y$, die punktweise gegen die Abbildung $\varphi : M \to Y$*

konvergiert. Ferner sei mit einer auf M integrierbaren Abbildung $\psi: M \to \mathbb{R}_+$ *die* **Majorisierungsbedingung** $|\varphi_\nu \mathfrak{x}| \leqq \psi \mathfrak{x}$ *für alle Indizes* ν *und alle Punkte* $\mathfrak{x} \in M$ *erfüllt. Dann sind die Abbildungen* φ_ν $(\nu \in \mathbb{N})$ *und* φ *auf M integrierbar, und es gilt*

$$\int_M \varphi \, d\mu = \lim_{\nu \to \infty} \Big(\int_M \varphi_\nu \, d\mu \Big).$$

Beweis: Nach 26.10 ist mit den Abbildungen φ_ν auch φ eine $\mathfrak{A}$-meßbare Abbildung. Die Majorisierungsbedingung überträgt sich beim Grenzübergang auch auf φ. Wegen 27.8 sind daher φ und alle Abbildungen φ_ν auf M integrierbar.

Bei gegebenem $\varepsilon > 0$ sei jetzt zur Abkürzung $\eta = \frac{1}{5}\varepsilon$. Ist $\mathfrak{Z} = \{A_\nu : \nu \in \mathbb{N}\}$ eine ψ-Normalzerlegung von M (aufgefaßt als Maßraum), so gilt wegen 28.5

$$\lim_{n \to \infty} \sum_{\nu=0}^{n} \Big(\int_{A_\nu} \psi \, d\mu \Big) = \int_M \psi \, d\mu .$$

Es existiert daher ein n, so daß mit $V = A_0 \cup \ldots \cup A_n$ die Ungleichung

$$\Big| \int_M \psi \, d\mu - \int_V \psi \, d\mu \Big| = \int_{M \setminus V} \psi \, d\mu < \eta$$

erfüllt ist. Aus ihr folgt mit Hilfe der Majorisierungsbedingung

$$\text{(1)} \quad \begin{aligned} &\Big| \int_M \varphi_\nu \, d\mu - \int_V \varphi_\nu \, d\mu \Big| \leqq \int_{M \setminus V} |\varphi_\nu| \, d\mu \leqq \int_{M \setminus V} \psi \, d\mu < \eta \qquad (\nu \in \mathbb{N}), \\ &\Big| \int_M \varphi \, d\mu - \int_V \varphi \, d\mu \Big| \leqq \int_{M \setminus V} |\varphi| \, d\mu \leqq \int_{M \setminus V} \psi \, d\mu < \eta . \end{aligned}$$

Wegen $\mu(V) < \infty$ und wegen $\lim (\varphi_\nu) = \varphi$ wird durch

$$V_n = \Big\{ \mathfrak{x} : \mathfrak{x} \in V \wedge |\varphi \mathfrak{x} - \varphi_\nu \mathfrak{x}| < \frac{\eta}{1 + \mu(V)} \text{ für } \nu \geqq n \Big\} \qquad (n \in \mathbb{N})$$

eine Mengenfolge mit $(V_n) \uparrow V$ definiert, so daß wegen 28.6

$$\lim_{n \to \infty} \int_{V_n} \psi \, d\mu = \int_V \psi \, d\mu$$

und daher

$$\Big| \int_V \psi \, d\mu - \int_{V_{n_0}} \psi \, d\mu \Big| \leqq \int_{V \setminus V_{n_0}} \psi \, d\mu < \eta$$

mit einem Index n_0 erfüllt ist. Wie vorher folgt aus der Majorisierungsbedingung

$$\text{(2)} \quad \Big| \int_V \varphi_\nu \, d\mu - \int_{V_{n_0}} \varphi_\nu \, d\mu \Big| < \eta \quad \text{und} \quad \Big| \int_V \varphi \, d\mu - \int_{V_{n_0}} \varphi \, d\mu \Big| < \eta$$

für alle ν. Schließlich ergibt die Definition der Mengen V_n wegen 28.4 und wegen $\mu(V_{n0}) \leqq \mu(V)$

(3) $$|\int_{V_{n0}} \varphi\, d\mu - \int_{V_{n0}} \varphi_\nu\, d\mu| \leqq \mu(V) \sup\{|\varphi\mathfrak{x} - \varphi_\nu \mathfrak{x}| : \mathfrak{x} \in V_{n0}\} < \eta$$

für $\nu \geqq n_0$. Zusammenfassend erhält man daher mit (1), (2) und (3) für alle $\nu \geqq n_0$

$$\begin{aligned} |\int_M \varphi\, d\mu - \int_M \varphi_\nu\, d\mu| &\leqq |\int_M \varphi\, d\mu - \int_V \varphi\, d\mu| + |\int_V \varphi\, d\mu - \int_{V_{n0}} \varphi\, d\mu| \\ &+ |\int_{V_{n0}} \varphi\, d\mu - \int_{V_{n0}} \varphi_\nu\, d\mu| + |\int_{V_{n0}} \varphi_\nu\, d\mu - \int_V \varphi_\nu\, d\mu| + |\int_V \varphi_\nu\, d\mu - \int_M \varphi_\nu\, d\mu| \\ &< 5\eta = \varepsilon. \end{aligned}$$

Das ist die im Satz behauptete Konvergenz der Integrale. ◆

Bei der Berechnung der Summen $S(\varphi, \mathfrak{Z})$ spielen offenbar solche Mengen der φ-Normalzerlegung $\mathfrak{Z}$ keine Rolle, die das Maß Null besitzen, also μ-Nullmengen sind. Denn dann liefern ja die entsprechenden Summanden keinen Beitrag zu dem Wert von $S(\varphi, \mathfrak{Z})$. Dieser Sachverhalt legt folgende Ausdrucksweise nahe.

Definition 28a: *Eine Aussage $\mathfrak{B}$ über Punkte des Maßraumes $(X, \mathfrak{A}, \mu)$ gilt* **μ-fast-überall,** *wenn die Menge aller Punkte, auf die $\mathfrak{B}$ nicht zutrifft, in einer μ-Nullmenge enthalten ist, wenn also gilt*

$$\bigvee_{A \in \mathfrak{A}} \big(\mu(A) = 0 \wedge \{\mathfrak{x} : \neg\, \mathfrak{B}(\mathfrak{x})\} \subset A\big).$$

Im Fall eines vollständigen Maßes μ ist dann natürlich die Menge $\{\mathfrak{x} : \neg\, \mathfrak{B}(\mathfrak{x})\}$ selbst eine μ-Nullmenge. Zum Beispiel seien φ und ψ Abbildungen von X in Y. Sie heißen **μ-fast-überall gleich,** wenn $\{\mathfrak{x} : \varphi\mathfrak{x} \neq \psi\mathfrak{x}\} \subset A$ mit einer μ-Nullmenge A gilt. Auf $\complement A$ stimmen dann φ und ψ jedenfalls überein.

28.8 *Das Maß μ von X sei vollständig, und die Abbildung $\varphi : X \to Y$ sei integrierbar. Ist dann $\psi : X \to Y$ eine μ-fast-überall mit φ gleiche Abbildung, so ist auch ψ integrierbar, und es gilt*

$$\int_X \psi\, d\mu = \int_X \varphi\, d\mu.$$

Beweis: Nach Voraussetzung ist $A^* = \{\mathfrak{x} : \varphi\mathfrak{x} \neq \psi\mathfrak{x}\}$ eine μ-Nullmenge aus $\mathfrak{A}$. Ist nun B eine beliebige *Borel*'sche Teilmenge von Y, so gilt

$$\psi^-(B) = \big(\psi^-(B) \setminus A^*\big) \cup \big(\psi^-(B) \cap A^*\big) = \big(\varphi^-(B) \setminus A^*\big) \cup \big(\psi^-(B) \cap A^*\big).$$

Wegen der vorausgesetzten Integrierbarkeit ist φ meßbar. Daher gilt $\varphi^-(B) \in \mathfrak{A}$

und somit auch $(\varphi^-(B)\setminus A^*) \in \mathfrak{A}$. Wegen der Vollständigkeit von μ ist aber auch $\psi^-(B) \cap A^*$ eine μ-Nullmenge aus $\mathfrak{A}$. Es folgt $\psi^-(B) \in \mathfrak{A}$ und damit die Meßbarkeit von ψ.
Weiter sei jetzt $\mathfrak{Z}$ eine φ-Normalzerlegung, die gleichzeitig noch als Unterteilung der Zerlegung $\{A^*, \complement A^*\}$ von X angenommen werden kann. Bei der Berechnung von $\sigma(\psi, \mathfrak{Z})$ liefern dann diejenigen Summanden, die zu Zerlegungsmengen A mit $A \subset A^*$ gehören, wegen $\mu(A^*) = 0$ keinen Beitrag. Auf $\complement A^*$ stimmen aber ψ und φ überein, so daß unmittelbar $\sigma(\psi, \mathfrak{Z}) = \sigma(\varphi, \mathfrak{Z}) < \infty$ und damit die Integrierbarkeit von ψ folgt. Aus demselben Grund gilt auch $S(\psi, \mathfrak{Z}) = S(\varphi, \mathfrak{Z})$ für alle derartigen Zerlegungen, woraus sich die behauptete Gleichheit der Integrale ergibt. ◆

Im Fall eines nicht vollständigen Maßes μ kann man den Integrierbarkeitsbegriff auf solche Abbildungen ψ ausdehnen, die μ-fast-überall mit einer μ-integrierbaren Abbildung φ übereinstimmen, indem man ψ dann denselben Integralwert wie φ zuordnet. Da sich μ nach 24.8 zu einem vollständigen Maß $\hat{\mu}$ erweitern läßt, besagt der soeben bewiesene Satz, daß man auf diesem Weg zu einem vernünftigen Integrierbarkeitsbegriff gelangt, der im Begriff der $\hat{\mu}$-Integrierbarkeit enthalten ist.

Ergänzungen und Aufgaben

28A Aufgabe: Es sei $(X, \mathfrak{A}, \mu)$ ein Maßraum, Y ein Vektorraum, und die Folge der Abbildungen $\varphi_\nu: X \to Y$ $(\nu \in \mathbb{N})$ konvergiere punktweise gegen die Grenzabbildung φ. Ferner sei für jeden Index ν die Abbildung $\psi_\nu: X \to Y$ μ-fast-überall mit φ_ν gleich. Man zeige, daß die Folge (ψ_ν) dann μ-fast-überall gegen eine Grenzabbildung ψ konvergiert, die (nach beliebiger Erweiterung auf ganz X) μ-fast-überall mit φ übereinstimmt.

28B Aufgabe: Es sei $(X, \mathfrak{A}, \mu)$ ein Maßraum mit einem vollständigen Maß μ, $(Y, \mathfrak{A}^*)$ sei ein Meßraum, und die Abbildung $\varphi: X \to Y$ sei $\mathfrak{A}$-$\mathfrak{A}^*$-meßbar. Man zeige:
(1) Stimmt die Abbildung $\psi: X \to Y$ mit φ μ-fast-überall überein, so ist auch ψ eine $\mathfrak{A}$-$\mathfrak{A}^*$-meßbare Abbildung, und für die Bildmaße gilt $\mu_\varphi = \mu_\psi$.
(2) Sind darüber hinaus die Abbildungen $\varphi': Y \to Z$ und $\psi': Y \to Z$ entsprechend μ_φ-fast-überall gleich, so stimmen $\varphi' \circ \varphi$ und $\psi' \circ \psi$ ebenfalls μ-fast-überall überein.

28C Der Satz 28.7 wurde hier mit Hilfe von 28.5 bzw. 28.6 bewiesen.

Aufgabe: Man folgere umgekehrt 28.5 aus 28.7.

28D Aufgabe: Man zeige, daß in 28.7 die Majorisierungsbedingung entfallen kann, wenn $\mu(M) < \infty$ gilt, die Abbildungen φ_ν auf M integrierbar sind und die Folge (φ_ν) auf M gleichmäßig gegen φ konvergiert.

28E Aufgabe: Es sei $\varphi: X \to Y$ eine auf M integrierbare Abbildung, und $\mathfrak{b}$ sei ein fester Vektor aus Y. Man zeige, daß dann auch die durch $\psi\mathfrak{x} = (\varphi\mathfrak{x}) \cdot \mathfrak{b}$ definierte Abbildung $\psi: X \to \mathbb{R}$ auf M integrierbar ist und daß

$$\int_M \psi\, d\mu = \left(\int_M \varphi\, d\mu\right) \cdot \mathfrak{b}$$

gilt.

§ 29 Integrale reellwertiger und numerischer Funktionen

Der hier behandelte Integralbegriff führt im Fall $X = Y = \mathbb{R}$ bezüglich des *Lebesgue*'schen Maßes λ auf das *Lebesgue*'sche Integral reeller Funktionen. Zumindest auf kompakten Intervallen der Zahlengeraden ist für reelle Funktionen aber auch der bekannte *Riemann*'sche Integralbegriff erklärt. Es soll daher zunächst untersucht werden, in welcher Beziehung diese beiden Integralbegriffe zu einander stehen.
Die durch

$$\varphi x = \begin{cases} 1 & \text{wenn} \quad x \text{ rational} \\ 0 & \phantom{\text{wenn}} \quad x \text{ irrational} \end{cases} \qquad (x \in \mathbb{R})$$

definierte **Dirichlet'sche Funktion** ist bekanntlich im *Riemann*'schen Sinn auf keinem Teilintervall $[a, b]$ der Zahlengeraden mit $a < b$ integrierbar, weil bei jeder endlichen Unterteilung des Intervalls die Obersummen stets den Wert $b - a$, die Untersummen aber den Wert Null besitzen. Da aber die Menge der rationalen Zahlen eine λ-Nullmenge ist, stimmt φ mit der Nullfunktion λ-fast-überall überein. Wegen 28.8 ist φ daher sogar auf der ganzen Zahlengeraden λ-integrierbar, und das *Lebesgue*'sche Integral von φ auf $\mathbb{R}$ hat denselben Wert wie das Integral der Nullfunktion, nämlich den Wert Null. Erst recht ist φ dann auf jedem Teilintervall von $\mathbb{R}$ integrierbar, und das Integral hat dort ebenfalls den Wert Null. Es gibt also λ-integrierbare Funktionen, die nicht im *Riemann*'schen Sinn integrierbar sind. Umgekehrt zeigt jedoch der folgende Satz, daß jede auf einem kompakten Intervall im *Riemann*'schen Sinn integrierbare Funktion dort auch im *Lebesgue*'schen Sinn integrierbar ist.

29.1 *Die Funktion $\varphi: J \to \mathbb{R}$ sei auf dem kompakten Intervall $J = [a, b]$ der*

Zahlengeraden im Riemann'schen Sinn integrierbar. Dann ist sie auf J auch nach dem Lebesgue'schen Maß λ integrierbar, und die Integrale haben denselben Wert.

Beweis: Wegen der Existenz des *Riemann*'schen Integrals von φ auf J gibt es eine Folge $(\mathfrak{Z}_n)$ von Zerlegungen des Intervalls J mit folgenden Eigenschaften:

$\mathfrak{Z}_n = \{J_{n,\varrho} : \varrho = 1, \ldots, r_n\}$ ist eine Zerlegung von J in endlich viele Teilintervalle, und für alle n ist $\mathfrak{Z}_{n+1}$ eine Unterteilung von $\mathfrak{Z}_n$. Ferner bilden die hinsichtlich der Zerlegungen $\mathfrak{Z}_n$ gebildeten Unter- und Obersummen

$$\underline{s}_n = \sum_{\varrho=1}^{r_n} \lambda(J_{n,\varrho}) \inf \{\varphi x : x \in J_{n,\varrho}\},$$

$$\bar{s}_n = \sum_{\varrho=1}^{r_n} \lambda(J_{n,\varrho}) \sup \{\varphi x : x \in J_{n,\varrho}\}$$

je eine monoton wachsende bzw. fallende Folge mit dem *Riemann*'schen Integral als gemeinsamem Grenzwert:

$$\lim_{n \to \infty} \underline{s}_n = \int_a^b \varphi(x)\, dx = \lim_{n \to \infty} \bar{s}_n .$$

Da J eine *Borel*'sche Menge ist, kann man J hinsichtlich λ als Maßraum auffassen. Da weiter φ als im *Riemann*'schen Sinn integrierbare Funktion beschränkt ist und da die $\mathfrak{Z}_n$ endliche Zerlegungen sind, ist jedes $\mathfrak{Z}_n$ sogar eine φ-Normalzerlegung. Bei beliebiger Wahl der Punkte $x_{n,\varrho} \in J_{n,\varrho}$ gilt nun

$$\underline{s}_n \leqq \sum_{\varrho=1}^{r_n} \lambda(J_{n,\varrho})\, \varphi(x_{n,\varrho}) \leqq \bar{s}_n$$

und daher

$$S(\varphi, \mathfrak{Z}_n) \subset [\underline{s}_n, \bar{s}_n] .$$

Setzt man nun zunächst voraus, daß φ auf dem Intervall λ-integrierbar ist, so folgt wegen der letzten Inklusion

$$\int_J \varphi\, d\lambda \in \bigcap_n S(\varphi, \mathfrak{Z}_n) \subset \bigcap_n [\underline{s}_n, \bar{s}_n] = \{\int_a^b \varphi(x)\, dx\}$$

und damit die behauptete Gleichheit der Integrale. Nachzuweisen ist daher nur noch die *Lebesgue*-Meßbarkeit von φ.

Die durch die Zerlegungen $\mathfrak{Z}_n$ bestimmten Elementarfunktionen

$$\psi_n = \sum_{\varrho=1}^{r_n} \chi_{J_{n,\varrho}} \inf \{\varphi x : x \in J_{n,\varrho}\}$$

sind wegen $\lambda(J) < \infty$ integrierbar (27.IV) und erfüllen für alle $x \in J$ die Ungleichung

$$\psi_n(x) \leqq \psi_{n+1}(x) \leqq \varphi(x) \leqq \sup\{\varphi x : x \in J\} = c.$$

Wegen der Monotonie existiert im Sinn der punktweisen Konvergenz $\psi = \lim(\psi_n)$, und es gilt $\psi(x) \leqq \varphi(x) \leqq c$ für alle $x \in J$. Da die konstante Funktion c jedenfalls auf J integrierbar ist, ergibt sich die λ-Integrierbarkeit von ψ wegen 28.7. Wenn jetzt noch gezeigt wird, daß φ und ψ auf dem Intervall λ-fast-überall gleich sind, so ist dann nach 28.8 auch φ eine λ-integrierbare Abbildung.

Für die Mengen

$$A = \{x : \varphi x \neq \psi x\} \quad \textit{und} \quad A_k = \{x : \varphi x - \psi x > \frac{1}{k}\} \quad (k = 1, 2, 3, \ldots)$$

gilt offenbar $A = \bigcup A_k$. Es muß daher nur $\lambda(A_k) = 0$ für alle k nachgewiesen werden, weil dann wegen der σ-Additivität des Maßes auch $\lambda(A) = 0$ und somit die Behauptung folgt. Wenn nun bei festem k ein Intervall $J_{n,\varrho}$ aus $\mathfrak{Z}_n$ einen Punkt x^* aus A_k enthält, so gilt jedenfalls

$$\sup\{\varphi x : x \in J_{n,\varrho}\} - \inf\{\varphi x : x \in J_{n,\varrho}\} \geqq \varphi x^* - \psi_n x^* \geqq \varphi x^* - \psi x^* > \frac{1}{k}$$

und daher mit dem äußeren Maß α_λ

$$\bar{s}_n - \underline{s}_n \geqq \frac{1}{k}\Big(\sum_{J_{n,\varrho} \cap A_k \neq \emptyset} \lambda(J_{n,\varrho})\Big) \geqq \frac{1}{k}\alpha_\lambda(A_k).$$

Da diese Abschätzung für alle n gilt, folgt wegen $\lim\limits_{n \to \infty}(\bar{s}_n - \underline{s}_n) = 0$ die Behauptung $\lambda(A_k) = \alpha_\lambda(A_k) = 0$. ◆

Da bei diesem Beweis 28.8 benutzt wurde, gilt der soeben bewiesene Satz nur hinsichtlich des (vollständigen) *Lebesgue*'schen Maßes. Hinsichtlich des *Borel-Lebesgue*'schen Maßes ist er nur dann richtig, wenn man den Integralbegriff im Sinn der abschließenden Bemerkungen des vorangehenden Paragraphen erweitert (vgl. 29D). Der folgende Satz zeigt, daß durch das *Lebesgue*'sche Integral auch uneigentliche *Riemann*'sche Integrale erfaßt werden.

29.2 *Es sei J ein nicht notwendig beschränktes Intervall der Zahlengeraden, und die Funktion $\varphi : J \to \mathbb{R}$ sei auf J im Riemann'schen Sinn uneigentlich absolut integrierbar. Dann ist φ auf J auch im Lebesgue'schen Sinn integrierbar, und die beiden Integrale sind gleich.*

Beweis: Es genügt, den Beweis für die beiden Grundtypen uneigentlicher

Riemann'scher Integrale durchzuführen, nämlich für den Fall eines unbeschränkten Integrationsintervalls der Form $J = [a, \infty[$ und für den Fall eines beschränkten Intervalls $J = [a, b[$, wobei sich jedoch φ bei Annäherung an b unbeschränkt verhält. In beiden Fällen sind φ und $|\varphi|$ auf jedem kompakten Teilintervall von J im *Riemann*'schen Sinn integrierbar, und es gibt eine Zerlegung von J in Teilintervalle $J_n = [a_n, a_{n+1}[$ $(n \in \mathbb{N}, a_0 = a)$ mit

$$\sum_{n=0}^{\infty} \left(\int_{a_n}^{a_{n+1}} \varphi(x)\, dx \right) = \int_J \varphi(x)\, dx \quad \textit{und} \quad \sum_{n=0}^{\infty} \left(\int_{a_n}^{a_{n+1}} |\varphi(x)|\, dx \right) = \int_J |\varphi(x)|\, dx .$$

Schränkt man φ auf die einzelnen Teilintervalle ein, bildet man also die neuen Funktionen $\psi_n = \varphi \cdot \chi_{J_n}$, so sind diese wegen 29.1 auch im *Lebesgue*'schen Sinn auf dem jeweiligen Intervall J_n, dann aber auch auf J integrierbar, und es gilt

$$(*) \quad \begin{aligned} \int_J \psi_n\, d\lambda &= \int_{J_n} \psi_n\, d\lambda = \int_{a_n}^{a_{n+1}} \varphi(x)\, dx , \\ \int_J |\psi_n|\, d\lambda &= \int_{J_n} |\psi_n|\, d\lambda = \int_{a_n}^{a_{n+1}} |\varphi(x)|\, dx = c_n , \end{aligned}$$

sowie $\lim(\psi_n) = \varphi$ im Sinn der punktweisen Konvergenz auf J. Wegen 26.10 sind daher φ und auch $|\varphi|$ *Lebesgue*-meßbar. Weiter gibt es zu jedem n eine Zerlegung $\mathfrak{Z}_n$ von J_n in endlich viele Teilintervalle mit

$$\sum_{J' \in \mathfrak{Z}_n} \lambda(J') \sup\{|\varphi(x)| : x \in J'\} < c_n + \frac{1}{2^n} .$$

Es ist dann $\mathfrak{Z} = \bigcup \mathfrak{Z}_n$ eine Normalzerlegung von J mit

$$\begin{aligned} \sigma(\varphi, \mathfrak{Z}) &= \sum_{J' \in \mathfrak{Z}} \lambda(J') \sup\{|\varphi(x)| : x \in J'\} \\ &< \sum_{n=0}^{\infty} \left(c_n + \frac{1}{2^n} \right) = 2 + \int_J |\varphi(x)|\, dx < \infty , \end{aligned}$$

so daß φ und $|\varphi|$ auf J sogar λ-integrierbar sind. Anwendung von 28.7 (Majorantenfunktion ist $|\varphi|$) liefert nun wegen (*) die Behauptung

$$\int_J \varphi\, d\lambda = \sum_{n=0}^{\infty} \left(\int_J \psi_n\, d\lambda \right) = \sum_{n=0}^{\infty} \left(\int_{a_n}^{a_{n+1}} \varphi(x)\, dx \right) = \int_J \varphi(x)\, dx . \quad \blacklozenge$$

Uneigentliche *Riemann*'sche Integrale, die nicht absolut konvergent sind, existieren hingegen als *Lebesgue*'sche Integrale nicht (vgl. 29C). Jedenfalls aber umfaßt der *Lebesgue*'sche Integralbegriff die *Riemann*'schen eigentlichen und absolut konvergenten uneigentlichen Integrale, so daß man diese auch im

Rahmen der *Lebesgue*'schen Integrationstheorie verwenden kann. Das Beispiel der *Dirichlet*'schen Funktion zeigte jedoch, daß der *Lebesgue*'sche Integralbegriff noch umfassender ist.
Weiter sei jetzt wieder $(X, \mathfrak{A}, \mu)$ ein beliebiger Maßraum, auf dem jetzt aber nur reellwertige Abbildungen betrachtet werden sollen. In diesem Fall gestattet der Satz 28.4 folgende Verschärfung.

29.3 *Es gelte $M \in \mathfrak{A}$, $M \neq \emptyset$ und $\mu(M) < \infty$. Ferner sei die reellwertige Abbildung $\varphi : M \to \mathbb{R}$ auf M integrierbar. Dann gibt es Punkte $\mathfrak{x}_1, \mathfrak{x}_2 \in M$ mit*

$$\mu(M)(\varphi \mathfrak{x}_1) \leqq \int_M \varphi \, d\mu \leqq \mu(M)(\varphi \mathfrak{x}_2).$$

Beweis: Im Fall $\mu(M) = 0$ ist die Behauptung trivial, weil wegen 28.4 dann auch das Integral verschwindet. Es kann also weiter $0 < \mu(M) < \infty$ vorausgesetzt werden. Es soll dann die folgende Annahme widerlegt werden:

$$(*) \qquad \bigwedge_{\mathfrak{x} \in M} \mu(M)(\varphi \mathfrak{x}) > a = \int_M \varphi \, d\mu .$$

Da φ als integrierbare Abbildung $\mathfrak{A}$-meßbar ist, liegen die disjunkten Mengen

$$A_0^* = \{\mathfrak{x} : \mathfrak{x} \in M \wedge a + 1 \leqq \mu(M)(\varphi \mathfrak{x})\},$$

$$A_n^* = \left\{\mathfrak{x} : \mathfrak{x} \in M \wedge a + \frac{1}{n+1} \leqq \mu(M)(\varphi \mathfrak{x}) < a + \frac{1}{n}\right\} \qquad (n = 1, 2, 3, \ldots)$$

in $\mathfrak{A}$ und besitzen als Teilmengen von M endliches Maß. Wegen (*) ist aber $\mathfrak{Z}^* = \{A_n^* : n \in \mathbb{N}\}$ sogar eine Zerlegung, also eine Normalzerlegung von M. Und wegen $\sum \mu(A_n^*) = \mu(M) > 0$ gibt es einen Index k mit $\mu(A_k^*) > 0$. Zu der positiven Fehlerschranke

$$\varepsilon = \frac{1}{k+1} \frac{\mu(A_k^*)}{\mu(M)}$$

existiert eine φ-Normalzerlegung $\mathfrak{Z}$ von M mit $\mathfrak{Z} \prec \mathfrak{Z}^*$ und $S(\varphi, \mathfrak{Z}) \subset U_\varepsilon(a)$. Im Widerspruch hierzu ergibt sich jedoch mit beliebig gewählten Punkten $\mathfrak{x}_A \in A$ $(A \in \mathfrak{Z})$

$$\sum_{A \in \mathfrak{Z}} \mu(A)(\varphi \mathfrak{x}_A) = \sum_{\substack{A \in \mathfrak{Z} \\ A \subset A_k^*}} \mu(A)(\varphi \mathfrak{x}_A) + \sum_{\substack{A \in \mathfrak{Z} \\ A \subset \complement A_k^*}} \mu(A)(\varphi \mathfrak{x}_A)$$

$$\geqq \Big(\sum_{\substack{A \in \mathfrak{Z} \\ A \subset A_k^*}} \mu(A)\Big) \frac{1}{\mu(M)} \left(a + \frac{1}{k+1}\right) + \Big(\sum_{\substack{A \in \mathfrak{Z} \\ A \subset \complement A_k^*}} \mu(A)\Big) \frac{a}{\mu(M)}$$

$$= \frac{\mu(A_k^*)}{\mu(M)}\left(a + \frac{1}{k+1}\right) + \frac{\mu(M \setminus A_k^*)}{\mu(M)} a$$

$$= a + \frac{1}{k+1} \frac{\mu(A_k^*)}{\mu(M)} = a + \varepsilon.$$

Damit ist (*) widerlegt, und es gibt somit ein $\mathfrak{x}_1 \in M$ mit $\mu(M)(\varphi \mathfrak{x}_1) \leqq a$. Wendet man dieses Ergebnis auf $-\varphi$ stat φ an, so ergibt sich die Existenz eines $\mathfrak{x}_2 \in M$ mit $-\mu(M)(\varphi \mathfrak{x}_2) \leqq -a$, also die behauptete Abschätzung nach oben. ◆

Auch bei Abbildungen φ mit Werten in einem beliebigen Vektorraum liefert der soeben bewiesene Satz bei Anwendung auf $|\varphi|$ eine Verschärfung von 28.4. Ebenso kann der folgende Satz bei vektorwertigen Abbildungen φ auf $|\varphi|$ angewandt werden.

29.4 *Es sei $\varphi: X \to \mathbb{R}_+$ eine integrierbare Abbildung mit nicht-negativen Werten und mit*

$$\int_X \varphi \, d\mu = 0.$$

Dann stimmt φ mit der Nullfunktion μ-fast-überall überein, der Träger T_φ ist also eine μ-Nullmenge.

Beweis: Da φ eine $\mathfrak{A}$-meßbare Abbildung ist, gilt $T_\varphi \in \mathfrak{A}$ (26.6). Nimmt man nun $\mu(T_\varphi) > 0$ an, so gibt es eine Teilmenge $A \subset T_\varphi$ (etwa aus einer φ-Normalzerlegung) mit $A \in \mathfrak{A}$ und $0 < \mu(A) < \infty$. Anwendung von 29.3 liefert die Existenz eines $\mathfrak{x} \in A$ mit

$$\int_A \varphi \, d\mu \geqq \mu(A)(\varphi \mathfrak{x}) > 0,$$

weil ja auch $\mathfrak{x} \in T_\varphi$ und damit $\varphi \mathfrak{x} > 0$ gilt. Da φ lauter nicht-negative Werte besitzt, muß außerdem mit einem $\mathfrak{x}' \in X \setminus A$

$$\int_{X \setminus A} \varphi \, d\mu \geqq \mu(X \setminus A)(\varphi \mathfrak{x}') \geqq 0$$

erfüllt sein, so daß man insgesamt wegen 28.4 den Widerspruch

$$0 = \int_X \varphi \, d\mu = \int_A \varphi \, d\mu + \int_{X \setminus A} \varphi \, d\mu > 0$$

erhält. ◆

Noch einfacher ergibt sich die folgende Isotonie-Eigenschaft des Integrals.

29.5 *Die reellwertigen Abbildungen $\varphi: X \to \mathbb{R}$ und $\psi: X \to \mathbb{R}$ seien integrierbar,* *und μ-fast-überall sei $\varphi\mathfrak{x} \leqq \psi\mathfrak{x}$ erfüllt. Dann gilt auch*

$$\int_X \varphi\, d\mu \leqq \int_X \psi\, d\mu .$$

Beweis: Nach Voraussetzung gibt es eine Menge $A \in \mathfrak{A}$ mit $\mu(A) = 0$ und $\varphi\mathfrak{x} \leqq \psi\mathfrak{x}$ für alle $\mathfrak{x} \in X \backslash A$, also mit $(\psi - \varphi)\mathfrak{x} \geqq 0$. Wegen 29.3 gilt mit geeigneten $\mathfrak{x}_0 \in A$, $\mathfrak{x}_1 \in X \backslash A$ bei Berücksichtigung von 28.5

$$\begin{aligned}\int_X (\psi - \varphi)\, d\mu &= \int_A (\psi - \varphi)\, d\mu + \int_{X\backslash A} (\psi - \varphi)\, d\mu \\ &\geqq \mu(A)(\psi\mathfrak{x}_0 - \varphi\mathfrak{x}_0) + \mu(X\backslash A)(\psi\mathfrak{x}_1 - \varphi\mathfrak{x}_1) \\ &= \mu(X\backslash A)(\psi\mathfrak{x}_1 - \varphi\mathfrak{x}_1) \geqq 0 ,\end{aligned}$$

woraus unmittelbar die Behauptung folgt. ◆

Weiter sollen neben reellwertigen Abbildungen jetzt auch numerische Abbildungen $\varphi : X \to \overline{\mathbb{R}}$ in die Untersuchungen einbezogen werden, die also die Werte ∞ und $-\infty$ annehmen können. Die Integraldefinition und die bisher bewiesenen Sätze können weitgehend sinngemäß übernommen werden. Ausdrücklich sei jedoch darauf hingewiesen, daß auch bei numerischen Abbildungen φ für die Integrierbarkeit die Bedingung $\sigma(\varphi, \mathfrak{Z}) < \infty$ für mindestens eine Normalzerlegung gefordert wird, obwohl jetzt der Wert ∞ zur Verfügung steht. Daß man unter zusätzlichen Voraussetzungen auf diese Bedingung verzichten kann, wird später diskutiert. Aus der Integrierbarkeitsbedingung folgt, daß auch das Integral einer numerischen Abbildung reellwertig ist, also nicht den Wert ∞ oder $-\infty$ annehmen kann. Außerdem hat die Integrierbarkeitsbedingung die Konsequenz, daß die nicht-reellen Werte ∞ und $-\infty$ keine wesentliche Rolle spielen, wie der folgende Satz zeigt. In ihm wird die naturgemäße Fortsetzung $|\infty| = |-\infty| = \infty$ des Betrages benutzt.

29.6 *Für jede integrierbare numerische Abbildung $\varphi : X \to \overline{\mathbb{R}}$ ist $\{\mathfrak{x} : |\varphi\mathfrak{x}| = \infty\}$ eine μ-Nullmenge. Im Fall eines vollständigen Maßes gilt also sogar*

$$\mu(\{\mathfrak{x} : |\varphi\mathfrak{x}| = \infty\}) = 0 .$$

Beweis: Mit einer geeigneten Normalzerlegung $\mathfrak{Z}$ von X gilt $\sigma(\varphi, \mathfrak{Z}) < \infty$, also bei beliebiger Wahl der Punkte $\mathfrak{x}_A \in A\ (A \in \mathfrak{Z})$

$$\sum_{A \in \mathfrak{Z}} \mu(A) |\varphi\mathfrak{x}_A| < \infty .$$

Aus $|\varphi\mathfrak{x}_A| = \infty$ muß daher $\mu(A) = 0$ folgen. Und da $\mathfrak{Z}$ abzählbar ist, ist hiernach die Menge $\{\mathfrak{x} : |\varphi\mathfrak{x}| = \infty\}$ in einer Vereinigung von höchstens abzählbar vielen

μ-Nullmengen enthalten, die wegen der σ-Additivität des Maßes selbst eine Nullmenge ist. ◆

29.7 *Eine numerische Abbildung $\varphi: X \to \overline{\mathbb{R}}$ ist genau dann integrierbar, wenn ihr Positivteil φ^+ und ihr Negativteil φ^- integrierbar sind. Es gilt dann*

$$\int_X \varphi \, d\mu = \int_X \varphi^+ \, d\mu - \int_X \varphi^- \, d\mu .$$

Beweis: Zunächst sei φ integrierbar und damit auch $\mathfrak{A}$-meßbar. Dann sind

$$A_+ = \{\mathfrak{x} : \varphi\mathfrak{x} \geqq 0\} \qquad \textit{und} \qquad A_- = \{\mathfrak{x} : \varphi\mathfrak{x} < 0\}$$

Mengen aus $\mathfrak{A}$, und $\{\mathfrak{x} : |\varphi\mathfrak{x}| = \infty\}$ ist nach 29.6 in einer μ-Nullmenge $N \in \mathfrak{A}$ enthalten. Da φ auf $X \backslash N = (A_+ \backslash N) \cup (A_- \backslash N)$ reellwertig ist, kann 28.5 angewandt werden. Man erhält

$$\int_X \varphi \, d\mu = \int_{X \backslash N} \varphi \, d\mu = \int_{A_+ \backslash N} \varphi \, d\mu + \int_{A_- \backslash N} \varphi \, d\mu = \int_{A_+} \varphi \, d\mu + \int_{A_-} \varphi \, d\mu .$$

Nun gilt aber $\varphi\mathfrak{x} = \varphi^+\mathfrak{x}$ für $\mathfrak{x} \in A_+$ und $\varphi\mathfrak{x} = -(\varphi^-\mathfrak{x})$ für $\mathfrak{x} \in A_-$. Es folgt die Integrierbarkeit von φ^+ zunächst auf A_+, dann aber auch auf X, und ebenso die Integrierbarkeit von φ^-. Außerdem ergibt sich die behauptete Gleichung wegen

$$\int_X \varphi \, d\mu = \int_{A_+} \varphi^+ \, d\mu - \int_{A_-} \varphi^- \, d\mu = \int_X \varphi^+ \, d\mu - \int_X \varphi^- \, d\mu .$$

Sind umgekehrt φ^+ und φ^- integrierbar, so sind sie wieder wegen 29.6 außerhalb einer μ-Nullmenge sogar reellwertig, und 28.1 liefert entsprechend die Intergrierbarkeit von $\varphi = \varphi^+ - \varphi^-$. ◆

In $\overline{\mathbb{R}}$ ist eine monoton wachsende Folge stets konvergent, nämlich im Fall unbeschränkten Wachsens gegen ∞. Entsprechendes gilt für Folgen numerischer Abbildungen $\varphi_\nu: X \to \overline{\mathbb{R}}$: Gilt für alle $\mathfrak{x} \in X$ die Monotoniebedingung $\varphi_\nu \mathfrak{x} \leqq \varphi_{\nu+1}\mathfrak{x}$ $(\nu \in \mathbb{N})$, so existiert im Sinn punktweiser Konvergenz die numerische Grenzabbildung $\varphi = \lim(\varphi_\nu)$. Abbildungsfolgen, die die angegebene Monotoniebedingung erfüllen, sollen auch selbst als **monoton wachsende Abbildungsfolgen** bezeichnet werden. Für sie gilt der folgende wichtige Konvergenzsatz.

29.8 (Lebesgue-Levi.) *Es sei (φ_ν) eine monoton wachsende Folge integrierbarer numerischer Abbildungen $\varphi_\nu: X \to \overline{\mathbb{R}}_+$ mit nicht-negativen Werten. Dann gilt: Die Grenzabbildung $\varphi = \lim(\varphi_\nu)$ ist genau dann integrierbar, wenn*

$$a = \lim_{\nu \to \infty} \int_X \varphi_\nu \, d\mu < \infty$$

erfüllt ist. In diesem Fall ist a gleichzeitig das Integral von φ, es gilt also

$$\int_X \lim_{\nu\to\infty} (\varphi_\nu)\, d\mu = \int_X \varphi\, d\mu = \lim_{\nu\to\infty} \left(\int_X \varphi_\nu\, d\mu\right).$$

Beweis: Zunächst sei φ integrierbar. Wegen 29.5 gilt dann für alle ν

$$\int_X \varphi_\nu\, d\mu \leqq \int_X \varphi\, d\mu = b < \infty,$$

woraus durch Grenzübergang auch $a \leqq b < \infty$ folgt. Den Wert ∞ nimmt φ nach 29.6 nur innerhalb einer μ-Nullmenge A an. Betrachtet man daher die Abbildungen φ_ν und φ nur auf $X \backslash A$, so gestatten sie die Anwendung von 28.7 mit φ als Majorantenfunktion. Es folgt

$$\int_{X\backslash A} \varphi\, d\mu = \lim_{\nu\to\infty} \left(\int_{X\backslash A} \varphi_\nu\, d\mu\right).$$

Wegen $\mu(A) = 0$ gilt diese Gleichung dann aber auch für X als Integrationsbereich.

Unabhängig von der Bedingung $a < \infty$ ist φ in jedem Fall nach 26.10 eine $\mathfrak{A}$-meßbare Abbildung. Zum Abschluß des Beweises muß daher nur noch im Fall $a < \infty$ die Annahme widerlegt werden, daß $\sigma(\varphi, \mathfrak{Z}) = \infty$ für alle Normalzerlegungen $\mathfrak{Z}$ gilt.

Dazu sei zunächst $\{A_n : n \in \mathbb{N}\}$ eine beliebige Normalzerlegung von X. Wegen der $\mathfrak{A}$-Meßbarkeit von φ bilden bei festem n die Mengen

$$A_{n,k} = \{\mathfrak{x} : k \leqq 2^{n+1} \mu(A_n)(\varphi\mathfrak{x}) < k+1\} \qquad (k \in \mathbb{N}) \qquad \textit{und}$$
$$A_{n,\infty} = \{\mathfrak{x} : \varphi\mathfrak{x} = \infty\}$$

eine Normalzerlegung $\mathfrak{Z}_n$ von A_n. Es gilt

$$\sup\{\varphi\mathfrak{x} : \mathfrak{x} \in A_{n,k}\} - \inf\{\varphi\mathfrak{x} : \mathfrak{x} \in A_{n,k}\} \leqq \frac{1}{2^{n+1}\mu(A_n)} \qquad (k \in \mathbb{N}),$$

während die entsprechende Differenz hinsichtlich $A_{n,\infty}$ den Wert Null besitzt. Für die Normalzerlegung $\mathfrak{Z} = \bigcup \mathfrak{Z}_n$ von X folgt daher

$$\sum_{A\in\mathfrak{Z}} \mu(A)\,[\sup\{\varphi\mathfrak{x} : \mathfrak{x} \in A\} - \inf\{\varphi\mathfrak{x} : \mathfrak{x} \in A\}]$$
$$\leqq \sum_{n=0}^{\infty} \left(\sum_{k=0}^{\infty} \mu(A_{n,k})\right) \frac{1}{2^{n+1}\mu(A_n)} = \sum_{n=0}^{\infty} \frac{\mu(A_n)}{2^{n+1}\mu(A_n)} = 1.$$

Wegen der Annahme $\sigma(\varphi, \mathfrak{Z}) = \infty$ muß daher sogar

$$\sum_{A\in\mathfrak{Z}} \mu(A) \inf\{\varphi\mathfrak{x} : \mathfrak{x} \in A\} = \infty$$

erfüllt sein, mit geeigneten Mengen $A_1, \ldots, A_r \in \mathfrak{Z}$ also

$$(1) \qquad \sum_{\varrho=1}^{r} \mu(A_\varrho) \inf\{\varphi\mathfrak{x} : \mathfrak{x} \in A_\varrho\} > a + 3,$$

wobei für $V = A_1 \cup \ldots \cup A_r$ offenbar $\mu(V) > 0$ gilt. Wieder wegen der $\mathfrak{A}$-Meßbarkeit von φ liegen die Mengen

$$(2) \qquad B_n = \left\{\mathfrak{x} : \varphi\mathfrak{x} - \varphi_n\mathfrak{x} < \frac{1}{\mu(V)}\right\} \qquad (n \in \mathbb{N})$$

alle in $\mathfrak{A}$, und wegen $\varphi = \lim(\varphi_\nu)$ gilt außerdem $\bigcup B_n = X$. Es gibt daher eine Normalzerlegung $\mathfrak{Z}' \prec \mathfrak{Z}$, bei der jede Menge $A' \in \mathfrak{Z}'$ in einer der Mengen B_n enthalten ist. Wegen (1) erhält man

$$\sum_{\substack{A' \in \mathfrak{Z}' \\ A' \subset V}} \mu(A') \inf\{\varphi\mathfrak{x} : \mathfrak{x} \in A'\} \geqq \sum_{\varrho=1}^{r} \Big(\sum_{\substack{A' \in \mathfrak{Z}' \\ A' \subset A_\varrho}} \mu(A')\Big) \inf\{\varphi\mathfrak{x} : \mathfrak{x} \in A_\varrho\}$$
$$= \sum_{\varrho=1}^{r} \mu(A_\varrho) \inf\{\varphi\mathfrak{x} : \mathfrak{x} \in A_\varrho\} > a + 3$$

und daher bei geeigneter Wahl der Mengen $A_1', \ldots, A_s' \in \mathfrak{Z}'$ mit $V' = A_1' \cup \cdots \cup A_s' \subset V$ jedenfalls

$$(3) \qquad \sum_{\sigma=1}^{s} \mu(A_\sigma') \inf\{\varphi\mathfrak{x} : \mathfrak{x} \in A_\sigma'\} > a + 2.$$

Nun gilt aber $A_1', \ldots, A_s' \subset B_n$ mit einem gemeinsamen Index n und wegen (2)

$$\varphi\mathfrak{x} - \varphi_n\mathfrak{x} < \frac{1}{\mu(V)} \qquad \textit{für alle } \mathfrak{x} \in V'.$$

Aus (3) folgt daher wegen $V' \subset V$, also $\mu(V') \leqq \mu(V)$,

$$\sum_{\sigma=1}^{s} \mu(A_\sigma') \inf\{\varphi_n\mathfrak{x} : \mathfrak{x} \in A_\sigma'\} > \sum_{\sigma=1}^{s} \mu(A_\sigma') \left[\inf\{\varphi\mathfrak{x} : \mathfrak{x} \in A_\sigma'\} - \frac{1}{\mu(V)}\right]$$
$$> a + 2 - \frac{\mu(V')}{\mu(V)} \geqq a + 1.$$

Daher muß auch für jede Normalzerlegung $\mathfrak{Z}'' \prec \mathfrak{Z}'$ die Ungleichung

$$\sum_{A'' \in \mathfrak{Z}''} \mu(A'') \inf\{\varphi_n\mathfrak{x} : \mathfrak{x} \in A''\} \geqq \sum_{\sigma=1}^{s} \Big(\sum_{\substack{A'' \in \mathfrak{Z}'' \\ A'' \subset A_\sigma'}} \mu(A'')\Big) \inf\{\varphi_n\mathfrak{x} : \mathfrak{x} \in A_\sigma'\} > a + 1$$

erfüllt sein. Dies widerspricht aber $\int_X \varphi_n \, d\mu \leqq a$. ◆

Sind die nicht-negativen numerischen Abbildungen $\varphi_\nu: X \to \bar{\mathbb{R}}_+$ integrierbar, so bilden die Partialsummen der Reihe $\sum \varphi_\nu$ eine monoton wachsende Folge, so daß der soeben bewiesene Satz auf die Grenzabbildung φ der Reihe angewandt werden kann. Man erhält

$$\int_X \Big(\sum_{\nu=0}^{\infty} \varphi_\nu\Big) d\mu = \int_X \varphi\, d\mu = \sum_{\nu=0}^{\infty} \Big(\int_X \varphi_\nu\, d\mu\Big),$$

sofern nur die rechts stehende Reihe einen endlichen Wert besitzt.

Die Bedeutung von Satz 29.8 besteht einerseits in seiner praktischen Anwendbarkeit, andererseits aber auch darin, daß er einen anderen Zugang zu der Integraldefinition eröffnet, der in mancher Hinsicht bequemer, allerdings aber auch auf numerische Abbildungen beschränkt ist. Dies bedeutet jedoch keine wesentliche Einschränkung der Allgemeinheit, da man sich ja wegen 28.2 immer auf die reellwertigen Koordinatenabbildungen zurückziehen kann.
Es sei nämlich φ eine integrierbare numerische Abbildung mit nicht-negativen Werten. Als $\mathfrak{A}$-meßbare Abbildung ist sie nach 26.15 Grenzabbildung einer monoton wachsenden Folge von Elementarfunktionen φ_ν mit ebenfalls nicht-negativen Werten. Es ist daher Satz 29.8 anwendbar, und man erhält

$$\int_X \varphi\, d\mu = \lim_{\nu \to \infty} \Big(\int_X \varphi_\nu\, d\mu\Big).$$

Umgekehrt kann man durch diese Gleichung für $\mathfrak{A}$-meßbare numerische Abbildungen φ mit nicht-negativen Werten das Integral definieren:
Ist φ speziell eine nicht-negative Elementarfunktion mit der ausgezeichneten Normaldarstellung

$$\varphi = \sum_{\nu=1}^{n} c_\nu \chi_{M_\nu} \qquad (c_\nu \geqq 0),$$

so ordnet man ihr den Integralwert

$$\int_X \varphi\, d\mu = \sum_{\nu=1}^{n} c_\nu \mu(M_\nu)$$

zu (vgl. 27.V). Dabei kann hier bei der Betrachtung numerischer Abbildungen auch ∞ als Integralwert zugelassen werden. Es erhält also jede nicht-negative Elementarfunktion einen Integralwert, auch wenn sie nicht integrierbar ist.
Weiter sei φ eine beliebige $\mathfrak{A}$-meßbare numerische Abbildung mit nicht-negativen Werten, für die nach 26.15 also $\varphi = \lim (\varphi_\nu)$ mit einer monoton wachsenden Folge nicht-negativer Elementarfunktionen gilt. Man kann nun zeigen (vgl. 29A), daß der Grenzwert

$$\int_X \varphi \, d\mu = \lim_{\nu \to \infty} \left(\int_X \varphi_\nu \, d\mu \right)$$

für alle derartigen Folgen (φ_ν) derselbe ist, so daß hierdurch der Abbildung φ eindeutig ein Integralwert zugeordnet wird, der allerdings auch der Wert ∞ sein kann. Es ist also auf diese Weise das Integral für jede nicht-negative $\mathfrak{A}$-meßbare numerische Abbildung erklärt.

Erst wenn man den Integralbegriff auf numerische Abbildungen mit positiven und negativen Werten ausdehnen will, muß man sich auf endliche Integralwerte beschränken. Ist nämlich φ eine beliebige $\mathfrak{A}$-meßbare numerische Abbildung, so sind φ^+ und φ^- nicht-negative $\mathfrak{A}$-meßbare numerische Abbildungen, deren Integral somit definiert ist. Um aber auch das Integral von φ durch

$$\int_X \varphi \, d\mu = \int_X \varphi^+ \, d\mu - \int_X \varphi^- \, d\mu$$

definieren zu können, muß gesichert sein, daß der Positivteil und der Negativteil nicht beide unendliche Integralwerte besitzen. Man nennt daher bei dieser Art der Integraldefinition eine numerische Abbildung φ integrierbar, wenn sie $\mathfrak{A}$-meßbar ist und wenn die Integrale von φ^+ und φ^- endlich sind.

Ergänzungen und Aufgaben

29A Es seien

$$\varphi = \sum_{\nu=1}^{n} a_\nu \chi_{A_\nu} = \sum_{\varrho=1}^{r} b_\varrho \chi_{B_\varrho}$$

zwei Normaldarstellungen der Elementarfunktion φ.

Aufgabe: (1) Man beweise ohne Benutzung der für Integrale hergleiteten Sätze

$$\sum_{\nu=1}^{n} a_\nu \mu(A_\nu) = \sum_{\varrho=1}^{r} b_\varrho \mu(B_\varrho).$$

Gilt diese Gleichung auch noch, wenn es sich nicht um Normaldarstellungen handelt?

Hiernach kann das Integral einer Elementarfunktion jedenfalls mit Hilfe einer beliebigen Normaldarstellung angegeben werden, ohne daß man sich auf die ausgezeichnete Normaldarstellung beziehen muß.

Weiter seien (φ_ν) und (ψ_ν) zwei monoton wachsende Folgen nicht-negativer Elementarfunktionen mit $\lim(\varphi_\nu) = \lim(\psi_\nu)$.

Aufgabe: (2) Man beweise nur mit Hilfe der Summendefinition des Integrals von Elementarfunktionen

$$\lim_{\nu\to\infty}\Big(\int_X \varphi_\nu\,d\mu\Big) = \lim_{\nu\to\infty}\Big(\int_X \psi_\nu\,d\mu\Big),$$

insbesondere also ohne Benutzung von 29.8.

Hiernach kann jetzt das Integral nicht-negativer $\mathfrak{A}$-meßbarer numerischer Abbildungen φ in der am Schluß dieses Paragraphen beschriebenen Weise definiert werden, weil der Integralwert nicht von der Wahl der Folge (φ_ν) abhängt. Allerdings kann die Grenzabbildung φ speziell selbst eine Elementarfunktion sein, so daß für sie dann das Integral auf zwei Arten definiert ist. Es muß also noch die Verträglichkeit des durch Grenzwertbildung gewonnenen Integralbegriffs mit der Integraldefinition für Elementarfunktionen nachgewiesen werden.

Aufgabe: (3) Es sei (φ_ν) eine monoton wachsende Folge nicht-negativer Elementarfunktionen, und $\varphi = \lim(\varphi_\nu)$ sei selbst eine Elementarfunktion mit einer Normaldarstellung $\varphi = \sum c_\nu \chi_{A_\nu}$. Man beweise

$$\lim_{\nu\to\infty}\Big(\int_X \varphi_\nu\,d\mu\Big) = \sum_{\nu=1}^{n} c_\nu\,\mu(A_\nu).$$

29B Aufgabe: Mit Hilfe von 29.8 beweise man das folgende **Lemma von Fatou.** Die Abbildungen $\varphi_\nu: X \to \overline{\mathbb{R}}_+$ $(\nu \in \mathbb{N})$ seien integrierbar, und im Sinn der punktweisen Konvergenz sei $\varphi = \underline{\lim}\,(\varphi_\nu)$. Ist φ integrierbar, so gilt

$$\int_X \varphi\,d\mu \leqq \underline{\lim}\Big(\int_X \varphi_\nu\,d\mu\Big).$$

Ist umgekehrt der rechts stehende limes inferior der Integrale endlich, so ist φ integrierbar.
Hinweis: Es gilt $\varphi = \lim_{n\to\infty} \psi_n$ mit den durch $\psi_n \mathfrak{x} = \inf\{\varphi_\nu \mathfrak{x} : \nu \geqq n\}$ definierten Abbildungen.

29C Aufgabe: (1) Man zeige, daß $\int_0^\infty \frac{\sin x}{x}\,dx$ als uneigentliches *Riemann*'sches Integral existiert, daß aber die Integrandenfunktion im *Lebesgue*'schen Sinn auf $[0,\infty[$ nicht integrierbar ist.
(2) Man beweise allgemein: Eine im *Riemann*'schen Sinn auf dem Intervall J uneigentlich integrierbare Funktion, deren Integral jedoch nicht absolut konvergiert, ist im *Lebesgue*'schen Sinn auf J nicht integrierbar.

29D Es sei M eine Teilmenge des *Cantor*'schen Diskontinuums $\mathbb{D}$, die keine *Borel*'sche Menge ist (23A, 24A). Ferner sei die Funktion $\varphi: [0,1] \to \mathbb{R}$ durch $\varphi(x) = 1$ für $x \in M$ und $\varphi(x) = 0$ für $x \in \complement M$ definiert.

Aufgabe: Man zeige, daß φ auf $[0,1]$ im *Riemann*'schen Sinn integrierbar ist (25C) und daher auch nach dem *Lebesgue*'schen Maß, daß aber φ nicht *Borel*-meßbar und somit auch nicht nach dem *Borel-Lebesgue*'schen Maß integrierbar ist.

§ 30 Das Integral als lineares Funktional

Wie bisher sei $(X, \mathfrak{A}, \mu)$ ein beliebiger Maßraum. Wegen 28.1 ist dann die Menge $\phi = \phi(X, \mathfrak{A}, \mu)$ aller μ-integrierbaren reellwertigen Abbildungen $\varphi: X \to \mathbb{R}$ ein Vektorraum. Sind φ und ψ zwei reellwertige Abbildungen von X, so soll abkürzend $\varphi \leqq \psi$ geschrieben werden, wenn $\varphi\mathfrak{x} \leqq \psi\mathfrak{x}$ für alle $\mathfrak{x} \in X$ gilt. Entsprechend bedeutet $\min\{\varphi, \psi\}$ die durch $(\min\{\varphi, \psi\})\mathfrak{x} = \min\{\varphi\mathfrak{x}, \psi\mathfrak{x}\}$ definierte Abbildung, und analog wird $\max\{\varphi, \psi\}$ erklärt. Schließlich soll die konstante Abbildung, die alle Punkte von X auf die reelle Zahl c abbildet, hier selbst mit c bezeichnet werden. Der Vektorraum ϕ besitzt nun noch zwei besondere Eigenschaften, die bei den folgenden Untersuchungen eine wesentliche Rolle spielen werden: Erstens ist nach 27.8 mit φ auch $|\varphi|$ integrierbar, so daß aus $\varphi \in \phi$ auch $|\varphi| \in \phi$ folgt. Zweitens ist bei beliebiger Wahl von $\varphi \in \phi$ und $c \in \mathbb{R}$ die Abbildung $\min\{\varphi, c\}$ wegen 26.10 jedenfalls $\mathfrak{A}$-meßbar. Wegen $|\min\{\varphi, c\}| \leqq |\varphi|$ ist sie aber nach 27.8 sogar integrierbar und gehört somit ebenfalls zu ϕ. Dieser Sachverhalt führt zu folgender allgemeiner Begriffsbildung.

Definition 30a: *Ein Vektorraum ϕ reellwertiger Abbildungen einer Menge X heißt ein* **Stone'scher Vektorraum,** *wenn er mit jeder Abbildung φ auch die Abbildungen $|\varphi|$ und* $\min\{\varphi, 1\}$ *enthält.*

30.1 *In einem Stone'schen Vektorraum ϕ gilt:*

(1) $\varphi, \psi \in \phi \Rightarrow \min\{\varphi, \psi\} \in \phi \wedge \max\{\varphi, \psi\} \in \phi$.

(2) $\varphi \in \phi \wedge c \geqq 0 \Rightarrow \min\{\varphi, c\} \in \phi$.

(3) $\varphi \in \phi \Rightarrow \varphi^+ \in \phi \wedge \varphi^- \in \phi$.

Beweis: (1) Die Behauptung folgt wegen

$$\min\{\varphi, \psi\} = \tfrac{1}{2}(\varphi + \psi - |\varphi - \psi|),$$
$$\max\{\varphi, \psi\} = \tfrac{1}{2}(\varphi + \psi + |\varphi - \psi|).$$

(2) Da die Nullabbildung in ϕ liegt, folgt die Behauptung im Fall $c = 0$ aus (1). Im Fall $c > 0$ ergibt sie sich wegen

$$\min\{\varphi, c\} = c \cdot \min\left\{\frac{1}{c}\varphi, 1\right\} \in \phi,$$

da ja ϕ als Vektorraum gegenüber der Multiplikation mit Skalaren abgeschlossen ist.

(3) Wegen $0 \in \phi$ folgt aus $\varphi \in \phi$ wegen (1) auch

$$\varphi^+ = \max\{\varphi, 0\} \in \phi \qquad \textit{und} \qquad \varphi^- = -\min\{\varphi, 0\} \in \phi. \quad \blacklozenge$$

Weiter bedeute

$$\phi_+ = \{\varphi : \varphi \in \phi \wedge \varphi \geqq 0\}$$

die Menge aller Abbildungen aus ϕ mit lauter nicht-negativen Werten. Ferner sei $\bar{\phi}_+$ die Menge aller numerischen Abbildungen $\varphi : X \to \bar{\mathbb{R}}_+$, zu denen in ϕ_+ eine monoton wachsende Folge (φ_ν) mit $\varphi = \lim(\varphi_\nu)$ existiert. Kürzer soll hierfür $(\varphi_\nu) \uparrow \varphi$ geschrieben werden.

30.2 *Es sei* (φ_ν) *eine monoton wachsende Folge aus* $\bar{\phi}_+$. *Dann gilt* $\lim\limits_{\nu\to\infty}(\varphi_\nu) \in \bar{\phi}_+$. *Ferner ist* $\sum\limits_{\nu=0}^{\infty} \varphi_\nu \in \bar{\phi}_+$ *sogar mit einer beliebigen Folge aus* $\bar{\phi}_+$ *erfüllt.*

Beweis: Wegen $\varphi_\nu \in \bar{\phi}_+$ gibt es eine Folge $(\varphi_{\nu,\varrho})_{\varrho \in \mathbb{N}}$ in ϕ_+ mit $(\varphi_{\nu,\varrho}) \uparrow \varphi_\nu$ $(\nu \in \mathbb{N})$. Wegen 30.1 liegen dann auch die Abbildungen

$$\psi_\varrho = \max\{\varphi_{0,\varrho}, \ldots, \varphi_{\varrho,\varrho}\} \qquad (\varrho \in \mathbb{N})$$

in ϕ_+. Für $\varrho \geqq \nu$ gilt

$$\varphi_{\nu,\varrho} \leqq \psi_\varrho \leqq \max\{\varphi_{0,\varrho+1}, \ldots, \varphi_{\varrho,\varrho+1}\} \leqq \psi_{\varrho+1} \leqq \max\{\varphi_0, \ldots, \varphi_{\varrho+1}\} = \varphi_{\varrho+1}.$$

Es folgt $(\psi_\varrho) \uparrow \psi$ mit einer Abbildung $\psi \in \bar{\phi}_+$, für die dann

$$\varphi_{\nu,\varrho} \leqq \psi \leqq \lim_{\varrho\to\infty} \varphi_{\varrho+1} = \varphi \qquad (\nu, \varrho \in \mathbb{N}, \varrho \geqq \nu)$$

gilt. Der Grenzübergang $\varrho \to \infty$ ergibt $\varphi_\nu \leqq \psi \leqq \varphi$ für alle $\nu \in \mathbb{N}$ und der Grenzübergang $\nu \to \infty$ dann weiter $\psi = \varphi = \lim(\varphi_\nu)$, so daß die Grenzabbildung tatsächlich in $\bar{\phi}_+$ liegt. Hieraus folgt auch unmittelbar die zweite Behauptung, weil wegen $\varphi_\nu \geqq 0$ die Partialsummen der Reihe eine monoton wachsende Folge bilden. $\blacklozenge$

Auf dem *Stone*'schen Vektorraum $\phi(X, \mathfrak{A}, \mu)$ aller μ-integrierbaren reellwertigen Abbildungen von X wird mit Hilfe des Integrals wegen 28.1 durch

$$\eta(\varphi) = \int\limits_X \varphi \, d\mu$$

eine Linearform $\eta : \phi \to \mathbb{R}$ definiert. Diese besitzt wegen 29.3 oder 29.5 auf ϕ_+ nicht-negative Werte, und wegen 29.8 folgt aus $(\varphi_\nu) \uparrow \varphi$ mit $\varphi_\nu, \varphi \in \phi_+$ auch

$\lim_{\nu\to\infty} \eta(\varphi_\nu) = \eta(\varphi)$. Ziel dieses Paragraphen ist nun der Nachweis, daß diese Eigenschaften umgekehrt auch kennzeichnend für Integrale sind, daß sich nämlich auf einem *Stone*'schen Vektorraum jede Linearform mit diesen Eigenschaften als Integral bezüglich eines geeigneten Maßes darstellen läßt.

Definition 30b: *Es sei* ϕ *ein Stone'scher Vektorraum, und* $\eta : \phi \to \mathbb{R}$ *sei eine Linearform. Diese soll als* **Integralform** *bezeichnet werden, wenn sie folgende Eigenschaften besitzt:*

(1) *Aus* $\varphi \in \phi_+$ *folgt* $\eta(\varphi) \geqq 0$.

(2) *Aus* $(\varphi_\nu) \uparrow \varphi$ *mit Abbildungen* $\varphi_\nu, \varphi \in \phi_+$ *folgt* $\lim_{\nu\to\infty} \eta(\varphi_\nu) = \eta(\varphi)$.

Für Abbildungen $\varphi, \psi \in \phi$ ist $\varphi \leqq \psi$ gleichwertig mit $\psi - \varphi \geqq 0$, also mit $\psi - \varphi \in \phi_+$. Die Eigenschaft (1) der Integralformen ist daher äquivalent mit der Isotonieeigenschaft

$$\varphi \leqq \psi \;\Rightarrow\; \eta(\varphi) \leqq \eta(\psi) \qquad (\varphi, \psi \in \phi).$$

Aus ihr folgt, daß in (2) auch die Wertfolge monoton wächst, daß also $(\eta(\varphi_\nu)) \uparrow \eta(\varphi)$ und somit $\eta(\varphi) = \sup_{\nu \in \mathbb{N}} \eta(\varphi_\nu)$ gilt.

30.3 *Es sei* η *eine Integralform auf dem Stone'schen Vektorraum* ϕ. *Sind dann* (φ_ν) *und* (φ'_ν) *monoton wachsende Folgen aus* ϕ_+ *mit* $\lim_{\nu\to\infty} (\varphi_\nu) = \lim_{\nu\to\infty} (\varphi'_\nu) = \varphi$, *so gilt auch* $\lim_{\nu\to\infty} \eta(\varphi_\nu) = \lim_{\nu\to\infty} \eta(\varphi'_\nu)$.

Beweis: Bei festem n liegen die Abbildungen $\psi_\nu = \min\{\varphi_\nu, \varphi'_n\}$ wegen 30.1 wieder in ϕ_+. Außerdem bilden sie wegen der Monotonie der Folge (φ_ν) selbst eine monoton wachsende Folge. Wegen $\varphi'_n \leqq \varphi = \lim_{\nu\to\infty} (\varphi_\nu)$ gilt bei festem $\mathfrak{x}$ zunächst $\varphi'_n \mathfrak{x} \leqq \varphi_\nu \mathfrak{x}$ für hinreichend große ν und dann $\psi_\nu \mathfrak{x} = \varphi'_n \mathfrak{x}$. Es folgt $(\psi_\nu) \uparrow \varphi'_n$ und daher $\lim_{\nu\to\infty} \eta(\psi_\nu) = \eta(\varphi'_n)$. Andererseits erhält man wegen $\psi_\nu \leqq \varphi_\nu$ auch $\eta(\psi_\nu) \leqq \eta(\varphi_\nu)$ und somit $\eta(\varphi'_n) = \lim_{\nu\to\infty} \eta(\psi_\nu) \leqq \lim_{\nu\to\infty} \eta(\varphi_\nu)$. Da diese Ungleichung für alle Indizes n erfüllt ist, ergibt sich schließlich $\lim_{n\to\infty} \eta(\varphi'_n) \leqq \lim_{\nu\to\infty} \eta(\varphi_\nu)$, wegen der Symmetrie der Voraussetzungen dann aber sogar die behauptete Gleichheit. ◆

Hat man eine Abbildung $\varphi \in \bar{\phi}_+$ als Limes einer monoton wachsenden Folge (φ_ν) aus ϕ_+ dargestellt, so hängt der Grenzwert $\lim_{\nu\to\infty} \eta(\varphi_\nu)$ nach dem soeben bewiesenen Satz nicht von der Auswahl dieser Folge, sondern allein von φ ab. Durch

$$\bar{\eta}(\varphi) = \lim_{\nu\to\infty} \eta(\varphi_\nu) \qquad (\varphi \in \bar{\phi}_+,\ \varphi_\nu \in \phi_+,\ (\varphi_\nu) \uparrow \varphi)$$

wird daher eine Abbildung $\bar{\eta}: \bar{\phi}_+ \to \bar{\mathbb{R}}_+$ definiert. Für sie gilt

30.4 (1) $\bar{\eta}(\varphi + \psi) = \bar{\eta}(\varphi) + \bar{\eta}(\psi)$,

$$\bar{\eta}(c\varphi) = c \cdot \bar{\eta}(\varphi) \qquad (c \geqq 0).$$

(2) $\varphi \leqq \psi \Rightarrow \bar{\eta}(\varphi) \leqq \bar{\eta}(\psi)$.

(3) *Auf* ϕ_+ *stimmt* $\bar{\eta}$ *mit* η *überein:*

$$\varphi \in \phi_+ \Rightarrow \bar{\eta}(\varphi) = \eta(\varphi).$$

(4) *Aus* $(\varphi_\nu) \uparrow \varphi$ *mit einer Folge aus* $\bar{\phi}_+$ *folgt*

$$\bar{\eta}(\varphi) = \lim_{\nu \to \infty} \bar{\eta}(\varphi_\nu).$$

Beweis: (1) Die Behauptung ergibt sich wegen der Linearität von η unmittelbar durch Grenzübergang. Bei der zweiten Linearitätseigenschaft dürfen dabei aber nur nicht-negative Skalare zugelassen werden, weil man sonst $\bar{\phi}_+$ verlassen würde und weil auch aus monoton wachsenden Folgen fallende Folgen entstehen würden.

(2) Mit Folgen aus ϕ_+ gelte $(\varphi_\nu) \uparrow \varphi$ und $(\psi_\nu) \uparrow \psi$ und nach Voraussetzung $\varphi \leqq \psi$. Wegen 30.1 liegen auch die Abbildungen $\psi'_\nu = \max\{\varphi_\nu, \psi_\nu\}$ in ϕ_+. Für sie gilt

$$\psi_\nu \leqq \psi'_\nu \leqq \max\{\varphi_{\nu+1}, \psi_{\nu+1}\} = \psi'_{\nu+1} \leqq \max\{\varphi, \psi\} = \psi$$

und daher $(\psi'_\nu) \uparrow \psi$. Wegen $\varphi_\nu \leqq \psi'_\nu$ folgt jetzt

$$\bar{\eta}(\varphi) = \lim_{\nu \to \infty} \eta(\varphi_\nu) \leqq \lim_{\nu \to \infty} \eta(\psi'_\nu) = \bar{\eta}(\psi).$$

(3) Im Fall $\varphi \in \phi_+$ gilt $(\varphi_\nu) \uparrow \varphi$ mit $\varphi_\nu = \varphi$ $(\nu \in \mathbb{N})$. Es folgt

$$\bar{\eta}(\varphi) = \lim_{\nu \to \infty} \eta(\varphi_\nu) = \eta(\varphi).$$

(4) Für jeden Index ν gilt $(\varphi_{\nu,\varrho}) \uparrow \varphi_\nu$ mit einer Folge $(\varphi_{\nu,\varrho})_{\varrho \in \mathbb{N}}$ aus ϕ_+ und daher weiter $\bar{\eta}(\varphi_\nu) = \lim_{\varrho \to \infty} \eta(\varphi_{\nu,\varrho})$. Die schon im Beweis von 30.2 benutzten Abbildungen

$$\psi_\varrho = \max\{\varphi_{0,\varrho}, \ldots, \varphi_{\varrho,\varrho}\}$$

bilden eine Folge aus ϕ_+ mit $(\psi_\varrho) \uparrow \varphi$, woraus $\bar{\eta}(\varphi) = \lim_{\varrho \to \infty} \eta(\psi_\varrho)$ folgt. Andererseits gilt

$$\varphi_{\nu,\varrho} \leqq \psi_\varrho \leqq \varphi_\varrho \qquad \text{für} \qquad \varrho \geqq \nu,$$

also wegen (2) und (3)

$$\eta(\varphi_{\nu,\varrho}) \leqq \eta(\psi_\varrho) = \bar{\eta}(\psi_\varrho) \leqq \bar{\eta}(\varphi_\varrho)$$

und somit

$$\bar{\eta}(\varphi_\nu) = \lim_{\varrho \to \infty} \eta(\varphi_{\nu,\varrho}) \leqq \lim_{\varrho \to \infty} \eta(\psi_\varrho) \leqq \lim_{\varrho \to \infty} \bar{\eta}(\varphi_\varrho).$$

Der Grenzübergang $\nu \to \infty$ liefert jetzt

$$\lim_{\nu \to \infty} \bar{\eta}(\varphi_\nu) \leqq \lim_{\varrho \to \infty} \eta(\psi_\varrho) \leqq \lim_{\varrho \to \infty} \bar{\eta}(\varphi_\varrho),$$

also

$$\lim_{\nu \to \infty} \bar{\eta}(\varphi_\nu) = \lim_{\varrho \to \infty} \eta(\psi_\varrho) = \bar{\eta}(\varphi). \quad \blacklozenge$$

Mit Hilfe von $\bar{\eta}$ soll jetzt auf der Potenzmenge von X ein äußeres Maß definiert werden. Dazu sei für eine beliebige Teilmenge M von X

$$\alpha_\eta(M) = \inf\{\bar{\eta}(\varphi) : \varphi \in \bar{\Phi}_+ \wedge \chi_M \leqq \varphi\}$$

bzw. $\alpha_\eta(M) = \infty$, falls $\chi_M \leqq \varphi$ für keine Abbildung $\varphi \in \bar{\Phi}_+$ erfüllt ist. Für die so durch die Integralform η eindeutig bestimmte Abbildung $\alpha_\eta : \mathfrak{P}(X) \to \bar{\mathbb{R}}_+$ gilt nun

30.5 *α_η ist ein äußeres Maß auf $\mathfrak{P}(X)$.*

Beweis: Wegen $\chi_\emptyset = 0$ und $0 \in \bar{\Phi}_+$ gilt $\alpha_\eta(\emptyset) \leqq \bar{\eta}(0) = \eta(0) = 0$ und daher $\alpha_\eta(\emptyset) = 0$. Außerdem folgt aus $M_1 \subset M_2$ aufgrund der Definition von α_η unmittelbar $\alpha_\eta(M_1) \leqq \alpha_\eta(M_2)$. Es ist also nur noch die dritte Eigenschaft der äußeren Maße nachzuweisen, nämlich

$$\alpha_\eta\Big(\bigcup_{\nu=0}^{\infty} M_\nu\Big) \leqq \sum_{\nu=0}^{\infty} \alpha_\eta(M_\nu).$$

Dabei kann $\alpha_\eta(M_\nu) < \infty$ für alle ν vorausgesetzt werden, weil sonst nichts zu beweisen ist. Für jeden Index ν gibt es also eine Abbildung $\varphi_\nu \in \bar{\Phi}_+$ mit $\chi_{M_\nu} \leqq \varphi_\nu$ und $\bar{\eta}(\varphi_\nu) < \infty$. Bei beliebiger Wahl dieser Abbildungen gilt $\varphi = \sum_{\nu=0}^{\infty} \varphi_\nu \in \bar{\Phi}_+$ nach 30.2 und mit $M = \bigcup_{\nu=0}^{\infty} M_\nu$ außerdem $\chi_M \leqq \sum_{\nu=0}^{\infty} \chi_{M_\nu} \leqq \varphi$. Es folgt wegen 30.4 (4)

$$\alpha_\eta\Big(\bigcup_{\nu=0}^{\infty} M_\nu\Big) = \alpha_\eta(M) \leqq \bar{\eta}(\varphi) = \sum_{\nu=0}^{\infty} \bar{\eta}(\varphi_\nu).$$

Da dies aber bei beliebiger Wahl der Abbildungen φ_ν erfüllt ist, ergibt sich sogar

$$\alpha_\eta\Big(\bigcup_{\nu=0}^{\infty} M_\nu\Big) \leqq \sum_{\nu=0}^{\infty} \inf\{\bar{\eta}(\varphi_\nu) : \varphi_\nu \in \bar{\Phi}_+ \wedge \chi_{M_\nu} \leqq \varphi_\nu\} = \sum_{\nu=0}^{\infty} \alpha_\eta(M_\nu). \quad \blacklozenge$$

Nach 24.4 ist die Einschränkung μ_η von α_η auf die σ-Algebra $\mathfrak{A}(\alpha_\eta)$ der α_η-meßbaren Mengen ein Maß. Wesentlich ist nun, daß dieses Maß dem *Stone*'schen Vektorraum ϕ angepaßt ist, daß nämlich die Abbildungen aus ϕ alle $\mathfrak{A}(\alpha_\eta)$-meßbar sind.

30.6 *Es sei η eine Integralform auf dem Stone'schen Vektorraum ϕ. Dann sind alle Abbildungen aus ϕ hinsichtlich der durch η bestimmten σ-Algebra $\mathfrak{A}(\alpha_\eta)$ meßbar.*

Beweis: Wegen 29.7 kann man sich beim Beweis auf Abbildungen aus ϕ_+ beschränken, weil dann der allgemeine Fall durch Zerlegung in Positiv- und Negativteil erfaßt wird. Es sei also $\varphi \in \phi_+$ vorausgesetzt.
Zu zeigen ist die $\mathfrak{A}(\alpha_\eta)$-Meßbarkeit von φ. Und dazu ist wegen 26.6 nur zu beweisen, daß $A(c) = \{\mathfrak{x} : \varphi\mathfrak{x} > c\}$ für alle $c \in \mathbb{R}_+$ eine α_η-meßbare Menge ist. Es ist also mit einer beliebigen Teilmenge B von X die Meßbarkeitsbedingung

$$(M) \quad \alpha_\eta(A(c) \cap B) + \alpha_\eta(\complement A(c) \cap B) \leqq \alpha_\eta(B)$$

aus 24e nachzuweisen. Dabei kann noch $\alpha_\eta(B) < \infty$ vorausgesetzt werden, weil sonst wieder nichts zu zeigen ist.
Es sei nun ψ eine beliebige Abbildung aus $\bar{\phi}_+$ mit $\chi_B \leqq \psi$ und $\bar{\eta}(\psi) < \infty$, die ja wegen $\alpha_\eta(B) < \infty$ jedenfalls existiert. Weiter sei für alle $n \in \mathbb{N}$

$$(*) \quad \psi_n^* = \min\{\psi, n \cdot (\varphi - \min\{\varphi, c\})\}.$$

Dann liegen diese Abbildungen jedenfalls in $\bar{\phi}_+$ und bilden eine monoton wachsende Folge. Wegen 30.2 gilt daher $(\psi_n^*) \uparrow \psi_0$ mit einer geeigneten Abbildung $\psi_0 \in \bar{\phi}_+$.
Im Fall $\mathfrak{x} \in A(c)$, also $\varphi\mathfrak{x} > c$, erhält man $\min\{\varphi\mathfrak{x}, c\} = c$ und daher weiter $\varphi\mathfrak{x} - \min\{\varphi\mathfrak{x}, c\} > 0$. Es folgt $\psi_n^*\mathfrak{x} = \psi\mathfrak{x}$ für hinreichend große n und somit $\psi_0\mathfrak{x} = \psi\mathfrak{x}$. Im Fall $\mathfrak{x} \in \complement A(c)$, also $\varphi\mathfrak{x} \leqq c$, gilt hingegen $\min\{\varphi\mathfrak{x}, c\} = \varphi\mathfrak{x}$ und daher $\varphi\mathfrak{x} - \min\{\varphi\mathfrak{x}, c\} = 0$. Es folgt $\psi_n^*\mathfrak{x} = 0$ für alle n und somit $\psi_0\mathfrak{x} = 0$. Zusammen ergibt dies $\psi_0 = \psi \cdot \chi_{A(c)}$ und weiter wegen $\chi_B \leqq \psi$ jetzt $\chi_{A(c) \cap B} \leqq \psi_0$, so daß man

$$(1) \quad \alpha_\eta(A(c) \cap B) \leqq \bar{\eta}(\psi_0)$$

erhält. Für die Abbildung $\psi_1 = \psi - \psi_0$ folgt nun $\psi_1 = \psi \cdot \chi_{\complement A(c)}$, also $\chi_{\complement A(c) \cap B} \leqq \psi_1$, so daß sich

$$(2) \quad \alpha_\eta(\complement A(c) \cap B) \leqq \bar{\eta}(\psi_1)$$

ergibt. Wegen der Additivität von $\bar{\eta}$ (30.4) folgt jetzt aus (1) und (2)

$$\alpha_\eta(A(c) \cap B) + \alpha_\eta(\complement A(c) \cap B) \leqq \bar{\eta}(\psi_0) + \bar{\eta}(\psi_1) = \bar{\eta}(\psi_0 + \psi_1) = \bar{\eta}(\psi).$$

Da ψ aber beliebig in $\bar{\Phi}_+$ mit $\chi_B \leqq \psi$ gewählt werden konnte, erhält man schließlich

$$\alpha_\eta(A(c) \cap B) + \alpha_\eta(\complement A(c) \cap B) \leqq \inf\{\bar{\eta}(\psi) : \psi \in \bar{\Phi}_+ \wedge \chi_B \leqq \psi\} = \alpha_\eta(B)$$

und damit (M). ◆

Eine geringfügige Modifikation des soeben geführten Beweises ergibt noch ein weiteres Resultat: Ersetzt man in der Definition (*) der Abbildungen ψ_n^* die Abbildung ψ durch die konstante Abbildung 1, so liefern dieselben Schlüsse $(\psi_n^*) \uparrow \chi_{A(c)}$. Es folgt also, daß die Indikatorfunktionen der Mengen $A(c)$ in $\bar{\Phi}_+$ liegen. Zur Berechnung von $\mu_\eta(A(c))$ kann man daher die Indikatorfunktion selbst heranziehen, so daß man

$$\mu_\eta(A(c)) = \inf\{\bar{\eta}(\psi) : \psi \in \bar{\Phi}_+ \wedge \chi_{A(c)} \leqq \psi\} = \bar{\eta}(\chi_{A(c)})$$

erhält. Damit hat sich die nachstehende Folgerung ergeben.

30.7 *Es sei η eine Integralform auf dem Stone'schen Vektorraum Φ. Aus $\varphi \in \Phi_+$ und $c \in \mathbb{R}_+$ folgt dann, daß die Indikatorfunktion der Menge*

$$A(c) = \{\mathfrak{x} : \varphi\mathfrak{x} > c\}$$

in $\bar{\Phi}_+$ liegt. Ferner gilt

$$\mu_\eta(A(c)) = \bar{\eta}(\chi_{A(c)}).$$

Der folgende Satz enthält nun das schon vorher erwähnte Resultat, daß sich jede Integralform als Integral darstellen läßt.

30.8 (Daniell-Stone.) *Es sei Φ ein Stone'scher Vektorraum reellwertiger Abbildungen von X, und η sei eine Integralform auf Φ. Dann sind alle Abbildungen $\varphi \in \Phi$ hinsichtlich des durch η bestimmten Maßes μ_η integrierbar, und es gilt*

$$\eta(\varphi) = \int_X \varphi \, d\mu_\eta .$$

Beweis: Ebenso wie vorher genügt es, die Behauptung für Abbildungen aus Φ_+ zu beweisen. Es sei also $\varphi \in \Phi_+$ vorausgesetzt. Mit der vorangehenden Bezeichnung wird dann für jedes n durch

$$\psi_n = \frac{1}{2^n} \sum_{\nu=1}^{n \cdot 2^n} \chi_{A(\nu \cdot 2^{-n})}$$

eine Elementarfunktion definiert. Da die Mengen $A(\nu \cdot 2^{-n})$ wegen 30.6 meßbar sind, ist ψ_n sogar μ_η-integrierbar (vgl. 27.V). Wegen 30.7 gilt sogar $\psi_n \in \bar{\Phi}_+$ und außerdem bei Berücksichtigung der Linearitätseigenschaften von $\bar{\eta}$ (30.4)

$$(*)\quad \int \psi_n d\mu_\eta = \frac{1}{2^n}\sum_{\nu=1}^{n\cdot 2^n} \mu_\eta(A(\nu\cdot 2^{-n})) = \frac{1}{2^n}\sum_{\nu=1}^{n\cdot 2^n} \bar{\eta}(\chi_{A(\nu\cdot 2^{-n})})$$

$$= \bar{\eta}\left(\frac{1}{2^n}\sum_{\nu=1}^{n\cdot 2^n} \chi_{A(\nu\cdot 2^{-n})}\right) = \bar{\eta}(\psi_n).$$

Es sei jetzt $\mathfrak{x}$ ein beliebiger Punkt aus X. Gilt $\varphi\mathfrak{x} \leqq 2^{-n}$, also $\mathfrak{x} \notin A(\nu\cdot 2^{-n})$ für $\nu \geqq 1$, so folgt $\psi_n\mathfrak{x} = 0 \leqq \varphi\mathfrak{x}$ und $\varphi\mathfrak{x} - \psi_n\mathfrak{x} \leqq 2^{-n}$. Gilt zweitens $\nu\cdot 2^{-n} < \varphi\mathfrak{x} \leqq (\nu+1)\cdot 2^{-n}$ für ein $\nu < n\cdot 2^n$, so folgt $\psi_n\mathfrak{x} = \nu\cdot 2^{-n} < \varphi\mathfrak{x}$ und wieder $\varphi\mathfrak{x} - \psi_n\mathfrak{x} < 2^{-n}$. Drittens erhält man im Fall $\varphi\mathfrak{x} > n$ schließlich $\psi_n\mathfrak{x} = n < \varphi\mathfrak{x}$. Allgemein gilt also $\psi_n \leqq \varphi$, und außerdem bilden die Funktionen ψ_n offenbar eine monoton wachsende Folge. Wählt man bei festem $\mathfrak{x}$ noch $n \geqq \varphi\mathfrak{x}$, so gilt sogar $\varphi\mathfrak{x} - \psi_n\mathfrak{x} \leqq 2^{-n}$, und es folgt $(\psi_n) \uparrow \varphi$. Wegen (*) ergibt sich jetzt mit Hilfe von 30.4

$$\lim_{n\to\infty} \left(\int_X \psi_n d\mu_\eta\right) = \lim_{n\to\infty} \bar{\eta}(\psi_n) = \bar{\eta}(\varphi) = \eta(\varphi) < \infty.$$

Daher kann der Satz von *Lebesgue-Levi* (29.8) angewandt werden, und man erhält die Behauptung

$$\int_X \varphi\, d\mu_\eta = \lim_{n\to\infty} \left(\int_X \psi_n d\mu_\eta\right) = \eta(\varphi). \quad \blacklozenge$$

Dieser Satz kennzeichnet die Integrale als spezielle Linearformen auf Funktionenräumen oder, wie man in diesem Fall auch sagt, als lineare Funktionale. Das hinsichtlich eines Maßes gebildete Integral definiert auf dem entsprechenden Raum der intergrierbaren Funktionen ein lineares Funktional, nämlich sogar eine Integralform. Und umgekehrt wird jede Integralform nach dem letzten Satz durch ein Integral nach einem durch die Integralform eindeutig bestimmten Maß dargestellt. Allerdings wird hierbei der Vektorraum aller bezüglich dieses Maßes integrierbaren Funktionen im allgemeinen größer sein als der *Stone*'sche Vektorraum, von dem man ausgegangen ist (vgl. 30C).

Ergänzungen und Aufgaben

30A Aufgabe: Man zeige, daß jeder Vektorraum Ψ reellwertiger Abbildungen einer Menge X in einen kleinsten *Stone*'schen Vektorraum eingebettet werden kann. Man bestimme diesen in dem Fall, daß Ψ aus allen linearen Abbildungen $\varphi(x) = ax + b$ von $\mathbb{R}$ besteht.

30B Es sei ϕ ein *Stone*'scher Vektorraum reellwertiger Abbildungen der Menge X. Das von einer Integralform η von ϕ bestimmte Maß μ_η wurde auf der σ-Algebra $\mathfrak{A}(\alpha_\eta)$ aller α_η-meßbaren Mengen betrachtet, die noch wesentlich von η abhängt. Für das hier verfolgte Ziel kommt man jedoch mit einer im allgemeinen kleineren σ-Algebra aus, die allein durch ϕ bestimmt ist und nicht von der speziellen Integralform abhängt. Es sei nämlich $\mathfrak{E}_\phi$ das System aller derjenigen Teilmengen A von X, deren Indikatorfunktion zu $\bar{\phi}_+$ gehört:

$$\mathfrak{E}_\phi = \{A : A \subset X \wedge \chi_A \in \bar{\phi}_+\},$$

und $\mathfrak{A}_\phi$ sei die von $\mathfrak{E}_\phi$ erzeugte σ-Algebra.

Aufgabe: (1) Man zeige, daß $\mathfrak{E}_\phi$ gegenüber endlicher Durchschnitts- und abzählbarer Vereinigungsbildung abgeschlossen ist. Weiter zeige man an einem Beispiel, daß $\mathfrak{E}_\phi$ im allgemeinen kein Ring ist (vgl. 30C).

(2) Man beweise $\mathfrak{A}_\phi \subset \mathfrak{A}(\alpha_\eta)$ und außerdem, daß $\mathfrak{A}_\phi$ die kleinste σ-Algebra ist, hinsichtlich derer alle Abbildungen aus ϕ meßbar sind.

(3) Man zeige, daß jede Menge $A \in \mathfrak{E}_\phi$ in der Form $A = \bigcup_{\nu=0}^{\infty} A_\nu$ mit solchen Mengen $A_\nu \in \mathfrak{E}_\phi$ dargestellt werden kann, die die Bedingung $\mu_\eta(A_\nu) < \infty$ hinsichtlich einer beliebigen Integralform η von ϕ erfüllen.

30C Es sei ϕ die Menge aller auf $\mathbb{R}$ definierten stetigen reellwertigen Funktionen, und für alle $\varphi \in \phi$ sei $\eta(\varphi) = \varphi(0)$.

Aufgabe: Man zeige, daß ϕ ein *Stone*'scher Vektorraum und daß η eine Integralform auf ϕ ist. Man bestimme $\mathfrak{A}_\phi$ (vgl. 30B) und μ_η sowie die σ-Algebra $\mathfrak{A}(\alpha_\eta)$ aller α_η-meßbaren Mengen. Welche Funktionen $\varphi : \mathbb{R} \to \mathbb{R}$ sind hinsichtlich μ_η als Maß auf $\mathfrak{A}(\alpha_\eta)$ integrierbar, und welchen Wert hat ihr Integral auf $\mathbb{R}$?

30D Es sei ϕ die Menge aller auf $\mathbb{R}$ definierten beschränkten reellwertigen Funktionen, und für alle $\varphi \in \phi$ sei $\eta(\varphi) = \sum_{\nu=0}^{\infty} \frac{1}{2^\nu} \varphi(\nu)$.

Aufgabe: Man zeige, daß ϕ ein *Stone*'scher Vektorraum und daß η eine Integralform auf ϕ ist. Man bestimme $\mathfrak{E}_\phi$, $\mathfrak{A}_\phi$ und μ_η (vgl. 30B). Welche Funktionen sind μ_η-integrierbar, und welchen Wert hat ihr Integral auf $\mathbb{R}$? Sind speziell die Potenzen $\varphi(x) = x^n$ integrierbar?

§ 31 Integrale auf Vektorräumen

Während den bisherigen Untersuchungen im allgemeinen ein beliebiger Maßraum zugrunde lag, wird es sich jetzt immer um Vektorräume und vorwiegend um das *Borel-Lebesgue*'sche Maß handeln. Von jetzt an sind also wieder X und Y stets euklidische Vektorräume mit $\operatorname{Dim} X = k$ und $\operatorname{Dim} Y = r$. Alle Abbildungen sind auf einer Teilmenge D von X definiert, und als Integrationsbereiche M treten immer *Borel*'sche Teilmengen von D auf. Entsprechend ist mit der Meßbarkeit einer Abbildung immer die $\mathfrak{B}^k$-$\mathfrak{B}^r$-Meßbarkeit gemeint, ohne daß darauf besonders hingewiesen wird. Dasselbe gilt für die Integrierbarkeit, die sich immer auf das *Borel-Lebesgue*'sche Maß λ von X bezieht.
Ist eine Abbildung $\varphi: D \to Y$ in den Punkten von M stetig, so ist sie nach 26.4 jedenfalls auf M meßbar, so daß die Integrierbarkeit von φ auf M gleichwertig damit ist, daß $\sigma(\varphi, \mathfrak{Z}) < \infty$ mit einer geeigneten Normalzerlegung $\mathfrak{Z}$ von M gilt. Dies ist wegen

$$\sigma(\varphi, \mathfrak{Z}) = \sum_{A \in \mathfrak{Z}} \lambda(A) \sup\{|\varphi\mathfrak{x}| : \mathfrak{x} \in A\} \leqq \lambda(M) \sup\{|\varphi\mathfrak{x}| : \mathfrak{x} \in M\}$$

jedenfalls dann gewährleistet, wenn φ auf M beschränkt ist und M endliches Maß besitzt. Einen Spezialfall hiervon und eine weitere hinreichende Bedingung enthält der folgende Satz.

31.1 *Die Abbildung $\varphi: D \to Y$ sei in den Punkten von M stetig.*
Ist dann M kompakt, so ist φ auf M integrierbar.
Gilt andererseits mit Konstanten $a > 0$, $b > 0$ für alle $\mathfrak{x} \in M$

$$|\varphi\mathfrak{x}| \leqq \frac{b}{1 + |\mathfrak{x}|^{k+a}} \qquad (k = \operatorname{Dim} X),$$

so ist φ ebenfalls auf M integrierbar.

Beweis: Als stetige Abbildung ist φ auf M im Fall der Kompaktheit nach 7.11 beschränkt. Ferner ist M als kompakte Menge ebenfalls beschränkt und besitzt somit endliches Maß. Die erste Behauptung folgt daher aus der Vorbemerkung.
Zum Beweis der zweiten Behauptung werden hinsichtlich einer Orthonormalbasis von X die Intervalle

$$J_n = \{\mathfrak{x} : -n < x_\kappa < n \text{ für } \kappa = 1, \ldots, k\} \qquad (n \in \mathbb{N})$$

gebildet. Mit $A_n = J_{n+1} \setminus J_n$ ist dann $\mathfrak{Z} = \{A_n \cap M : n \in \mathbb{N}\}$ eine Normalzerlegung von M. Es gilt

$$\lambda(A_n \cap M) \leqq \lambda(A_n) = 2^k((n+1)^k - n^k) = 2^k n^{k-1}\left[\binom{k}{1} + \cdots + \binom{k}{k}\right] < 2^{2k} n^{k-1}.$$

Mit Hilfe der vorausgesetzten Abschätzung von $|\varphi\mathfrak{x}|$ erhält man daher

$$\sigma(\varphi, \mathfrak{Z}) = \sum_{n=0}^{\infty} \lambda(A_n \cap M) \sup\{|\varphi\mathfrak{x}| : \mathfrak{x} \in A_n \cap M\}$$

$$\leqq \sum_{n=0}^{\infty} \frac{2^{2k} n^{k-1} b}{1 + n^{k+a}} \leqq 4^k b \sum_{n=0}^{\infty} \frac{1}{n^{1+a}} < \infty,$$

weil ja die letzte Reihe wegen $a > 0$ konvergent ist. ◆

Berücksichtigt man hier 28.8, so kann man in diesem Satz für φ auch Unstetigkeitsstellen zulassen, sofern diese eine *Lebesgue*'sche Nullmenge bilden. Nur muß man sich dann auf das *Lebesgue*'sche Maß beziehen oder den Integralbegriff allgemeiner im Sinn der Nachbemerkung zu 28.8 gefaßt haben.

31.2 (Mittelwertsatz.) *Die meßbare Teilmenge M von D sei zusammenhängend, und es sei $\lambda(M) < \infty$. Ferner sei $\varphi : D \to \mathbb{R}$ eine auf M stetige und integrierbare reellwertige Abbildung. Dann gilt mit einem geeigneten Punkt $\mathfrak{x}^* \in M$*

$$\int_M \varphi\, d\lambda = \lambda(M)\,(\varphi\mathfrak{x}^*).$$

Beweis: Wegen 29.3 gilt

$$\lambda(M)\,(\varphi\mathfrak{x}_1) \leqq \int_M \varphi\, d\lambda \leqq \lambda(M)\,(\varphi\mathfrak{x}_2)$$

mit Punkten $\mathfrak{x}_1, \mathfrak{x}_2 \in M$. Die Behauptung folgt hieraus mit Hilfe des Zwischenwertsatzes 7.13. ◆

Die explizite Berechnung eines Integrals war bisher unmittelbar nur in wenigen Fällen möglich: etwa bei Elementarabbildungen oder im Fall der Zahlengeraden bei *Riemann*'schen Integralen. Gerade dieser zweite Fall läßt es wünschenswert erscheinen, die Berechnung von Integralen im $\mathbb{R}^k$ auf Integrationen im $\mathbb{R}^1$ zurückführen zu können. Diesem Ziel dienen die folgenden Untersuchungen.

Es sei weiterhin $\{\mathfrak{e}_1, \ldots, \mathfrak{e}_k\}$ eine Orthonormalbasis von X, und es gelte $k > 1$. Bei festem p mit $1 \leqq p < k$ sind dann $X' = [\mathfrak{e}_1, \ldots, \mathfrak{e}_p]$ und $X'' = [\mathfrak{e}_{p+1}, \ldots, \mathfrak{e}_k]$ orthogonale Unterräume mit $X = X' \oplus X''$, mit $\operatorname{Dim} X' = p$ und mit $\operatorname{Dim} X'' = q = k - p$. Jeder Vektor $\mathfrak{x} \in X$ kann auf genau eine Weise in der Form $\mathfrak{x} = \mathfrak{x}' + \mathfrak{x}''$ mit $\mathfrak{x}' \in X'$ und $\mathfrak{x}'' \in X''$ dargestellt werden, und durch $\pi'\mathfrak{x} = \mathfrak{x}'$, $\pi''\mathfrak{x} = \mathfrak{x}''$ werden Projektionen $\pi' : X \to X'$ und $\pi'' : X \to X''$ definiert. Schließlich sollen $\lambda, \lambda', \lambda''$ die entsprechend dimensionalen *Borel-Lebesgue*'schen Maße von X, X', X'' bedeuten. Es gilt also $\lambda = \lambda^k$, $\lambda' = \lambda^p$ und $\lambda'' = \lambda^q$. Ebenso seien $\mathfrak{B}, \mathfrak{B}', \mathfrak{B}''$ die σ-Algebren der *Borel*'schen Teilmengen von X, X', X''.

Die mit einer Teilmenge M von X und Vektoren $\mathfrak{a}' \in X'$, $\mathfrak{a}'' \in X''$ gebildeten Mengen

$$M''_{\mathfrak{a}'} = \pi''(\pi'^{-}(\mathfrak{a}') \cap M) = \{\pi''\mathfrak{x} : \mathfrak{x} \in M \wedge \pi'\mathfrak{x} = \mathfrak{a}'\},$$

$$M'_{\mathfrak{a}''} = \pi'(\pi''^{-}(\mathfrak{a}'') \cap M) = \{\pi'\mathfrak{x} : \mathfrak{x} \in M \wedge \pi''\mathfrak{x} = \mathfrak{a}''\}$$

werden die durch $\mathfrak{a}'$ bzw. $\mathfrak{a}''$ bestimmten Schnitte von M genannt. Der anschaulichen Vorstellung des durch $\mathfrak{a}'$ bestimmten Schnitts entspricht eigentlich die Menge $\pi'^{-}(\mathfrak{a}') \cap M$, während $M''_{\mathfrak{a}'}$ bereits die in den Raum X'' projizierte Menge ist. Da jedoch π'' auf $\pi'^{-}(\mathfrak{a}')$ injektiv ist, werden die beiden Mengen $\pi'^{-}(\mathfrak{a}') \cap M$ und $M''_{\mathfrak{a}'}$ durch π'' bijektiv auf einander abgebildet. Entsprechendes gilt hinsichtlich $M'_{\mathfrak{a}''}$.

31.3 *Ist M eine Borel'sche Teilmenge von X, so sind auch die Schnitte $M''_{\mathfrak{a}'}$ und $M'_{\mathfrak{a}''}$ Borel'sche Teilmengen von X'' bzw. X'.*

Beweis: Es wird gezeigt, daß das System

$$\mathfrak{S}_{\mathfrak{a}'} = \{S : S \subset X \wedge S''_{\mathfrak{a}'} \in \mathfrak{B}''\}$$

die σ-Algebra $\mathfrak{B}$ enthält. Wegen $M \in \mathfrak{B}$ folgt dann $M''_{\mathfrak{a}'} \in \mathfrak{B}''$.
Wegen $X''_{\mathfrak{a}'} = X'' \in \mathfrak{B}''$ gilt $X \in \mathfrak{S}_{\mathfrak{a}'}$. Aus $S \in \mathfrak{S}_{\mathfrak{a}'}$ folgt weiter

$$(X \setminus S)''_{\mathfrak{a}'} = \pi''(\pi'^{-}(\mathfrak{a}') \cap \complement S) = X'' \cap \pi''\complement(\pi'^{-}(\mathfrak{a}') \cap S) = X'' \setminus S''_{\mathfrak{a}'} \in \mathfrak{B}'',$$

also $\complement S \in \mathfrak{S}_{\mathfrak{a}'}$. Schließlich ergibt sich mit $S_\nu \in \mathfrak{S}_{\mathfrak{a}'}$ $(\nu \in \mathbb{N})$ auch

$$\Big(\bigcup_\nu S_\nu\Big)''_{\mathfrak{a}'} = \pi''\Big(\pi'^{-}(\mathfrak{a}') \cap \bigcup_\nu S_\nu\Big) = \pi'' \bigcup_\nu (\pi'^{-}(\mathfrak{a}') \cap S_\nu)$$

$$= \bigcup_\nu \pi''(\pi'^{-}(\mathfrak{a}') \cap S_\nu) = \bigcup_\nu (S_\nu)''_{\mathfrak{a}'} \in \mathfrak{B}''$$

und somit $\bigcup_\nu S_\nu \in \mathfrak{S}_{\mathfrak{a}'}$. Daher ist $\mathfrak{S}_{\mathfrak{a}'}$ eine σ-Algebra, die offenbar auch alle hinsichtlich $\{\mathfrak{e}_1, \ldots, \mathfrak{e}_k\}$ gebildeten Intervalle J enthält, weil ja $J''_{\mathfrak{a}'}$ ein Intervall von X'' ist. Da aber $\mathfrak{B}$ die kleinste σ-Algebra mit dieser Eigenschaft ist, folgt die Behauptung $\mathfrak{B} \subset \mathfrak{S}_{\mathfrak{a}'}$.
Die zweite Behauptung des Satzes ergibt sich analog. ◆

Gegeben sei jetzt eine Abbildung $\varphi : D \to Y$, und M sei eine nicht leere Teilmenge von D. Für jeden Vektor $\mathfrak{a}'' \in \pi'' M$ ist dann $M'_{\mathfrak{a}''}$ ebenfalls nicht leer, und aus $\mathfrak{x}' \in M'_{\mathfrak{a}''}$ folgt $\mathfrak{x}' + \mathfrak{a}'' \in M$. Durch

$$\varphi'_{\mathfrak{a}''}\mathfrak{x}' = \varphi(\mathfrak{x}' + \mathfrak{a}'') \qquad (\mathfrak{x}' \in M'_{\mathfrak{a}''})$$

wird daher eine Abbildung $\varphi'_{\mathfrak{a}''} : M'_{\mathfrak{a}''} \to Y$ definiert. Entsprechend bestimmt jeder

Vektor $\mathfrak{a}' \in \pi' M$ die durch

$$\varphi''_{\mathfrak{a}'} \mathfrak{x}'' = \varphi(\mathfrak{a}' + \mathfrak{x}'') \qquad (\mathfrak{x}'' \in M''_{\mathfrak{a}''})$$

erklärte Abbildung $\varphi''_{\mathfrak{a}'} : M''_{\mathfrak{a}'} \to Y$.

31.4 *Wenn die Abbildung φ meßbar ist, dann sind auch die durch beliebige Vektoren $\mathfrak{a}' \in \pi' M$, $\mathfrak{a}'' \in \pi'' M$ bestimmten Abbildungen $\varphi'_{\mathfrak{a}''}$ und $\varphi''_{\mathfrak{a}'}$ meßbar.*

Beweis: Es sei B eine *Borel*'sche Teilmenge von Y. Es gilt

$$(\varphi'_{\mathfrak{a}''})^{-}(B) = \pi'(\pi''^{-}(\mathfrak{a}'') \cap \varphi^{-}(B)) = (\varphi^{-}(B))'_{\mathfrak{a}''}.$$

Wegen der Meßbarkeit von φ ist $\varphi^{-}(B)$ eine *Borel*'sche Teilmenge von M. Nach 31.3 ist daher $(\varphi^{-}(B))'_{\mathfrak{a}''} = (\varphi'_{\mathfrak{a}''})^{-}(B)$ eine *Borel*'sche Teilmenge von $M'_{\mathfrak{a}''}$. Somit ist $\varphi'_{\mathfrak{a}''}$ meßbar. Die Meßbarkeit von $\varphi''_{\mathfrak{a}'}$ ergibt sich analog. ◆

31.5 *Es sei M eine Borel'sche Teilmenge von X. Dann sind die durch*

$$\psi' \mathfrak{a}' = \lambda''(M''_{\mathfrak{a}'}), \qquad \psi'' \mathfrak{a}'' = \lambda'(M'_{\mathfrak{a}''})$$

definierten numerischen Abbildungen $\psi' : X' \to \overline{\mathbb{R}}_+$ und $\psi'' : X'' \to \overline{\mathbb{R}}_+$ meßbar.

Beweis: Die Behauptung wird für ψ' bewiesen. Und zwar genügt es, bei gegebener Teilmenge S'' von X'' mit $\lambda''(S'') < \infty$ die Meßbarkeit der durch $\varphi'_{S''} \mathfrak{a}' = \lambda''(M''_{\mathfrak{a}'} \cap S'')$ definierten Abbildung zu beweisen. Ist dann nämlich (S''_n) eine Folge solcher Teilmengen mit $(S''_n) \uparrow X''$, so folgt $(M''_{\mathfrak{a}'} \cap S''_n) \uparrow M''_{\mathfrak{a}'}$ und wegen 24.2 weiter $(\lambda''(M'' \cap S''_n)) \uparrow \lambda''(M'')$, also $(\varphi'_{S''_n}) \uparrow \psi'$. Die Meßbarkeit von ψ' ergibt sich daher wegen 26.10.
Bei festem S'' sei nun $\mathfrak{D}$ das System aller Teilmengen A von X, für die die durch $\psi'_A \mathfrak{a}' = \lambda''(A''_{\mathfrak{a}'} \cap S'')$ definierte Abbildung $\psi'_A : X' \to \overline{\mathbb{R}}_+$ meßbar ist. Gezeigt wird, daß $\mathfrak{D}$ ein *Dynkin*-System ist, das alle hinsichtlich der Orthonormalbasis $\{\mathfrak{e}_1, \ldots, \mathfrak{e}_k\}$ gebildeten Intervalle enthält. Nach 23.8 gilt dann sogar $\mathfrak{B} \subset \mathfrak{D}$, und wegen $M \in \mathfrak{B}$ folgt die Meßbarkeit von $\psi' = \psi'_M$.
Zunächst gilt

$$\psi'_X \mathfrak{a}' = \lambda''(X''_{\mathfrak{a}'} \cap S'') = \lambda''(X'' \cap S'') = \lambda''(S'').$$

Daher ist ψ'_X eine konstante und somit meßbare Abbildung, und es folgt $X \in \mathfrak{D}$. Ist weiter $\{A_n : n \in \mathbb{N}\}$ ein disjunktes System aus $\mathfrak{D}$, so erhält man mit $A = \bigcup A_n$

$$\begin{aligned}\psi'_A \mathfrak{a}' &= \lambda''((\bigcup A_n)''_{\mathfrak{a}'} \cap S'') = \lambda''(\bigcup ((A_n)''_{\mathfrak{a}'} \cap S'')) \\ &= \sum_n \lambda''((A_n)''_{\mathfrak{a}'} \cap S'') = \sum_n (\psi'_{A_n} \mathfrak{a}').\end{aligned}$$

Es folgt $\psi'_A = \sum_n \psi'_{A_n}$, und ψ'_A ist wegen 26.8 Grenzabbildung meßbarer Abbildungen, nach 26.10 also selbst meßbar. Damit gilt auch $\bigcup A_n \in \mathfrak{D}$.

Schließlich ergibt sich mit $A, B \in \mathfrak{D}$ und $A \subset B$ wegen der Endlichkeit der Maße (24.1)

$$\begin{aligned}\psi'_{B\setminus A}\mathfrak{a}' &= \lambda''\left((B\setminus A)''_{\mathfrak{a}'} \cap S''\right) = \lambda''\left((B''_{\mathfrak{a}'}\setminus A''_{\mathfrak{a}'}) \cap S''\right) \\ &= \lambda''\left((B''_{\mathfrak{a}'} \cap S'')\setminus(A''_{\mathfrak{a}'} \cap S'')\right) = \lambda''(B''_{\mathfrak{a}'} \cap S'') - \lambda''(A''_{\mathfrak{a}'} \cap S'') \\ &= \psi'_B\mathfrak{a}' - \psi'_A\mathfrak{a}',\end{aligned}$$

also $\psi'_{B\setminus A} = \psi'_B - \psi'_A$. Wieder wegen 26.8 folgt die Meßbarkeit von $\psi'_{B\setminus A}$ und weiter $B\setminus A \in \mathfrak{D}$. Damit ist $\mathfrak{D}$ ein *Dynkin*-System.
Für ein Intervall J ist $J''_{\mathfrak{a}'}$ im Fall $\mathfrak{a}' \in \pi' J$ ein von $\mathfrak{a}'$ unabhängiges Intervall von X'', im Fall $\mathfrak{a}' \notin \pi' J$ die leere Menge. Daher ist ψ'_J eine Elementarfunktion und als solche meßbar. Somit enthält $\mathfrak{D}$ alle Intervalle, und nach den einleitenden Bemerkungen ist der Satz bewiesen. ◆

Nach diesen Vorbereitungen kann jetzt der angestrebte Hauptsatz formuliert und bewiesen werden.

31.6 (Fubini.) *Es sei M eine Borel'sche Teilmenge von $X = X' \oplus X''$, und $\varphi: D \to Y$ sei eine auf M integrierbare Abbildung. Für fast alle $\mathfrak{a}' \in \pi' M$, $\mathfrak{a}'' \in \pi'' M$ sind dann auch $\varphi'_{\mathfrak{a}''}$ und $\varphi''_{\mathfrak{a}'}$ auf $M'_{\mathfrak{a}''}$ bzw. $M''_{\mathfrak{a}'}$ integrierbare Abbildungen. Ferner sind die durch*

$$\psi''\mathfrak{a}'' = \int_{M'_{\mathfrak{a}''}} \varphi'_{\mathfrak{a}''}\, d\lambda', \qquad \psi'\mathfrak{a}' = \int_{M''_{\mathfrak{a}'}} \varphi''_{\mathfrak{a}'}\, d\lambda''$$

fast überall auf $\pi'' M$ bzw. $\pi' M$ definierten Abbildungen dort ebenfalls integrierbar, und es gilt

$$\int_M \varphi\, d\lambda = \int_{\pi' M} \psi'\, d\lambda' = \int_{\pi'' M} \psi''\, d\lambda''.$$

Beweis: Dem eigentlichen Beweis, der hinsichtlich der Abbildungen $\varphi'_{\mathfrak{a}''}$ und ψ'' geführt wird, sollen einige Vorbemerkungen vorangeschickt werden.
Für die Bildung der ϱ-ten Koordinatenabbildungen hinsichtlich einer Basis $\{\mathfrak{b}_1, \ldots, \mathfrak{b}_r\}$ von Y gilt

$$(\varphi'_{\mathfrak{a}''})_\varrho = (\varphi_\varrho)'_{\mathfrak{a}''} \qquad \textit{und} \qquad \psi''_\varrho = \int_{M'_{\mathfrak{a}''}} (\varphi_\varrho)'_{\mathfrak{a}''}\, d\lambda'.$$

Wegen 28.2 kann man sich daher auf den Fall reellwertiger Abbildungen beschränken. Und da Entsprechendes auch bezüglich der Bildung von Positiv- und Negativteil erfüllt ist, können die Funktionswerte sogar in $\mathbb{R}_+$ angenommen werden. Schließlich kann man die Abbildung φ außerhalb von M durch die Nullabbildung ersetzen und so erreichen, daß an die Stelle von M der ganze Raum X tritt. Daher wird weiter beim Beweis vorausgesetzt, daß $\varphi: X \to \mathbb{R}_+$ eine auf X integrierbare Abbildung mit nicht-negativen Werten ist.

Nach 31.4 ist $\varphi'_{\mathfrak{a}''}$ für alle $\mathfrak{a}'' \in X''$ jedenfalls meßbar, so daß wegen $\varphi'_{\mathfrak{a}''} \geqq 0$ das Integral

$$\psi''\mathfrak{a}'' = \int_{X'} \varphi'_{\mathfrak{a}''}\, d\lambda'$$

im Sinn der numerischen Abbildungen überall gebildet werden kann: Wenn $\varphi'_{\mathfrak{a}''}$ für ein $\mathfrak{a}''$ nicht integrierbar ist, erhält $\psi''\mathfrak{a}''$ den Wert ∞. Es gilt also $\psi'': X'' \to \bar{\mathbb{R}}_+$. Wenn dann für die so ergänzte Abbildung gezeigt wird, daß sie auf X'' integrierbar ist, so folgt wegen 29.6, daß $\psi''\mathfrak{a}'' = \infty$ höchstens auf einer Nullmenge von X'' eintreten kann, daß also ψ'' fast überall reellwertig ist.

Der Beweis erfolgt nun in mehreren Schritten, bei denen die Abbildung φ sucзessive verallgemeinert wird. Im ersten Schritt sei φ zunächst die Indikatorfunktion einer *Borel*'schen Teilmenge B von X. Es gelte also $\varphi = \chi_B$.

Für jedes $\mathfrak{a}'' \in X''$ ist offenbar $\varphi'_{\mathfrak{a}''}$ die Indikatorfunktion von $B'_{\mathfrak{a}''}$, so daß man

$$\psi''\mathfrak{a}'' = \int_{X'} \varphi'_{\mathfrak{a}''}\, d\lambda' = \lambda'(B'_{\mathfrak{a}''})$$

erhält. Nach 31.5 ist daher ψ'' meßbar, und wegen $\psi'' \geqq 0$ existiert im Sinn der Integrale numerischer Abbildungen

$$\mu(B) = \int_{X''} \psi''\, d\lambda'' = \int_{X''} \psi''_B\, d\lambda'',$$

wobei jetzt die im zweiten Integral angegebene Bezeichnung ψ''_B statt ψ'' benutzt werden soll, um die Herkunft dieser Abbildung zu verdeutlichen. Den Wert $\mu(B)$ kann man nämlich auf die angegebene Art für jede *Borel*'sche Menge B bilden. Wenn man nun nachweist, daß μ ein Maß auf $\mathfrak{B}$ ist, das auf den Intervallen mit λ übereinstimmt, dann folgt $\mu = \lambda$ und daher weiter die Behauptung des Satzes

$$(*) \qquad \int_X \varphi\, d\lambda = \int_X \chi_B\, d\lambda = \lambda(B) = \int_{X''} \psi''_B\, d\lambda''.$$

Nun gilt $\psi''_\emptyset \mathfrak{a}'' = \lambda'(\emptyset) = 0$ für alle $\mathfrak{a}''$, also $\psi''_\emptyset = 0$, und daher $\mu(\emptyset) = 0$.

Weiter sei (B_n) eine disjunkte Folge *Borel*'scher Mengen mit $\bigcup B_n = B$. Wegen

$$\begin{aligned} \psi''_B \mathfrak{a}'' &= \lambda'((\bigcup B_n)'_{\mathfrak{a}''}) = \lambda'(\bigcup (B_n)'_{\mathfrak{a}''}) \\ &= \sum_n \lambda'((B_n)'_{\mathfrak{a}''}) = \sum_n \psi''_{B_n} \mathfrak{a}'', \end{aligned}$$

also $\psi''_B = \sum \psi''_{B_n}$, und wegen 29.8 (anschließende Bemerkung) ergibt sich

$$\mu(\bigcup_n B_n) = \int_{X''} \psi''_B\, d\lambda'' = \sum_n \Big(\int_{X''} \psi''_{B_n}\, d\lambda''\Big) = \sum_n \mu(B_n).$$

Daher ist μ ein Maß. Im Fall eines hinsichtlich der Orthonormalbasis $\{\mathfrak{e}_1, \ldots, \mathfrak{e}_k\}$

gebildeten Intervalls J sind auch $J' = \pi' J$ und $J'' = \pi'' J$ Intervalle von X' bzw. X'', und es gilt $\lambda(J) = \lambda'(J') \cdot \lambda''(J')$. Ferner erhält man unmittelbar $\psi''_J = \lambda'(J') \cdot \chi_{J''}$ und daher

$$\mu(J) = \int_{X''} \psi''_J \, d\lambda'' = \lambda'(J') \int_{J''} \chi_{J''} \, d\lambda'' = \lambda'(J') \cdot \lambda''(J'') = \lambda(J),$$

so daß μ tatsächlich auf den Intervallen mit λ übereinstimmt.
Bei diesem Beweisschritt war φ die Indikatorfunktion einer beliebigen *Borel*schen Menge, und die Integrale waren als Integrale numerischer Funktionen gebildet. Wenn nun $\varphi = \chi_B$ integrierbar ist, so muß $\lambda(B) < \infty$ erfüllt sein, und aus (*) folgt, daß dann auch ψ''_B integrierbar ist.
Im zweiten Beweisschritt sei jetzt φ eine Elementarfunktion mit der Normaldarstellung

$$\varphi = \sum_{\nu=1}^{n} c_\nu \chi_{B_\nu},$$

wobei $c_\nu \geqq 0$ gilt und die Mengen B_ν disjunkte *Borel*'sche Mengen sind. Für die zugehörige Abbildung ψ'' erhält man hier

$$\begin{aligned}\psi'' \mathfrak{a}'' &= \int_{X'} \varphi'_{\mathfrak{a}''} \, d\lambda' = \int_{X'} \Big(\sum_{\nu=1}^{n} c_\nu (\chi_{B_\nu})'_{\mathfrak{a}''} \Big) d\lambda' \\ &= \sum_{\nu=1}^{n} c_\nu \lambda' \big((B_\nu)'_{\mathfrak{a}''} \big) = \sum_{\nu=1}^{n} c_\nu \psi''_{B_\nu}\end{aligned}$$

im Sinn der vorher benutzten Bezeichnung. Mit Hilfe des bereits Bewiesenen ergibt sich jetzt wieder

$$\int_{X''} \psi'' \, d\lambda'' = \sum_{\nu=1}^{n} c_\nu \Big(\int_{X''} \psi''_{B_\nu} \, d\lambda'' \Big) = \sum_{\nu=1}^{n} c_\nu \lambda(B_\nu) = \int_X \varphi \, d\lambda .$$

Im letzten Beweisschritt sei $\varphi: X \to \mathbb{R}_+$ eine beliebige integrierbare Abbildung mit nicht-negativen Werten. Als meßbare Abbildung ist sie nach 26.15 Grenzabbildung einer monoton wachsenden Folge von Elementarfunktionen φ_ν mit nicht-negativen Werten. Mit beliebigen $\mathfrak{a}'' \in X''$ folgt unmittelbar $\big((\varphi_\nu)'_{\mathfrak{a}''}\big) \uparrow \varphi'_{\mathfrak{a}''}$, und wegen 29.8 erhält man

$$\psi'' \mathfrak{a}'' = \int_{X'} \varphi'_{\mathfrak{a}} \, d\lambda' = \lim_{\nu \to \infty} \int_{X'} (\varphi_\nu)'_{\mathfrak{a}''} \, d\lambda' = \lim_{\nu \to \infty} (\psi''_\nu \mathfrak{a}''),$$

wobei auch die ψ''_ν wegen 29.5 eine monoton wachsende Folge bilden. Wieder wegen 29.8 ergibt sich jetzt nach dem vorher Bewiesenen

$$\int_{X''} \psi'' \, d\lambda'' = \lim_{\nu \to \infty} \Big(\int_{X''} \psi''_\nu \, d\lambda'' \Big) = \lim_{\nu \to \infty} \Big(\int_X \varphi_\nu \, d\lambda \Big) = \int_X \varphi \, d\lambda . \quad \blacklozenge$$

Der Satz von *Fubini* soll nun speziell auf eine Summenzerlegung $X = X' \oplus X''$ von X angewandt werden, bei der X' eindimensional ist. Es gelte etwa $X' = [\mathfrak{e}_1]$ und $X'' = [\mathfrak{e}_2, \ldots, \mathfrak{e}_k]$. Ferner sei φ eine auf der Teilmenge M von X integrierbare reellwertige Abbildung, der hinsichtlich der Orthonormalbasis $\{\mathfrak{e}_1, \ldots, \mathfrak{e}_k\}$ von X eine Koordinatenfunktion f der Veränderlichen $x_1, \ldots, x_k$ entspricht. Allgemein soll noch die orthogonale Projektion auf den Unterraum $[\mathfrak{e}_\kappa]$ mit π_κ bezeichnet werden, so daß statt π' jetzt π_1 geschrieben wird. Dann gilt nach dem Satz von *Fubini*

$$\int_M \varphi \, d\lambda^k = \int_{\pi_1 M} \Big(\int_{M''_{\mathfrak{x}_1}} \varphi''_{\mathfrak{x}_1} \, d\lambda^{k-1} \Big) d\lambda^1 .$$

Dabei ist für das innere, $(k-1)$-dimensionale Integral $\mathfrak{x}_1$ ein beliebiger, aber fest gewählter Punkt aus $\pi_1 M$, so daß dieses Integral noch eine Funktion von $\mathfrak{x}_1$ ist, die anschließend nach dem eindimensionalen Maß über die Teilmenge $\pi_1 M$ von $[\mathfrak{e}_1]$ integriert wird. Nun gilt ja $\mathfrak{x}_1 = x_1 \mathfrak{e}_1$, so daß $\mathfrak{x}_1$ eindeutig durch seine Koordinate x_1 gekennzeichnet ist. Für die koordinatenmäßige Beschreibung der Abbildung $\varphi''_{\mathfrak{x}_1}$ besagt dies, daß in der Funktion f das Argument x_1 als konstant anzusehen ist, daß f also nur als Funktion der $k-1$ Veränderlichen $x_2, \ldots, x_k$ aufzufassen ist. Diese Funktion ist dann über die Schnittmenge $M''_{\mathfrak{x}_1}$ zu integrieren, die jetzt sinngemäß auch mit $M(x_1)$ bezeichnet werden soll: $M(x_1)$ besteht nämlich aus den Projektionen $\pi''\mathfrak{x}$ derjenigen Punkte $\mathfrak{x} \in M$, deren erste Koordinate den Wert x_1 besitzt. Das innere Integral ist dann noch eine Funktion der einen Veränderlichen x_1, die über $\pi_1 M$ zu integrieren ist. Um x_1 als Integrationsvariable deutlicher zu kennzeichnen, soll in Anlehnung an die Schreibweise beim *Riemann*'schen Integral statt $d\lambda^1$ jetzt auch dx_1 geschrieben werden. Mit diesen Bezeichnungsfestsetzungen gilt dann

$$\int_M \varphi \, d\lambda^k = \int_{\pi_1 M} \Big(\int_{M(x_1)} f(x_1, \ldots, x_k) \, d\lambda^{k-1} \Big) dx_1 .$$

Dieser Prozeß der Abspaltung eines eindimensionalen Integrals kann nun iteriert werden, so daß man schließlich statt eines k-dimensionalen Integrals k eindimensionale Integrale erhält. Zur Vereinfachung der Schreibweise bedeute $M(x_1, \ldots, x_p)$ $(p < k)$ die orthogonale Projektion der Menge aller Punkte $\mathfrak{x} \in M$, deren erste p Koordinaten die angegebenen festen Werte haben, auf den $(k-p)$-dimensionalen Unterraum $[\mathfrak{e}_{p+1}, \ldots, \mathfrak{e}_k]$. In der jeweiligen Integrandenfunktion sind dann entsprechend auch nur $x_{p+1}, \ldots, x_k$ als Veränderliche anzusehen, während die ersten p Koordinaten konstant sind. Die Darstellung eines k-dimensionalen Integrals als k-faches eindimensionales Integral lautet dann

$$\int_M \varphi \, d\lambda^k = \int_{\pi_1 M} \Big(\int_{\pi_2 M(x_1)} \Big(\ldots \Big(\int_{\pi_k M(x_1, \ldots, x_{k-1})} f(x_1, \ldots, x_k) \, dx_k \Big) \ldots \Big) dx_2 \Big) dx_1 .$$

Bei dieser Schreibweise pflegt man dann allerdings die Klammern häufig fortzulassen, wobei jedoch auf die Reihenfolge der Integrationen zu achten ist: Die rechts stehenden Differentiale entsprechen den links stehenden Integralzeichen und den zugehörigen Integrationsbereichen in umgekehrter Reihenfolge!
Abschließend sollen nun noch einige Beispiele behandelt werden.

31.I Am einfachsten gestalten sich die Verhältnisse, wenn der Integrationsbereich ein Intervall $J=[\mathfrak{a},\mathfrak{b}]$ hinsichtlich einer Orthonormalbasis des $\mathbb{R}^k$ ist. Unabhängig von den Werten der Integrationsvariablen und von ihrer Reihenfolge sind die einzelnen Integrationsbereiche der eindimensionalen Integrale dann nämlich die durch die Koordinaten von $\mathfrak{a}$ und $\mathfrak{b}$ bestimmten Intervalle $[a_\kappa, b_\kappa]$ $(\kappa=1,\dots,k)$. Es gilt also in diesem Fall

$$\int \varphi\, d\lambda^k = \int_{a_1}^{b_1}\int_{a_2}^{b_2}\dots\int_{a_k}^{b_k} f(x_1,\dots,x_k)\,dx_k\dots dx_2\,dx_1$$

mit konstanten Grenzen an den Einzelintegralen, die auch in einer beliebigen anderen Reihenfolge angeordnet werden können.
Speziell seien im orientierten $\mathbb{R}^3$ hinsichtlich einer positiv orientierten Orthonormalbasis die Vektoren

$$\mathfrak{a}=(1,-1,0),\qquad \mathfrak{b}=(3,2,1),\qquad \mathfrak{c}=(1,-2,-1)$$

gegeben. Die Abbildung $\varphi:\mathbb{R}^3\to\mathbb{R}^3$ sei durch $\varphi\mathfrak{x}=\mathfrak{c}\times\mathfrak{x}$ definiert, und der Integrationsbereich sei das Intervall $J=[\mathfrak{a},\mathfrak{b}]$. Koordinatenmäßig wird φ durch

$$\varphi\mathfrak{x}=(y-2z,\ -x-z,\ 2x+y)$$

beschrieben. Es folgt

$$\begin{aligned}
\int_J \varphi\,d\lambda &= \int_1^3\int_{-1}^2\int_0^1 (y-2z,\ -x-z,\ 2x+y)\,dz\,dy\,dx\\
&= \int_1^3\int_{-1}^2 \left(yz-z^2,\ -xz-\frac{z^2}{2},\ 2xz+yz\right)\Big|_0^1\,dy\,dx\\
&= \int_1^3\int_{-1}^2 (y-1,\ -x-\tfrac{1}{2},\ 2x+y)\,dy\,dx\\
&= \int_1^3 \left(\frac{y^2}{2}-y,\ -xy-\tfrac{1}{2}y,\ 2xy+\frac{y^2}{2}\right)\Big|_{-1}^2\,dx\\
&= \int_1^3 (-\tfrac{3}{2},\ -3x-\tfrac{3}{2},\ 6x+\tfrac{3}{2})\,dx\\
&= (-\tfrac{3}{2}x,\ -\tfrac{3}{2}x^2-\tfrac{3}{2}x,\ 3x^2+\tfrac{3}{2}x)\big|_1^3=(-3,-15,27).
\end{aligned}$$

Ebenso gut hätte man auch eine andere Reihenfolge der Integrationen wählen können. Zum Beispiel erhält man dasselbe Resultat durch

$$\int_J \varphi\, d\lambda = \int_0^1 \int_1^3 \int_{-1}^2 (y-2z,\, -x-z,\, 2x+y)\, dy\, dx\, dz$$
$$= \int_0^1 \int_1^3 (\tfrac{3}{2}-6z,\, -3x-3z,\, 6x+\tfrac{3}{2})\, dx\, dz$$
$$= \int_0^1 (3-12z,\, 12-6z,\, 27)\, dz = (-3,\, -15,\, 27).$$

Da in der Definition von φ der Vektor $\mathfrak{c}$ konstant ist und da man statt $\mathfrak{x}$ auch $\varepsilon\mathfrak{x}$ mit der Identität ε schreiben kann, muß wegen der Linearität des Integrals

$$\int_J \varphi\, d\lambda = \mathfrak{c} \times \int_J \varepsilon\, d\lambda$$

gelten. Wegen $\varepsilon\mathfrak{x} = (x, y, z)$ erhält man zunächst

$$\mathfrak{d} = \int_J \varepsilon\, d\lambda = \int_1^3 \int_{-1}^2 \int_0^1 (x, y, z)\, dz\, dy\, dx = \int_1^3 \int_{-1}^2 (x, y, \tfrac{1}{2})\, dy\, dx$$
$$= \int_1^3 (3x, \tfrac{3}{2}, \tfrac{3}{2})\, dx = (12, 3, 3)$$

und daher wegen $\mathfrak{c} \times \mathfrak{d} = (-3, -15, 27)$ wieder dasselbe Ergebnis.

31.II Das Maß $\lambda(M)$ einer *Borel*'schen Teilmenge M von X ergibt sich, wenn man die Indikatorfunktion χ_M auf X oder – was auf dasselbe hinausläuft – die konstante Funktion 1 auf M integriert. Zum Beispiel wird im $\mathbb{R}^3$ hinsichtlich einer Orthonormalbasis durch

$$\frac{x^2}{a^2} + \frac{y^2}{b^2} + \frac{z^2}{c^2} \leqq 1 \qquad (a, b, c > 0)$$

ein Ellipsoid M bestimmt. Seine Projektion $\pi_1 M$ auf die x-Achse ist das Intervall $[-a, a]$. Bei festem x aus diesem Intervall ist dann $M(x)$ die durch

$$\frac{y^2}{b^2} + \frac{z^2}{c^2} \leqq 1 - \frac{x^2}{a^2}$$

beschriebene Ellipsenscheibe. Ihre Projektion $\pi_2 M(x)$ auf die y-Achse ist daher das von x abhängende Intervall $[-g(x), g(x)]$ mit

$$g(x) = b\sqrt{1 - \frac{x^2}{a^2}}.$$

Ist schließlich y ein fester Wert aus diesem Intervall, so ist $\pi_3 M(x, y) = M(x, y)$ durch

$$\frac{z^2}{c^2} \leqq 1 - \frac{x^2}{a^2} - \frac{y^2}{b^2}$$

bestimmt. Es handelt sich also um das von x und y abhängende Intervall $[-h(x, y), h(x, y)]$ mit

$$h(x, y) = c\sqrt{1 - \frac{x^2}{a^2} - \frac{y^2}{b^2}}.$$

Für das Ellipsoidvolumen ergibt sich daher zunächst

$$\lambda(M) = \int_{-a}^{a} \int_{-g(x)}^{g(x)} \int_{-h(x,y)}^{h(x,y)} 1\, dz\, dy\, dx = 2c \int_{-a}^{a} \int_{-g(x)}^{g(x)} \sqrt{1 - \frac{x^2}{a^2} - \frac{y^2}{b^2}}\, dy\, dx.$$

Nun gilt

$$\int \sqrt{p^2 - \frac{y^2}{b^2}}\, dy = \frac{1}{2} y \sqrt{p^2 - \frac{y^2}{b^2}} + \frac{p^2 b}{2} \arcsin \frac{y}{pb}.$$

Mit $p^2 = 1 - \dfrac{x^2}{a^2}$ erhält man also nach Einsetzen der Grenzen weiter

$$\lambda(M) = bc\pi \int_{-a}^{a} \left(1 - \frac{x^2}{a^2}\right) dx = \frac{4}{3} abc\pi.$$

Im Fall $a = b = c = r$ ergibt sich hieraus noch als Spezialfall das Kugelvolumen.

Ergänzungen und Aufgaben

31A Die den Satz von *Fubini* vorbereitenden Sätze wurden für *Borel*'sche Mengen und bezüglich der $\mathfrak{B}$-Meßbarkeit bewiesen.

Aufgabe: Man untersuche, ob 31.3 sinngemäß auch für *Lebesgue*'sche Teilmengen M von X gilt, ob also deren Schnitte $M''_{\mathfrak{a}'}$ und $M'_{\mathfrak{a}''}$ entsprechend *Lebesgue*'sche Teilmengen von X'' bzw. X' sind.

31B Wie bisher sei $X = X' + X''$ eine Darstellung von X als direkte Summe orthogonaler Unterräume X', X'' mit Dimensionen p bzw. $q = k - p$. Mit den vorher benutzten Bezeichnungen beweise man

Aufgabe: Ist M eine kompakte Teilmenge von X und sind für alle $\mathfrak{a}' \in \pi' M$ die Schnittmengen $M''_{\mathfrak{a}'}$ Nullmengen bezüglich des q-dimensionalen Maßes λ'', so ist M eine λ-Nullmenge, also eine k-dimensionale Nullmenge. Wie können hier die Voraussetzungen abgeschwächt werden?

31C Hinsichtlich einer Orthonormalbasis des $\mathbb{R}^3$ sei M der Durchschnitt des durch $x^2+y^2 \leqq 1$ bestimmten Kreiszylinders mit der durch $z \geqq 0$ gekennzeichneten Halbkugel vom Radius $r=2$ um den Nullpunkt. Ferner ist durch

$$\mathfrak{v}(x,y,z)=(xz,yz,yz^2)$$

ein Vektorfeld gegeben.

Aufgabe: Man berechne

$$\int_M \operatorname{div} \mathfrak{v}\, d\lambda.$$

31D Es sei $V(n,r)$ das Volumen der Kugel mit dem Radius r im $\mathbb{R}^n$ bezüglich λ^n.

Aufgabe: Man zeige, daß $V(n,r)=c_n r^n$ mit geeigneten Konstanten c_n gilt, und bestimme eine Rekursionsformel für den Quotienten $\frac{c_{n+1}}{c_{n-1}}$. Man berechne $V(6,1)$ und $\lim\limits_{n\to\infty} V(n,1)$.

§ 32 Die Transformationsformel

Dem eigentlichen Gegenstand dieses Paragraphen seien zunächst einige allgemeine Bemerkungen vorausgeschickt.
Ist $(X,\mathfrak{A},\mu)$ ein beliebiger Maßraum und ist $\psi: X' \to X$ eine surjektive Abbildung, so ist, wie in 25.2 gezeigt wurde,

$$_\psi\mathfrak{A}=\{\psi^-(A): A\in\mathfrak{A}\}$$

eine σ-Algebra aus Teilmengen von X', und durch

$$_\psi\mu(B)=\mu(\psi B) \qquad (B\in {_\psi\mathfrak{A}})$$

wird auf $_\psi\mathfrak{A}$ ein Maß $_\psi\mu$ definiert. Weiter sei nun M eine Menge aus $\mathfrak{A}$, und $\varphi: M\to Y$ sei eine μ-integrierbare Abbildung von M in einen Vektorraum Y. Es ist also φ insbesondere $\mathfrak{A}$-$\mathfrak{B}_Y$-meßbar, wenn $\mathfrak{B}_Y$ die σ-Algebra der *Borel*schen Teilmengen von Y bedeutet. Mit diesen Bezeichnungen gilt nun die folgende **allgemeine Transformationsformel** für Integrale.

32.1 *Die Abbildung $\varphi: M\to Y$ sei μ-integrierbar auf M. Dann ist $\varphi\circ\psi$ ent-*

sprechend ${}_{\psi}\mu$*-integrierbar auf* $M' = \psi^{-}(M)$, *und es gilt*

$$\int_{M'} (\varphi \circ \psi)\, d_{\psi}\mu = \int_{M} \varphi\, d\mu .$$

Beweis: Aus $B \in \mathfrak{B}_Y$ folgt wegen der Meßbarkeit von φ zunächst $\varphi^{-}(B) \in \mathfrak{A}$ und wegen $(\varphi \circ \psi)^{-}(B) = \psi^{-}(\varphi^{-}(B))$ dann weiter $(\varphi \circ \psi)^{-}(B) \in {}_{\psi}\mathfrak{A}$. Daher ist $\varphi \circ \psi$ ebenfalls meßbar, nämlich ${}_{\psi}\mathfrak{A}$-$\mathfrak{B}_Y$-meßbar.
Es sei nun $\mathfrak{Z}$ eine μ-Normalzerlegung von M. Dann ist offenbar

$${}_{\psi}\mathfrak{Z} = \{\psi^{-}(A) : A \in \mathfrak{Z}\}$$

eine ${}_{\psi}\mu$-Normalzerlegung von M', und es gilt hinsichtlich der jeweiligen Maße

$$\begin{aligned}\sigma(\varphi \circ \psi, {}_{\psi}\mathfrak{Z}) &= \sum_{A' \in {}_{\psi}\mathfrak{Z}} {}_{\psi}\mu(A') \sup\{|(\varphi \circ \psi)\mathfrak{x}'| : \mathfrak{x}' \in A'\} \\ &= \sum_{A \in \mathfrak{Z}} {}_{\psi}\mu(\psi^{-}(A)) \sup\{|(\varphi \circ \psi)(\psi^{-}\mathfrak{x})| : \mathfrak{x} \in A\} \\ &= \sum_{A \in \mathfrak{Z}} \mu(A) \sup\{|\varphi\mathfrak{x}| : \mathfrak{x} \in A\} = \sigma(\varphi, \mathfrak{Z}).\end{aligned}$$

Da $\sigma(\varphi, \mathfrak{Z})$ wegen der Integrierbarkeit von φ auf M bei geeigneter Wahl von $\mathfrak{Z}$ endlich ist, gilt dasselbe dann für $\sigma(\varphi \circ \psi, {}_{\psi}\mathfrak{Z})$, so daß $\varphi \circ \psi$ auf M' integrierbar ist. Weiter erhält man im Fall einer φ-Normalzerlegung $\mathfrak{Z}$ bei beliebiger Wahl der Punkte $\mathfrak{x}'_{A'} \in A'$ $(A' \in {}_{\psi}\mathfrak{Z})$

$$\sum_{A' \in {}_{\psi}\mathfrak{Z}} {}_{\psi}\mu(A')(\varphi \circ \psi)\,\mathfrak{x}'_{A'} = \sum_{A \in \mathfrak{Z}} \mu(A)\,\varphi(\psi\mathfrak{x}'_{\psi^{-}(A)}) \in S(\varphi, \mathfrak{Z}).$$

Es folgt $S(\varphi \circ \psi, {}_{\psi}\mathfrak{Z}) \subset S(\varphi, \mathfrak{Z})$, woraus sich unmittelbar die behauptete Gleichheit der Integrale ergibt. ◆

Nach dieser allgemeinen Vorbetrachtung sei nun X wieder ein Vektorraum, der hinsichtlich der σ-Algebra $\mathfrak{B}$ seiner *Borel*'schen Mengen und hinsichtlich des *Borel-Lebesgue*'schen Maßes λ als Maßraum aufgefaßt wird. Weiter sei jetzt $X' = X$, und die vorher benutzte Surjektion $\psi : X' \to X$ sei sogar meßbar, nämlich $\mathfrak{B}$-$\mathfrak{B}$-meßbar, so daß jedenfalls ${}_{\psi}\mathfrak{B} \subset \mathfrak{B}$ gilt. Setzt man außerdem voraus, daß ψ sogar bijektiv und ψ^{-1} ebenfalls meßbar ist, so folgt ${}_{\psi}\mathfrak{B} = \mathfrak{B}$, und das übertragene Maß ${}_{\psi}\lambda$ ist auf allen *Borel*'schen Teilmengen von X definiert. Im allgemeinen wird aber ${}_{\psi}\lambda$ keineswegs mit λ übereinstimmen. Daher hat dann die vorher bewiesene allgemeine Transformationsformel zunächst auch nur geringe praktische Bedeutung, weil man die Kenntnisse über λ-Integrale nicht für die ${}_{\psi}\lambda$-Integrale nutzen kann. Infolgedessen ist man daran interessiert, das Maß ${}_{\psi}\lambda$ durch das *Borel-Lebesgue*'sche Maß λ auszudrücken. Dies wird zumindest bei entsprechenden Differenzierbarkeitsvoraussetzungen möglich sein. Selbstverständlich ändert sich an den bisherigen Überlegungen nichts Wesentliches, wenn die Transformationsabbildung ψ nicht auf ganz X, sondern nur auf einer *Borel*'schen Teilmenge D von X definiert ist: Es spielt dann D die Rolle von X' und ψD die von X.

32.2 *Es sei* $\psi : D \rightarrow X$ *eine auf der offenen Teilmenge* D *von* X *stetig differenzierbare Bijektion von* D *auf* ψD *mit* $\operatorname{Det}(d_{\mathfrak{x}}\psi) \neq 0$ *für alle* $\mathfrak{x} \in D$. *Ist dann* A *eine kompakte Teilmenge von* D, *so gilt mit geeigneten Punkten* $\mathfrak{x}_0^*, \mathfrak{x}_1^* \in A$

$$|\operatorname{Det}(d_{\mathfrak{x}_0^*}\psi)|\,\lambda(A) \leqq {}_{\psi}\lambda(A) \leqq |\operatorname{Det}(d_{\mathfrak{x}_1^*}\psi)|\,\lambda(A).$$

Ist A *überdies zusammenhängend, so gilt sogar*

$${}_{\psi}\lambda(A) = |\operatorname{Det}(d_{\mathfrak{x}^*}\psi)|\,\lambda(A)$$

mit einem Punkt $\mathfrak{x}^* \in A$.

Beweis: Wegen 12.1 ist ψ^{-1} auf ψD ebenfalls stetig differenzierbar mit von Null verschiedener Funktionaldeterminante. Außerdem sind ψ und ψ^{-1} stetig, wegen 26.4 also meßbar.

Wegen der stetigen Differenzierbarkeit, wegen der Regularität des Differentials $d_{\mathfrak{x}}\psi$ und wegen der Kompaktheit von A gibt es eine Konstante $a > 0$ mit

$$(1) \qquad |(d_{\mathfrak{x}}\psi)\mathfrak{v}| \geqq a|\mathfrak{v}| \qquad \textit{für alle } \mathfrak{v} \in X \textit{ und } \mathfrak{x} \in A.$$

Weiter gilt

$$(2) \qquad \psi(\mathfrak{x}+\mathfrak{v}) - \psi\mathfrak{x} = (d_{\mathfrak{x}}\psi)\mathfrak{v} + |\mathfrak{v}|\,\delta(\mathfrak{x},\mathfrak{v}),$$

wobei $\delta(\mathfrak{x}, \mathfrak{v})$ mit $\mathfrak{v}$ gegen den Nullvektor konvergiert. Wieder wegen der stetigen Differenzierbarkeit und wegen der Kompaktheit von A gibt es zu gegebenem $\varepsilon > 0$ ein $\eta > 0$ mit

$$(3) \qquad |\mathfrak{v}| < \eta \Rightarrow |\delta(\mathfrak{x},\mathfrak{v})| < a\varepsilon \qquad \textit{für alle } \mathfrak{x} \in A.$$

Da A als kompakte Menge beschränkt ist, folgt $\lambda(A) < \infty$, und hinsichtlich einer Orthonormalbasis von X gibt es endlich viele disjunkte Intervalle $J_1, \ldots, J_r$ mit

$$(4) \qquad \begin{array}{ll} A \subset J_1 \cup \ldots \cup J_r, & 0 \leqq \lambda(J_1) + \ldots + \lambda(J_r) - \lambda(A) < \varepsilon, \\ \delta(J_\varrho) < \eta \quad \textit{und} & J_\varrho \cap A \neq \emptyset \qquad (\varrho = 1, \ldots, r).^* \end{array}$$

Die Punkte $\mathfrak{x}_\varrho \in J_\varrho \cap A$ $(\varrho = 1, \ldots, r)$ seien jetzt fest gewählt. Für einen beliebigen Punkt $\mathfrak{x} \in J_\varrho$ gilt dann mit $\mathfrak{v} = \mathfrak{x} - \mathfrak{x}_\varrho$ jedenfalls $|\mathfrak{v}| \leqq \delta(J_\varrho) < \eta$, wegen (3)

* $\delta(J_\varrho)$ bedeutet hier den Durchmesser von J_ϱ.

also $|\delta(\mathfrak{x}_\varrho, \mathfrak{v})| < a\varepsilon$ und daher wegen (1)

$$|\mathfrak{v}||\delta(\mathfrak{x}_\varrho, \mathfrak{v})| < a \cdot \varepsilon \cdot \frac{1}{a}|(d_{\mathfrak{x}_\varrho}\psi)\mathfrak{v}| = \varepsilon|(d_{\mathfrak{x}_\varrho}\psi)(\mathfrak{x} - \mathfrak{x}_\varrho)|.$$

Mit Hilfe von (2) erhält man jetzt

$$|\psi\mathfrak{x} - \psi\mathfrak{x}_\varrho - (d_{\mathfrak{x}_\varrho}\psi)(\mathfrak{x} - \mathfrak{x}_\varrho)| < \varepsilon|(d_{\mathfrak{x}_\varrho}\psi)(\mathfrak{x} - \mathfrak{x}_\varrho)|,$$

woraus mit der schon früher benutzten naheliegenden Bezeichnungsweise

$$\psi J_\varrho - \psi\mathfrak{x}_\varrho \subset (1 + \varepsilon)(d_{\mathfrak{x}_\varrho}\psi)(J_\varrho - \mathfrak{x}_\varrho) = (1 + \varepsilon)(d_{\mathfrak{x}_\varrho}\psi)J_\varrho - (1 + \varepsilon)(d_{\mathfrak{x}_\varrho}\psi)\mathfrak{x}_\varrho$$

folgt. Wegen der Translationsinvarianz von λ (25.4) und wegen 25.8 ergibt sich hieraus weiter ($k = \operatorname{Dim} X$, $d_{\mathfrak{x}_\varrho}\psi$ ist eine lineare Abbildung)

$$\begin{aligned} {}_\psi\lambda(J_\varrho) &= \lambda(\psi J_\varrho) \leqq \lambda\big((1 + \varepsilon)(d_{\mathfrak{x}_\varrho}\psi)J_\varrho\big) \\ &= (1 + \varepsilon)^k \lambda\big((d_{\mathfrak{x}_\varrho}\psi)J_\varrho\big) = (1 + \varepsilon)^k |\operatorname{Det}(d_{\mathfrak{x}_\varrho}\psi)| \lambda(J_\varrho). \end{aligned}$$

Wegen (4) erhält man daher

$$\begin{aligned} {}_\psi\lambda(A) &\leqq \sum_{\varrho=1}^{r} {}_\psi\lambda(J_\varrho) \leqq (1 + \varepsilon)^k \Big(\sum_{\varrho=1}^{r} \lambda(J_\varrho)\Big) \max\{|\operatorname{Det}(d_{\mathfrak{x}_\varrho}\psi)| : \varrho = 1, \ldots, r\} \\ &\leqq (1 + \varepsilon)^k |\operatorname{Det}(d_{\mathfrak{x}^*_{(\varepsilon)}}\psi)| \big(\lambda(A) + \varepsilon\big), \end{aligned}$$

wobei $\mathfrak{x}^*_{(\varepsilon)}$ einen der Punkte $\mathfrak{x}_1, \ldots, \mathfrak{x}_r$ bedeutet, in dem das Maximum angenommen wird. Wegen $\mathfrak{x}^*_{(\varepsilon)} \in A$ und wegen der Kompaktheit von A besitzen die Punkte $\mathfrak{x}^*_{(\varepsilon)}$ beim Grenzübergang $\varepsilon \to 0$ einen Häufungspunkt $\mathfrak{x}^*_1$, mit dem dann der eine Teil der Behauptung, nämlich

(5) $\quad {}_\psi\lambda(A) \leqq |\operatorname{Det}(d_{\mathfrak{x}^*_1}\psi)| \lambda(A)$

erfüllt ist.

Wegen der Stetigkeit von ψ ist auch ψA eine kompakte Menge. Da außerdem ψ^{-1} dieselben Voraussetzungen wie ψ erfüllt, kann (5) mit ψ^{-1} statt ψ auf ψA angewandt werden. Man erhält

$$\lambda(A) = \lambda\big(\psi^{-1}(\psi A)\big) \leqq |\operatorname{Det}(d_{\psi\mathfrak{x}^*_0}\psi^{-1})| \lambda(\psi A) = |\operatorname{Det}(d_{\mathfrak{x}^*_0}\psi)|^{-1} {}_\psi\lambda(A)$$

mit einem geeigneten Punkt $\mathfrak{x}^*_0 \in A$, also umgekehrt

(6) $\quad |\operatorname{Det}(d_{\mathfrak{x}^*_0}\psi)| \lambda(A) \leqq {}_\psi\lambda(A)$.

Ist schließlich A zusammenhängend, so folgt die letzte Behauptung wegen der Stetigkeit der Determinante aus (5) und (6) mit Hilfe des Zwischenwertsatzes 7.13. ◆

Nach dieser Vorbereitung kann jetzt der folgende Hauptsatz bewiesen werden.

32.3 (Transformationsformel.) *Es sei $\psi: D \to X$ eine auf der offenen Teilmenge D von X stetig differenzierbare Bijektion von D auf ψD mit* $\operatorname{Det}(d_{\mathfrak{x}}\psi) \neq 0$ *für alle $\mathfrak{x} \in D$. Ferner sei M' eine Borel'sche Teilmenge von X mit $\overline{M'} \subset D$, und auf der dann ebenfalls Borel'schen Bildmenge $M = \psi M'$ sei die Abbildung $\varphi: M \to Y$ integrierbar. Dann ist die durch* $(\varphi \circ \psi)|\operatorname{Det}(d\psi)|\mathfrak{x} = (\varphi(\psi\mathfrak{x}))|\operatorname{Det}(d_{\mathfrak{x}}\psi)|$ *definierte Abbildung auf M' integrierbar, und es gilt*

$$\int_M \varphi \, d\lambda = \int_{M'} (\varphi \circ \psi)|\operatorname{Det}(d\psi)| \, d\lambda .$$

Beweis: Wegen 32.1 gilt zunächst

$$(1) \qquad \int_M \varphi \, d\lambda = \int_{M'} (\varphi \circ \psi) \, d_{\psi}\lambda .$$

Insbesondere ist also $\varphi \circ \psi$ auf M' nach dem Maß ${}_{\psi}\lambda$ integrierbar.
Da ψ und $d\psi$ stetig, wegen 26.4 also meßbar sind, folgt mit Hilfe von 29.9 die Meßbarkeit der Abbildung $(\varphi \circ \psi)|\operatorname{Det}(d\psi)|$.
Da $\varphi \circ \psi$ auf M' nach dem Maß ${}_{\psi}\lambda$ integrierbar ist, gibt es eine ${}_{\psi}\lambda$-Normalzerlegung $\mathfrak{Z}$ von M' mit $\sigma_{\psi\lambda}(\varphi \circ \psi, \mathfrak{Z}) < \infty$, wobei der Index auf das jeweils benutzte Maß hinweisen soll. Ohne Beschränkung der Allgemeinheit kann vorausgesetzt werden, daß die Mengen $A \in \mathfrak{Z}$ sämtlich beschränkt sind, daß also $\bar{A}$ kompakt ist. Wegen $A \subset M'$ gilt außerdem $\bar{A} \subset \bar{M}' \subset D$. Da $d\psi$ stetig ist, existiert

$$(2) \qquad m_A = \min\{|\operatorname{Det}(d_{\mathfrak{x}}\psi)| : \mathfrak{x} \in \bar{A}\},$$

und es gilt nach Voraussetzung $m_A > 0$. Mit Hilfe von 32.2 folgt daher

$$\lambda(A) \leqq \frac{1}{m_A} \, {}_{\psi}\lambda(A) < \infty ,$$

so daß $\mathfrak{Z}$ auch eine λ-Normalzerlegung ist. Schließlich kann wegen der Stetigkeit von $d\psi$ nach eventueller Unterteilung der Zerlegungsmengen noch angenommen werden, daß für je zwei Punkte $\mathfrak{x}, \mathfrak{x}' \in A$

$$(3) \qquad \big||\operatorname{Det}(d_{\mathfrak{x}}\psi)| - |\operatorname{Det}(d_{\mathfrak{x}'}\psi)|\big| < m_A$$

gilt. Da es nach 32.2 in jeder Menge $A \in \mathfrak{Z}$ einen Punkt $\mathfrak{x}_A$ mit

$$|\operatorname{Det}(d_{\mathfrak{x}_A}\psi)| \lambda(A) \leqq {}_{\psi}\lambda(A)$$

gibt, folgt jetzt bei Berücksichtigung von (2) und (3)

$$\sigma_\lambda\big((\varphi\circ\psi)|\mathrm{Det}(d\psi)|,\mathfrak{Z}\big)=\sum_{A\in\mathfrak{Z}}\lambda(A)\sup\{|\varphi(\psi\mathfrak{x})||\mathrm{Det}(d_{\mathfrak{x}}\psi)|:\mathfrak{x}\in A\}$$
$$\leqq\sum_{A\in\mathfrak{Z}}\lambda(A)\cdot 2|\mathrm{Det}(d_{\mathfrak{x}_A}\psi)|\sup\{|\varphi(\psi\mathfrak{x})|:\mathfrak{x}\in A\}$$
$$\leqq 2\sum_{A\in\mathfrak{Z}}{}_\psi\lambda(A)\sup\{|\varphi(\psi\mathfrak{x})|:\mathfrak{x}\in A\}=2\sigma_{\psi\lambda}(\varphi\circ\psi,\mathfrak{Z})<\infty\,.$$

Daher ist $(\varphi\circ\psi)|\mathrm{Det}(d\psi)|$ auf M' bezüglich des Maßes λ integrierbar. Die in der Behauptung des Satzes auftretenden Integrale existieren also. Beim Nachweis ihrer Gleichheit kann ohne Beschränkung der Allgemeinheit angenommen werden, daß φ eine reellwertige Abbildung mit nicht-negativen Werten ist, daß also $\varphi\geqq 0$ und daher auch $\chi=\varphi\circ\psi\geqq 0$ gilt. Wegen (1) ist somit nur noch die Gleichheit von

$$y_1=\int_{M'}\chi\,d_\psi\lambda \qquad \textit{und} \qquad y_2=\int_{M'}\chi|\mathrm{Det}(d\psi)|\,d\lambda$$

zu beweisen. Dazu sei eine positive Fehlerschranke ε gegeben. Zu ihr existiert eine gemeinsame λ- und ${}_\psi\lambda$-Normalzerlegung $\mathfrak{Z}$ von M' mit

(4) $\quad S_{\psi\lambda}(\chi,\mathfrak{Z})\subset U_\varepsilon(y_1),\qquad S_\lambda(\chi|\mathrm{Det}(d\psi)|,\mathfrak{Z})\subset U_\varepsilon(y_2),$

wobei noch wie oben vorausgesetzt werden kann, daß die Mengen aus $\mathfrak{Z}$ beschränkt, ihre abgeschlossenen Hüllen also kompakt sind. Wegen 32.2 gilt dann mit geeigneten Punkten $\mathfrak{x}_A,\mathfrak{x}'_A\in A$

$${}_\psi\lambda(A)\geqq\lambda(A)|\mathrm{Det}(d_{\mathfrak{x}_A}\psi)| \qquad \textit{und} \qquad {}_\psi\lambda(A)\leqq\lambda(A)|\mathrm{Det}(d_{\mathfrak{x}'_A}\psi)|$$

und daher

$$\sum_{A\in\mathfrak{Z}}{}_\psi\lambda(A)\,(\chi\mathfrak{x}_A)\geqq\sum_{A\in\mathfrak{Z}}\lambda(A)\,\big((\varphi\circ\psi)|\mathrm{Det}(d\psi)|\big)\mathfrak{x}_A,$$
$$\sum_{A\in\mathfrak{Z}}{}_\psi\lambda(A)\,(\chi\mathfrak{x}'_A)\leqq\sum_{A\in\mathfrak{Z}}\lambda(A)\,\big((\varphi\circ\psi)|\mathrm{Det}(d\psi)|\big)\mathfrak{x}'_A.$$

In diesen beiden Ungleichungen liegen die jeweils linken Seiten in $S_{\psi\lambda}(\chi,\mathfrak{Z})$, die rechten Seiten in $S_\lambda\big(\chi|\mathrm{Det}(d\psi)|,\mathfrak{Z}\big)$. Wegen (4) folgt daher

$$y_1\geqq y_2-2\varepsilon \qquad \textit{und} \qquad y_1\leqq y_2+2\varepsilon\,.$$

Da diese Ungleichungen aber für alle $\varepsilon>0$ erfüllt sind, ergibt sich die behauptete Gleichheit der Integrale. ◆

Die Transformationsformel soll nun an einigen Beispielen erläutert werden.

32.I In 31.II wurde das Volumen des durch die Ungleichung

$$\frac{x^2}{a^2}+\frac{y^2}{b^2}+\frac{z^2}{c^2}\leqq 1$$

bestimmten Ellipsoids M berechnet. Wesentlich einfacher gestaltet sich die Integration, wenn man dem Problem angepaßte Koordinaten benutzt und auf die durch die Koordinatentransformation bewirkte Abbildung die Transformationsformel anwendet. Setzt man nämlich

$$(*)\qquad \begin{aligned} x &= ar\cos u\cos v\,,\\ y &= br\sin u\cos v\,,\\ z &= cr\sin v\,, \end{aligned}$$

so wird M durch die Ungleichungen

$$0 \leqq r \leqq 1\,, \qquad 0 \leqq u < 2\pi\,, \qquad -\frac{\pi}{2} \leqq v \leqq \frac{\pi}{2}$$

beschrieben. Faßt man jedoch r, u, v als kartestische Koordinaten auf, so definieren diese Ungleichungen ein dreidimensionales Intervall J. Nun wird durch die Gleichungen (*) eine Abbildung $\psi : \mathbb{R}^3 \to \mathbb{R}^3$ erklärt, mit der $\psi J = M$ gilt. Für die Determinante von $d\psi$, also für die Funktionaldeterminante des Gleichungssystems (*), erhält man den Wert

$$\begin{aligned} \operatorname{Det}\left(\frac{\partial(x,y,z)}{\partial(r,u,v)}\right) &= \begin{vmatrix} a\cos u\cos v & b\sin u\cos v & c\sin v \\ -ar\sin u\cos v & br\cos u\cos v & 0 \\ -ar\cos u\sin v & -br\sin u\sin v & cr\cos v \end{vmatrix} \\ &= abc\,r^2\cos v\,. \end{aligned}$$

Der Wert dieser Determinante ist auf J nicht negativ. Für $r=0$ und für $v = \pm\frac{\pi}{2}$ verschwindet die Determinante jedoch, so daß die Transformationsformel nicht unmittelbar anwendbar ist. Auf diese Schwierigkeit wird im Anschluß an die Rechnung eingegangen. Sieht man im Augenblick von ihr ab, so erhält man mit Hilfe der Transformationsformel

$$\begin{aligned} \lambda(M) &= \int_M 1\,d\lambda = \int_J |\operatorname{Det}(d\psi)|\,d\lambda = abc\int_0^1\int_0^{2\pi}\int_{-\frac{\pi}{2}}^{\frac{\pi}{2}} r^2\cos v\,dv\,du\,dr \\ &= 2abc\int_0^1\int_0^{2\pi} r^2\,du\,dr = 4\pi abc\int_0^1 r^2\,dr = \tfrac{4}{3}\pi abc\,, \end{aligned}$$

also das auch in 31.II gewonnene Ergebnis. Um nachträglich diese Rechnung zu rechtfertigen, kann man folgende Überlegungen anstellen.

Die Voraussetzungen der Transformationsformel waren nicht nur wegen des Verschwindens der Determinante verletzt; die Abbildung ψ ist in den entsprechenden Punkten auch nicht lokal umkehrbar. Diese Voraussetzungen sind jedoch auf dem kleineren offenen Intervall

$$J^*: 0 < r < 1, \quad 0 < u < 2\pi, \quad -\frac{\pi}{2} < v < \frac{\pi}{2},$$

das sich von J nur um eine Nullmenge unterscheidet, erfüllt. Und auch $M^* = \psi J^*$ unterscheidet sich von M nur um eine Nullmenge. Es gilt also $\lambda(M) = \lambda(M^*)$. Das Intervall J^* vertritt aber in der Transformationsformel den Definitionsbereich D. Der Integrationsbereich M' mußte noch die Bedingung $\bar{M}' \subset D$ erfüllen. Ihr genügen die mit positiven natürlichen Zahlen n gebildeten kleineren Intervalle

$$J_n: \frac{1}{n} \leqq r \leqq 1 - \frac{1}{n}, \quad \frac{1}{n} \leqq u \leqq 2\pi - \frac{1}{n}, \quad \frac{1}{n} - \frac{\pi}{2} \leqq v \leqq \frac{\pi}{2} - \frac{1}{n}.$$

Auf sie kann die Transformationsformel angewandt werden: Mit $M_n = \psi J_n$ erhält man

$$\lambda(M_n) = \int_{M_n} 1 \, d\lambda = \int_{J_n} |\mathrm{Det}(d\psi)| \, d\lambda .$$

Wegen $(M_n) \uparrow J^*$ folgt nun durch Grenzübergang

$$\lambda(M) = \lambda(M^*) = \int_{J^*} |\mathrm{Det}(d\psi)| \, d\lambda = \int_{J} |\mathrm{Det}(d\psi)| \, d\lambda ,$$

da sich ja J^* und J nur um eine Nullmenge unterscheiden und die Integrale existieren.

Mit Hilfe derartiger Überlegungen – Grenzübergänge, Aussparung von Nullmengen – läßt sich häufig der Anwendungsbereich der Transformationsformel ausdehnen. Jedoch ist hierbei Vorsicht geboten, da man bei unkontrollierter Anwendung auch zu falschen Resultaten gelangen kann.

Bei der Berechnung des Ellipsoidvolumens gestaltete sich die Integration nach der Transformation erheblich einfacher als in 31.II. Dafür bedurfte es eines zusätzlichen Aufwands bei der Berechnung der Funktionaldeterminante. Da jedoch derartige Transformationen häufiger auftreten, hat man den Wert der Determinante vielfach schon zur Verfügung.

32.II Die im $\mathbb{R}^3$ durch

$$x^2 + 4y^2 \leqq 4, \quad x^2 + y^2 + z^2 \leqq 4, \quad 0 \leqq z$$

beschriebene Menge M ist Teil eines elliptischen Zylinders: Zylinderachse ist die z-Achse. Die Grundfläche besteht aus der in der (x, y)-Ebene von der Ellipse $x^2 + 4y^2 = 4$ berandeten Fläche. Nach oben ist der Zylinder durch die Kugel

mit dem Radius 2 um den Nullpunkt abgeschnitten. Es soll das Integral der Funktion $f(x, y, z) = z$ auf M berechnet werden.
Nach Einführung **elliptischer Zylinderkoordinaten**

$$x = 2r\cos u, \quad y = r\sin u, \quad z = z$$

entspricht M in den neuen Koordinaten der durch

$$0 \leqq r \leqq 1, \quad 0 \leqq u < 2\pi, \quad 0 \leqq z \leqq \sqrt{4 - 4r^2\cos^2 u - r^2\sin^2 u} = g(r, u)$$

bestimmte Integrationsbereich. Es gilt

$$\operatorname{Det}\left(\frac{\partial(x, y, z)}{\partial(r, u, z)}\right) = \begin{vmatrix} 2\cos u & \sin u & 0 \\ -2r\sin u & r\cos u & 0 \\ 0 & 0 & 1 \end{vmatrix} = 2r.$$

Entsprechende Überlegungen wie im vorangehenden Beispiel hinsichtlich der Anwendbarkeit der Transformationsformel führen auf

$$\begin{aligned}\int_M z\,d\lambda &= \int_0^1 \int_0^{2\pi} \int_0^{g(r,u)} 2rz\,dz\,du\,dr \\ &= \int_0^1 \int_0^{2\pi} r(4 - r^2 - 3r^2\cos^2 u)\,du\,dr \\ &= \pi \int_0^1 (8r - 5r^3)\,dr = \tfrac{11}{4}\pi.\end{aligned}$$

32.III Die Funktion $\varphi(x) = e^{-x^2}$ ist auf der ganzen Zahlengeraden integrierbar: Wegen

$$|\varphi(x)| = \frac{1}{e^{x^2}} \leqq \frac{1}{1 + \dfrac{x^2}{2}} \leqq \frac{2}{1 + x^2}$$

ist nämlich die Bedingung aus 31.1 mit $a = 1$ und $b = 2$ erfüllt ($k = 1$). Das Integral

$$I = \int_{\mathbb{R}} \varphi\,d\lambda = \int_{-\infty}^{\infty} e^{-x^2}\,dx,$$

das auch als absolut konvergentes uneigentliches *Riemann*'sches Integral existiert, ist allerdings direkt nicht elementar berechenbar. Hier hilft folgende Umformung, die dann mittels der Transformationsformel unmittelbar zum Ziel führt. Zunächst gilt, da die Bezeichnung der Integrationsvariablen willkürlich ist,

$$I^2 = \left(\int_{-\infty}^{\infty} e^{-x^2}\,dx\right)\left(\int_{-\infty}^{\infty} e^{-y^2}\,dy\right) = \int_{-\infty}^{\infty}\int_{-\infty}^{\infty} e^{-(x^2+y^2)}\,dy\,dx,$$

wobei das Doppelintegral ein zweidimensionales Integral mit dem ganzen $\mathbb{R}^2$ als Integrationsbereich ist. Transformiert man auf ebene Polarkoordinaten

$$x = r\cos u, \quad y = r\sin u,$$

so entspricht dem $\mathbb{R}^2$ als neuer Integrationsbereich der Halbstreifen

$$0 \leqq r < \infty, \quad 0 \leqq u < 2\pi.$$

Wegen

$$\operatorname{Det}\left(\frac{\partial(x,y)}{\partial(r,u)}\right) = \begin{vmatrix} \cos u & \sin u \\ -r\sin u & r\cos u \end{vmatrix} = r$$

erhält man nach entsprechenden Überlegungen wie in den vorangehenden Beispielen

$$I^2 = \int_0^\infty \int_0^{2\pi} r e^{-r^2} du\, dr = 2\pi \int_0^\infty r e^{-r^2} dr = 2\pi \left[-\tfrac{1}{2} e^{-r^2}\right]_0^\infty = \pi,$$

also

$$I = \int_{-\infty}^{\infty} e^{-x^2} dx = \sqrt{\pi}.$$

Ergänzungen und Aufgaben

32A Im $\mathbb{R}^3$ sei F eine zweidimensionale *Borel*'sche Teilmenge der durch $y \geqq 0$, $z = 0$ bestimmten Halbebene mit $\lambda^2(F) < \infty$. Ferner sei a der Abstand des „Schwerpunkts" von F von der x-Achse. Durch Rotation um die x-Achse entsteht aus F ein Rotationskörper M.

Aufgabe: Man beweise die *Guldin*'sche Regel

$$\lambda^3(M) = 2\pi a \lambda^2(F).$$

Man zeige jedoch an einem Beispiel, daß durchaus der Fall $\lambda^3(M) < \infty$ und $\lambda^2(F) = \infty$ auftreten kann.

32B Aufgabe: Im $\mathbb{R}^n$ drücke man die kartesischen Koordinaten $x_1, \ldots, x_n$ durch entsprechend verallgemeinerte Polarkoordinaten $r, u_1, \ldots, u_{n-1}$ aus und bestimme eine Rekursionsgleichung sowie einen expliziten Ausdruck für die zugehörige Funktionaldeterminante. Wie kann mit ihrer Hilfe erneut das n-dimensionale Kugelvolumen $V(n, r)$ (vgl. 31D) berechnet werden?

32 C Im $\mathbb{R}^3$ wird durch

$$(x, y, z) = \frac{1}{2+u}(\cos u, \sin u, 0) + r(\cos u \cos v, \sin u \cos v, \sin v),$$

$$0 \leqq r \leqq \frac{1}{(2+u)^2}, \quad 0 \leqq u < \infty, \quad 0 \leqq v < 2\pi$$

eine Menge M beschrieben.

Aufgabe: Man untersuche, ob die durch die Gleichung beschriebene Abbildung bijektiv ist, und berechne $\lambda^3(M)$.

Neuntes Kapitel
Kurvenintegrale

Bei den Anwendungen hat man es häufig mit Integralen zu tun, deren Integrationsbereich eine Kurve im n-dimensionalen Raum ist, längs derer dann eine Funktion oder in geeigneter Weise auch ein Vektorfeld integriert wird. Wesentlich dabei ist, daß, unabhängig von der Dimension des Raumes, eine Kurve ein eindimensionales Gebilde ist, dem entsprechend ein eindimensionales Maß angepaßt werden muß. Man gelangt so zum Begriff des Bogenmaßes, der schon früher bei den Raumkurven auftrat und der hier in maßtheoretischer Hinsicht behandelt wird.

Unter den Kurvenintegralen, die sich unmittelbar mit Hilfe des Bogenmaßes einführen lassen, spielen besonders die Kurvenintegrale von Vektorfeldern eine Rolle, nämlich die Integrale der tangentiellen Komponente des jeweiligen Feldvektors. Eine wesentliche Frage in diesem Zusammenhang besteht darin, unter welchen Bedingungen das Kurvenintegral eines Vektorfeldes nur vom Anfangs- und Endpunkt der Kurve, nicht aber von der Gestalt der diese Punkte verbindenden Kurve abhängt.

§ 33 Das Bogenmaß

Es sei $\psi : J \to X$ eine stetige und injektive Abbildung des kompakten Intervalls $J = [a, b]$ $(a < b)$ der Zahlengeraden in den k-dimensionalen Vektorraum X. Das Bild $B = \psi J$ ist dann ein (orientierter) **Bogen.** Wegen der Stetigkeit von ψ ist mit J auch B kompakt (7.8), und wegen 7.10 ist die Umkehrabbildung $\psi^{-1} : B \to J$ ebenfalls stetig. Sind daher $\psi_1 : J_1 \to B$ und $\psi_2 : J_2 \to B$ zwei Parameterdarstellungen desselben Bogens B, so ist $\psi_{1,2} = \psi_2^{-1} \circ \psi_1$ eine stetige Bijektion von J_1 auf J_2, deren Umkehrabbildung $\psi_{2,1} = \psi_1^{-1} \circ \psi_2$ ebenfalls stetig ist. Und ist umgekehrt $\psi_{1,2} : J_1 \to J_2$ eine solche Bijektion, so sind $\psi_2 : J_2 \to X$ und $\psi_2 \circ \psi_{1,2} : J_1 \to X$ Parameterdarstellungen desselben Bogens B, die jedoch nur genau dann dieselbe Orientierung von B induzieren, wenn die „Parametertransformation“ $\psi_{1,2}$ isoton (monoton wachsend) ist. Im Folgenden wird unter einem Bogen immer ein orientierter Bogen verstanden. Für eine seine Orientierung induzierende Parameterdarstellung $\mathfrak{x} = \psi(t)$ wird bisweilen auch einfacher wieder die Bezeichnungsweise $\mathfrak{x} = \mathfrak{x}(t)$ benutzt.

Ein Bogen B ist durch seine Orientierung in natürlicher Weise geordnet: Definiert man für je zwei Punkte $\mathfrak{x}_1 = \mathfrak{x}(t_1)$ und $\mathfrak{x}_2 = \mathfrak{x}(t_2)$ von B

$$\mathfrak{x}_1 \leqq \mathfrak{x}_2 \Leftrightarrow t_1 \leqq t_2,$$

so erhält man offenbar eine Ordnungsrelation von B, die allein durch die Orientierung bestimmt ist und sonst nicht von der speziellen Parameterdarstellung abhängt. Hinsichtlich dieser natürlichen Ordnung ist dann $\mathfrak{x}(a)$ der Anfangs- und $\mathfrak{x}(b)$ der Endpunkt des Bogens.

Definition 33a: *Eine endliche geordnete Teilmenge $T = \{\mathfrak{x}_0, \ldots, \mathfrak{x}_n\}$ eines Bogens $B = \psi[a, b]$ mit*

$$\psi(a) = \mathfrak{x}_0 < \mathfrak{x}_1 < \ldots < \mathfrak{x}_{n-1} < \mathfrak{x}_n = \psi(b)$$

heißt eine **Teilung** *von B. Die positive reelle Zahl*

$$s(B, T) = \sum_{\nu=1}^{n} |\mathfrak{x}_\nu - \mathfrak{x}_{\nu-1}|$$

wird die zu T gehörende **Teilungslänge** *von B genannt.*

Offenbar ist die Teilungslänge gerade die Länge des durch die Teilpunkte bestimmten Polygons.

33.1 *Es seien T und T' zwei Teilungen des Bogens B. Dann gilt*

$$T \subset T' \Rightarrow s(B, T) \leqq s(B, T').$$

Beweis: Aus $T = \{\mathfrak{x}_0, \ldots, \mathfrak{x}_n\}$ und $T' = \{\mathfrak{x}'_0, \ldots, \mathfrak{x}'_r\}$ folgt wegen $T \subset T'$ mit geeigneten Indizes $\mathfrak{x}_\nu = \mathfrak{x}'_{\varrho_\nu}$ $(\nu = 0, \ldots, n)$ und $0 = \varrho_0 < \varrho_1 < \ldots < \varrho_n = r$. Die Dreiecksungleichung ergibt nun

$$s(B, T) = \sum_{\nu=1}^{n} |\mathfrak{x}_\nu - \mathfrak{x}_{\nu-1}| \leqq \sum_{\nu=1}^{n} \Big(\sum_{\varrho=\varrho_{\nu-1}+1}^{\varrho_\nu} |\mathfrak{x}'_\varrho - \mathfrak{x}'_{\varrho-1}| \Big)$$
$$= \sum_{\varrho=1}^{r} |\mathfrak{x}'_\varrho - \mathfrak{x}'_{\varrho-1}| = s(B, T'). \quad ◆$$

Definition 33b: *Das über alle Teilungen eines Bogens B gebildete Supremum*

$$s(B) = \sup\{s(B, T) : T \text{ Teilung von } B\}$$

wird die **Bogenlänge** *von B genannt. Der Bogen B heißt* **rektifizierbar,** *wenn $s(B) < \infty$ gilt.*

Das folgende Beispiel zeigt, daß nicht jeder Bogen rektifizierbar ist.

33.I Durch

$$\psi(t) = \begin{cases} (0,0) & t = 0 \\ \big(t, (2n+1)t - 2\big) \quad \textit{für} & \dfrac{1}{n+1} < t \leqq \dfrac{1}{n} \;\textit{und}\; n = 1, 3, 5, \dots \\ \big(t, -(2n+1)t + 2\big) & \dfrac{1}{n+1} < t \leqq \dfrac{1}{n} \;\textit{und}\; n = 2, 4, 6, \dots \end{cases}$$

wird eine stetige Injektion $\psi: [0,1] \to \mathbb{R}^2$ definiert: Das Bild des halboffenen Intervalls $]0,1]$ ist ein (unendlicher) Streckenzug mit den Ecken $\left(\frac{1}{n}, \pm\frac{1}{n}\right)$.

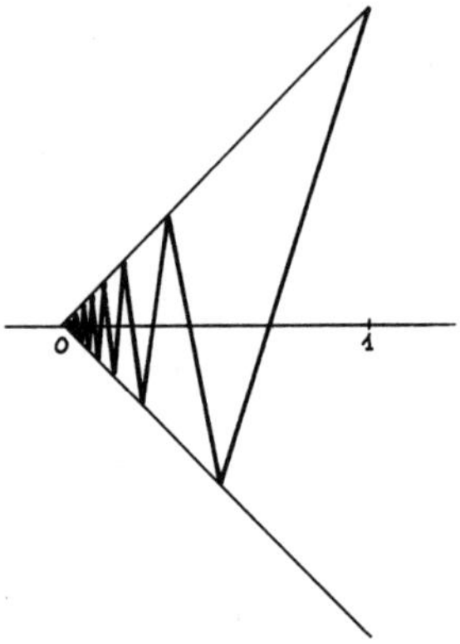

Die Stetigkeit von ψ im Nullpunkt folgt aus $|\psi(t)| \leqq \sqrt{2}\, t$. Für die spezielle Teilung

$$T_n = \left\{\psi(0), \psi\left(\frac{1}{n}\right), \psi\left(\frac{1}{n-1}\right), \dots, \psi(1)\right\}$$

des Bogens $B = \psi[0,1]$ ergibt sich

$$s(B, T_n) = \frac{1}{n} + \sum_{\nu=1}^{n-1} \left[\left(\frac{1}{\nu} - \frac{1}{\nu+1}\right)^2 + \left(\frac{1}{\nu} + \frac{1}{\nu+1}\right)^2\right]^{\frac{1}{2}}$$

$$= \frac{1}{n} + \sum_{\nu=1}^{n-1} \frac{\sqrt{1 + (2\nu+1)^2}}{\nu(\nu+1)} > \sum_{\nu=1}^{n} \frac{1}{\nu}.$$

Es folgt $s(B) \geqq \sum_{\nu=1}^{\infty} \frac{1}{\nu}$, wegen der Divergenz der harmonischen Reihe also $s(B) = \infty$.

Anders liegen die Verhältnisse, wenn der Bogen eine stetig differenzierbare Parameterdarstellung besitzt. In diesem Fall wurde die Bogenlänge bereits in

§ 18 definiert. Hier wird nun gezeigt, daß ein solcher Bogen stets rektifizierbar ist und daß die jetzt definierte Bogenlänge mit der Definition aus 18.1 verträglich ist.

33.2 *Die Abbildung $\psi : [a,b] \to X$ sei injektiv und stetig differenzierbar. (Im Anfangs- und im Endpunkt des Intervalls sei ψ zumindest rechtsseitig bzw. linksseitig stetig differenzierbar.) Dann ist der Bogen $B = \psi[a,b]$ rektifizierbar, und es gilt*

$$s(B) = \int_a^b |\dot{\psi}(t)|\, dt.$$

Beweis: Es gilt

$$\psi(t+h) - \psi(t) = \dot{\psi}(t) \cdot h + h \cdot \delta(t,h) \qquad \textit{mit} \qquad \lim_{h \to 0} \delta(t,h) = 0$$

für alle $t \in [a,b]$, wobei in den Intervallenden nur positive bzw. negative h-Werte zugelassen sind. Wegen der Stetigkeit von $\dot{\psi}$ und der Kompaktheit des Intervalls $[a,b]$ gibt es nach 9.11 zu gegebenem $\varepsilon > 0$ ein $\eta > 0$ mit

$$|h| < \eta \Rightarrow |\delta(t,h)| < \frac{\varepsilon}{4(b-a)},$$

wobei η unabhängig von t gewählt werden kann. Die Teilung $T = \{\mathfrak{x}_0, \ldots, \mathfrak{x}_n\}$ von B bzw. die ihr wegen $\mathfrak{x}_\nu = \psi(t_\nu)$ entsprechende Teilung $T^* = \{t_0, \ldots, t_n\}$ von $[a,b]$ werde nun zunächst so gewählt, daß $|t_\nu - t_{\nu-1}| < \eta$ für $\nu = 1, \ldots, n$ gilt. Da $\dot{\psi}$ als stetige Abbildung auf dem kompakten Intervall $[a,b]$ beschränkt ist, da also $|\dot{\psi}(t)| \leqq c$ mit einer geeigneten Konstanten für alle t gilt, erhält man

$$\begin{aligned} s(B,T) &= \sum_{\nu=1}^{n} |\psi(t_\nu) - \psi(t_{\nu-1})| \\ &= \sum_{\nu=1}^{n} |\dot{\psi}(t_{\nu-1}) + \delta(t_{\nu-1}, t_\nu - t_{\nu-1})|(t_\nu - t_{\nu-1}) \\ &\leqq \left(c + \frac{\varepsilon}{4(b-a)}\right) \sum_{\nu=1}^{n} (t_\nu - t_{\nu-1}) = c(b-a) + \frac{\varepsilon}{4}. \end{aligned}$$

Da dies für jede solche Teilung gilt, folgt jedenfalls $s(B) < \infty$; d.h. B ist rektifizierbar.

Weiter kann nun die Teilung T auch noch so gewählt werden, daß $s(B) - \frac{\varepsilon}{4} < s(B,T) \leqq s(B)$ erfüllt ist. Da außerdem, wie vorher,

$$\left|s(B,T) - \sum_{\nu=1}^{n} |\dot{\psi}(t_{\nu-1})|(t_\nu - t_{\nu-1})\right| \leqq \sum_{\nu=1}^{n} |\delta(t_{\nu-1}, t_\nu - t_{\nu-1})|(t_\nu - t_{\nu-1}) < \frac{\varepsilon}{4}$$

folgt, ergibt sich für derartige Teilungen

$$|s(B) - \sum_{\nu=1}^{n} |\dot{\psi}(t_{\nu-1})|(t_\nu - t_{\nu-1})| < \frac{\varepsilon}{4} + \frac{\varepsilon}{4} = \frac{\varepsilon}{2}.$$

Als stetige Funktion ist $|\dot{\psi}|$ auf $[a, b]$ sogar im *Riemann*'schen Sinn integrierbar. Daher kann schließlich T bzw. T^* sogar so bestimmt werden, daß über die letzte Abschätzung hinaus auch noch

$$|\sum_{\nu=1}^{n} |\dot{\psi}(t_{\nu-1})|(t_\nu - t_{\nu-1}) - \int_a^b |\dot{\psi}(t)|\, dt| < \frac{\varepsilon}{2}$$

erfüllt ist. Insgesamt folgt

$$|s(B) - \int_a^b |\dot{\psi}(t)|\, dt| < \frac{\varepsilon}{2} + \frac{\varepsilon}{2} = \varepsilon,$$

und zwar für jedes $\varepsilon > 0$, also die Behauptung. ◆

Eine Teilmenge B' des Bogens $B = \psi[a, b]$ wird **Teilbogen** von B genannt, wenn $B' = \psi[a', b']$ mit $a \leqq a' < b' \leqq b$ gilt. Jede Teilung $\{\mathfrak{x}_0, \ldots, \mathfrak{x}_n\}$ von B bestimmt in folgendem Sinn eine Zerlegung von B in Teilbogen: Mit $\mathfrak{x}_\nu = \psi(t_\nu)$ ist $B_\nu = \psi[t_{\nu-1}, t_\nu]$ für $\nu = 1, \ldots, n$ ein Teilbogen von B, und es gilt $B = B_1 \cup \ldots \cup B_n$, wobei die Teilbogen B_ν bis auf gemeinsame Anfangs- bzw. Endpunkte paarweise punktfremd sind. Umgekehrt wird durch eine solche Zerlegung eine Teilung von B bestimmt.

33.3 *Jeder Teilbogen eines rektifizierbaren Bogens ist selbst rektifizierbar. Ist B ein Bogen und gilt $B = B_1 \cup \ldots \cup B_n$ mit rektifizierbaren Teilbogen, so ist auch B rektifizierbar. Wenn die Teilbogen $B_1, \ldots, B_n$ überdies eine Zerlegung von B bilden, gilt*

$$s(B) = s(B_1) + \ldots + s(B_n).$$

Beweis: Der Bogen $B = \psi[a, b]$ sei rektifizierbar, und B' sei ein Teilbogen von B. Ist dann $T' = \{\mathfrak{x}'_0, \ldots, \mathfrak{x}'_r\}$ eine Teilung von B', so ist offenbar $T = \{\psi(a), \mathfrak{x}'_0, \ldots, \mathfrak{x}'_r, \psi(b)\}$ eine Teilung von B, wobei allerdings $\psi(a), \psi(b)$ nur dann in T aufzunehmen sind, wenn sie nicht schon selbst Anfangs- bzw. Endpunkt von B' sind. Es folgt unmittelbar $s(B', T') \leqq s(B, T) \leqq s(B)$. Und da dies für alle Teilungen T' von B' erfüllt ist, gilt sogar $s(B') \leqq s(B) < \infty$. Somit ist B' ebenfalls rektifizierbar.

Zweitens gelte $B = \psi[a, b] = B_1 \cup \ldots \cup B_n$ mit rektifizierbaren Teilbogen $B_\nu = \psi[t_\nu, t'_\nu]$ $(\nu = 1, \ldots, n)$. Ordnet man die Zahlen t_ν und t'_ν insgesamt der Größe nach, so erhält man eine Teilung T^* von $[a, b]$, die ihrerseits eine Teilung von B und damit eine Zerlegung von B in Teilbogen $B_1', \ldots, B_r'$ induziert. Die B_ϱ' sind außerdem aber Teilbogen von Bogen B_ν und daher nach dem bereits Bewiesenen selbst rektifizierbar. Bei dem Beweis des zweiten Teils kann daher von vornherein vorausgesetzt werden, daß

$$B_\nu = \psi[t_{\nu-1}, t_\nu] \qquad \textit{mit} \qquad a = t_0 < t_1 < \ldots < t_{n-1} < t_n = b$$

gilt. Ist nun T_ν eine Teilung von $B_\nu (\nu = 1, \ldots, n)$ so ist $T = T_1 \cup \ldots \cup T_n$ eine Teilung von B, und es gilt

$$s(B_1, T_1) + \ldots + s(B_n, T_n) = s(B, T) \leqq s(B).$$

Da hierbei aber die Teilungen T_ν beliebig wählbar waren, folgt sogar

$$(*) \qquad s(B_1) + \ldots + s(B_n) \leqq s(B).$$

Ist umgekehrt T eine beliebige Teilung von B, so kann man sie durch Hinzunahme der Punkte $\psi(t_1), \ldots, \psi(t_{n-1})$ zu einer Teilung T' verfeinern, die dann Vereinigung $T' = T_1' \cup \ldots \cup T_n'$ von Teilungen der Bogen B_ν ist. Wegen 33.1 folgt

$$\begin{aligned} s(B, T) \leqq s(B, T') &= s(B_1, T_1') + \ldots + s(B_n, T_n') \\ &\leqq s(B_1) + \ldots + s(B_n) \end{aligned}$$

und daher

$$s(B) \leqq s(B_1) + \ldots + s(B_n) < \infty.$$

Diese Ungleichung besagt erstens, daß B rektifizierbar ist, und zweitens ergibt sie zusammen mit (*) die behauptete Gleichung. ◆

Bei einem Bogen $B = \psi[a, b]$ folgt wegen der Kompaktheit des Intervalls $[a, b]$ auch die Stetigkeit der Umkehrabbildung $\psi^{-1}: B \to [a, b]$. Dieser Schluß ist aber nicht mehr möglich, wenn man den Begriff des Bogens verallgemeinert und zu nichtkompakten Intervallen übergeht. Man muß dann die Stetigkeit der Umkehrabbildung ausdrücklich fordern, um die Existenz stetiger Parametertransformationen zu sichern.

Definition 33c: *Es sei J ein beliebiges Intervall der Zahlengeraden, und $\psi: J \to X$ sei eine injektive und stetige Abbildung. Dann heißt $K = \psi J$ eine (orientierte)* **Kurve,** *wenn auch die Umkehrabbildung $\psi^{-1}: K \to J$ stetig ist.*
Eine Kurve K soll rektifizierbar genannt werden, wenn jeder Teilbogen von K rektifizierbar ist.

Hierbei ist unter einem Teilbogen von K natürlich eine Menge der Form $B = \psi[a, b]$ mit einem kompakten Teilintervall $[a, b]$ von J zu verstehen.

Bijektionen ψ, die samt ihrer Umkehrabbildung ψ^{-1} stetig sind, werden auch **topologische Abbildungen** genannt. Die Kurven sind somit genau die Bilder von beliebigen Intervallen der Zahlengeraden bei topologischen Abbildungen.
Eine Kurve soll stets als orientierte Kurve aufgefaßt werden. Sind $K = \psi_1 J_1 = \psi_2 J_2$ zwei Parameterdarstellungen derselben Kurve, so ist, wie bei den Bogen, $\psi_{1,2} = \psi_2^{-1} \circ \psi_1$ eine stetige und isotone Bijektion von J_1 auf J_2, deren Umkehrabbildung ebenfalls stetig ist. Dies gilt aber nur deswegen, weil in der Definition der Kurve die Stetigkeit der Umkehrabbildung gefordert wurde. Dies zeigt folgendes Beispiel.

33.II Durch

$$\psi_1(t) = (\cos t, \sin t)$$

wird eine injektive und stetige Abbildung $\psi_1 : [0, 2\pi[\to \mathbb{R}^2$ definiert. Die Bildmenge $K = \psi_1 [0, 2\pi[$ ist die Einheitskreislinie, die jedoch im Sinn von 33c keine Kurve ist, weil ψ^{-1} im Punkt $\mathfrak{x}^* = (1, 0)$ unstetig ist: Die Punkte $\mathfrak{x}_\nu = \left(\cos\left(2\pi - \frac{1}{\nu}\right), \sin\left(2\pi - \frac{1}{\nu}\right)\right)$ konvergieren gegen $\mathfrak{x}^*$, ihre Urbilder $\psi_1^{-1}\mathfrak{x}_\nu = 2\pi - \frac{1}{\nu}$ aber nicht gegen $\psi_1^{-1}\mathfrak{x}^* = 0$. Definiert man ψ_2 wie ψ_1, jedoch mit $[-\pi, \pi[$ als Parameterintervall, so erhält man eine zweite Parameterdarstellung von K. Hier ist jedoch $\psi_{1,2}$ in π und $\psi_{2,1}$ in 0 unstetig.
Jeder Bogen B ist auch eine Kurve. Ist nun B als Bogen rektifizierbar, so ist wegen 33.3 auch jeder Teilbogen von B rektifizierbar, so daß B auch als Kurve im Sinn von 33c rektifizierbar ist. Diese Definition ist also mit 33b verträglich.
Der in 33.I definierte Bogen B war nicht rektifizierbar. Schließt man jedoch den Nullpunkt aus dem Parameterintervall aus, so ist mit der dortigen Abbildung $K = \psi(]0, 1])$ eine rektifizierbare Teilkurve von B: Jeder Teilbogen von K ist nämlich ein aus endlich vielen Strecken bestehender Streckenzug.
Eine Kurve $K = \psi J$ ist offenbar genau dann ein Bogen, wenn sie kompakt ist: Wegen der Stetigkeit von ψ und ψ^{-1} bedingen sich nämlich die Kompaktheit von K und J gegenseitig.
Unter allen Parameterdarstellungen einer rektifizierbaren Kurve gibt es eine nur noch von der Wahl eines Anfangspunkts abhängende ausgezeichnete Parameterdarstellung mit der Bogenlänge als Parameter. Es sei nämlich $K = \psi J$ eine rektifizierbare Kurve, und $\mathfrak{x}^* = \psi(t^*)$ sei ein fester Punkt von K. Ist dann $\mathfrak{x} = \psi(t)$ ein beliebiger von $\mathfrak{x}^*$ verschiedener Punkt von K, so ist $B_\mathfrak{x} = \psi[t^*, t]$ bzw. $B'_\mathfrak{x} = \psi[t, t^*]$ ein Teilbogen von K, je nachdem ob $t > t^*$ oder $t < t^*$ gilt.

Durch

$$\sigma\mathfrak{x} = \begin{cases} s(B_{\mathfrak{x}}) & \\ 0 & \textit{wenn} \\ -s(B'_{\mathfrak{x}}) & \end{cases} \quad \begin{matrix} \mathfrak{x} > \mathfrak{x}^* \\ \mathfrak{x} = \mathfrak{x}^* \\ \mathfrak{x} < \mathfrak{x}^* \end{matrix}$$

wird daher eine Abbildung $\sigma: K \to \mathbb{R}$ definiert. Für sie gilt

33.4 *Die Abbildung σ ist eine topologische Abbildung von K auf ein Intervall J* der Zahlengeraden, deren (ebenfalls stetige) Umkehrabbildung* $\psi^* = \sigma^{-1}: J^* \to K$ *eine Parameterdarstellung von K liefert.*

Beweis: Aus der Definition von σ folgt wegen 33.3 unmittelbar, daß $|\sigma\mathfrak{x} - \sigma\mathfrak{x}'|$ für je zwei Punkte $\mathfrak{x}, \mathfrak{x}' \in K$ gerade die Länge des durch $\mathfrak{x}$ und $\mathfrak{x}'$ bestimmten Teilbogens von K ist. Da $\{\mathfrak{x}, \mathfrak{x}'\}$ bzw. $\{\mathfrak{x}', \mathfrak{x}\}$ eine Teilung dieses Bogens ist, folgt aus der Definition der Bogenlänge

$$|\mathfrak{x} - \mathfrak{x}'| \leqq |\sigma\mathfrak{x} - \sigma\mathfrak{x}'|.$$

Diese Ungleichung hat zwei Konsequenzen: Nach ihr hat $\sigma\mathfrak{x} = \sigma\mathfrak{x}'$ auch $\mathfrak{x} = \mathfrak{x}'$ zur Folge; d.h. σ ist injektiv und ebenso $\psi^* = \sigma^{-1}$. Zweitens folgt aus ihr $|\psi^*(t) - \psi^*(t')| \leqq |t - t'|$ für alle $t, t' \in J^* = \sigma K$. Das ist die Stetigkeit der Umkehrabbildung ψ^*. Zum Nachweis der Stetigkeit von σ in einem Punkt $\mathfrak{x} \in K$ seien $\mathfrak{x}_1, \mathfrak{x}_2$ Punkte aus K mit $\mathfrak{x}_1 < \mathfrak{x} < \mathfrak{x}_2$, die einen Teilbogen B von K bestimmen. (Sollte $\mathfrak{x}$ Anfangs- oder Endpunkt von K sein, so ist entsprechend $\mathfrak{x}_1 = \mathfrak{x}$ bzw. $\mathfrak{x}_2 = \mathfrak{x}$ zu wählen.) Wegen der Stetigkeit von ψ^* ist $D = \sigma B = \psi^{*-1}(B)$ eine abgeschlossene Menge. Und da B als Teilbogen von K rektifizierbar ist und somit endliches Bogenmaß besitzt, bildet $\psi^{*-1} = \sigma$ auch Teilmengen von B auf beschränkte Mengen ab. Faßt man also ψ^* nur als Abbildung von D auf, so folgt die Stetigkeit von $\sigma = \psi^{*-1}$ aus 7.10.
Jede Kurve ist als stetiges Bild eines Intervalls zusammenhängend. Wegen der Stetigkeit von σ ist dann auch $J^* = \sigma K$ eine zusammenhängende Teilmenge der Zahlengeraden, also ein Intervall.
Zum Nachweis der letzten Behauptung, daß nämlich $\psi^*: J^* \to K$ eine Parameterdarstellung der Kurve K ist, muß nur gezeigt werden, daß $\psi^{*-1} \circ \psi = \sigma \circ \psi$ isoton ist. Da aber aus $t < t'$ auch $\psi(t) < \psi(t')$ folgt, ergibt sich dies unmittelbar aus der Definition von σ. ◆

Nach diesem Satz bestimmt bei gegebener Kurve K jeder Punkt $\mathfrak{x}^* \in K$ eindeutig eine **ausgezeichnete Parameterdarstellung** $\psi^*: J^* \to K$, bei der in folgendem Sinn die Bogenlänge als Parameter auftritt: Sind s_1 und s_2 Punkte aus J^* mit $s_1 < s_2$, so gilt für die Länge des Bogens $B = \psi^*[s_1, s_2]$

(*) $\quad s(B) = s_2 - s_1 = \lambda([s_1, s_2]).$

Diese ausgezeichnete Parameterdarstellung verknüpft also auch die Bogenlänge mit dem *Borel-Lebesgue*'schen Maß der Zahlengeraden. Sind $\psi_1^*: J^* \to K$ und $\psi_2^*: J_2^* \to K$ zwei verschiedene ausgezeichnete Parameterdarstellungen von K, so können sie sich nur durch die Wahl der Anfangspunkte $\mathfrak{x}_1^*$ bzw. $\mathfrak{x}_2^*$ unterscheiden: Jedenfalls gilt $\mathfrak{x}_1^* = \psi_1^*(0)$, während $\mathfrak{x}_1^* = \psi_2^*(c)$ mit einer Zahl $c \neq 0$ erfüllt ist, da sonst $\mathfrak{x}_1^* = \mathfrak{x}_2^*$ folgen würde. Ist nun $\mathfrak{x}$ ein beliebiger Punkt von K und gilt $\mathfrak{x} = \psi_1^*(s_1) = \psi_2^*(s_2)$, so ergibt sich wegen (*) im Fall $s_1 > 0$ für den durch $\mathfrak{x}_1^*$ und $\mathfrak{x}$ bestimmten Bogen B

$$s_1 = s_1 - 0 = s(B) = s_2 - c,$$

also $s_2 = s_1 + c$. Dasselbe Resultat erhält man im Fall $s_1 < 0$. Daher ist die Parametertransformation $\psi_{1,2}^* = \psi_2^{*\,-1} \circ \psi_1^*$ gerade die Translation um c. Je zwei ausgezeichnete Parameterdarstellungen derselben Kurve unterscheiden sich also nur um eine Translation der Parameterintervalle.

Auch bei einer beliebigen Parameterdarstellung $K = \psi J$ einer Kurve werden wegen der Stetigkeit von ψ und ψ^{-1} die *Borel*'schen Teilmengen von J durch ψ umkehrbar eindeutig auf die *Borel*'schen Teilmengen von K abgebildet. Dabei entsprechen den kompakten Teilintervallen von J gerade die Teilbogen von K, die somit ein σ-Erzeugendensystem der σ-Algebra $\mathfrak{B}_K$ aller *Borel*'schen Teilmengen von K bilden.

Da ψ eine $\mathfrak{B}_K$-meßbare Abbildung ist, existiert auch das auf $\mathfrak{B}_K$ definierte Bildmaß λ_ψ des *Borel-Lebesgue*'schen Maßes λ von J bei der Abbildung ψ. Da jedoch die Wahl der Parameterdarstellung noch weitgehend willkürlich ist, besitzt dieses Bildmaß im allgemeinen kein Interesse. Anders liegen die Verhältnisse, wenn es sich speziell um eine ausgezeichnete Parameterdarstellung handelt. Zunächst hängt dann λ_ψ nicht mehr von der Wahl dieser ausgezeichneten Parameterdarstellung ab: Da sich nämlich zwei ausgezeichnete Parameterdarstellungen nur um eine Translation der Parameterintervalle unterscheiden und λ nach 25.4 translationsinvariant ist, wird in beiden Fällen dasselbe Bildmaß induziert. Außerdem gilt wegen (*) für jeden Teilbogen B von K

$$\lambda_\psi(B) = \lambda\big(\psi^{-1}(B)\big) = s(B).$$

Auf den Teilbogen von K stimmt λ_ψ also mit der Bogenlänge überein. Schließlich ist λ_ψ aber auch das einzige auf $\mathfrak{B}_K$ definierte Maß mit dieser Eigenschaft: Es ist nämlich jedenfalls das Parameterintervall J Vereinigung einer aufsteigenden Folge kompakter Intervalle J_ν. Daher gilt auch $(B_\nu) \uparrow K$ mit den Bogen $B_\nu = \psi J_\nu$. Und da die Teilbogen von K ein durchschnittsstabiles σ-Erzeugendensystem von $\mathfrak{B}_K$ bilden, wenn man hier die leere Menge mit zu den Teilbogen rechnet, folgt die Eindeutigkeitsbehauptung wegen 24.6.

Definition 33d: *Es sei K eine Kurve, und $\mathfrak{B}_K$ sei die σ-Algebra der Borel'schen Teilmengen von K. Dann heißt dasjenige auf $\mathfrak{B}_K$ definierte Maß, das auf den Teilbogen B von K mit der Bogenlänge s(B) übereinstimmt, das* **Bogenmaß** *von K. Es wird ebenfalls mit s bezeichnet.*

Aus den vorangehenden Überlegungen folgt nun

33.5 *Es sei $K = \psi J$ eine ausgezeichnete Parameterdarstellung der Kurve K. Dann ist das Bildmaß λ_ψ das Bogenmaß von K; es gilt also $\lambda_\psi = s$.*

Im Fall von Kurven mit stetig differenzierbarer Parameterdarstellung kann 33.2 auch auf beliebige *Borel*'sche Mengen ausgedehnt werden.

33.6 *Es sei $\psi: J \to K$ eine topologische und stetig differenzierbare Abbildung mit $\dot{\psi}(t) \neq 0$ für alle t aus dem Intervall J. Dann ist K eine rektifizierbare Kurve, und für jede Borel'sche Teilmenge $B = \psi B^*$ von K gilt*

$$s(B) = \int_{B^*} |\dot{\psi}|\, d\lambda.$$

Beweis: Da ψ als topologische Abbildung vorausgesetzt wurde, ist auch ψ^{-1} auf K stetig. Daher ist K eine Kurve. Ferner ist wegen 33.2 jeder Teilbogen von K rektifizierbar, so daß K selbst rektifizierbar ist.
Weiter sei jetzt $\mathfrak{x}^* = \psi(t^*)$ ein fester Punkt aus K, und $\psi^*: J^* \to K$ sei die zum Anfangspunkt $\mathfrak{x}^*$ gehörende ausgezeichnete Parameterdarstellung. Die Parametertransformation $\chi = \psi^{*-1} \circ \psi: J \to J^*$ ordnet dann jedem $t \in J$ als Wert die Länge des Bogens $B_t = \psi[t^*, t]$ bzw. $B_t = \psi[t, t^*]$ zu; es gilt also $\chi(t) = s(B_t)$ für $t \neq t^*$ und $\chi(t^*) = 0$. Wieder wegen 33.2 folgt

$$\chi(t) = \int_{t^*}^{t} |\dot{\psi}(\tau)|\, d\tau.$$

Daher ist χ sogar stetig differenzierbar, und es gilt

$$\operatorname{Det}(d_t\chi) = \dot{\chi}(t) = |\dot{\psi}(t)|.$$

Für eine beliebige *Borel*'sche Teilmenge $B = \psi B^*$ von K erhält man nun wegen 33.5 mit Hilfe der Transformationsformel 32.3 und der anschließenden Bemerkungen

$$s(B) = \lambda(\psi^{*-1}(B)) = \lambda(\chi(B^*)) = \int_{\chi B^*} 1\, d\lambda$$
$$= \int_{B^*} |\operatorname{Det}(d\chi)|\, d\lambda = \int_{B^*} |\dot{\psi}|\, d\lambda. \quad \blacklozenge$$

Die Anwendbarkeit der Transformationsformel ergibt sich daraus, daß K

Vereinigung einer aufsteigenden Folge von Bogen ist. Entsprechende Überlegungen zeigen, daß die Voraussetzung $\dot{\psi}(t) \neq 0$ abgeschwächt werden kann.

Eine Kurve $K = \psi J$ ist bereits eindeutig durch die Teilmenge K von X und durch ihre Orientierung, nämlich ihren Durchlaufungssinn, bestimmt. Die durch ψ vermittelte Parameterdarstellung dient lediglich einer Beschreibung von K. Dies wird bei der folgenden Verallgemeinerung nicht mehr der Fall sein.
Es seien J_1 und J_2 Intervalle der Zahlengeraden, und $\psi_1 : J_1 \to X$ sowie $\psi_2 : J_2 \to X$ seien stetige Abbildungen. Sie sollen **äquivalent** genannt werden (in Zeichen: $\psi_1 \sim \psi_2$), wenn es eine stetige und isotone Bijektion $\psi_{1,2} : J_1 \to J_2$ mit $\psi_1 = \psi_2 \circ \psi_{1,2}$ gibt. Da die Umkehrabbildung einer solchen Bijektion automatisch stetig ist (vgl. 33A, man kann auch auf die Stetigkeit verzichten), überzeugt man sich unmittelbar davon, daß hierdurch tatsächlich eine Äquivalenzrelation definiert wird. Wenn nun J_1 in endlich viele punktfremde Teilintervalle $J_{1,1}, \ldots, J_{1,r}$ so zerlegt werden kann, daß ψ_1 auf jedem dieser Teilintervalle die Parameterdarstellung einer Kurve $K_\varrho = \psi_1 J_{1,\varrho} (\varrho = 1, \ldots, r)$ induziert, so gilt im Fall $\psi_1 \sim \psi_2$ dasselbe hinsichtlich J_2 und ψ_2: Die Bildintervalle $J_{2,\varrho} = \psi_{1,2} J_{1,\varrho} (\varrho = 1, \ldots, r)$ bilden eine entsprechende Zerlegung von J_2, und wegen $\psi_2 J_{2,\varrho} = \psi_2 \circ \psi_{1,2} J_{1,\varrho} = \psi_1 J_{1,\varrho} = K_\varrho$ ist auch $\psi_2 : J_{2,\varrho} \to K_\varrho$ eine Parameterdarstellung von K_ϱ. Die folgende Definition hängt daher nicht von der Wahl der Repräsentantenabbildung ab.

Definition 33e: *Es sei $\psi : J \to X$ eine stetige Abbildung eines Intervalls J der Zahlengeraden. Ferner besitze J eine Zerlegung in punktfremde Teilintervalle $J_1, \ldots, J_r$, so daß $\psi : J_\varrho \to K_\varrho$ für $\varrho = 1, \ldots, r$ die Parameterdarstellung einer Kurve ist. Dann heißt die von ψ erzeugte Äquivalenzklasse $W = \{\psi' : \psi' \sim \psi\}$ ein* **Weg.** *Er wird rektifizierbar genannt, wenn die Zerlegung von J so gewählt werden kann, daß die Kurven $K_1, \ldots, K_r$ alle rektifizierbar sind.*
Ein durch $\psi : J \to X$ repräsentierter Weg heißt geschlossen, wenn J ein kompaktes Intervall $[a, b]$ ist und wenn $\psi(a) = \psi(b)$ gilt, wenn also der Anfangspunkt und der Endpunkt des Weges zusammenfallen.

Jeder Weg kann durch Aneinanderfügen von endlich vielen Kurven gewonnen werden, wobei sich diese Kurven aber überschneiden oder überdecken können. Gilt z.B. $J = [0, 2\pi n]$ und ist $\psi : J \to \mathbb{R}^2$ durch $\psi(t) = (\cos t, \sin t)$ definiert, so erhält man bei jeder Wahl der natürlichen Zahl n einen geschlossenen Weg, zu verschiedenen Werten von n aber auch verschiedene Wege: Zunächst kann J in die Intervalle $J_1 = [0, \pi]$ und $J_\nu =](\nu - 1)\pi, \nu\pi]$ $(\nu = 2, \ldots, 2n)$ zerlegt werden, auf denen ψ dann jeweils eine Kurve, nämlich einen Halbkreis, definiert. Daher definiert ψ insgesamt einen Weg, der wegen $\psi(0) = \psi(2\pi n)$ geschlossen ist. Es handelt sich um den n-mal positiv durchlaufenen Einheitskreis. Jeder von $\psi(0)$ verschiedene Punkt des Einheitskreises besitzt hinsichtlich ψ genau n Urbilder, und dasselbe gilt offenbar auch hinsichtlich jeder zu ψ äquivalenten Abbildung. Zu verschiedenen Werten von n gehören daher auch verschiedene Abbildungsklassen, also verschiedene Wege.

Ergänzungen und Aufgaben

33A Es seien J, J' zwei Intervalle der Zahlengeraden, und $\psi: J \to J'$ sei eine Bijektion.

Aufgabe: Man zeige, daß ψ genau dann stetig ist, wenn ψ eine monotone Abbildung ist, und daß in diesem Fall ψ^{-1} ebenfalls stetig ist.

Bei der Äquivalenzdefinition stetiger Abbildungen hätte es also genügt, $\psi_{1,2}$ als isoton vorauszusetzen.

33B Aufgabe: Man beweise die Gleichwertigkeit folgender Aussagen:

(1) K ist eine Kurve.
(2) Es gibt eine Folge von Bogen B_ν mit $(B_\nu) \uparrow K$, wobei stets B_ν ein Teilbogen von $B_{\nu+1}$ ist.
(3) Es gibt Bogen $B_\nu^* \, (\nu \in I)$ mit $K = \bigcup B_\nu^*$, wobei stets der Endpunkt von B_ν^* gleichzeitig der Anfangspunkt von $B_{\nu+1}^*$ ist, die B_ν^* sonst paarweise punktfremd sind und $I = \{0, 1, \ldots, n\}$ mit einem $n \in \mathbb{N}$ oder $I = \mathbb{N}$ oder $I = \mathbb{Z}$ gilt.

33C Es seien $\varphi: [0,1] \to X$ und $\psi: [0,1] \to X$ stetige Abbildungen. Sie heißen **homotop,** wenn es eine stetige Abbildung $\phi: [0,1] \times [0,1] \to X$ mit $\phi(t, 0) = \varphi(t)$ und $\phi(t, 1) = \psi(t)$ für alle $t \in [0,1]$ gibt.

Aufgabe: (1) Man zeige, daß die Homotopie eine Äquivalenzrelation auf der Menge aller stetigen Abbildungen von $[0,1]$ in X ist.
(2) Man beweise, daß die Homotopie mit der Äquivalenz stetiger Abbildungen verträglich ist, daß also aus $\varphi \sim \varphi'$, $\psi \sim \psi'$ und der Homotopie von φ und ψ auch die Homotopie von φ' und ψ' folgt.

Wegen (2) ist damit auch die Homotopie von Wegen definiert.

33D Aufgabe: (1) Man zeige, daß durch die folgende Rekursionsvorschrift eine Folge von Abbildungen $\varphi_k: [0,1] \to \mathbb{R}$ definiert wird, die nachstehende Eigenschaften besitzen:

(a) Die Abbildungen φ_k sind stetig.
(b) Es gilt $\varphi_k(0) = \varphi_k(1) = 0$.

(c) Es gibt eine Zerlegung von $]0,1]$ in Teilintervalle $J_{k,\nu} =]a_{k,\nu}, b_{k,\nu}]$, auf denen φ_k jeweils linear ist. Es gilt $\varphi_{k+r}(a_{k,\nu}) = \varphi_k(a_{k,\nu})$ und $\varphi_{k+r}(b_{k,\nu}) = \varphi_k(b_{k,\nu})$ für alle r und ν, und die Intervalle $J_{k+1,\nu}$ sind Teilintervalle der $J_{k,\mu}$.

Die Abbildung φ_0 wird, ähnlich wie in 33.I, durch

$$\varphi_0(t) = \begin{cases} 0 & t = 0 \\ t-1 & \frac{1}{2} < t \leqq 1 \\ (2n+1)t - 2 \quad \textit{für} & n = 3, 5, 7, \ldots \\ 2-(2n+1)t & n = 2, 4, 6, \ldots \end{cases} \quad \textit{und} \quad \frac{1}{n+1} < t \leqq \frac{1}{n}$$

definiert. Ferner gelte

$$\varphi_{k+1}(0) = 0, \quad \varphi_{k+1}(t) = \varphi_k(t) + \frac{a_{k,\nu}}{2^k} \varphi_0\left(\frac{t - a_{k,\nu}}{b_{k,\nu} - a_{k,\nu}}\right) \quad \textit{für} \quad t \in J_{k,\nu}.$$

(2) Man zeige weiter, daß die Folge (φ_k) gleichmäßig gegen eine Abbildung $\varphi: [0,1] \to \mathbb{R}$ konvergiert und daß durch $\psi(t) = (t, \varphi(t))$ ein Bogen $B = \psi([0,1])$ im $\mathbb{R}^2$ definiert wird.

(3) Man beweise, daß kein Teilbogen von B rektifizierbar ist.

§ 34 Kurvenintegrale

Ist K eine rektifizierbare Kurve im k-dimensionalen Vektorraum X, so ist nach den Ergebnissen des vorangehenden Paragraphen auf der σ-Algebra $\mathfrak{B}_K$ der *Borel*'schen Teilmengen von K das Bogenmaß s definiert. Es ist demnach $(K, \mathfrak{B}_K, s)$ ein Maßraum, der somit auch einen Integralbegriff bestimmt. Ist also φ eine auf K oder einer Teilmenge M von K definierte Abbildung in einen Vektorraum Y, so ist auch die Integrierbarkeit von φ auf M definiert und im Fall der Integrierbarkeit das Integral

$$\int_M \varphi\, ds$$

nach dem Bogenmaß, das dann auch als **Kurvenintegral** bezeichnet wird.

Durch die Wahl eines Anfangspunkts $\mathfrak{x}^* \in K$ wurde nach 33.4 eindeutig eine stetige Bijektion $\sigma: K \to J$ auf ein Intervall J festgelegt, deren Umkehrabbildung $\psi: J \to K$ ebenfalls stetig ist und eine ausgezeichnete Parameterdarstellung von K mit der Bogenlänge als Parameter liefert. Wegen 33.5 gilt $s = \lambda_\psi$, und umgekehrt erhält man $\lambda = {}_\psi s = s_\sigma$. Mit Hilfe der allgemeinen Transformationsformel 32.1 folgt daher unmittelbar

34.1 *Es sei $\psi: J \to K$ eine ausgezeichnete Parameterdarstellung der Kurve K, und $M = \psi M^*$ sei eine Borel'sche Teilmenge von K. Dann gilt: Eine Abbildung $\varphi: K \to Y$ ist genau dann auf M nach dem Bogenmaß s integrierbar, wenn $\varphi \circ \psi$ auf M^* nach dem Borel-Lebesgue'schen Maß integrierbar ist. In diesem Fall gilt*

$$\int_M \varphi\, ds = \int_{M^*} (\varphi \circ \psi)\, d\lambda .$$

Die praktische Berechnung solcher Kurvenintegrale gestaltet sich besonders einfach, wenn K eine stetig differenzierbare Kurve ist, wenn es also eine Parameterdarstellung $\psi: J \to K$ mit einer stetig differenzierbaren Abbildung ψ gibt, bei der außerdem noch $\dot{\psi}(t) \neq \mathfrak{o}$ für alle $t \in J$ vorausgesetzt werden soll. Ebenso wie im Beweis von 33.6 folgt dann aus 34.1 mit Hilfe der Transformationsformel der folgende Satz.

34.2 *Es sei $\psi: J \to K$ eine stetig differenzierbare Parameterdarstellung der Kurve K mit $\dot{\psi}(t) \neq \mathfrak{o}$ für alle $t \in J$, und $\varphi: M \to Y$ sei eine auf der Borel'schen Teilmenge $M = \psi M^*$ von K nach dem Bogenmaß integrierbare Abbildung. Dann gilt*

$$\int_M \varphi\, ds = \int_{M^*} |\dot{\psi}| (\varphi \circ \psi)\, d\lambda .$$

Der Begriff des Kurvenintegrals kann in naheliegender Weise zum Wegintegral erweitert werden: Ist W ein durch $\psi: J \to W$ repräsentierter Weg, so besitzt J ja eine Zerlegung in Teilintervalle $J_1, \ldots, J_r$, so daß durch die Einschränkung von ψ auf J_ϱ jeweils eine Kurve K_ϱ definiert wird. Man nennt dann eine auf W, nämlich auf ψJ, definierte Abbildung φ integrierbar, wenn sie auf allen Kurven K_ϱ nach dem Bogenmaß integrierbar ist, und man erklärt dann das **Wegintegral** von φ längs W durch

$$\int_W \varphi\, ds = \sum_{\varrho=1}^{r} \int_{K_\varrho} \varphi\, ds ,$$

wobei rechts s immer das jeweils zu der betreffenden Teilkurve gehörende Bogenmaß bedeutet.

Diese Definition des Wegintegrals ist unabhängig von der Zerlegung des Parameterintervalls und von der Repräsentantenabbildung des Weges: Es seien nämlich $\psi_1: J_1 \to X$ und $\psi_2: J_2 \to X$ äquivalente Abbildungen, und $\{J_1, \ldots, J_m\}$ bzw. $\{J'_1, \ldots, J'_n\}$ seien Zerlegungen der Parameterintervalle der angegebenen Art. Zunächst gibt es eine stetige und istotone Bijektion $\psi_{1,2}: J_1 \to J_2$ mit $\psi_1 = \psi_2 \circ \psi_{1,2}$. Dann ist auch $\{\psi_{1,2} J_1, \ldots, \psi_{1,2} J_m\}$ eine Zerlegung von J_2. Die nicht-leeren Durchschnitte der Form $J'_\nu \cap (\psi_{1,2} J_\mu)$ bilden eine gemeinsame Verfeinerung $\{\hat{J}'_1, \ldots, \hat{J}'_r\}$ beider Zerlegungen von J_2, und Entsprechendes gilt mit den Intervallen $\hat{J}_\varrho = \psi_{1,2}^{-1}(\hat{J}'_\varrho)$ hinsichtlich J_1. Es sind jetzt $\psi_1 : \hat{J}_\varrho \to K_\varrho$ und $\psi_2 : \hat{J}'_\varrho \to K_\varrho$ Parameterdarstellungen derselben Kurve K_ϱ, und die Kurven $\psi_1 J_\mu$ bzw. $\psi_2 J'_\nu$ setzen sich offenbar aus je endlich vielen der Kurven K_ϱ zusammen. Daher folgt

$$\sum_{\mu=1}^{m} \int_{\psi_1 J_\mu} \varphi\, ds = \sum_{\varrho=1}^{r} \int_{K_\varrho} \varphi\, ds = \sum_{\nu=1}^{n} \int_{\psi_2 J'_\nu} \varphi\, ds$$

und damit die Behauptung.

Das bisher Besprochene soll jetzt erst an zwei Beispielen erläutert werden.

34.I Durch

$$\psi(t) = (t, 3t^2, 6t^3) \qquad mit \qquad 1 \leqq t < \infty$$

wird im $\mathbb{R}^3$ eine stetig differenzierbare Kurve K definiert. Auf ihr ist die durch

$$\varphi\mathfrak{x} = \left(\frac{1}{x^3 + yz}, \frac{1}{(1 + x^2)(1 + 6y^2)}\right)$$

erklärte Abbildung $\varphi : K \to \mathbb{R}^2$ stetig: Es gilt nämlich

$$\varphi(\psi(t)) = \left(\frac{1}{t^3(1 + 18t^2)}, \frac{1}{(1 + t^2)(1 + 18t^2)}\right),$$

und die Nenner verschwinden für $t \neq 0$ nicht. Wegen

$$\dot{\psi}(t) = (1, 6t, 18t^2)$$

erhält man weiter

$$|\dot{\psi}(t)| = \sqrt{1 + 36t^2 + 18^2 t^4} = 1 + 18t^2.$$

Es folgt jetzt die Integrierbarkeit von φ auf K: Man erhält nämlich

$$\int_K \varphi\, ds = \int_1^\infty |\dot{\psi}(t)|\, \varphi(\psi(t))\, dt = \int_1^\infty \left(\frac{1}{t^3}, \frac{1}{1 + t^2}\right) dt$$

$$= \left(-\frac{1}{2t^2}, \arctan t\right)\Bigg|_1^\infty = \left(\frac{1}{2}, \frac{\pi}{4}\right).$$

34.II Integriert man die durch

$$\varphi\mathfrak{x} = \frac{x}{y}$$

gegebene Abbildung $\varphi : \mathbb{R}^2 \to \mathbb{R}$ längs der durch

$$\psi_1(t) = (t, \cosh t) \qquad mit \qquad -16 \leqq t \leqq 20$$

definierten Kurve K, so erhält man wegen

$$\dot{\psi}_1(t) = (1, \sinh t), \qquad |\dot{\psi}_1(t)| = \cosh t$$

als Integralwert

$$\int_K \varphi\, ds = \int_{-16}^{20} \frac{t}{\cosh t} \cosh t\, dt = 72.$$

Durch

$$\psi_2(u) = \psi_1(u^3 - 3u + 2) \qquad mit \qquad -3 \leqq u \leqq 3$$

wird ein Weg W repräsentiert, der aus drei Teilstücken von K zusammengesetzt werden kann: Setzt man nämlich $u^3 - 3u + 2 = t$, so entsprechen den u-Intervallen $[-3, -1]$, $]-1, 1]$, $]1, 3]$ die t-Intervalle $[-16, 4]$, $[0, 4[$, $]0, 20]$, wobei aber das mittlere Intervall umgekehrt durchlaufen wird. $K_1 = \psi_2([-3, -1]) = \psi_1([-16, 4])$ und $K_3 = \psi_2(]1, 3]) = \psi_1(]0, 20])$ sind also Teilkurven von K, während $K_2 = \psi_2(]-1, 1])$ zwar als Punktmenge mit der Teilkurve $\psi_1([0, 4[)$ zusammenfällt, aber entgegengesetzt durchlaufen wird. Wegen

$$\psi_2'(u) = \dot{\psi}_1(t)\,(3u^2 - 3), \quad |\psi_2'(u)| = |\dot{\psi}_1(t)|\,|3u^2 - 3|$$

und wegen $\dfrac{dt}{du} = 3u^2 - 3 \geqq 0$ für $-3 \leqq u \leqq -1$ und $1 \leqq u \leqq 3$ erhält man

$$\int_{K_1} \varphi\, ds = \int_{-3}^{-1} \varphi(\psi_2(u))|\psi_2'(u)|\, du = \int_{-16}^{4} \varphi(\psi_1(t))|\dot{\psi}_1(t)|\, dt$$
$$= \tfrac{1}{2} t^2 |_{-16}^{4} = -120,$$
$$\int_{K_3} \varphi\, ds = \int_{1}^{3} \varphi(\psi_2(u))|\psi_2'(u)|\, du = \int_{0}^{20} \varphi(\psi_1(t))|\dot{\psi}_1(t)|\, dt$$
$$= \tfrac{1}{2} t^2 |_0^{20} = 200.$$

Im Fall $-1 \leqq u \leqq 1$ gilt jedoch $\dfrac{dt}{du} \leqq 0$, also $\dfrac{dt}{du} = -|3u^2 - 3|$, so daß sich

$$\int_{K_2} \varphi\, ds = \int_{-1}^{1} \varphi(\psi_2(u))|\psi_2'(u)|\, du = -\int_{4}^{0} \varphi(\psi_1(t))|\dot{\psi}_1(t)|\, dt$$
$$= \tfrac{1}{2} t^2 |_0^4 = 8$$

ergibt. Es folgt

$$\int \varphi\, ds = -120 + 8 + 200 = 88.$$

Der Weg W kann geometrisch so gedeutet werden, daß er aus der Kurve K, der Kurve K_2 und der entgegengesetzt orientierten Kurve K_2 besteht. Aber sowohl das Integral von φ über K_2 als auch das über die entgegengesetzt orientierte Kurve liefern beide den Wert 8, so daß sich die Integrale über K und über W um die Differenz 16 unterscheiden. Dies Beispiel zeigt, daß das Kurvenintegral und damit dann auch das Wegintegral nicht von der Orientierung abhängen. Dies ändert sich jedoch in dem anschließend behandelten Fall, der für die Anwendungen besonders wichtig ist.

Verschiebt man z. B. eine Einheitsmasse in einem Kraftfeld oder eine Einheitsladung in einem elektrischen Feld längs einer Kurve, so erhält man die aufgewandte bzw. gewonnene Energie als Integral der tangentiellen Komponente des Feldvektors längs der Kurve. Allgemein hat man es mit folgendem Sachverhalt zu tun: Auf einem Gebiet $D \subset X$ sei ein stetiges Vektorfeld $\varphi: D \to X$ definiert. Der zum Punkt $\mathfrak{x}$ gehörende Feldvektor $\mathfrak{v} = \varphi\mathfrak{x}$ soll kürzer auch wieder mit $\mathfrak{v}(\mathfrak{x})$ bezeichnet werden. Weiter sei $K \subset D$ eine Kurve mit einer stetig differenzierbaren Parameterdarstellung $\psi: J \to K$ und mit $\dot{\psi}(t) \neq \mathfrak{o}$ für alle $t \in J$. Dann besitzt K in jedem Punkt einen eindeutig bestimmten Tangentenvektor $\mathfrak{t}$, und das Kurvenintegral des skalaren Produkts $\mathfrak{v} \cdot \mathfrak{t}$

$$\int_K (\mathfrak{v} \cdot \mathfrak{t})\, ds$$

wird das Integral des Vektorfelds längs K genannt. Häufig wird die Kombination $\mathfrak{t}\, ds$ als „vektorielles Bogenelement" bezeichnet und kürzer durch $d\mathfrak{s}$ symbolisiert, so daß die gleichwertige Schreibweise

$$\int_K \mathfrak{v} \cdot d\mathfrak{s} = \int_K (\mathfrak{v} \cdot \mathfrak{t})\, ds$$

resultiert, die wegen ihrer Kürze auch hier häufig benutzt werden soll. Für die Berechnung eines solchen Integrals gilt nun

34.3 *Es sei $\mathfrak{v} = \mathfrak{v}(\mathfrak{x})$ ein auf einem Gebiet $D \subset X$ definiertes stetiges Vektorfeld. Ferner sei $\psi: J \to K$ eine stetig differenzierbare Parameterdarstellung einer Kurve $K \subset D$ mit $\dot{\psi}(t) \neq \mathfrak{o}$ für alle t aus dem Intervall J mit dem Anfangspunkt a und dem Endpunkt b. Dann gilt*

$$\int_K \mathfrak{v} \cdot d\mathfrak{s} = \int_a^b \mathfrak{v}(\psi(t)) \cdot \dot{\psi}(t)\, dt.$$

Beweis: Wegen $\mathfrak{t} = \frac{1}{|\dot{\psi}|}\dot{\psi}$ folgt aus 34.2 unmittelbar

$$\int_K \mathfrak{v} \cdot d\mathfrak{s} = \int_a^b \frac{1}{|\dot{\psi}(t)|}\left(\mathfrak{v}(\psi(t)) \cdot \dot{\psi}(t)\right)|\dot{\psi}(t)|\, dt = \int_a^b \mathfrak{v}(\psi(t)) \cdot \dot{\psi}(t)\, dt. \qquad \blacklozenge$$

Die Voraussetzung $\dot{\psi}(t) \neq \mathfrak{o}$ darf in einzelnen Punkten der Kurve auch verletzt sein: Man hat dann einfach die Integrale über die Teilkurven zwischen den Ausnahmepunkten zu summieren. Entsprechendes gilt, wenn das Integral statt über eine Kurve längs eines stetig differenzierbaren Wegs zu erstrecken ist. Ein solcher Weg wird durch eine stetige Parameterdarstellung $\psi: J \to X$ repräsentiert, bei der ψ sogar, abgesehen von endlich vielen Ausnahmestellen, stetig differenzierbar ist und $\dot{\psi} \neq \mathfrak{o}$ gilt. Ein stetig differenzierbarer Weg darf also durchaus Ecken und Umkehrpunkte besitzen. Hierzu einige Beispiele.

34. III Im $\mathbb{R}^2$ seien die Kurve K und der Weg W wie in 34.II gegeben, und es sollen auch die dortigen Bezeichnungen benutzt werden. Weiter wird im $\mathbb{R}^2$ durch

$$\mathfrak{v}(\mathfrak{x}) = (y, x)$$

ein stetiges Vektorfeld definiert. Man erhält wegen $\dot{\psi}_1(t) = (1, \sinh t)$ und $\mathfrak{v}(\psi_1(t)) = (\cosh t, t)$

$$\begin{aligned}\int_K \mathfrak{v} \cdot d\mathfrak{s} &= \int_{-16}^{20} (\cosh t + t \sinh t)\, dt = t \cosh t \Big|_{-16}^{20} \\ &= 20 \cdot \cosh(20) + 16 \cdot \cosh(16).\end{aligned}$$

Im Fall des Weges W sei zunächst (a, b) ein Teilintervall von $[-3, 3]$, das keinen der beiden Punkte ± 1 enthält. Dann liefert die Transformationsformel stets

$$\int_{\psi_2(a,b)} \mathfrak{v} \cdot d\mathfrak{s} = \int_a^b \mathfrak{v}(\psi_2(u)) \cdot \psi_2'(u)\, du = \int_{a^3 - 3a + 2}^{b^3 - 3b + 2} \mathfrak{v}(\psi_1(t)) \cdot \dot{\psi}_1(t)\, dt.$$

Da hier nämlich nicht der absolute Betrag auftritt, findet auch kein Vorzeichenwechsel statt. Wendet man dieses Ergebnis auf die Intervalle $[-3, -1[$, $]-1, 1[$, $]1, 3]$ an und addiert die Integrale, so erhält man

$$\begin{aligned}\int_W \mathfrak{v} \cdot d\mathfrak{s} &= \int_{-16}^{4} \mathfrak{v}(\psi_1(t)) \cdot \dot{\psi}_1(t)\, dt + \int_4^0 \mathfrak{v}(\psi_1(t)) \cdot \dot{\psi}_1(t)\, dt \\ &\quad + \int_0^{20} \mathfrak{v}(\psi_1(t)) \cdot \dot{\psi}_1(t)\, dt \\ &= \int_{-16}^{20} \mathfrak{v}(\psi_1(t)) \cdot \dot{\psi}_1(t)\, dt = \int_K \mathfrak{v} \cdot d\mathfrak{s},\end{aligned}$$

also diesmal dasselbe Ergebnis wie bei der Integration längs K. Hier heben sich nämlich die Integrale längs entgegengesetzt durchlaufener Kurven gegenseitig auf, ein Sachverhalt, der allgemein gilt: Stimmen die stetig differenzierbaren

Kurven K und K^* bis auf die Orientierung überein, so gilt in jedem Punkt für die entsprechenden Tangentenvektoren $\mathfrak{t} = -\mathfrak{t}^*$. Es folgt daher unmittelbar

34.4 *Es sei K eine stetig differenzierbare Kurve, und K^* sei die entgegengesetzt orientierte Kurve. Dann gilt für jedes stetige Vektorfeld* $\mathfrak{v}$

$$\int_K \mathfrak{v} \cdot d\mathfrak{s} = -\int_{K^*} \mathfrak{v} \cdot d\mathfrak{s}.$$

34.IV Im $\mathbb{R}^3$ wird durch

$$\mathfrak{v}(\mathfrak{x}) = (xy, z, yz)$$

ein stetiges Vektorfeld definiert, das längs der Kurven

$$K_1 : \psi_1(t) = (\cos t, \sin t, t) \quad \textit{mit} \quad 0 \leqq t \leqq 2\pi,$$
$$K_2 : \psi_2(t) = (1, 0, t) \quad \textit{mit} \quad 0 \leqq t \leqq 2\pi$$

integriert werden soll. K_1 ist eine volle Windung einer Schraubenlinie, und K_2 ist die Verbindungsstrecke des Anfangs- und des Endpunkts von K_1. Man erhält wegen

$$\mathfrak{v}(\psi_1(t)) = (\cos t \sin t, t, t \sin t),$$
$$\dot{\psi}_1(t) = (-\sin t, \cos t, 1)$$

einerseits

$$\int_{K_1} \mathfrak{v} \cdot d\mathfrak{s} = \int_0^{2\pi} (-\cos t \sin^2 t + t \cos t + t \sin t)\, dt = -2\pi,$$

wegen

$$\mathfrak{v}(\psi_2(t)) = (0, t, 0), \quad \dot{\psi}_2(t) = (0, 0, 1)$$

andererseits aber

$$\int_{K_2} \mathfrak{v} \cdot d\mathfrak{s} = 0.$$

Obwohl beide Kurven dieselben Punkte verbinden, ergeben die Integrale also unterschiedliche Werte. Ein ähnlicher Sachverhalt tritt auch im nächsten Beispiel auf.

34.V Das im $\mathbb{R}^2$ außerhalb des Nullpunkts durch

$$\mathfrak{v}(\mathfrak{x}) = \frac{1}{x^2 + y^2}(-y, x)$$

definierte stetige Vektorfeld soll zunächst längs des positiv orientierten Einheitskreises

$$K : \psi(t) = (\cos t, \sin t) \qquad mit \qquad 0 \leqq t \leqq 2\pi$$

integriert werden. Man erhält

$$\mathfrak{v}(\psi(t)) = (-\sin t, \cos t), \quad \dot{\psi}(t) = (-\sin t, \cos t)$$

und daher

$$\int_K \mathfrak{v} \cdot d\mathfrak{s} = \int_0^{2\pi} dt = 2\pi .$$

Dieses Ergebnis, daß das Integral eines Vektorfeldes längs eines geschlossenen Weges nicht zu verschwinden braucht, soll noch etwas allgemeiner beleuchtet werden. Es sei nämlich $\psi : [a, b] \to W$ eine stetig differenzierbare Parameterdarstellung eines geschlossenen Weges W, der nicht durch den Nullpunkt geht. In ebenen Polarkoordinaten r, u kann dieser Weg dann durch

$$r = r(t), \quad u = u(t) \qquad mit \qquad r(t) > 0 \qquad (a \leqq t \leqq b)$$

beschrieben werden. Da W ein geschlossener Weg ist, gilt dabei $r(b) = r(a)$, für den Winkel aber nur $u(b) = u(a) + 2\pi n$ mit einer ganzen Zahl n, die angibt, wie oft der Weg den Nullpunkt umschließt. Wegen $x = r\cos u$, $y = r\sin u$ gilt

$$\mathfrak{v}(\psi(t)) = \frac{1}{r}(-\sin u, \cos u) \qquad und$$

$$\dot{\psi}(t) = \dot{r}(\cos u, \sin u) + r\dot{u}(-\sin u, \cos u).$$

Es folgt

$$\int_W \mathfrak{v} \cdot d\mathfrak{s} = \int_a^b \dot{u}\, dt = u(b) - u(a) = 2\pi n .$$

Schränkt man also den Definitionsbereich D von $\mathfrak{v}$ etwa dadurch ein, daß man alle Punkte $(x, 0)$ mit $x \leqq 0$ ausschließt, entfernt man also die negative x-Achse, so verschwindet das Integral von $\mathfrak{v}$ längs jedes in D verlaufenden geschlossenen Weges, weil dieser dann den Nullpunkt nicht mehr umlaufen kann.

Definition 34a: *Ein auf einem Gebiet $D \subset X$ definiertes stetiges Vektorfeld $\mathfrak{v} = \mathfrak{v}(\mathfrak{x})$ heißt* **konservativ** *in D, wenn das Integral von $\mathfrak{v}$ längs jedes in D verlaufenden stetig differenzierbaren geschlossenen Weges verschwindet.*

Das im letzten Beispiel behandelte Vektorfeld ist in jedem Gebiet der Ebene konservativ, das keinen den Nullpunkt umlaufenden Weg enthält. Die Konservativität eines Vektorfelds kann auch noch auf eine andere Weise beschrieben werden.

34.5 *Ein Vektorfeld $\mathfrak{v} = \mathfrak{v}(\mathfrak{x})$ ist genau dann konservativ in D, wenn der Wert des Integrals von $\mathfrak{v}$ längs eines in D verlaufenden Weges nur von dessen Anfangs- und Endpunkt abhängt, wenn also für je zwei stetig differenzierbare Wege W_1 und W_2 in D mit gemeinsamem Anfangspunkt und gemeinsamem Endpunkt*

$$\int_{W_1} \mathfrak{v} \cdot d\mathfrak{s} = \int_{W_2} \mathfrak{v} \cdot d\mathfrak{s}$$

gilt.

Beweis: W_2^* sei der zu W_2 entgegengesetzt orientierte Weg. Dann ist der Endpunkt von W_1 gleichzeitig der Anfangspunkt von W_2^*, und durch Aneinanderfügen beider Wege erhält man einen geschlossenen Weg W. Ist nun $\mathfrak{v}$ konservativ, so folgt mit Hilfe von 34.4

$$0 = \int_{W} \mathfrak{v} \cdot d\mathfrak{s} = \int_{W_1} \mathfrak{v} \cdot d\mathfrak{s} + \int_{W_2^*} \mathfrak{v} \cdot d\mathfrak{s} = \int_{W_1} \mathfrak{v} \cdot d\mathfrak{s} - \int_{W_2} \mathfrak{v} \cdot d\mathfrak{s},$$

also die Gleichheit der Integrale längs W_1 und W_2. Ist umgekehrt $\mathfrak{v}$ nicht konservativ, so gibt es einen geschlossenen Weg W mit nicht verschwindendem Integral, den man in zwei Wege W_1 und W_2^* aufteilen kann. Dieselben Überlegungen zeigen dann, daß die Integrale längs der beiden Wege W_1 und W_2 mit gemeinsamem Anfangs- und Endpunkt verschieden sind. ◆

Der folgende Satz liefert eine entscheidende Charakterisierung der konservativen Felder.

34.6 *Ein auf einem Gebiet $D \subset X$ stetiges Vektorfeld $\mathfrak{v} = \mathfrak{v}(\mathfrak{x})$ ist dort genau dann konservativ, wenn es ein Gradientenfeld ist, wenn es also eine stetig differenzierbare Abbildung $\varphi : D \to \mathbb{R}$ mit $\mathfrak{v}(\mathfrak{x}) = \operatorname{grad}_{\mathfrak{x}} \varphi$ für alle $\mathfrak{x} \in D$ gibt.*

Beweis: Es gelte zunächst $\mathfrak{v} = \operatorname{grad} \varphi$ in D. Repräsentiert dann $\psi : J \to D$ einen stetig differenzierbaren Weg W, so gilt nach der Kettenregel

$$\frac{d}{dt} \varphi(\psi(t)) = (\operatorname{grad}_{\psi(t)} \varphi) \cdot \dot{\psi}(t) = \mathfrak{v}(\psi(t)) \cdot \dot{\psi}(t),$$

und es folgt

$$\int_{W} \mathfrak{v} \cdot d\mathfrak{s} = \int_{J} \mathfrak{v}(\psi(t)) \cdot \dot{\psi}(t)\, dt = \int_{J} \frac{d}{dt} \varphi(\psi(t))\, dt = \varphi(\mathfrak{x}_1) - \varphi(\mathfrak{x}_0),$$

wenn $\mathfrak{x}_0$ der Anfangs- und $\mathfrak{x}_1$ der Endpunkt des Weges W ist. Das Integral hängt also nur von diesen beiden Punkten ab, und wegen 34.5 ist das Vektorfeld konservativ.

Umgekehrt sei das Vektorfeld konservativ in D, und $\mathfrak{x}^*$ sei ein fester Punkt aus D. Ist dann $\mathfrak{x}$ ein beliebiger Punkt von D, so gibt es nach 5.6 wegen des Zusammenhangs von D einen stetig differenzierbaren Weg $W_{\mathfrak{x}}$, nämlich einen Streckenzug, in D mit $\mathfrak{x}^*$ als Anfangs- und $\mathfrak{x}$ als Endpunkt. Durch

$$\varphi\mathfrak{x} = \int_{W_{\mathfrak{x}}} \mathfrak{v} \cdot d\mathfrak{s}$$

wird daher eine Abbildung $\varphi: D \to \mathbb{R}$ definiert. Wegen der Konservativität des Feldes hängt das Integral auch nur von $\mathfrak{x}$, nicht aber von der Wahl des speziellen Weges $W_{\mathfrak{x}}$ ab, so daß man zur Berechnung von $\varphi\mathfrak{x}$ einen beliebigen Weg von $\mathfrak{x}^*$ nach $\mathfrak{x}$ in D benutzen kann. Zum Beispiel erhält man einen Weg $W_{\mathfrak{x}+h\mathfrak{a}}$ zum Punkt $\mathfrak{x} + h\mathfrak{a}$, indem man an einen Weg $W_{\mathfrak{x}}$ zum Punkt $\mathfrak{x}$ noch die durch

$$\psi(t) = \mathfrak{x} + th\mathfrak{a} \qquad (0 \leqq t \leqq 1)$$

definierte Verbindungsstrecke anfügt. (Bei gegebenem $\mathfrak{a}$ und hinreichend kleinem $|h|$ liegen mit $\mathfrak{x}$ auch $\mathfrak{x} + h\mathfrak{a}$ und die Verbindungsstrecke beider Punkte in D.) Man erhält mit Hilfe des Mittelwertsatzes 31.2

$$\begin{aligned}\varphi(\mathfrak{x} + h\mathfrak{a}) - \varphi\mathfrak{x} &= \int_{W_{\mathfrak{x}+h\mathfrak{a}}} \mathfrak{v} \cdot d\mathfrak{s} - \int_{W_{\mathfrak{x}}} \mathfrak{v} \cdot d\mathfrak{s} = \int_0^1 \mathfrak{v}(\mathfrak{x} + th\mathfrak{a}) \cdot (h\mathfrak{a})\, dt \\ &= h\mathfrak{v}(\mathfrak{x} + t_h^* h\mathfrak{a}) \cdot \mathfrak{a} \qquad (0 \leqq t_h^* \leqq 1)\end{aligned}$$

und daher wegen der Stetigkeit des Vektorfeldes

$$\varphi_{\mathfrak{a}}'(\mathfrak{x}) = \lim_{h \to 0} \frac{1}{h} \big(\varphi(\mathfrak{x} + h\mathfrak{a}) - \varphi\mathfrak{x}\big) = \mathfrak{v}(\mathfrak{x}) \cdot \mathfrak{a}.$$

Diese Gleichung besagt aber gerade, daß φ in D stetig differenzierbar ist und daß $\operatorname{grad}_{\mathfrak{x}} \varphi = \mathfrak{v}(\mathfrak{x})$ gilt. ◆

Das Vektorfeld aus 34.V ist z. B. Gradientenfeld der Abbildung

$$\varphi\mathfrak{x} = \arctan \frac{y}{x},$$

die aber – etwa als Hauptwert – nur auf $D = \mathbb{R}^2 \setminus \{(x, 0): x \leqq 0\}$ definiert ist. Auf einem so eingeschränkten Definitionsbereich D hatte sich das Vektorfeld aber auch als konservativ erwiesen.
Im Zusammenhang mit dem soeben bewiesenen Satz interessiert man sich für Kriterien, ob ein gegebenes Vektorfeld ein Gradientenfeld ist. Im Fall eines stetig differenzierbaren Feldes kann man sofort ein einfaches notwendiges Kriterium angeben.

34.7 *Es sei $\mathfrak{v} = \mathfrak{v}(\mathfrak{x})$ ein auf dem Gebiet $D \subset X$ stetig differenzierbares Vektorfeld, dem hinsichtlich einer Orthonormalbasis von X die Koordinatenfunktionen*

$v_\kappa(x_1, \ldots, x_k)$ $(\kappa = 1, \ldots, k)$ *zugeordnet seien. Ist dann* $\mathfrak{v}$ *ein Gradientenfeld, so gilt in D*

$$(*) \quad \frac{\partial v_\kappa}{\partial x_\lambda} = \frac{\partial v_\lambda}{\partial x_\kappa} \qquad (\kappa, \lambda = 1, \ldots, k).$$

Beweis: Wenn $\mathfrak{v}$ Gradientenfeld einer durch die Koordinatenfunktion f beschriebenen Abbildung ist, dann gilt $v_\kappa = \dfrac{\partial f}{\partial x_\kappa}$ $(\kappa = 1, \ldots, k)$. Da $\mathfrak{v}$ als stetig differenzierbar vorausgesetzt wurde, ist f sogar zweimal stetig differenzierbar, und wegen 14.6 erhält man

$$\frac{\partial v_\kappa}{\partial x_\lambda} = \frac{\partial^2 f}{\partial x_\lambda \partial x_\kappa} = \frac{\partial^2 f}{\partial x_\kappa \partial x_\lambda} = \frac{\partial v_\lambda}{\partial x_\kappa}. \quad \blacklozenge$$

Im dreidimensionalen Raum ist (*) gleichwertig mit $\operatorname{rot}\mathfrak{v} = \mathfrak{o}$. Gradientenfelder sind also rotationsfrei, wie schon früher (20A, 21.5) festgestellt wurde. Das Vektorfeld $\mathfrak{v}(\mathfrak{x}) = (xy, z, yz)$ aus Beispiel 34.IV war nicht konservativ. Wie man unmittelbar erkennt, erfüllt es aber auch nicht die Bedingung (*). Daß diese umgekehrt im allgemeinen jedoch nicht hinreichend ist, zeigt wieder das Beispiel 34.V: Das dortige Vektorfeld erfüllt nämlich außerhalb des Nullpunkts überall die notwendige Bedingung. Offenbar bedarf es noch zusätzlicher Voraussetzungen über den Definitionsbereich des Vektorfeldes, um derartige Gegenbeispiele auszuschließen.

Definition 34b: *Eine Menge* $D \subset X$ *heißt* **Sternmenge,** *wenn es einen „Sternpunkt"* $\mathfrak{x}^* \in D$ *gibt, so daß D mit einem beliebigen Punkt* $\mathfrak{x}$ *auch immer die Verbindungsstrecke von* $\mathfrak{x}^*$ *und* $\mathfrak{x}$ *enthält.*

Speziell ist jede konvexe Menge eine Sternmenge, weil in ihr jeder Punkt als Sternpunkt gewählt werden kann. Der folgende Satz zeigt, daß in Sterngebieten die Bedingung aus 34.7 auch hinreichend ist.

34.8 *Es sei* $D \subset X$ *ein Sterngebiet, und* $\mathfrak{v} = \mathfrak{v}(\mathfrak{x})$ *sei ein auf D stetig differenzierbares Vektorfeld, das die Bedingung* (*) *aus* 34.7 *erfüllt. Dann ist* $\mathfrak{v}$ *ein Gradientenfeld und ist somit konservativ in D.*

Beweis: Es sei $\psi : [a, b] \to D$ eine stetig differenzierbare Parameterdarstellung eines geschlossenen Weges W in D. Speziell gilt also $\psi(a) = \psi(b)$. Ist nun $\mathfrak{x}^*$ ein Sternpunkt von D, so wird durch

$$\varphi(t, u) = \mathfrak{x}^* + u(\psi(t) - \mathfrak{x}^*)$$

eine Abbildung $\varphi : [a, b] \times [0, 1] \to D$ mit folgenden Eigenschaften definiert:

Es gilt $\varphi(t,1)=\psi(t)$, $\varphi(t,0)=\mathfrak{x}^*$ für alle $t\in[a,b]$ und $\varphi(a,u)=\varphi(b,u)$ für alle $u\in[0,1]$. Bei festem positiven u liefert daher φ immer die Parameterdarstellung eines geschlossenen Weges in D, der nur im Fall $u=0$ zu einem Punkt entartet. Wegen $\varphi_t'(t,u)=u\dot{\psi}(t)$ und speziell $\varphi_t'(t,0)=0$ erhält man zunächst

$$\begin{aligned}\int_W \mathfrak{v}\cdot d\mathfrak{s} &= \int_a^b \mathfrak{v}(\psi(t))\cdot\dot{\psi}(t)\,dt = \int_a^b \mathfrak{v}(\varphi(t,1))\cdot\varphi_t'(t,1)\,dt\\ &= \int_a^b [\mathfrak{v}(\varphi(t,1))\cdot\varphi_t'(t,1)-\mathfrak{v}(\varphi(t,0))\cdot\varphi_t'(t,0)]\,dt\\ &= \int_a^b\int_0^1 \frac{\partial}{\partial u}[\mathfrak{v}(\varphi(t,u))\cdot\varphi_t'(t,u)]\,du\,dt\\ &= \int_0^1\int_a^b\left[\frac{\partial\mathfrak{v}(\varphi(t,u))}{\partial u}\cdot\varphi_t'(t,u)+\mathfrak{v}(\varphi(t,u))\cdot\varphi_{t,u}''(t,u)\right]dt\,du,\end{aligned}$$

wobei im letzten Schritt gleichzeitig die Reihenfolge der Integrationen vertauscht wurde, was wegen der Konstanz der Grenzen möglich ist. Nun besagt die Bedingung (*), daß die zu $\mathfrak{v}$ gehörende Funktionalmatrix symmetrisch, das Differential von $\mathfrak{v}$ in D also selbstadjungiert ist. Daher gilt

$$\begin{aligned}\frac{\partial\mathfrak{v}(\varphi(t,u))}{\partial u}\cdot\varphi_t'(t,u) &= \big((d_{\varphi(t,u)}\mathfrak{v})\,\varphi_u'(t,u)\big)\cdot\varphi_t'(t,u)\\ &= \big((d_{\varphi(t,u)}\mathfrak{v})\,\varphi_t'(t,u)\big)\cdot\varphi_u'(t,u)\\ &= \frac{\partial\mathfrak{v}(\varphi(t,u))}{\partial t}\cdot\varphi_u'(t,u),\end{aligned}$$

und mit Hilfe partieller Integration ergibt sich

$$\begin{aligned}\int_a^b \frac{\partial\mathfrak{v}(\varphi(t,u))}{\partial u}\cdot\varphi_t'(t,u)\,dt &= \int_a^b \frac{\partial\mathfrak{v}(\varphi(t,u))}{\partial t}\cdot\varphi_u'(t,u)\,dt\\ &= [\mathfrak{v}(\varphi(t,u))\cdot\varphi_u'(t,u)]_a^b-\int_a^b \mathfrak{v}(\varphi(t,u))\cdot\varphi_{u,t}''(t,u)\,dt.\end{aligned}$$

Setzt man dieses Ergebnis in den vorher gewonnenen Ausdruck für das Wegintegral ein und berücksichtigt noch

$$\begin{aligned}&[\mathfrak{v}(\varphi(t,u))\cdot\varphi_u'(t,u)]_a^b=\\ &\quad=\mathfrak{v}(\varphi(b,u))\cdot(\psi(b)-\mathfrak{x}^*)-\mathfrak{v}(\varphi(a,u))\cdot(\psi(a)-\mathfrak{x}^*)=0,\end{aligned}$$

so erhält man

$$\int_W \mathfrak{v}\cdot d\mathfrak{s}=\int_0^1\int_a^b \mathfrak{v}(\varphi(t,u))\cdot[\varphi_{t,u}''(t,u)-\varphi_{u,t}''(t,u)]\,dt\,du.$$

Wegen $\varphi''_{t,u}(t,u) = \dot{\psi}(t) = \varphi''_{u,t}(t,u)$ hat die rechte Seite aber den Wert Null. Da dies für beliebige stetig differenzierbare geschlossene Wege in D gilt, ist $\mathfrak{v}$ konservativ in D. ◆

Dieser Satz kann dazu benutzt werden, die Gleichheit von Kurvenintegralen unter etwas allgemeineren Voraussetzungen nachzuweisen. Hierzu soll zunächst die Homotopie von Wegen mit gemeinsamen Anfangs- und Endpunkten definiert werden (vgl. 33D). Dabei bedeutet es keine Einschränkung der Allgemeinheit, wenn bei Parameterdarstellungen solcher Wege als Parameterintervall immer das Intervall $[0,1]$ benutzt wird: Ein beliebiges Parameterintervall kann ja durch eine lineare und isotone Bijektion auf $[0,1]$ abgebildet werden.

Definition 34c: *Es seien $\psi_0 : [0,1] \to D$ und $\psi_1 : [0,1] \to D$ die Parameterdarstellungen zweier Wege W_0 und W_1 in D mit gemeinsamem Anfangspunkt und gemeinsamem Endpunkt: es gelte also $\psi_0(0) = \psi_1(0)$ und $\psi_0(1) = \psi_1(1)$. Dann sollen W_0 und W_1* **homotop in D** *genannt werden, wenn es eine stetige Abbildung $\varphi : [0,1] \times [0,1] \to D$ mit folgenden Eigenschaften gibt:*

$$\varphi(t,0) = \psi_0(t) \quad \textit{und} \quad \varphi(t,1) = \psi_1(t) \quad \textit{für alle} \quad t \in [0,1],$$
$$\varphi(0,u) = \varphi(0,0) \quad \textit{und} \quad \varphi(1,u) = \varphi(1,0) \quad \textit{für alle} \quad u \in [0,1].$$

Es wird dann φ eine **Homotopieabbildung** *genannt.*

Eine solche Homotopie kann so gedeutet werden, daß die Homotopieabbildung in Abhängigkeit von u den Weg W_0 so in den Weg W_1 stetig deformiert, daß dabei der Anfangs- und der Endpunkt beider Wege fest bleibt. Man kann die Homotopie auch so auffassen, daß durch φ das Quadrat $[0,1] \times [0,1]$ auf ein in D enthaltenes Flächenstück abgebildet wird, das von den beiden Wegen W_0 und W_1 berandet ist.

34.9 *Es sei $\mathfrak{v} = \mathfrak{v}(\mathfrak{x})$ ein auf dem Gebiet D stetig differenzierbares Vektorfeld, das die Bedingung* (*) *aus* 34.7 *erfüllt. Ferner seinen W_0 und W_1 in D homotope Wege mit gemeinamem Anfangs- und gemeinsamem Endpunkt. Dann gilt*

$$\int_{W_0} \mathfrak{v} \cdot d\mathfrak{s} = \int_{W_1} \mathfrak{v} \cdot d\mathfrak{s}.$$

Beweis: Mit $Q = [0,1] \times [0,1]$ sei $\varphi : Q \to D$ eine Homotopieabbildung, die W_0 in W_1 deformiert. Da Q kompakt und φ stetig ist, ist auch $Q^* = \varphi Q$ eine kompakte Teilmenge von D (7.8). Da D offen ist, gibt es zu jedem $\mathfrak{x} \in Q^*$ ein $\varepsilon_{\mathfrak{x}} > 0$ mit $U_{2\varepsilon_{\mathfrak{x}}}(\mathfrak{x}) \subset D$, und nach dem Überdeckungssatz (5.2) gilt bereits mit endlich vielen Punkten $\mathfrak{x}_1, \ldots, \mathfrak{x}_k \in Q^*$, daß $\{U_{\varepsilon_{\mathfrak{x}_1}}(\mathfrak{x}_1), \ldots, U_{\varepsilon_{\mathfrak{x}_k}}(\mathfrak{x}_k)\}$ eine Überdeckung von Q^* ist. Setzt man nun $\varepsilon = \min\{\varepsilon_{\mathfrak{x}_1}, \ldots, \varepsilon_{\mathfrak{x}_k}\}$ und ist M^* eine Teilmenge von Q^*

mit $\delta(M^*) < \varepsilon$, so gilt für die abgeschlossene konvexe Hülle $k(M^*) \subset \subset U_{2\varepsilon_{\mathfrak{x}_\kappa}}(\mathfrak{x}_\kappa) \subset D$ mit einem geeigneten Index κ.
Als stetige Abbildung ist φ auf der kompakten Menge Q sogar gleichmäßig stetig (7.14). Es gibt daher ein $\eta > 0$, so daß aus $M \subset Q$ und $\delta(M) < \eta$ auch $k(\varphi M) \subset D$ folgt. Die natürliche Zahl n sei nun so bestimmt, daß $\frac{2}{n} < \eta$ gilt, und Q werde in die Teilquadrate

$$Q_{\mu,\nu} = \left\{(t,u) : \frac{\mu-1}{n} \leqq t \leqq \frac{\mu}{n} \wedge \frac{\nu-1}{n} \leqq u \leqq \frac{\nu}{n}\right\} \qquad (\mu, \nu = 1, \ldots, n)$$

aufgeteilt. Es folgt $\delta(Q_{\mu,\nu}) < \eta$ und daher $k(\varphi Q_{\mu,\nu}) \subset D$ für alle Werte der Indizes.

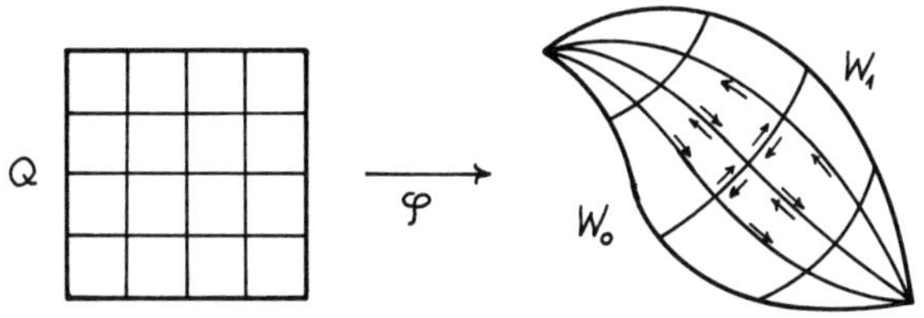

Jedes Teilquadrat $Q_{\mu,\nu}$ bestimmt nun auf folgende Weise einen geschlossenen, stetig differenzierbaren Weg $W_{\mu,\nu}$ in D: Man durchlaufe die Eckpunkte von $Q_{\mu,\nu}$ entgegengesetzt zum Uhrzeigersinn. Entsprechend verbinde man die Bildpunkte der Eckpunkte durch Strecken. Man erhält so einen geschlossenen stetig differenzierbaren Weg $W_{\mu,\nu}$. Lediglich im Fall $\nu = 1$ oder $\nu = n$ ersetze man die eine Verbindungsstrecke durch den entsprechenden Teil von W_0 bzw. W_1. In jedem Fall gilt $W_{\mu,\nu} \subset k(\varphi Q_{\mu,\nu}) \subset D$, und da $k(\varphi Q_{\mu,\nu})$ als konvexe Menge eine Sternmenge ist, ergibt 34.8

$$\int_{W_{\mu,\nu}} \mathfrak{v} \cdot d\mathfrak{s} = 0$$

für alle diese Wege, weswegen auch die Summe über alle diese Integrale verschwindet. Nun werden aber solche Verbindungsstrecken, die Seiten von Teilquadraten im Inneren von Q entsprechen, genau zweimal durchlaufen, und zwar in entgegengesetzter Richtung, so daß sich die entsprechenden Integrale wegen 34.4 aus der Summe herausheben. Da die den Werten $u = 0$ bzw. $u = 1$ entsprechenden Seiten von Q ohnehin jeweils auf nur einen Punkt abgebildet werden, gilt dasselbe auch für alle auf ihnen liegenden Eckpunkte von Teilquadraten. Übrig bleiben daher nur die Integrale über die Teilwege von W_0 und über die entgegegengesetzt orientierten Teilwege von W_1. Berücksichtigt man noch die Orientierung durch das Vorzeichen bei dem Integral längs W_1, so erhält man insgesamt

$$0 = \sum_{\mu,\nu=1}^{n} \Big(\int_{W_{\mu,\nu}} \mathfrak{v} \cdot d\mathfrak{s} \Big) = \int_{W_0} \mathfrak{v} \cdot d\mathfrak{s} - \int_{W_1} \mathfrak{v} \cdot d\mathfrak{s}$$

und damit die Behauptung. ◆

Der soeben bewiesene Satz ist auch auf folgenden Spezialfall homotoper Wege anwendbar: Der Weg W_0 sei geschlossen, und W_1 sei zu einem Punkt entartet. Für die Homotopieabbildung φ gelte also

$$\varphi(0,u) = \varphi(1,u) = \varphi(t,1) \qquad \textit{für alle} \qquad t,u \in [0,1].$$

Da dann das Integral über W_1 offenbar verschwindet, gilt dasselbe für das Integral über W_0.

Definition 34d: *Ein durch $\psi: [0,1] \to D$ mit $\psi(0) = \psi(1)$ repräsentierter geschlossener Weg heißt in dem Gebiet D* **nullhomotop,** *wenn es eine Homotopieabbildung $\varphi: [0,1] \times [0,1] \to D$ mit folgenden Eigenschaften gibt:*

$$\varphi(t,0) = \psi(t) \quad \textit{und} \quad \varphi(0,u) = \varphi(1,u) = \varphi(t,1) \quad \textit{für alle} \quad t,u \in [0,1].$$

Ein Gebiet D heißt **einfach zusammenhängend,** *wenn in ihm jeder geschlossene Weg nullhomotop ist.*

Jedes Sterngebiet ist einfach zusammenhängend. Entfernt man aber z.B. aus dem $\mathbb{R}^2$ nur einen Punkt, so ist das Restgebiet nicht mehr einfach zusammenhängend, weil etwa eine Kreislinie um diesen Punkt nicht mehr nullhomotop ist. Entsprechendes gilt, wenn man aus dem $\mathbb{R}^3$ eine Gerade entfernt.
Eine unmittelbare Konsequenz aus der der Definition 34d vorangehenden Bemerkung und aus den bereits bewiesenen Sätzen ist jetzt abschließend

34.10 *Es sei D ein einfach zusammenhängendes Gebiet, und $\mathfrak{v} = \mathfrak{v}(\mathfrak{x})$ sei ein auf D stetig differenzierbares Vektorfeld, das die Bedingung* (*) *aus* 34.7 *erfüllt. Dann ist $\mathfrak{v}$ konservativ in D, also ein Gradientenfeld.*

Ergänzungen und Aufgaben

34A Die in 34d definierte Nullhomotopie eines geschlossenen Weges besagt, daß sich dieser Weg bei Festhalten eines seiner Punkte stetig auf diesen Punkt zusammenziehen läßt. Gleichwertig hiermit ist jedoch die allgemeinere Bedingung, daß sich jeder geschlossene Weg überhaupt innerhalb des betreffenden Gebietes stetig auf einen Punkt zusammenziehen läßt, der durchaus auch außerhalb des Weges liegen darf.

Aufgabe: Man zeige, daß ein durch $\psi:[0,1]\to D$ mit $\psi(0)=\psi(1)$ repräsentierter geschlossener Weg genau dann in D nullhomotop ist, wenn es eine stetige Abbildung $\varphi:[0,1]\times[0,1]\to D$ mit folgenden Eigenschaften gibt:

$$\varphi(t,0)=\psi(t) \quad \textit{und} \quad \varphi(t,1)=\varphi(0,1) \quad \textit{für alle} \quad t\in[0,1],$$

$$\varphi(0,u)=\varphi(1,u) \quad \textit{für alle} \quad u\in[0,1].$$

34B Satz 34.9 kann folgendermaßen verallgemeinert werden:
Es sei $\mathfrak{v}=\mathfrak{v}(\mathfrak{x})$ ein in dem Gebiet D des $\mathbb{R}^k$ stetig differenzierbares Vektorfeld, das in D die Bedingung (*) aus 34.7 erfüllt. Ferner seien W_0 und W_1 geschlossene Wege in D. Dann gilt

$$\int_{W_0} \mathfrak{v}\cdot d\mathfrak{s} = \int_{W_1} \mathfrak{v}\cdot d\mathfrak{s},$$

wenn W_0 und W_1 in folgendem Sinn in D homotop sind: Es gibt eine stetige Homotopieabbildung $\varphi:[0,1]\times[0,1]\to D$ mit $\varphi(0,u)=\varphi(1,u)$ für alle $u\in[0,1]$, so daß die durch $\varphi_0(t)=\varphi(t,0)$ und $\varphi_1(t)=\varphi(t,1)$ definierten Abbildungen Parameterdarstellungen $\varphi_0:[0,1]\to W_0$ und $\varphi_1:[0,1]\to W_1$ der beiden Wege sind.

Aufgabe: Man beweise diesen Satz.

34C Aufgabe: Man untersuche, ob folgende Gebiete D einfach zusammenhängend sind. Und zwar entstehe D aus dem $\mathbb{R}^4$ durch Herausnahme

(a) einer Geraden,
(b) zweier sich schneidender Geraden,
(c) einer Ebene,
(d) einer Kreislinie.

34D Mit Ausnahme von zwei Punkten wird im $\mathbb{R}^2$ durch

$$\mathfrak{v}(\mathfrak{x})=\frac{1}{x^2+(1+y)^2}(1+y,\,-x)+\frac{1}{x^2+(1-y)^2}(1-y,x)$$

ein stetig differenzierbares Vektorfeld definiert.

Aufgabe: (1) Man zeige, daß dieses Vektorfeld die Bedingung (*) aus 34.7 erfüllt.
(2) In welchen Gebieten ist das Vektorfeld konservativ? Man betrachte hierzu geschlossene Wege um die Ausnahmepunkte und verwende 34B.

(3) Ebenfalls unter Verwendung von 34B berechne man das Integral des Vektorfelds längs folgender Wege:

(a) $\mathfrak{x} = 2(\cos t, \sin t)$ *mit* $0 \leqq t \leqq 2\pi$.

(b) $\mathfrak{x} = 2 \sin t (\cos t, \sin^2 t)$ *mit* $0 \leqq t \leqq 2\pi$.

(c) $\mathfrak{x} = \frac{1}{2}\left(1 + \frac{t}{\pi}\right)(\cos t, \sin t)$ *mit* $0 \leqq t \leqq 2\pi$.

(d) $\mathfrak{x} = (1 + t, t^2)$ *mit* $0 \leqq t \leqq 1$.

Zehntes Kapitel
Integrale auf Mannigfaltigkeiten

Einer ähnlichen Problcmstellung wie bei den Kurvenintegralen sieht man sich gegenüber, wenn man allgemeiner Integrale auf k-dimensionalen gekrümmten Gebilden im n-dimensionalen Raum definieren will ($1 \leqq k < n$). Auch hier muß zunächst ein angepaßter Maßbegriff gewonnen werden. Dies geschieht allerdings nur unter geeigneten Differenzierbarkeitsvoraussetzungen, nämlich zunächst auf sogenannten lokalen Mannigfaltigkeiten, die dann anschließend zu dem allgemeinen Begriff der differenzierbaren Mannigfaltigkeit erweitert werden. Es werden jedoch nur solche differenzierbaren (und topologischen) Mannigfaltigkeiten betrachtet, die in den $\mathbb{R}^n$ eingebettet sind und die damit auch eine natürliche differenzierbare Struktur tragen. Auf die Theorie der abstrakten differenzierbaren Mannigfaltigkeiten wird hier nicht eingegangen. Jedoch wurden aus ihr die Begriffsbildungen übernommen.
Im Hinblick auf die Integration von Vektorfeldern und von alternierenden Differentialen wird weiter auf differenzierbaren Mannigfaltigkeiten der Begriff der Orientierung mit Hilfe orientierbarer Atlanten eingeführt und auch gezeigt, daß es nicht-orientierbare Mannigfaltigkeiten gibt. Ferner werden berandete Mannigfaltigkeiten in die Betrachtungen mit einbezogen. Sie spielen bei dem allgemeinen Integralsatz von *Stokes* eine Rolle, der für alternierende Differentiale formuliert wird und aus dem durch Spezialisierung dann die klassischen Integralsätze von *Gauß* und *Stokes* gewonnen werden. Allerdings werden diese Integralsätze nur für eine geeignete Klasse von Mannigfaltigkeiten bewiesen, nämlich für reguläre Mannigfaltigkeiten, die sich aus einfachen Bausteinen zusammensetzen lassen.

§ 35 Flächenintegrale

Es ist naheliegend, in Analogie zum Bogenmaß auch auf Flächen im drei- oder höherdimensionalen Raum ein Flächenmaß zu definieren. Im allgemeinen erweist sich jedoch dieser Weg als nicht gangbar. Es sollen daher hier nur spezielle, nämlich stetig differenzierbare Flächen behandelt werden, auf denen sich mit Hilfe ihrer Parameterdarstellung in einfacher Weise ein Maßbegriff einführen läßt. Dabei wird es sich nicht nur um zweidimensionale Flächen, sondern allgemein um k-dimensionale Mannigfaltigkeiten im n-dimensionalen Vektorraum X handeln, die hier allerdings als lokale Mannigfaltigkeiten bezeichnet werden. Da sie meist als orientierte Mannigfaltigkeiten aufgefaßt werden, soll zunächst an den Orientierungsbegriff erinnert werden.

In einem n-dimensionalen reellen Vektorraum X wird eine Orientierung durch Auszeichnung einer Basis $\{\mathfrak{a}_1, \ldots, \mathfrak{a}_n\}$ festgelegt, wobei es sich um eine numerierte Basis handelt; es kommt also wesentlich auch auf die Reihenfolge der Basisvektoren an. Ist $\{\mathfrak{a}'_1, \ldots, \mathfrak{a}'_n\}$ eine zweite Basis von X, so entspricht ihr hinsichtlich der ersten Basis eine Transformationsmatrix T. Die beiden Basen heißen nun **gleichorientiert,** wenn $\operatorname{Det} T > 0$ erfüllt ist, andernfalls **entgegengesetzt orientiert.** Die Gleichorientierung ist eine Äquivalenzrelation, hinsichtlich derer die Menge aller Basen von X in genau zwei Orientierungsklassen zerfällt. Der Vektorraum X heißt **orientiert,** wenn eine dieser beiden Klassen als positive Orientierungsklasse ausgezeichnet ist, wenn also z. B. eine Basis aus dieser Klasse als positiv orientiert festgelegt worden ist. Die Basen aus der anderen Klasse werden dann negativ orientiert genannt. Ist die Basis $\{\mathfrak{a}_1, \ldots, \mathfrak{a}_n\}$ positiv orientiert und ist π eine Permutation der Indizes, so ist $\{\mathfrak{a}_{\pi 1}, \ldots, \mathfrak{a}_{\pi n}\}$ genau dann ebenfalls positiv orientiert, wenn π eine gerade Permutation ist, wenn also $\operatorname{sgn} \pi = 1$ gilt. Ersetzt man in einer Basis eine ungerade Anzahl von Vektoren durch die zu ihnen negativen Vektoren, so bewirkt man hierdurch eine Umorientierung.

Bei den folgenden Untersuchungen wird der k-dimensionale Vektorraum $\mathbb{R}^k$ als Parameterraum fungieren ($k \leqq n$). Er wird stets als orientierter euklidischer Raum aufgefaßt: Seine kanonische Basis $\{\mathfrak{e}'_1, \ldots, \mathfrak{e}'_k\}$ soll eine die positive Orientierung bestimmende Orthonormalbasis sein. Ferner bedeuten G, G' usw. immer Gebiete des $\mathbb{R}^k$.

Ist nun $\psi : G \to X$ eine stetig differenzierbare Bijektion von G auf die Teilmenge $F = \psi G$ des n-dimensionalen euklidischen Raumes X, die die Rangbedingung $\operatorname{Rg}(d_{\mathfrak{u}} \psi) = k$ für alle $\mathfrak{u} \in G$ erfüllt, so ist F eine (lokale) k-dimensionale Mannigfaltigkeit, die sogar in folgendem Sinn orientiert ist: Jedem Punkt $\mathfrak{x} = \psi \mathfrak{u}$ ($\mathfrak{u} \in G$) von F ist eindeutig der Tangentialraum $T_{\mathfrak{x}} = (d_{\mathfrak{u}} \psi) \mathbb{R}^k$ zugeordnet, der hier als Unterraum von X aufgefaßt wird, also nicht als lineare Mannigfaltigkeit durch $\mathfrak{x}$. Die Orientierung des $\mathbb{R}^k$ kann nun durch ψ auf jeden dieser Tangentialräume dadurch übertragen werden, daß die Bildbasis $\{(d_{\mathfrak{u}} \psi) \mathfrak{e}'_1, \ldots, (d_{\mathfrak{u}} \psi) \mathfrak{e}'_k\}$ der kanonischen Basis des $\mathbb{R}^k$ die positive Orientierung von $T_{\mathfrak{x}}$ repräsentieren soll. Unter der Orientierung von F soll also die durch ψ übertragene Orientierung aller Tangentialräume verstanden werden.

Sind nun $\psi_1 : G_1 \to F$ und $\psi_2 : G_2 \to F$ zwei stetig differenzierbare Bijektionen, die beide die Rangbedingung erfüllen, so ist $\psi_{1,2} = \psi_2^{-1} \circ \psi_1$ eine stetig differenzierbare Bijektion von G_1 auf G_2 mit überall regulärem Differential. Es werden aber ψ_1 und ψ_2 nur genau dann auf F dieselbe Orientierung induzieren, wenn $d_{\mathfrak{u}}\psi_{1,2}: \mathbb{R}^k \to \mathbb{R}^k$ für alle $\mathfrak{u} \in G_1$ eine orientierungserhaltende lineare Abbildung ist, wenn also $\operatorname{Det}(d_{\mathfrak{u}}\psi_{1,2}) > 0$ in G_1 gilt. Allerdings genügt es, daß diese Bedingung in einem Punkt $\mathfrak{u}$ von G_1 erfüllt ist: Wegen der Regularität und Stetigkeit von $d\psi_{1,2}$ und wegen des Zusammenhangs von G_1 gilt sie dann nämlich automatisch in allen Punkten von G_1. Eine orientierte lokale Mannigfaltigkeit kann man hiernach als Klasse von in diesem Sinn äquivalenten Parameterdarstellungen auffassen.

Definition 35a: *Eine Abbildung* $\psi: G \to X$ *heißt* **regulär,** *wenn sie stetig differenzierbar und injektiv ist und in allen Punkten* $\mathfrak{u} \in G$ *die Rangbedingung* $\operatorname{Rg}(d_{\mathfrak{u}}\psi) = k$ *erfüllt.*
Zwei reguläre Abbildungen $\psi_1: G_1 \to X$ *und* $\psi_2: G_2 \to X$ *heißen* **äquivalent** (*in Zeichen:* $\psi_1 \sim \psi_2$), *wenn* $\psi_1 = \psi_2 \circ \psi_{1,2}$ *mit einer regulären Bijektion* $\psi_{1,2}: G_1 \to G_2$ *gilt, die außerdem die Bedingung* $\operatorname{Det}(d_{\mathfrak{u}}\psi_{1,2}) > 0$ *in* G_1 *erfüllt.*

Eine k-dimensionale **lokale Mannigfaltigkeit** $\hat{F}$ *ist eine Klasse äquivalenter regulärer Parameterdarstellungen* $\psi: G \to F$. *Sie ist dadurch orientiert, daß für jeden Punkt* $\mathfrak{x} = \psi\mathfrak{u}$ *von* F *der Tangentialraum mit der durch* ψ *übertragenen Orientierung versehen ist, die durch die Basis* $\{(d_{\mathfrak{u}}\psi)\mathfrak{e}_1', \ldots, (d_{\mathfrak{u}}\psi)\mathfrak{e}_k'\}$ *repräsentiert wird.*

Eine lokale Mannigfaltigkeit $\hat{F}$ ist von der durch sie bestimmten Bildmenge F zu unterscheiden. Wenn jedoch Verwechslungen nicht zu befürchten sind, soll nachträglich auf diese Unterscheidung verzichtet werden, indem auch die Mannigfaltigkeit mit F bezeichnet wird.
Speziell sei jetzt $\psi: G \to F$ eine regulärer Parameterdarstellung einer lokalen Mannigfaltigkeit F, die selbst Teilmenge eines k-dimensionalen Unterraums U von X ist. Dann ist auf den *Borel*'schen Teilmengen von F automatisch das k-dimensionale *Borel-Lebesgue*'sche Maß λ^k des Raumes U definiert. Aufgefaßt als Maß auf der σ-Algebra der *Borel*'schen Teilmengen von F soll es hier mit λ_F bezeichnet werden. Ist nun $M = \psi M'$ ($M' \subset G$) eine *Borel*'sche Teilmenge von F, so kann das Maß $\lambda_F(M)$ auch durch $\lambda^k(M')$ mit Hilfe der Transformationsformel auf folgende Weise gewonnen werden:
Wegen $F \subset U$ und $\operatorname{Dim} U = k$ ist U gleichzeitig Tangentialraum aller Punkte von F und damit durch ψ orientiert. Ist nun $\{\mathfrak{e}_1^*, \ldots, \mathfrak{e}_k^*\}$ eine fest gewählte positiv orientierte Orthonormalbasis von U, so gibt es genau einen Isomorphismus $\vartheta: U \to \mathbb{R}^k$ mit $\vartheta\mathfrak{e}_\kappa^* = \mathfrak{e}_\kappa'$ ($\kappa = 1, \ldots, k$), der somit maßtreu ist. Es ist dann $\vartheta \circ \psi$ eine stetig differenzierbare Bijektion von G auf ein Gebiet G^* von $\mathbb{R}^k$, mit der man die Transformationsformel 32.3 anwenden kann. Man erhält

wegen $d_{\mathfrak{u}}(\vartheta \circ \psi) = \vartheta \circ (d_{\mathfrak{u}}\psi)$

$$(*)\quad \lambda_F(M) = \lambda(\vartheta M) = \int_{\psi^-(M)} \operatorname{Det}\big(\vartheta \circ (d_{\mathfrak{u}}\psi)\big)\, d\lambda^k,$$

da ja wegen der Orientierungsfestsetzung die Determinante positiv ist und die Absolutstriche somit entfallen können. Das Integral hängt hiernach auch nicht von der willkürlichen Wahl der Orthonormalbasis $\{\mathfrak{e}_1^*, \ldots, \mathfrak{e}_k^*\}$ ab, was jedoch auch direkt unmittelbar folgt: Bei Wahl einer anderen positiv orientierten Orthonormalbasis von U ändert sich ϑ nur um eine eigentlich orthogonale Abbildung, also um eine Abbildung mit der Determinante Eins.

Die Gleichung (*) kann nun aber umgekehrt dazu benutzt werden, um auch im allgemeinen Fall einer lokalen Mannigfaltigkeit F ein Maß λ_F auf den *Borel*'schen Teilmengen von F zu definieren: Zu jedem Punkt $\mathfrak{x} = \psi\mathfrak{u}$ von F gehört eindeutig der k-dimensionale orientierte Tangentialraum $T_{\mathfrak{x}}$. Es sei dann $\{\mathfrak{e}_1^*(\mathfrak{x}), \ldots, \mathfrak{e}_k^*(\mathfrak{x})\}$ in jedem dieser Tangentialräume eine positiv orientierte Orthonormalbasis, und $\vartheta_{\mathfrak{x}} = \vartheta_{\psi\mathfrak{u}}$ sei derjenige Isomorphismus $\vartheta_{\mathfrak{x}}: T_{\mathfrak{x}} \to \mathbb{R}^k$, für den $\vartheta_{\mathfrak{x}}\mathfrak{e}_\kappa^*(\mathfrak{x}) = \mathfrak{e}'_\kappa$ $(\kappa = 1, \ldots, k)$ gilt. Durch $\chi\mathfrak{u} = \operatorname{Det}\big(\vartheta_{\psi\mathfrak{u}} \circ (d_{\mathfrak{u}}\psi)\big)$ wird dann eine stetige Abbildung $\chi: G \to \mathbb{R}$ und durch

$$\lambda_F(M) = \int_{\psi^-(M)} \chi\, d\lambda^k$$

wird auf den *Borel*'schen Teilmengen von F ein Maß λ_F definiert: Die Stetigkeit von χ folgt aus der stetigen Differenzierbarkeit von ψ, da ja $\vartheta_{\psi\mathfrak{u}}$ ohnehin nur bis auf eigentlich orthogonale Abbildungen bestimmt ist und nur als maßtreuer Isomorphismus dient. Und die Maßeigenschaften von λ_F ergeben sich unmittelbar aus den entsprechenden Eigenschaften des Integrals. Schließlich hängt auch das so erklärte Maß nur von der lokalen Mannigfaltigkeit, nicht aber von der speziellen Parameterdarstellung ab: Es seinen nämlich $\psi_1: G_1 \to F$ und $\psi_2: G_2 \to F$ zwei reguläre Parameterdarstellungen von F. Wegen $\psi_1 = \psi_2 \circ \psi_{1,2}$ erhält man mit $\mathfrak{v} = \psi_{1,2}\mathfrak{u}$

$$\begin{aligned}\operatorname{Det}\big(\vartheta_{\psi_1\mathfrak{u}} \circ (d_{\mathfrak{u}}\psi_1)\big) &= \operatorname{Det}\big(\vartheta_{\psi_2\mathfrak{v}} \circ (d_{\mathfrak{v}}\psi_2) \circ (d_{\mathfrak{u}}\psi_{1,2})\big)\\ &= \operatorname{Det}\big(\vartheta_{\psi_2\mathfrak{v}} \circ (d_{\mathfrak{v}}\psi_2)\big) \cdot \operatorname{Det}(d_{\mathfrak{u}}\psi_{1,2})\end{aligned}$$

und weiter mit Hilfe der Transformationsformel 32.3 dann

$$\begin{aligned}\int_{\psi_1^-(M)} \chi_1\, d\lambda^k &= \int_{\psi_1^-(M)} \operatorname{Det}\big(\vartheta_{\psi_1\mathfrak{u}} \circ (d_{\mathfrak{u}}\psi_1)\big)\, d\lambda^k\\ &= \int_{\psi_2^-(M)} \operatorname{Det}\big(\vartheta_{\psi_2\mathfrak{v}} \circ (d_{\mathfrak{v}}\psi_2)\big)\, d\lambda^k = \int_{\psi_2^-(M)} \chi_2\, d\lambda^k.\end{aligned}$$

Damit ist die anschließende Definition gerechtfertigt, die die besprochenen Begriffe nochmals zusammenfaßt.

Definition 35b: *Es sei $\psi: G \to F$ eine reguläre Parameterdarstellung der lokalen Mannigfaltigkeit F. Dann heißt das durch*

$$\lambda_F(M) = \int_{\psi^-(M)} \chi\, d\lambda^k = \int_{\psi^-(M)} \operatorname{Det}\left(\vartheta_{\psi u} \circ (d_u \psi)\right) d\lambda^k$$

auf den Borel'schen Teilmengen von F definierte Maß λ_F das **Flächemaß** *von F.*

Um diese Definition praktisch verwerten zu können, bedarf es noch der Berechnung der in dem Integral auftretenden Determinante. Hierüber gibt der folgende Satz Auskunft, in dem der Stern die Adjungiertenbildung bezeichnet, der matrizentheoretisch bekanntlich die Transposition entspricht.

35.1 $\chi u = \operatorname{Det}\left(\vartheta_{\psi u} \circ (d_u \psi)\right) = \sqrt{\operatorname{Det}\left((d_u \psi)^* \circ (d_u \psi)\right)}$.

Beweis: Bei beliebiger Wahl von $\mathfrak{x} = \psi u$ gilt

$$\left((\vartheta_{\mathfrak{x}}^* \circ \vartheta_{\mathfrak{x}})\, \mathfrak{e}_\kappa^*\right) \cdot \mathfrak{e}_\lambda^* = (\vartheta_{\mathfrak{x}} \mathfrak{e}_\kappa^*) \cdot (\vartheta_{\mathfrak{x}} \mathfrak{e}_\lambda^*) = \mathfrak{e}_\kappa' \cdot \mathfrak{e}_\lambda' = \delta_{\kappa,\lambda}$$

für alle Indexpaare. Daher ist $\vartheta_{\mathfrak{x}}^* \circ \vartheta_{\mathfrak{x}}$ die Identität von $T_{\mathfrak{x}}$. Es folgt

$$\left(\vartheta_{\psi u} \circ (d_u \psi)\right)^* \circ \left(\vartheta_{\psi u} \circ (d_u \psi)\right) = (d_u \psi)^* \circ \vartheta_{\psi u}^* \circ \vartheta_{\psi u} \circ (d_u \psi) = (d_u \psi)^* \circ (d_u \psi).$$

Da $\omega_u = \vartheta_{\psi u} \circ (d_u \psi)$ eine lineare Abbildung des $\mathbb{R}^k$ auf sich ist, gilt $\operatorname{Det} \omega_u^* =$ $= \operatorname{Det} \omega_u$, und es folgt

$$(\chi u)^2 = (\operatorname{Det} \omega_u)^2 = \operatorname{Det}(\omega_u^* \circ \omega_u) = \operatorname{Det}\left((d_u \psi)^* \circ (d_u \psi)\right),$$

also die Behauptung. ◆

Hingewiesen sei noch darauf, daß $\operatorname{Det}\left((d_u \psi)^* \circ (d_u \psi)\right)$ nicht etwa ebenfalls nach dem Produktsatz als Produkt von zwei Determinanten geschrieben werden kann: $d_u \psi$ ist nämlich keine Abbildung des $\mathbb{R}^k$ auf sich, sondern von $\mathbb{R}^k$ auf $T_{\psi u}$, also in X, so daß von ihr keine Determinante gebildet werden kann. Erst $(d_u \psi)^* \circ (d_u \psi)$ bildet den $\mathbb{R}^k$ auf sich ab.
Mit Hilfe dieses Satzes folgt nun unmittelbar aus der Definition und entsprechenden früheren Resultaten

35.2 *Es sei $\psi: G \to F$ eine reguläre Parameterdarstellung der lokalen Mannigfaltigkeit F. Eine Abbildung $\varphi: M \to Y$ ist genau dann auf der Borel'schen Teilmenge M von F nach dem Flächenmaß λ_F integrierbar, wenn $\varphi \circ \psi$ auf $\psi^-(M)$ nach dem Borel-Lebesgue'schen Maß λ^k integrierbar ist. In diesem Fall gilt*

$$\int_M \varphi\, d\lambda_F = \int_{\psi^-(M)} (\varphi \circ \psi) \sqrt{\operatorname{Det}\left((d\psi)^* \circ (d\psi)\right)}\, d\lambda^k.$$

Im Spezialfall einer eindimensionalen lokalen Mannigfaltigkeit, also im Fall einer Kurve, geht diese Gleichung in die entsprechende Gleichung für Kurvenintegrale über: Es ist dann nämlich $(d\psi)^* \circ (d\psi)$ diejenige Abbildung, die jeden Parameterwert t auf $|\dot{\psi}(t)|^2$ abbildet. Für allgemeinere Fälle nun zwei Beispiele.

35. I Ist F eine zweidimensionale Mannigfaltigkeit im $\mathbb{R}^3$, also eine Fläche, so erhält man das Flächenmaß von F oder von einer Teilmenge von F durch Integration der konstanten Funktion Eins. Zum Beispiel wird durch

$$\psi \mathfrak{u} = (\cos u \cos v, \sin u \cos v, \sin v) \qquad \left(0 \leqq u \leqq 2\pi, -\frac{\pi}{2} \leqq v \leqq \frac{\pi}{2}\right)$$

die 2-Sphäre S^2, nämlich die Oberfläche der Einheitskugel, beschrieben. Mit einer lokalen Mannigfaltigkeit hat man es allerdings erst dann zu tun, wenn man in den Ungleichungen des Parameterbereichs das Gleichheitszeichen überall ausschließt. Hier entspricht $d\psi$ die Funktionalmatrix

$$A = \begin{pmatrix} -\sin u \cos v & \cos u \cos v & 0 \\ -\cos u \sin v & -\sin u \sin v & \cos v \end{pmatrix}$$

und daher $(d\psi)^* \circ (d\psi)$ die Matrix

$$A \cdot A^T = \begin{pmatrix} \cos^2 v & 0 \\ 0 & 1 \end{pmatrix},$$

so daß die Quadratwurzel aus ihrer Determinante den Wert $|\cos v|$ besitzt. Wegen $-\frac{\pi}{2} < v < \frac{\pi}{2}$ können die Absolutstriche jedoch entfallen. Für das Oberflächenmaß von S^2 erhält man daher den bekannten Wert

$$\int_0^{2\pi} \int_{-\frac{\pi}{2}}^{\frac{\pi}{2}} \cos v \, dv \, du = 4\pi.$$

Der Ausschluß der Parametergrenzen spielt hierbei keine Rolle, da es sich lediglich um Nullmengen handelt.

35. II Durch

$$\psi \mathfrak{u} = (u \cos v, u \sin v, u + \cos v, \sin v) \qquad \left(0 < u < 2, 0 < v < \frac{\pi}{2}\right)$$

wird eine zweidimensionale lokale Mannigfaltigkeit F im $\mathbb{R}^4$ definiert. Auf ihr soll die durch

$$\varphi \mathfrak{x} = (3x_1 x_4, \sqrt{x_1^2 + x_2^2 + x_3^2 - 2x_1 + 1})$$

gegebene Abbildung $\varphi: \mathbb{R}^4 \to \mathbb{R}^2$ integriert werden. Bezeichnet man wieder mit A die zu $d\psi$ gehörende Funktionalmatrix, so gilt

$$A = \begin{pmatrix} \cos v & \sin v & 1 & 0 \\ -u\sin v & u\cos v & -\sin v & \cos v \end{pmatrix}, \quad A \cdot A^T = \begin{pmatrix} 2 & -\sin v \\ -\sin v & u^2+1 \end{pmatrix}$$

und daher

$$\operatorname{Det}\left((d\psi)^* \circ (d\psi)\right) = 2u^2 + 2 - \sin^2 v = 2u^2 + \cos^2 v + 1 .$$

Es folgt

$$\int_F \varphi \, d\lambda_F = \int_0^2 \int_0^{\frac{\pi}{2}} \left(3u \sin v \cos v, \sqrt{2u^2 + \cos^2 v + 1}\right) \sqrt{2u^2 + \cos^2 v + 1} \, dv \, du$$

$$= \int_0^2 \left(u(\sqrt{2u^2+1}^3 - \sqrt{2u^2+2}^3), (4u^2+3)\frac{\pi}{4} \right) du$$

$$= \left(\frac{1}{10}(\sqrt{2u^2+1}^5 - \sqrt{2u^2+2}^5), \left(\frac{u^3}{3} + \frac{3}{4}u\right)\pi \right)\Bigg|_0^2$$

$$= \left(\frac{3^5}{10} - \frac{1}{10} - \sqrt{10}^3 + \frac{\sqrt{2}^3}{5}, \frac{25}{6}\pi \right).$$

Bisher spielte bei der Maßbestimmung und bei der Integration die Orientierung der lokalen Mannigfaltigkeit keine Rolle. Wesentlich ist sie jedoch in dem folgenden Sonderfall einer Hyperfläche.

Der n-dimensionale Vektorraum X sei jetzt ebenfalls als orientiert vorausgesetzt. Ferner sei $k = n - 1$. Die durch eine reguläre Parameterdarstellung $\psi: G \to F$ beschriebene lokale Mannigfaltigkeit F ist dann $(n-1)$-dimensional und somit eine Hyperfläche. Es ist also auch in jedem Punkt $\mathfrak{x} \in F$ der Tangentialraum $T_{\mathfrak{x}}$ ein $(n-1)$-dimensionaler orientierter Vektorraum, dessen Orientierung etwa durch die Basis $\{\mathfrak{a}_{\mathfrak{x},1}, \ldots, \mathfrak{a}_{\mathfrak{x},n-1}\}$ repräsentiert werde. Da außerdem X als orientiert vorausgesetzt ist, gibt es genau einen zu $T_{\mathfrak{x}}$ orthogonalen Einheitsvektor $\mathfrak{n}_{\mathfrak{x}}$, mit dem $\{\mathfrak{n}_{\mathfrak{x}}, \mathfrak{a}_{\mathfrak{x},1} \ldots, \mathfrak{a}_{\mathfrak{x},n-1}\}$ eine die positive Orientierung von X repräsentierende Basis ist. Als Normalenvektor von F in $\mathfrak{x}$ ist $\mathfrak{n}_{\mathfrak{x}}$ nur bis aufs Vorzeichen bestimmt. Seine eindeutige Festlegung ist erst mit Hilfe der Orientierung von X möglich.

Definition 35c: *Es sei F eine Hyperfläche im orientierten Raum X, und $\mathfrak{v} = \mathfrak{v}(\mathfrak{x})$ sei ein auf F integrierbares Vektorfeld. Dann wird*

$$\int_F \mathfrak{v}(\mathfrak{x}) \cdot \mathfrak{n}_{\mathfrak{x}} \, d\lambda_F$$

das **Normalintegral** *von $\mathfrak{v}$ auf F genannt.*

Sind in X beliebige Vektoren $\mathfrak{a}_1, \ldots, \mathfrak{a}_n$ gegeben, so wurde in 13.II die Determinante $\operatorname{Det}(\mathfrak{a}_1, \ldots, \mathfrak{a}_n)$ definiert: Es war die Determinante der Matrix aus den Koordinaten der Vektoren $\mathfrak{a}_1, \ldots, \mathfrak{a}_n$ hinsichtlich einer positiv orientierten Orthonormalbasis von X. Wie damals gezeigt wurde, hängt ihr Wert nicht von der Wahl der Orthonormalbasis ab. Mit Hilfe dieser Determinante kann nun das Normalintegral eines Vektorfelds besonders einfach berechnet werden.

35.3 *Es sei $\psi : G \to F$ eine reguläre Parameterdarstellung der $(n-1)$-dimensionalen lokalen Mannigfaltigkeit F im n-dimensionalen orientierten euklidischen Raum X, und $\mathfrak{v} = \mathfrak{v}(\mathfrak{x})$ sei ein auf F integrierbares Vektorfeld. Dann gilt*

$$\int_F \mathfrak{v}(\mathfrak{x}) \cdot \mathfrak{n}_{\mathfrak{x}} \, d\lambda_F = \int_G \operatorname{Det}\big(\mathfrak{v}(\psi(\mathfrak{u})), (d_{\mathfrak{u}}\psi)\mathfrak{e}_1', \ldots, (d_{\mathfrak{u}}\psi)\mathfrak{e}_{n-1}'\big) \, d\lambda^{n-1},$$

wobei $\{\mathfrak{e}_1', \ldots, \mathfrak{e}_{n-1}'\}$ die kanonische oder eine beliebige andere positiv orientierte Orthonormalbasis des $\mathbb{R}^{n-1}$ ist.

Beweis: Bei festem $\mathfrak{x} = \psi\mathfrak{u}$ bilden die Vektoren $\mathfrak{a}_\nu = (d_{\mathfrak{u}}\psi)\mathfrak{e}_\nu'$ $(\nu = 1, \ldots, n-1)$ eine die positive Orientierung bestimmende Basis von $T_{\mathfrak{x}}$. Weiter sei $\{\mathfrak{e}_1, \ldots, \mathfrak{e}_{n-1}\}$ eine ebenfalls positiv orientierte Orthonormalbasis von $T_{\mathfrak{x}}$, so daß nach Definition von $\mathfrak{n}_{\mathfrak{x}}$ schließlich $\{\mathfrak{n}_{\mathfrak{x}}, \mathfrak{e}_1, \ldots, \mathfrak{e}_{n-1}\}$ eine die positive Orientierung von X bestimmende Orthonormalbasis ist. Daher gilt

$$\operatorname{Det}\big(\mathfrak{v}(\psi\mathfrak{u}), (d_{\mathfrak{u}}\psi)\mathfrak{e}_1', \ldots, (d_{\mathfrak{u}}\psi)\mathfrak{e}_{n-1}'\big)$$

$$= \begin{vmatrix} \mathfrak{v}\cdot\mathfrak{n}_{\mathfrak{x}} & \mathfrak{v}\cdot\mathfrak{e}_1 & \cdots & \mathfrak{v}\cdot\mathfrak{e}_{n-1} \\ 0 & \mathfrak{a}_1\cdot\mathfrak{e}_1 & \cdots & \mathfrak{a}_1\cdot\mathfrak{e}_{n-1} \\ \cdot & \cdots & \cdots & \cdots \\ 0 & \mathfrak{a}_{n-1}\cdot\mathfrak{e}_1 & \cdots & \mathfrak{a}_{n-1}\cdot\mathfrak{e}_{n-1} \end{vmatrix} = (\mathfrak{v}\cdot\mathfrak{n}_{\mathfrak{x}}) \begin{vmatrix} \mathfrak{a}_1\cdot\mathfrak{e}_1 & \cdots & \mathfrak{a}_1\cdot\mathfrak{e}_{n-1} \\ \cdots & \cdots & \cdots \\ \mathfrak{a}_{n-1}\cdot\mathfrak{e}_1 & \cdots & \mathfrak{a}_{n-1}\cdot\mathfrak{e}_{n-1} \end{vmatrix}.$$

Andererseits erhält man aber auch (vgl. L.A.19B)

$$\operatorname{Det}\big((d_{\mathfrak{u}}\psi)^* \circ (d_{\mathfrak{u}}\psi)\big)$$

$$= \begin{vmatrix} \mathfrak{a}_1\cdot\mathfrak{a}_1 & \cdots & \mathfrak{a}_1\cdot\mathfrak{a}_{n-1} \\ \cdots & \cdots & \cdots \\ \mathfrak{a}_{n-1}\cdot\mathfrak{a}_1 & \cdots & \mathfrak{a}_{n-1}\cdot\mathfrak{a}_{n-1} \end{vmatrix} = \left(\begin{vmatrix} \mathfrak{a}_1\cdot\mathfrak{e}_1 & \cdots & \mathfrak{a}_1\cdot\mathfrak{e}_{n-1} \\ \cdots & \cdots & \cdots \\ \mathfrak{a}_{n-1}\cdot\mathfrak{e}_1 & \cdots & \mathfrak{a}_{n-1}\cdot\mathfrak{e}_{n-1} \end{vmatrix} \right)^2.$$

Beachtet man nun noch, daß die rechts in der Klammer stehende Determinante wegen der Gleichorientierung der Basen $\{\mathfrak{a}_1, \ldots, \mathfrak{a}_{n-1}\}$ und $\{\mathfrak{e}_1, \ldots, \mathfrak{e}_{n-1}\}$ von $T_{\mathfrak{x}}$ positiv ist, so folgt insgesamt

$$\operatorname{Det}\big(\mathfrak{v}(\psi\mathfrak{u}), (d_{\mathfrak{u}}\psi)\mathfrak{e}_1', \ldots, (d_{\mathfrak{u}}\psi)\mathfrak{e}_{n-1}'\big) = \big(\mathfrak{v}(\psi\mathfrak{u})\cdot\mathfrak{n}_{\mathfrak{x}}\big)\sqrt{\operatorname{Det}\big((d_{\mathfrak{u}}\psi)^* \circ (d_{\mathfrak{u}}\psi)\big)}$$

und damit wegen 35.2 die Behauptung. ◆

Im Spezialfall einer zweidimensionalen Fläche im dreidimensionalen Raum kann man die Parameterdarstellung kürzer in der Form $\mathfrak{x} = \mathfrak{x}(u, v)$ mit zwei auf die kanonische Basis des $\mathbb{R}^2$ bezogenen Parametern schreiben. Die die Tangentialebene aufspannenden Vektoren $(d_u\psi)\mathfrak{e}_1'$, $(d_u\psi)\mathfrak{e}_2'$ sind dann gerade die Vektoren $\mathfrak{x}_u'$ und $\mathfrak{x}_v'$, und es gilt

$$\operatorname{Det}\big(\mathfrak{v}(\mathfrak{x}), \mathfrak{x}_u', \mathfrak{x}_v'\big) = \mathfrak{v}(\mathfrak{x}) \cdot (\mathfrak{x}_u' \times \mathfrak{x}_v'),$$

da das Vektorprodukt hinsichtlich seiner Orientierung gerade entsprechend definiert ist. Der letzte Satz soll nun abschließend noch an einem Beispiel illustriert werden.

35. III Im $\mathbb{R}^3$ wird hinsichtlich einer positiv orientierten Orthonormalbasis durch

$$\mathfrak{x}(u, v) = \big((2 + v\cos u)\cos 2u, (2 + v\cos u)\sin 2u, v\sin u\big)$$
$$\textit{mit} \quad 0 < u < \pi \quad \textit{und} \quad -1 < v < 1$$

eine zweidimensionale lokale Mannigfaltigkeit F definiert, die Teil des **Möbius-Bandes** ist, das im nächsten Paragraphen noch eine Rolle spielen wird. Auf F soll das Normalintegral des durch

$$\mathfrak{v}(\mathfrak{x}) = (-y, x, 1)$$

gegebenen Vektorfeldes berechnet werden. Nach leichter Zwischenrechnung erhält man

$$\begin{aligned} \mathfrak{x}_u' &= (-2y - z\cos 2u,\ 2x - z\sin 2u,\ v\cos u),\\ \mathfrak{x}_v' &= (\cos u\cos 2u,\ \cos u\sin 2u,\ \sin u),\\ \mathfrak{x}_u' \times \mathfrak{x}_v' &= \big(2x\sin u - v\sin 2u,\ 2y\sin u + v\cos 2u,\ -2(2 + v\cos u)\cos u\big) \end{aligned}$$

und damit dann

$$\begin{aligned} \mathfrak{v}\big(\mathfrak{x}(u, v)\big) \cdot (\mathfrak{x}_u' \times \mathfrak{x}_v') &= (2 + v\cos u)(v - 2\cos u)\\ &= (v^2 - 4)\cos u + 2v\sin^2 u. \end{aligned}$$

Es folgt

$$\int_F \mathfrak{v} \cdot \mathfrak{n}_{\mathfrak{x}} d\lambda_F = \int_{-1}^{1} \int_0^{\pi} [(v^2 - 4)\cos u + 2v\sin^2 u]\, du\, dv = \pi \int_{-1}^{1} v\, dv = 2\pi.$$

Ergänzungen und Aufgaben

35A Ist $\hat{F}_1$ eine lokale Mannigfaltigkeit mit der zugehörigen Bildmenge F, so tritt diese noch als Bildmenge genau einer zweiten lokalen Mannigfaltigkeit $\hat{F}_2$

auf: Ist nämlich $\psi_1: G_1 \to F$ eine reguläre Parameterdarstellung aus $\hat{F}_1$ und $\psi_{1,2}: G_1 \to G_2$ eine reguläre Bijektion mit $\operatorname{Det}(d\psi_{1,2}) < 0$, so repräsentiert $\psi_2 = \psi_1 \circ \psi_{1,2}^{-1}$ eine von $\hat{F}_1$ verschiedene lokale Mannigfaltigkeit $\hat{F}_2$ mit derselben Bildmenge F. Alle anderen regulären Abbildungen $\psi: G \to F$ sind dann jedoch zu ψ_1 oder ψ_2 äquivalent. Die lokalen Mannigfaltigkeiten $\hat{F}_1$ und $\hat{F}_2$ bestimmen die beiden Orientierungsmöglichkeiten der Teilmenge F des $\mathbb{R}^n$. Daß es aber nur genau zwei solche lokalen Mannigfaltigkeiten zu F gibt, also auch nur genau zwei Orientierungsmöglichkeiten, liegt entscheidend daran, daß die Definitionsbereiche der Abbildungen generell als Gebiete vorausgesetzt wurden. Ist z. B. $\psi: D \to F$ eine reguläre Abbildung, deren Definitionsbereich eine Vereinigung von r disjunkten Gebieten $G_1, \ldots, G_r$ ist, so sind auch die Restriktionen $\psi_1, \ldots, \psi_r$ von ψ auf diese Gebiete regulär, und F zerfällt in lokale Mannigfaltigkeiten $\hat{F}_1, \ldots, \hat{F}_r$, die durch $\psi_\varrho: G_\varrho \to F_\varrho$ $(\varrho = 1, \ldots, r)$ repräsentiert werden. Da jede der r Teilmengen F_ϱ des $\mathbb{R}^n$ zwei Orientierungen zuläßt, gibt es dann für F sogar 2^r Orientierungsmöglichkeiten.

Aufgabe: Es sei D eine offene Teilmenge des $\mathbb{R}^n$. Man zeige, daß sich D auf genau eine Weise als Vereinigung höchstens abzählbar vieler disjunkter Gebiete darstellen läßt.

35B Es sei $\psi_1: G_1 \to F_1$ eine reguläre Parameterdarstellung einer k-dimensionalen lokalen Mannigfaltigkeit im $\mathbb{R}^m$. Ferner sei G_2 ein Teilgebiet des $\mathbb{R}^m$ mit $F_1 \subset G_2$, und $\psi_2: G_2 \to F_2$ sei eine reguläre Parameterdarstellung einer lokalen Mannigfaltigkeit im $\mathbb{R}^n$ $(k \leqq m \leqq n)$.

Aufgabe: (1) Man zeige, daß $\psi_2 \circ \psi_1: G_1 \to F$ eine reguläre Parameterdarstellung einer k-dimensionalen lokalen Mannigfaltigkeit im $\mathbb{R}^n$ ist.
(2) Im Fall $k < m$ zeige man weiter, daß $\lambda_{F_2}(F) = 0$ gilt.

35C Die durch

$$\mathfrak{x} = \psi(u, v) = (\cos u \cos v, \sin u \cos v, \sin v) \qquad \left(0 \leqq u \leqq 2\pi, -\frac{\pi}{2} \leqq v \leqq \frac{\pi}{2}\right)$$

beschriebene Sphäre S^2 im $\mathbb{R}^3$ ist keine lokale Mannigfaltigkeit, weil ψ nicht injektiv ist und $d\psi$ in den „Polen" auch nicht die Rangbedingung erfüllt. Eine lokale Mannigfaltigkeit erhält man erst, wenn man in den Ungleichungen für die Parameter u und v die Gleichheitszeichen ausschließt, wenn man also aus S^2 einen Meridian einschließlich der Pole entfernt.

Aufgabe: (1) Man zeige, daß S^2 nicht Bildmenge einer lokalen Mannigfaltigkeit sein kann.
(2) Man bestimme eine minimale Teilmenge M von S^2, so daß $S^2 \setminus M$ Bildmenge einer lokalen Mannigfaltigkeit ist.

35D Aufgabe: Man berechne das $(n-1)$-dimensionale Flächenmaß der Sphäre S^{n-1} (Oberfläche der Einheitskugel im $\mathbb{R}^n$) zunächst direkt mit Hilfe von 35.2. Welcher Zusammenhang besteht mit dem Volumen der Einheitskugel? (Vgl. 31D und 32B.)

§ 36 Mannigfaltigkeiten

Viele wichtige Flächentypen wie z. B. die zweidimensionale Sphäre S^2 fallen nicht unter den Begriff der lokalen Mannigfaltigkeit, weil sie sich nicht mit einer einzigen regulären Parameterdarstellung beschreiben lassen. Häufig aber können sie aus lokalen Mannigfaltigkeiten zusammengesetzt werden. Einer entsprechenden Verallgemeinerung dienen die folgenden Begriffsbildungen.

Lokale Mannigfaltigkeiten waren als Klassen äquivalenter regulärer Abbildungen von Gebieten des $\mathbb{R}^k$ definiert. Eine die lokale Mannigfaltigkeit F repräsentierende reguläre Abbildung $\psi: G \to F$ hat demnach folgende Eigenschaften: Sie ist eine topologische Abbildung des Gebiets G des $\mathbb{R}^k$ auf F, also eine Bijektion von G auf F, die samt ihrer Umkehrabbildung stetig ist. Eine solche topologische Abbildung wird auch als **Homöomorphismus** bezeichnet, und Teilmengen von Vektorräumen, die durch eine topologische Abbildung aufeinander abbildbar sind, werden **homöomorph** genannt. Eine k-dimensionale lokale Mannigfaltigkeit ist also homöomorph zu einem Gebiet des $\mathbb{R}^k$. Neben dieser topologischen Eigenschaft besitzt eine lokale Mannigfaltigkeit aber auch noch eine Differenzierbarkeitseigenschaft, da ja ψ als reguläre Abbildung stetig differenzierbar ist und außerdem überall die Rangbedingung erfüllt. Diese besagt, daß auch das Differential $d\psi$ überall injektiv ist. Eine Konsequenz besteht darin, daß die durch zwei äquivalente reguläre Abbildungen $\psi_1: G_1 \to F$ und $\psi_2: G_2 \to F$ bestimmte Transformation $\psi_{1,2} = \psi_2^{-1} \circ \psi_1$ ein Homöomorphismus ist, der samt seiner Umkehrabbildung außerdem regulär ist. Derartige Bijektionen, die samt ihrer Umkehrabbildung stetig differenzierbar sind, werden auch als **Diffeomorphismen** bezeichnet.

Von den nachfolgend definierten Mannigfaltigkeiten wird nun gefordert, daß sie die Eigenschaften lokaler Mannigfaltigkeiten auch wirklich nur lokal zu besitzen brauchen. Dabei kann sich diese Forderung lediglich auf die topologischen Eigenschaften beziehen, oder sie kann außerdem noch die Differenzierbarkeitseigenschaften mit einschließen. Wie bisher sei jetzt wieder X ein euklidischer Vektorraum der Dimension $n \geqq k$.

Definition 36a: *Eine nicht leere Teilmenge M von X heißt k-dimensionale*

(topologische) Mannigfaltigkeit, *wenn es zu jedem Punkt* $\mathfrak{x} \in M$ *eine offene Umgebung* U *in* X, *ein Gebiet* G *im* $\mathbb{R}^k$ *und eine topologische Abbildung* $\psi: G \to U \cap M$ *gibt.* $F = U \cap M$ *wird dann ein* **Kartenbereich,** G *eine* **Karte** *und* ψ *die zugehörige* **Kartenabbildung** *genannt. Können die Kartenabbildungen sogar als reguläre Abbildungen gewählt werden, so wird* M *als* **differenzierbare Mannigfaltigkeit** *bezeichnet.*

Jede differenzierbare Mannigfaltigkeit ist hiernach Vereinigung von lokalen Mannigfaltigkeiten. Umgekehrt braucht aber eine Vereinigung von lokalen Mannigfaltigkeiten nicht einmal eine topologische Mannigfaltigkeit zu sein: So ist z.B. jeder stetig differenzierbare Bogen eine eindimensionale lokale Mannigfaltigkeit, während zwei sich schneidende Bogen keine topologische Mannigfaltigkeit bilden, da der Charakter einer Mannigfaltigkeit im Schnittpunkt verletzt ist.
Sind $\psi_1: G_1 \to F_1$ und $\psi_2: G_2 \to F_2$ zwei Kartenabbildungen auf Kartenbereiche, deren Durchschnitt $F_{1,2} = F_1 \cap F_2$ nicht leer ist, so ist $\psi_{1,2} = \psi_2^{-1} \circ \psi_1$ ein Homöomorphismus von $G_1' = \psi_1^{-}(F_{1,2})$ auf $G_2' = \psi_2^{-}(F_{1,2})$, den man jetzt auch als zugehörigen **Kartenwechsel** bezeichnet. Wenn die Kartenabbildungen ψ_1, ψ_2 speziell regulär sind, ist der Kartenwechsel $\psi_{1,2}$ sogar ein Diffeomorphismus, und $d_{\mathfrak{u}}\psi_{1,2}: \mathbb{R}^k \to \mathbb{R}^k$ ist für alle $\mathfrak{u} \in G_1'$ ein Isomorphismus.

Definition 36b: *Ein System* $\mathfrak{A} = \{(G_\iota, \psi_\iota): \iota \in I\}$ *von Karten* G_ι *und Kartenabbildungen* ψ_ι *einer topologischen Mannigfaltigkeit* M *heißt ein* **Atlas** *von* M, *wenn die zugehörigen Kartenbereiche* $F_\iota = \psi_\iota G_\iota$ *eine Überdeckung von* M *bilden. Ferner wird* $\mathfrak{A}$ *im Fall einer differenzierbaren Mannigfaltigkeit* M *ein* **differenzierbarer Atlas** *genannt, wenn außerdem alle Kartenabbildungen* ψ_ι *regulär sind.*

Jede (differenzierbare) Mannigfaltigkeit besitzt nach Definition mindestens einen (differenzierbaren) Atlas. Im allgemeinen wird man jedoch bemüht sein, zur Beschreibung einer Mannigfaltigkeit sich eines möglichst kleinen Atlanten zu bedienen. Zwar wird man nicht immer mit einem endlichen Atlas auskommen, wohl aber mit einem abzählbaren Atlas, wie der folgende Satz zeigt.

36.1 *Jede (differenzierbare) Mannigfaltigkeit* M *besitzt einen abzählbaren (differenzierbaren) Atlas.*

Beweis: Es sei $\mathfrak{A} = \{(G_\iota, \psi_\iota): \iota \in I\}$ ein (differenzierbarer) Atlas von M. Die Kartenbereiche $F_\iota = \psi_\iota G_\iota$ sind dann in M offene Mengen. Es gibt also offene Teilmengen U_ι von X mit $F_\iota = U_\iota \cap M$, und $\{U_\iota: \iota \in I\}$ ist eine offene Überdeckung von M. Wegen 5.1 gibt es dann aber eine abzählbare Teilmenge I_0 von I, mit der $\{U_\iota: \iota \in I_0\}$ ebenfalls eine Überdeckung von M und daher auch $\mathfrak{A}_0 = \{(G_\iota, \psi_\iota): \iota \in I_0\}$ ein abzählbarer (differenzierbarer) Atlas von M ist. ◆

36. I Die Sphäre S^2 im dreidimensionalen Raum ist eine zweidimensionale differenzierbare Mannigfaltigkeit: Die Karten

$$G_1 = \left\{(u, v):\quad 0 < u < 2\pi \wedge -\frac{\pi}{2} < v < \frac{\pi}{2}\right\} = \left]\,0, 2\pi\right[\times\left]-\frac{\pi}{2}, \frac{\pi}{2}\right[,$$

$$G_2 = \left\{(u, v): -\pi < u < \pi \wedge -\frac{\pi}{2} < v < \frac{\pi}{2}\right\} = \left]-\pi, \pi\right[\times\left]-\frac{\pi}{2}, \frac{\pi}{2}\right[$$

mit den durch

$$\psi_1(u, v) = (\cos u \cos v,\ \sin u \cos v,\ \sin v),$$
$$\psi_2(u, v) = (\cos u \cos v,\ \sin v,\ \sin u \cos v)$$

definierten Kartenabbildungen $\psi_1: G_1 \to F_1$, $\psi_2: G_2 \to F_2$ bilden einen differenzierbaren Atlas von S^2. Die Kartenbereiche F_1, F_2 entstehen aus S^2 je durch Herausnahme eines halben Großkreises (Meridian), wobei diese beiden Halbkreise punktfremd sind. (Hinsichtlich der Kartenwechsel, vgl. 36A.)

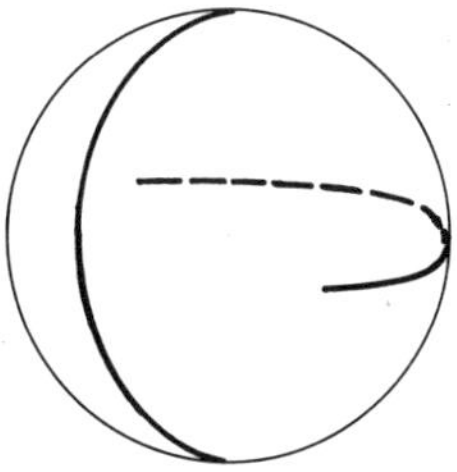

36. II Die durch

$$\psi(u, v) = \big((2 + \cos v)\cos u,\ (2 + \cos v)\sin u,\ \sin v\big)$$

definierte stetig differenzierbare Abbildung $\psi: \mathbb{R}^2 \to \mathbb{R}^3$ bildet den $\mathbb{R}^2$ auf eine **Torusfläche** T im $\mathbb{R}^3$ ab. Die das Differential $d\psi$ beschreibende Funktionalmatrix

$$A(u, v) = \begin{pmatrix} -(2 + \cos v)\sin u & (2 + \cos v)\cos u & 0 \\ -\sin v \cos u & -\sin v \sin u & \cos v \end{pmatrix}$$

hat wegen $\operatorname{Det}(AA^T) = (2 + \cos v)^2 > 0$ überall den Rang 2. Jedoch bildet ψ kein Teilgebiet des $\mathbb{R}^2$ bisjektiv auf T ab. (Die Betonung liegt auf Gebiet! Vgl. 36B.) Somit ist T keine lokale Mannigfaltigkeit, wohl aber eine zweidimensionale differenzierbare Mannigfaltigkeit: Die Karten

$$G_1 = \left]0, 2\pi\right[\times\left]\,0, 2\pi\right[, \qquad G_2 = \left]-\pi, \pi\right[\times\left]\,0, 2\pi\right[,$$
$$G_3 = \left]0, 2\pi\right[\times\left]-\pi, \pi\right[, \qquad G_4 = \left]-\pi, \pi\right[\times\left]-\pi, \pi\right[$$

zusammen mit der auf das jeweilige Gebiet eingeschränkten Abbildung ψ als Kartenabbildung bilden einen differenzierbaren Atlas von T. Die Kartenwechsel bewirken hier lediglich eine Änderung von u bzw. v um $\pm 2\pi$ je nach Normierung der Parameterintervalle.
Ist F ein Kartenbereich einer differenzierbaren Mannigfaltigkeit, so ist F gleichzeitig eine lokale Mannigfaltigkeit, auf der dann das Maß λ_F definiert ist.

36.2 *Es seien F_1, F_2 Kartenbereiche einer differenzierbaren Mannigfaltigkeit M, und B sei eine Borel'sche Teilmenge von $F_{1,2} = F_1 \cap F_2$. Dann gilt $\lambda_{F_1}(B) = \lambda_{F_2}(B)$.*

Beweis: Es kann $F_{1,2} \neq \emptyset$ angenommen werden, weil sonst wegen $B = \emptyset$ die Behauptung trivial ist. Weiter seien jetzt $\psi_1 : G_1 \to F_1$ und $\psi_2 : G_2 \to F_2$ zu den Kartenbereichen gehörende Karten und Kartenabbildungen, und $\psi_{1,2}$ sei der auf $G_1' = \psi_1^-(F_{1,2})$ definierte Kartenwechsel, mit dem dann $\psi_1 = \psi_2 \circ \psi_{1,2}$ gilt. Ist nun $\mathfrak{x}$ ein beliebiger Punkt aus $F_{1,2}$, so erhält man für die in $\mathfrak{u}_1 = \psi_1^{-1}(\mathfrak{x})$, $\mathfrak{u}_2 = \psi_2^{-1}(\mathfrak{x})$ gebildeten Differentiale $d_{\mathfrak{u}_1}\psi_1 = (d_{\mathfrak{u}_2}\psi_2) \circ (d_{\mathfrak{u}_1}\psi_{1,2})$. Man kann nun ohne Einschränkung der Allgemeinheit weiter voraussetzen, daß sogar $\operatorname{Det}(d_{\mathfrak{u}_1}\psi_{1,2}) > 0$ in G_1' erfüllt ist: Andernfalls schalte man vor ψ_2 einen orientierungsumkehrenden Isomorphismus χ des $\mathbb{R}^k$. Man erhält dann in $\psi_2^* = \psi_2 \circ \chi$ eine neue Kartenabbildung auf der neuen Karte $G_2^* = \chi^-(G_2)$, mit der dann die Determinantenbedingung erfüllt ist. Diese besagt, daß ψ_1 und ψ_2 in dem gemeinsamen Tangentialraum $T_\mathfrak{x}$ dieselbe Orientierung induzieren, so daß in 35b sowohl bezüglich ψ_1 als auch bezüglich ψ_2 dieselbe Abbildung $\vartheta_\mathfrak{x}$ benutzt werden kann. Es folgt mit Hilfe der Transformationsformel

$$\begin{aligned}
\lambda_{F_1}(B) &= \int\limits_{\psi_1^-(B)} \operatorname{Det}\big(\vartheta_\mathfrak{x} \circ (d_{\mathfrak{u}_1}\psi_1)\big)\,d\lambda^k \\
&= \int\limits_{\psi_1^-(B)} \operatorname{Det}\big(\vartheta_\mathfrak{x} \circ (d_{\mathfrak{u}_2}\psi_2) \circ (d_{\mathfrak{u}_1}\psi_{1,2})\big)\,d\lambda^k \\
&= \int\limits_{\psi_1^-(B)} \operatorname{Det}\big(\vartheta_\mathfrak{x} \circ (d_{\mathfrak{u}_2}\psi_2)\big) \cdot \operatorname{Det}(d_{\mathfrak{u}_1}\psi_{1,2})\,d\lambda^k \\
&= \int\limits_{\psi_2^-(B)} \operatorname{Det}\big(\vartheta_\mathfrak{x} \circ (d_{\mathfrak{u}_2}\psi_2)\big)\,d\lambda^k = \lambda_{F_2}(B). \quad \blacklozenge
\end{aligned}$$

Es sei jetzt $\mathfrak{A} = \{(G_\nu, \psi_\nu) : \nu \in \mathbb{N}\}$ ein abzählbarer differenzierbarer Atlas der differenzierbaren Mannigfaltigkeit M mit den zugehörigen Kartenbereichen $F_\nu = \psi_\nu G_\nu$. Sollte der Atlas sogar endlich sein, kann man die übrigen Karten formal durch die leere Menge ersetzen, um generell $\mathbb{N}$ als Indexmenge verwenden zu können. Ist nun B eine *Borel*'sche Teilmenge von M, so kann man sie in die disjunkten Mengen

$$B_0 = B \cap F_0, \quad B_\nu = B \cap \big(F_\nu \setminus (F_0 \cup \ldots \cup F_{\nu-1})\big) \qquad (\nu \in \mathbb{N})$$

zerlegen. Da dann jeweils B_ν eine *Borel*'sche Teilmenge von F_ν ist, kann man B den numerischen Wert

$$\lambda_M(B) = \sum_{\nu=0}^{\infty} \lambda_{F_\nu}(B_\nu)$$

zuordnen. Dieser hängt nur scheinbar von der Wahl des Atlanten und seiner Numerierung ab: Es sei nämlich $\mathfrak{A}' = \{(G'_\mu, \psi'_\mu) : \mu \in \mathbb{N}\}$ ein zweiter differenzierbarer Atlas von M mit entsprechenden Kartenbereichen $F'_\mu = \psi'_\mu G'_\mu$. Hinsichtlich $\mathfrak{A}'$ zerfällt dann B in die disjunkten Teilmengen

$$B'_0 = B \cap F'_0, \quad B'_\mu = B \cap \bigl(F'_\mu \backslash (F'_0 \cup \ldots \cup F'_{\mu-1})\bigr) \qquad (\mu \in \mathbb{N}).$$

Erst recht sind dann die Mengen $B_{\nu,\mu} = B_\nu \cap B'_\mu$ disjunkt, die jeweils in dem entsprechenden Durchschnitt $F_\nu \cap F'_\mu$ der Kartenbereiche enthalten sind. Wegen 36.2 und wegen der σ-Additivität der Maße folgt nun

$$\lambda'_M(B) = \sum_{\mu=0}^{\infty} \lambda_{F'_\mu}(B'_\mu) = \sum_{\mu=0}^{\infty} \sum_{\nu=0}^{\infty} \lambda_{F'_\mu}(B_{\nu,\mu})$$

$$= \sum_{\nu=0}^{\infty} \sum_{\mu=0}^{\infty} \lambda_{F_\nu}(B_{\nu,\mu}) = \sum_{\nu=0}^{\infty} \lambda_{F_\nu}(B_\nu) = \lambda_M(B),$$

also die Unabhängigkeit von der Wahl des Atlanten. Unmittelbar ergibt sich, daß λ_M ein Maß auf den *Borel*'schen Teilmengen von M ist. Und zwar ist λ_M offenbar das einzige solche Maß, das auf jedem Kartengebiet F von M mit dem entsprechenden Maß λ_F übereinstimmt.

Definition 36c: *Das von der Wahl des abzählbaren differenzierbaren Atlanten* $\mathfrak{A} = \{(G_\nu, \psi_\nu) : \nu \in \mathbb{N}\}$ *der differenzierbaren Mannigfaltigkeit M nicht abhängende Maß* λ_M, *das jeder Borel'schen Teilmenge B von M den Wert*

$$\lambda_M(B) = \sum_{\nu \in \mathbb{N}} \lambda_{\psi_\nu G_\nu}\bigl(B \cap (F_\nu \backslash (F_0 \cup \ldots \cup F_{\nu-1}))\bigr)$$

zuordnet, wird das **Flächenmaß** *von M genannt.*

Hinsichtlich dieses Maßes können nun auch auf *Borel*'schen Teilmengen B von M definierte Abbildungen integriert werden: Man braucht nur einen abzählbaren differenzierbaren Atlas von M heranzuziehen und die Integrale auf den Durchschnitten $B \cap \bigl(F_\nu \backslash (F_0 \cup \ldots \cup F_{\nu-1})\bigr)$ mit den zu dem Atlanten gehörenden Kartenbereichen F_ν zu berechnen. Ihre Summe ist dann, falls sie überhaupt existiert, falls also die Abbildung überhaupt auf B integrierbar ist, das Integral auf B.
Diese Möglichkeit der Integration bezieht sich aber nur auf Integrale von Ab-

bildungen. Um auch Normalintegrale von Vektorfeldern im n-dimensionalen Raum auf $(n-1)$-dimensionalen differenzierbaren Mannigfaltigkeiten bilden zu können, muß auf diesen zunächst eine Orientierung definiert sein.

Definition 36d: *Es sei* $\mathfrak{A} = \{(G_\nu, \psi_\nu) : \nu \in I\}$ *ein differenzierbarer Atlas der differenzierbaren Mannigfaltigkeit M mit den zugehörigen Kartenbereichen* $F_\nu = \psi_\nu G_\nu$.

$\mathfrak{A}$ *heißt* **orientierter Atlas,** *wenn für je zwei Kartenbereiche* F_μ *und* F_ν *mit* $F_{\mu,\nu} = F_\mu \cap F_\nu \neq \emptyset$ *und für den zugehörigen Kartenwechsel* $\psi_{\mu,\nu}$ *überall auf dessen Definitionsbereich* $\operatorname{Det}(d\psi_{\mu,\nu}) > 0$ *erfüllt ist, wenn also durch* ψ_μ *und* ψ_ν *in jedem Tangentialraum* $T_\mathfrak{x} (\mathfrak{x} \in F_{\mu,\nu})$ *dieselbe Orientierung induziert wird.*
Zwei orientierte Atlanten von M heißen **gleichorientiert,** *wenn auch die Differentiale von allen Kartenwechseln zwischen Karten beider Atlanten positive Determinante besitzen, wenn also beide Atlanten in allen Tangentialräumen* $T_\mathfrak{x} (\mathfrak{x} \in M)$ *dieselbe Orientierung induzieren. Jede Klasse gleichorientierter Atlanten von M wird eine* **Orientierung** *von M genannt.*

Ist $\varphi : \mathbb{R}^k \to \mathbb{R}^k$ eine lineare Abbildung mit negativer Determinante, so kann man mit ihrer Hilfe jede Karte (G, ψ) umorientieren: Man braucht nur zu der neuen Karte $G' = \varphi^-(G)$ und zu der neuen Kartenabbildung $\psi' = \psi \circ \varphi$ überzugehen. Ist nun auf M eine Orientierung durch einen orientierten Atlas gegeben, so erhält man eine zweite Orientierung von M, wenn man alle Karten des Atlanten umorientiert. Wenn M sogar zusammenhängend ist, sind diese beiden Orientierungen von M auch die einzigen. Wenn jedoch M nicht zusammenhängend ist, dann kann man die einzelnen Zusammenhangskomponenten von M unabhängig voneinander umorientieren und kann so mehr als zwei Orientierungen von M gewinnen (vgl. 35A). Wichtiger allerdings ist die Frage, ob eine gegebene differenzierbare Mannigfaltigkeit M überhaupt einen orientierten differenzierbaren Atlas besitzt, ob also M orientierbar ist. Das folgende Beispiel zeigt, daß dies nicht der Fall zu sein braucht.

36. III Das im $\mathbb{R}^3$ durch

$$\psi(u, v) = \big((2 + v\cos u)\cos 2u,\ (2 + v\cos u)\sin 2u,\ v\sin u\big)$$
$$\textit{mit} \qquad 0 \leqq u \leqq \pi \qquad \textit{und} \qquad -1 < v < 1$$

beschriebene **Möbius-Band** (vgl. 35.III) kann bekanntlich durch einen Papierstreifen realisiert werden, dessen Enden man nach einer Verdrillung um π zusammenklebt (vgl. Fig.). Die Karten

$$G_1 =]0, \pi[\times]-1, 1[\qquad \textit{und} \qquad G_2 = \left]-\frac{\pi}{2}, \frac{\pi}{2}\right[\times \left]-1, 1\right[,$$

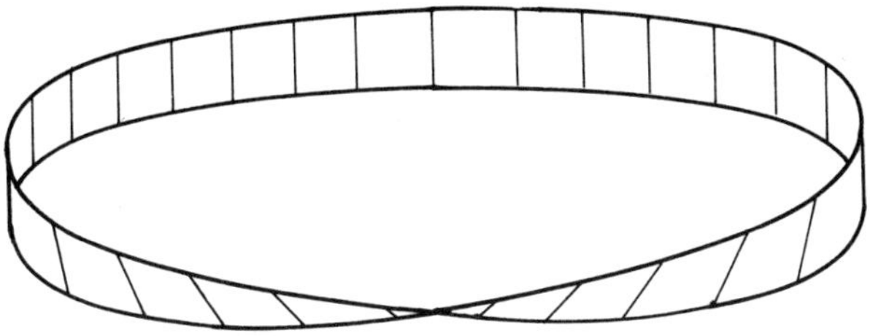

beide mit der entsprechenden Restriktion von ψ als Kartenabbildung, bilden einen differenzierbaren Atlas $\mathfrak{A}$ von M. Der Durchschnitt $F_{1,2}$ der zu den beiden Karten gehörenden Kartenbereiche zerfällt in die beiden Komponenten

$$F'_{1,2} = \psi\left(\left]0, \frac{\pi}{2}\right[\times \left]-1, 1\right[\right) \quad und$$

$$F''_{1,2} = \psi\left(\left]\frac{\pi}{2}, \pi\right[\times \left]-1, 1\right[\right) = \psi\left(\left]-\frac{\pi}{2}, 0\right[\times \left]-1, 1\right[\right)$$

wobei im ersten Fall $\left]0, \frac{\pi}{2}\right[\times \left]-1, 1\right[$ gleichzeitig Teilgebiet von G_1 und G_2 ist. Zu $F'_{1,2}$ gehört als Kartenwechsel $\psi'_{1,2}$ die Identität, so daß also überall $\operatorname{Det}(d\psi'_{1,2}) = 1 > 0$ erfüllt ist. Wenn also M überhaupt orientierbar ist, dann sind die Karten von $\mathfrak{A}$ jedenfalls richtig gewählt, weil sie die Tangentialräume in den Punkten aus $F'_{1,2}$ gleich orientieren. Der $F''_{1,2}$ entsprechende Kartenwechsel $\psi''_{1,2}$ ist jedoch durch

$$\psi''_{1,2}(u, v) = (u - \pi, -v)$$

gegeben, was unmittelbar aus der Gültigkeit der Gleichungen

$$\cos u = -\cos(u - \pi), \qquad \sin u = -\sin(u - \pi),$$
$$\cos 2u = \cos 2(u - \pi), \qquad \sin 2u = \sin 2(u - \pi)$$

folgt. Hier aber gilt an jeder Stelle des Definitionsbereichs $\operatorname{Det}(d\psi''_{1,2}) = -1$, so daß $\mathfrak{A}$ doch kein orientierter Atlas ist. Das *Möbius*-Band ist ein Beispiel für eine nicht-orientierbare Mannigfaltigkeit (vgl. 36C).

Der Torus aus 36.II erweist sich hingegen als orientierbare Mannigfaltigkeit, und der dort angegebene Atlas ist ein orientierter Atlas: Da nämlich die Kartenwechsel lediglich in der Addition von Konstanten $\pm 2\pi$ bestehen, besitzen ihre Differentiale überall die Determinante Eins.

Auf orientierten differenzierbaren $(n-1)$-dimensionalen Mannigfaltigkeiten im n-dimensionalen orientierten Raum können nun auch wieder Normalintegrale von Vektorfeldern berechnet werden. Dies geschieht in dem folgenden Beispiel, das gleichzeitig das Zusammenfügen von Mannigfaltigkeiten illustriert.

36. IV Es sei M die Vereinigungsmenge der durch die folgenden Parameterdarstellungen im $\mathbb{R}^3$ beschriebenen Flächen:

$$M_1^*: \psi_1(u, v) = ((\cos u + \sin 2u)\cos v,\ (\cos u + \sin 2u)\sin v,\ \cos 2u - 1)$$

$$\text{mit} \quad 0 \leqq u < \frac{\pi}{2} \quad \text{und} \quad 0 \leqq v \leqq 2\pi.$$

$$M_2^*: \psi_2(u, v) = \tfrac{1}{2}((2 - \sin u)\cos v,\ (2 - \sin u)\sin v,\ 1 - \cos u)$$

$$\text{mit} \quad 0 \leqq u < \frac{\pi}{2} \quad \text{und} \quad 0 \leqq v \leqq 2\pi.$$

Entfernt man aus M_1^* und M_2^* die zu $u = 0$ gehörenden Punkte, so erhält man differenzierbare Mannigfaltigkeiten M_1, M_2. Einen differenzierbaren Atlas von M_1 bilden etwa die beiden Karten

$$G_1 = \left]0, \frac{\pi}{2}\right[\times \left]0, 2\pi\right[\quad \text{und} \quad G_2 = \left]0, \frac{\pi}{2}\right[\times \left]-\pi, \pi\right[$$

mit den entsprechenden Restriktionen von ψ_1 als Kartenabbildungen. Kartenwechsel sind einerseits die Identität und andererseits die Addition von -2π. Die Differentiale der Kartenwechsel besitzen daher überall die Determinante Eins, so daß sogar ein orientierter Atlas vorliegt. Analoges gilt für M_2.

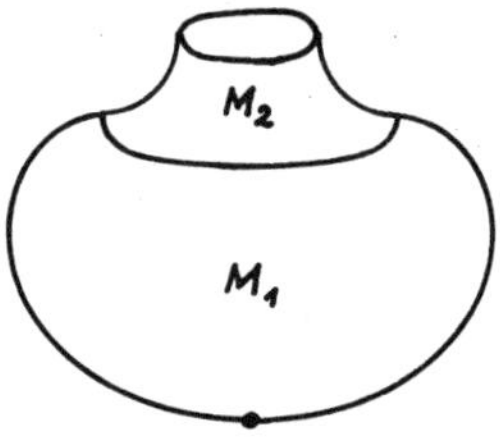

Wegen $\psi_1(0, v) = \psi_2(0, v)$ für $0 \leqq v \leqq 2\pi$ besteht M aus den beiden orientierten Mannigfaltigkeiten M_1 und M_2, die eine gemeinsame „Randkurve" besitzen, nämlich $M_1^* \cap M_2^*$. Damit ist der stetige Anschluß gesichert. Zu prüfen ist, ob er auch differenzierbar ist. Nun gilt

$$(\psi_1)'_u = ((-\sin u + 2\cos 2u)\cos v,\ (-\sin u + 2\cos 2u)\sin v,\ -\sin 2u),$$
$$(\psi_1)'_v = (-(\cos u + \sin 2u)\sin v,\ (\cos u + \sin 2u)\cos v,\ 0),$$
$$(\psi_2)'_u = (-\tfrac{1}{2}\cos u \cos v,\ -\tfrac{1}{2}\cos u \sin v,\ \sin u),$$
$$(\psi_2)'_v = (-\tfrac{1}{2}(2 - \sin u)\sin v,\ \tfrac{1}{2}(2 - \sin u)\cos v,\ 0)$$

und daher speziell für $u=0$

$$\begin{aligned}(\psi_1)'_u(0,v) &= (2\cos v,\ 2\sin v,\ 0),\\ (\psi_1)'_v(0,v) &= (-\sin v,\ \cos v,\ 0),\\ (\psi_2)'_u(0,v) &= (-\tfrac{1}{2}\cos v,\ -\tfrac{1}{2}\sin v,\ 0),\\ (\psi_2)'_v(0,v) &= (-\sin v,\ \cos v,\ 0).\end{aligned}$$

Wegen der offensichtlichen Abhängigkeit dieser Vektoren stimmen die Tangentialebenen von M_1^* und M_2^* in den Punkten ihres Durchschnitts überein, so daß der Anschluß auch differenzierbar ist, M also eine differenzierbare Mannigfaltigkeit ist. Allerdings sind die Basen $\{(\psi_1)'_u, (\psi_1)'_v\}$ und $\{(\psi_2)'_u, (\psi_2)'_v\}$ der Tangentialräume in den Punkten $(0,v)$ offenbar entgegengesetzt orientiert. Daher wird M erst dann eine orientierte Mannigfaltigkeit, wenn man z. B. die Orientierung von M_2 umkehrt. Bei der Berechnung eines Normalintegrals bedeutet dies die Umkehrung der Flächennormalen.

Durch

$$\mathfrak{v}(\mathfrak{x}) = (yz,\ -xz,\ -64x^2)$$

wird im $\mathbb{R}^3$ ein Vektorfeld definiert. Um das Normalintegral von $\mathfrak{v}$ auf M berechnen zu können, bedarf es eigentlich eines orientierten differenzierbaren Atlanten, den man durch geeignete Vergrößerung von M_1^* und M_2^* zu in M offenen Mengen gewinnen kann. Da aber nachträglich doch eine Aufteilung in punktfremde Teilmengen erforderlich ist und da die gemeinsame Randkurve $M_1^* \cap M_2^*$ doch eine Nullmenge hinsichtlich des Flächenmaßes darstellt, genügt es, die Normalintegrale auf den lokalen Mannigfaltigkeiten M_1 und M_2 zu berechnen. Wegen

$$(\psi_1)'_u \times (\psi_1)'_v = (\cos u + \sin 2u)(2\sin 2u \cos v,\ 2\sin 2u \sin v,\ -\sin u + 2\cos 2u)$$

erhält man (vgl. Bemerkung vor 35.III)

$$\begin{aligned}\int_{M_1} \mathfrak{v}(\mathfrak{x}) \cdot \mathfrak{n}_{\mathfrak{x}}\, d\lambda_{M_1} &= -64 \int_0^{\frac{\pi}{2}} \int_0^{2\pi} (\cos u + \sin 2u)^3 (-\sin u + 2\cos 2u) \cos^2 v\, dv\, du\\ &= -64\pi \int_0^{\frac{\pi}{2}} (\cos u + \sin 2u)^3 (-\sin u + 2\cos 2u)\, du\\ &= -16\pi (\cos u + \sin 2u)^4 \Big|_0^{\frac{\pi}{2}} = 16\pi.\end{aligned}$$

Weiter gilt

$$(\psi_2)'_u \times (\psi_2)'_v = \tfrac{1}{2}(2 - \sin u)(\sin u \cos v,\ \sin u \sin v,\ \tfrac{1}{2}\cos u).$$

Wegen der Orientierungsumkehr muß jedoch der Faktor (-1) berücksichtigt werden, so daß sich

$$\int_{M_2} \mathfrak{v}(\mathfrak{x}) \cdot \mathfrak{n}_{\mathfrak{x}} d\lambda_{M_2} = 4 \int_0^{\frac{\pi}{2}} \int_0^{2\pi} (2 - \sin u)^3 \cos u \cos^2 v \, dv \, du$$

$$= 4\pi \int_0^{\frac{\pi}{2}} (2 - \sin u)^3 \cos u \, du = -\pi (2 - \sin u)^4 \Big|_0^{\frac{\pi}{2}} = 15\pi$$

ergibt. Insgesamt erhält man daher

$$\int_M \mathfrak{v}(\mathfrak{x}) \cdot \mathfrak{n}_{\mathfrak{x}} d\lambda_M = 31\pi .$$

In diesem Beispiel ging etwa M_1^* aus der Mannigfaltigkeit M_1 durch Hinzunahme einer „Randkurve" hervor. Der Begriff der Berandung soll nun allgemein untersucht werden. Als einfaches „anschauliches" Beispiel im $\mathbb{R}^k$ kann die Menge

$$\mathbb{R}_+^k = \{(u_1, \ldots, u_k) : u_1 \geqq 0 \wedge \ldots \wedge u_k \geqq 0\}$$

dienen. Als Randpunkte wird man hier genau diejenigen Punkte ansprechen, bei denen mindestens eine Koordinate den Wert Null hat. Die Menge aller Randpunkte ist offenbar eine $(k-1)$-dimensionale topologische Mannigfaltigkeit, die allerdings eine Ecke, Kanten usw. besitzt und daher nicht überall differenzierbar ist. Wenn $\mathfrak{u}$ ein Punkt aus $\mathbb{R}_+^k$ und U eine offene Umgebung von $\mathfrak{u}$ im $\mathbb{R}^k$ ist, so ist $U' = U \cap \mathbb{R}_+^k$ eine offene Umgebung von $\mathfrak{u}$ in $\mathbb{R}_+^k$. Zwar ist U' im allgemeinen keine offene Teilmenge des $\mathbb{R}^k$, weil in U' Randpunkte von $\mathbb{R}_+^k$ liegen können. Als Teilmenge von $\mathbb{R}_+^k$ ist U' jedoch offen.

Definition 36e: *Eine nicht leere Teilmenge M von X heißt k-dimensionale* **berandete Mannigfaltigkeit,** *wenn M eine abgeschlossene Teilmenge von X ist und wenn es zu jedem Punkt $\mathfrak{x} \in M$ eine offene Umgebung U von $\mathfrak{x}$, ein Gebiet G in $\mathbb{R}_+^k$ und eine topologische Abbildung $\psi : G \to U \cap M$ gibt. Können hierbei die Kartenabbildungen ψ immer als reguläre Abbildungen gewählt werden, so wird M als differenzierbare berandete Mannigfaltigkeit bezeichnet.*

Ist M eine Mannigfaltigkeit im Sinn von 36a, so gibt es zu jedem Punkt $\mathfrak{x} \in M$ eine Karte G im $\mathbb{R}^k$ und eine Kartenabbildung ψ mit $\mathfrak{x} \in \psi G$. Als Karte G kann man dabei immer eine geeignete ε-Umgebung wählen, und eine solche läßt sich dann auch in $\mathbb{R}_+^k$ unterbringen. Jede abgeschlossene Mannigfaltigkeit im Sinn von 36a, wie z.B. die Sphäre oder der Torus, ist daher auch eine berandete Mannigfaltigkeit im Sinn der neuen Definition. Entscheidend ist, daß bei ihr auch Randpunkte auftreten können, die nur Karten in $\mathbb{R}_+^k$ und nicht im $\mathbb{R}^k$, also gleichwertig nicht in

$$\mathbb{R}_+^k = \{(u_1, \ldots, u_k) : u_1 > 0, \ldots, u_k > 0\},$$

zulassen.

Definition 36f: *Es sei M eine k-dimensionale berandete Mannigfaltigkeit. Ein Punkt $\mathfrak{x} \in M$ heißt dann* **innerer Punkt** *von M, wenn es eine Karte $G \subset \mathbb{R}_+^k$ und eine Kartenabbildung $\psi : G \to M$ mit $\mathfrak{x} \in \psi G$ gibt. Punkte von M, die keine inneren Punkte von M sind, werden* **Randpunkte** *von M genannt. Die Menge aller Randpunkte von M wird mit ∂M bezeichnet. Gilt $\partial M = \emptyset$, so heißt M eine* **geschlossene Mannigfaltigkeit.**

Die Sphäre und der Torus sind Beispiele für geschlossene Mannigfaltigkeiten. Die Mengen M_1^*, M_2^* aus 36.IV sind keine berandeten Mannigfaltigkeiten, weil sie nicht abgeschlossen sind. Wohl aber sind ihre abgeschlossenen Hüllen $\overline{M_1^*}$ und $\overline{M_2^*}$ differenzierbare berandete Mannigfaltigkeiten, die entstehen, wenn man in beiden Fällen auch den Wert $u = \frac{\pi}{2}$ zuläßt. Der Rand von $\overline{M_2^*}$ besteht aus $K = \{\psi(0, v) : 0 \leqq v \leqq 2\pi\}$ und $K' = \left\{\psi\left(\frac{\pi}{2}, v\right) : 0 \leqq v \leqq 2\pi\right\}$. Diese beiden Mengen sind ihrerseits geschlossene eindimensionale differenzierbare Mannigfaltigkeiten, nämlich Kreislinien. Hingegen gilt $\partial \overline{M_1^*} = K$, weil dem Parameterwert $u = \frac{\pi}{2}$ hier nur ein Punkt entspricht, der sich als innerer Punkt von $\overline{M_1^*}$ erweist (vgl. 36D).

36.3 *Ist M eine k-dimensionale berandete Mannigfaltigkeit, so ist ∂M eine $(k-1)$-dimensionale geschlossene Mannigfaltigkeit, oder es gilt $\partial M = \emptyset$.*

Beweis: Ist $\mathfrak{x}$ ein innerer Punkt von M, so gibt es eine offene Umgebung U von $\mathfrak{x}$, ein Gebiet $G \subset \mathbb{R}_+^k$ und eine topologische Abbildung $\psi : G \to U \cap M$. Dann aber ist auch jeder Punkt $\mathfrak{x}' \in U \cap M$ ein innerer Punkt von M, weil auch für ihn G eine Karte mit $\mathfrak{x}' \in \psi G$ ist. Gilt andererseits $\mathfrak{x} \in \overline{\partial M}$, so wegen $\partial M \subset M$ und wegen der Abschlossenheit von M jedenfalls auch $\mathfrak{x} \in \bar{M} = M$. Würde nun $\mathfrak{x}$ innerer Punkt von M sein, so würde es nach der Vorbemerkung eine Umgebung U von $\mathfrak{x}$ geben, so daß $U \cap M$ aus lauter inneren Punkten von M besteht. Es würde also $U \cap \partial M = (U \cap M) \cap \partial M = \emptyset$ folgen im Widerspruch zu $\mathfrak{x} \in \overline{\partial M}$. Daher gilt sogar $\mathfrak{x} \in \partial M$, d.h. ∂M ist abgeschlossen.
Weiter sei $\mathfrak{x} \in \partial M$ vorausgesetzt. Wieder gibt es dann eine offene Umgebung U von $\mathfrak{x}$, eine Karte $G \subset \mathbb{R}_+^k$ und eine topologische Abbildung $\psi : G \to U \cap M$, mit der dann $\mathfrak{x} = \psi\mathfrak{u}$ mit einem Punkt $\mathfrak{u} \in G$ gilt. Ohne Beschränkung der All-

gemeinheit kann dabei $G = U'_\varepsilon(\mathfrak{u}) \cap \mathbb{R}^k_+$ mit einer geeigneten ε-Umgebung von $\mathfrak{u}$ angenommen werden. Wäre nun $\mathfrak{u}$ ein Punkt aus $\underline{\mathbb{R}^k_+}$, so würde bei hinreichend kleinem $\varepsilon > 0$ auch $U'_\varepsilon(\mathfrak{u}) \subset \underline{\mathbb{R}^k_+}$ und damit $G \subset \underline{\mathbb{R}^k_+}$ gelten, was $\mathfrak{x} \in \partial M$ widerspricht. Es folgt also $\mathfrak{u} \in \partial \mathbb{R}^k_+$. Dieselbe Überlegung zeigt, daß genau die Punkte aus $U'_\varepsilon(\mathfrak{u}) \cap \partial \mathbb{R}^k_+$ durch ψ auf die Punkte von $U \cap \partial M$ abgebildet werden, so daß man also ψ auch als topologische Abbildung $\psi: (U'_\varepsilon(\mathfrak{u}) \cap \partial \mathbb{R}^k_+) \to (U \cap \partial M)$ auffassen kann. Es wird nun noch gezeigt, daß es ein Gebiet $G^* \subset \underline{\mathbb{R}^{k-1}_+}$ und eine topologische Abbildung $\psi^*: G^* \to U'_\varepsilon(\mathfrak{u}) \cap \partial \mathbb{R}^k_+$ gibt. Dann ist $\psi \circ \psi^*$: $G^* \to U \cap \partial M$ ebenfalls eine topologische Abbildung, und es ist bewiesen, daß ∂M eine $(k-1)$-dimensionale berandete Mannigfaltigkeit ist und daß jeder Punkt $\mathfrak{x} \in \partial M$ wegen $G^* \subset \underline{\mathbb{R}^{k-1}_+}$ ein innerer Punkt von ∂M ist, daß ∂M also sogar geschlossen ist.

Durch

$$\chi(u_1, \ldots, u_k) = (u_1 - u_k, \ldots, u_{k-1} - u_k)$$

wird eine topologische Abbildung $\chi: \partial \mathbb{R}^k_+ \to \mathbb{R}^{k-1}$ definiert (vgl. 36E), die $U'_\varepsilon(\mathfrak{u}) \cap \partial \mathbb{R}^k_+$ auf ein beschränktes Gebiet U^* des $\mathbb{R}^{k-1}$ abbildet. Gilt etwa $|\mathfrak{u}^*| < c$ für alle $\mathfrak{u}^* \in U^*$, so gilt mit der durch $\tau(u_1^*, \ldots, u_{k-1}^*) = (u_1^* + c, \ldots, u_{k-1}^* + c)$ definierten Translation $G^* = \tau U^* \subset \underline{\mathbb{R}^{k-1}_+}$. Und weiter ist $\psi^* = \psi \circ \chi^{-1} \circ \tau^{-1}$ eine topologische Abbildung der behaupteten Art. ◆

Auch wenn M eine differenzierbare berandete Mannigfaltigkeit ist, braucht ∂M nicht differenzierbar zu sein. Es sei nämlich $\mathfrak{x}$ ein Punkt aus ∂M, $G \subset \mathbb{R}^k_+$ eine zugehörige Karte und $\psi: G \to M$ eine reguläre Abbildung. Gilt dann $\mathfrak{x} = \psi \mathfrak{u}$, so muß $\mathfrak{u}$ ein Punkt aus $\partial \mathbb{R}^k_+$ sein, d.h. es gilt $u_\kappa = 0$ für mindestens eine Koordinate. Wenn nun $u_\kappa = 0$ auch nur für genau eine Koordinate erfüllt ist, gilt dasselbe für alle Punkte $\mathfrak{u}' \in \partial \mathbb{R}^k_+$ aus einer geeigneten Umgebung U' von $\mathfrak{u}$, die dann ganz in dem durch $u_\kappa = 0$ gekennzeichneten Unterraum enthalten ist. In diesem Fall ist die im letzten Beweis definierte Abbildung χ auf $U' \cap \partial \mathbb{R}^k_+$ regulär, und es folgt, daß ∂M wenigstens lokal, nämlich in einer Umgebung von $\mathfrak{x}$, differenzierbar ist. Wenn jedoch mindestens zwei Koordinaten von $\mathfrak{u}$ verschwinden, wenn also $\mathfrak{u}$ auf einer „Kante“ liegt, ist χ nicht mehr differenzierbar.

Definition 36g: *Es sei M eine k-dimensionale differenzierbare berandete Mannigfaltigkeit. Dann soll mit $\partial^0 M$ die Menge aller derjenigen Punkte $\mathfrak{x} \in \partial M$ bezeichnet werden, die folgende Eigenschaft besitzen: Es gibt eine offene Umgebung U von $\mathfrak{x}$, für die $U \cap \partial M$ eine $(k-1)$-dimensionale differenzierbare Mannigfaltigkeit ist.*

Anschaulich ist $\partial^0 M$ der glatte Teil des Randes. Nach der Vorbemerkung ist $\partial^0 M$ selbst eine $(k-1)$-dimensionale differenzierbare Mannigfaltigkeit.
Die Definition der Orientierung einer differenzierbaren Mannigfaltigkeit (36d) kann unmittelbar auf differenzierbare berandete Mannigfaltigkeiten übertragen werden. Gezeigt werden soll, daß durch jede Orientierung auch eine Orientierung des Randes induziert wird.
Es sei also M eine orientierte differenzierbare berandete Mannigfaltigkeit, und $\mathfrak{x}$ sei ein Punkt aus $\partial^0 M$. Dann gibt es eine Karte $G \subset \mathbb{R}_+^k$ und eine reguläre Abbildung ψ mit folgenden Eigenschaften: Es gilt $\mathfrak{x} = \psi\mathfrak{u}$ und $u_\kappa = 0$ für genau eine Koordinate von $\mathfrak{u}$. Ferner ist $G \cap \partial\mathbb{R}_+^k$ in einem $(k-1)$-dimensionalen Unterraum V^{k-1} von $\mathbb{R}^k$ enthalten. Das in $\mathfrak{u}$ gebildete Differential $d_\mathfrak{u}\psi$ bildet den $\mathbb{R}^k$ auf den k-dimensionalen Tangentialraum $T_\mathfrak{x}^k$ von M in $\mathfrak{x}$ ab und überträgt auf ihn die Orientierung des $\mathbb{R}^k$, wobei diese übertragene Orientierung gerade die gegebene Orientierung von M ist. Gleichzeitig bildet $d_\mathfrak{u}\psi$ den Unterraum V^{k-1} auf den $(k-1)$-dimensionalen Tangentialraum $T_\mathfrak{x}^{k-1}$ von $\partial^0 M$ in $\mathfrak{x}$ ab. Da $T_\mathfrak{x}^{k-1}$ ein Unterraum von $T_\mathfrak{x}^k$ ist, gibt es genau einen Einheitsvektor $\mathfrak{a}_\mathfrak{x} \in T_\mathfrak{x}^k$, der auf $T_\mathfrak{x}^{k-1}$ senkrecht steht und dessen Urbildvektor $(d_\mathfrak{u}\psi)^{-1}\,\mathfrak{a}_\mathfrak{x}$ eine negative κ-te Koordinate besitzt. Dieser Einheitsvektor $\mathfrak{a}_\mathfrak{x}$ wird die **äußere Randnormale** im Randpunkt $\mathfrak{x}$ genannt. Mit ihrer Hilfe kann in $T_\mathfrak{x}^{k-1}$ eindeutig eine Orientierung folgendermaßen festgelegt werden: Eine Basis $\{\mathfrak{a}_1, \ldots, \mathfrak{a}_{k-1}\}$ von $T_\mathfrak{x}^{k-1}$ soll genau dann positiv orientiert sein, wenn $\{\mathfrak{a}_\mathfrak{x}, \mathfrak{a}_1, \ldots, \mathfrak{a}_{k-1}\}$ eine positiv orientierte Basis von $T_\mathfrak{x}^k$ ist. Diese Orientierung von $T_\mathfrak{x}^{k-1}$ soll die **induzierte Randorientierung** genannt werden. Zusammenfassend hat sich also ergeben

36.4 *Ist M eine orientierbare differenzierbare berandete Mannigfaltigkeit, so ist $\partial^0 M$ ebenfalls orientierbar. Und zwar induziert jede Orientierung von M mit Hilfe der äußeren Randnormalen eindeutig eine Orientierung von $\partial^0 M$.*

36.V Der im $\mathbb{R}^3$ durch

$$\mathfrak{x} = \psi(u, v) = (u, v, u^2 + v^2) \qquad \textit{mit} \qquad u^2 - 1 \leqq v \leqq 1 - u^2$$

gegebene Teil M der Fläche eines Rotationsparaboloids ist eine durch diese Parameterdarstellung orientierte differenzierbare berandete Mannigfaltigkeit. Innere Punkte von M sind offenbar die zu solchen Parameterwerten gehörenden Punkte, die der Parameterungleichung unter Ausschluß des Gleichheitszeichens genügen. Der Rand von M besteht aus den Punkten

$$\mathfrak{x} = (u, u^2 - 1, u^4 - u^2 + 1) \qquad \textit{und} \qquad \mathfrak{x} = (u, 1 - u^2, u^4 - u^2 + 1)$$
$$\textit{mit} \qquad -1 \leqq u \leqq 1 .$$

Er ist Bild der beiden Parabelbogen $v = u^2 - 1$ und $v = 1 - u^2$ in der Parameterebene, die in den Punkten $(\pm 1, 0)$ je eine Ecke bilden. Da differenzierbare Parametertransformationen aber Ecken wieder auf Ecken abbilden, können die Punkte $\psi(\pm 1, 0)$ in $\mathbb{R}^2_+$ nur Umgebungen des Nullpunkts als Karte besitzen. Die durch

$$u^* = \frac{1}{2}\left(1 - u + \frac{v}{1+u}\right), \quad v^* = \frac{1}{2}\left(1 - u - \frac{v}{1+u}\right) \qquad (-1 \leqq u \leqq 1)$$

definierte Abbildung bildet gerade $(1, 0)$ auf den Nullpunkt, den oberen Parabelbogen auf die positive u^*-Achse und den unteren Parabelbogen auf die positive v^*-Achse ab. Die Umkehrabbildung lautet

$$u = 1 - u^* - v^*, \qquad v = (u^* - v^*)(2 - u^* - v^*),$$

so daß

$$\psi^*(u^*, v^*) = \psi\bigl(1 - u^* - v^*, (u^* - v^*)(2 - u^* - v^*)\bigr)$$

eine Kartenabbildung auf einer Nullpunktsumgebung in $\mathbb{R}^2_+$ ist. Weiter wird durch

$$u^* = u + 1, \qquad v^* = v - u^2 + 1$$

der untere Parabelbogen auf das Intervall $[0, 2]$ der u^*-Achse und z. B. $(0, 0)$ auf $(1, 1)$ abgebildet. Mit Hilfe der Umkehrabbildung

$$u = u^* - 1, \qquad v = v^* + u^{*2} - 2u^*$$

erhält man daher als Kartenabbildung

$$\psi^*(u^*, v^*) = \bigl(u^* - 1, v^* + u^{*2} - 2u^*, (u^* - 1)^2 + (v^* + u^{*2} - 2u^*)^2\bigr).$$

Punkte $(u^*, 0)$ mit $0 < u^* < 2$ werden durch sie auf Punkte aus $\partial^0 M$ abgebildet, nämlich auf die Bildpunkte des unteren Parabelbogens mit Ausnahme der Ecken. Zum Beispiel entspricht $(u_0^*, v_0^*) = (1, 0)$ der Punkt $\mathfrak{x}_0 = (0, -1, 1)$. Die zu $d\psi^*$ gehörende Funktionalmatrix

$$\begin{pmatrix} 1 & 2u^* - 2 & 4(u^* - 1)(v^* + u^{*2} - 2u^* + \frac{1}{2}) \\ 0 & 1 & 2(v^* + u^{*2} - 2u^*) \end{pmatrix}$$

besitzt an dieser Stelle den Wert

$$\begin{pmatrix} 1 & 0 & 0 \\ 0 & 1 & -2 \end{pmatrix}.$$

Der erste Zeilenvektor ist Tangentenvektor an die Randkurve. Der zweite Zeilenvektor ist hier schon Randnormale und Bild des Vektors $(0, 1)$. Da bei diesem die zweite Koordinate positiv ist, ist der zweite Zeilenvektor die innere Randnormale. Die äußere Randnormale $(0, -1, 2)$ bildet mit dem Tangentenvektor $(1, 0, 0)$ eine positiv orientierte Basis von $T_{\mathfrak{x}_0}$: Die Funktionalmatrix der ursprünglichen Parameterdarstellung

$$\begin{pmatrix} 1 & 0 & 2u \\ 0 & 1 & 2v \end{pmatrix}$$

nimmt nämlich an der (u_0^*, v_0^*) entsprechenden Stelle $(u_0, v_0) = (0, -1)$ ebenfalls den Wert

$$\begin{pmatrix} 1 & 0 & 0 \\ 0 & 1 & -2 \end{pmatrix}$$

an, so daß mit $\{(1, 0, 0), (0, 1, -2)\}$ auch $\{(0, -1, 2), (1, 0, 0)\}$ positiv orientiert ist. Der Tangentenvektor $(1, 0, 0)$ liefert also die richtige Randorientierung. Rascher gelangt man natürlich zum Ziel, wenn man zunächst die vom $\mathbb{R}^2$ induzierte Orientierung der Randparabeln des Parameterbereichs bestimmt und diese dann mit Hilfe von $d\psi$ auf $\partial^0 M$ überträgt.

Abschließend sollen nun noch besonders einfache differenzierbare berandete Mannigfaltigkeiten in geeigneter Weise zusammengesetzt werden. Als Bausteine dienen reguläre Bilder von kompakten k-dimensionalen Intervallen. Ein **Baustein** $M = (J, \psi)$ ist also durch ein kompaktes Intervall

$$J = \{\mathfrak{u} : a_\kappa \leqq u_\kappa \leqq b_\kappa \text{ für } \kappa = 1, \dots, k\}$$

des $\mathbb{R}^k$ und durch eine reguläre Surjektion $\psi : J \to M$ bestimmt. Sind nun $M_1 = (J_1, \psi_1)$ und $M_2 = (J_2, \psi_2)$ zwei Bausteine, so kann man die Intervalle J_1, J_2 durch Vorschaltung von orientierungstreuen regulären Abbildungen noch geeignet normieren. Dazu sollen die speziellen Intervalle

$$J_+^* = \{\mathfrak{u} : \quad 0 \leqq u_\kappa \leqq 1 \text{ für } \kappa = 1, \dots, k\},$$
$$J_-^* = \{\mathfrak{u} : -1 \leqq u_1 \leqq 0, 0 \leqq u_\kappa \leqq 1 \text{ für } \kappa = 2, \dots, k\}$$

und $J^* = J_+^* \cup J_-^*$ dienen.

Definition 36h: *Zwei Bausteine $M_1 = (J_1, \psi_1)$ und $M_2 = (J_2, \psi_2)$ heißen* **passend,** *wenn es eine topologische Abbildung $\psi^* : M_1 \cup M_2 \to J^*$ gibt, so daß $\psi_1^* = \psi^* \circ \psi_1$ und $\psi_2^* = \psi^* \circ \psi_2$ orientierungstreue Diffeomorphismen $\psi_1^* : J_1 \to J_+^*$ bzw. $\psi_2^* : J_2 \to J_-^*$ sind.*

Passende Bausteine haben also genau eine „Seitenfläche“ gemeinsam. Durch $\psi_1 \circ \psi_1^{*-1} : J_+^* \to M_1$ und $\psi_2 \circ \psi_2^{*-1} : J_-^* \to M_2$ erhält man neue reguläre Parameterdarstellungen von M_1 und M_2, die auf J_+^* bzw. J_-^* mit ψ^{*-1} übereinstimmen. Trotzdem braucht ψ^{*-1} keine reguläre Abbildung zu sein, weil auf $J_+^* \cap J_-^*$ der Anschluß zwar stetig ist, aber nicht differenzierbar sein muß.

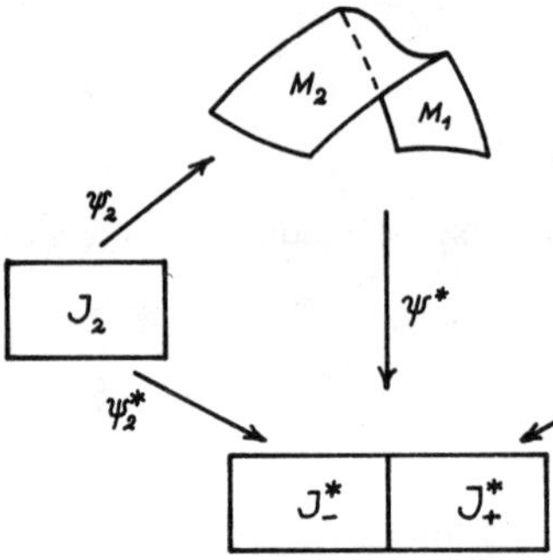

Definition 36i: *Eine Teilmenge M von X soll eine* **reguläre Mannigfaltigkeit** *genannt werden, wenn sie als Vereinigung $M = M_1 \cup \ldots \cup M_r$ endlich vieler Bausteine $M_1, \ldots, M_r$ so darstellbar ist, daß folgende Bedingungen erfüllt sind:*

(1) $M_{\varrho_1} \cap M_{\varrho_2} = \partial M_{\varrho_1} \cap \partial M_{\varrho_2}$ *für* $\varrho_1 \neq \varrho_2$.

(2) $\partial^0 M_{\varrho_1} \cap \partial^0 M_{\varrho_2} \cap \partial^0 M_{\varrho_3} = \emptyset$ *für paarweise verschiedene Indizes* $\varrho_1, \varrho_2, \varrho_3$.

(3) *Im Fall* $\partial^0 M_{\varrho_1} \cap \partial^0 M_{\varrho_2} \neq \emptyset$ *und* $\varrho_1 \neq \varrho_2$ *sind* M_{ϱ_1} *und* M_{ϱ_2} *passende Bausteine.*

Die Darstellung $M = M_1 \cup \ldots \cup M_r$ soll dann auch als **reguläre Darstellung** *bezeichnet werden.*

Reguläre Mannigfaltigkeiten sind also aus endlich vielen Bausteinen aufgebaut, die höchstens Randbestandteile gemeinsam haben und die mit ihren glatten Rändern passend zusammengefügt sind, wobei glatte Randbestandteile auch nur zu höchstens zwei Bausteinen gehören können. Reguläre Mannigfaltigkeiten sind jedenfalls topologische Mannigfaltigkeiten, die im allgemeinen jedoch nicht differenzierbar sind, weil die Bausteine nicht differenzierbar anschließen

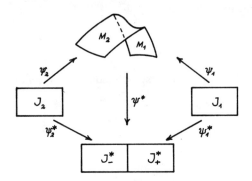

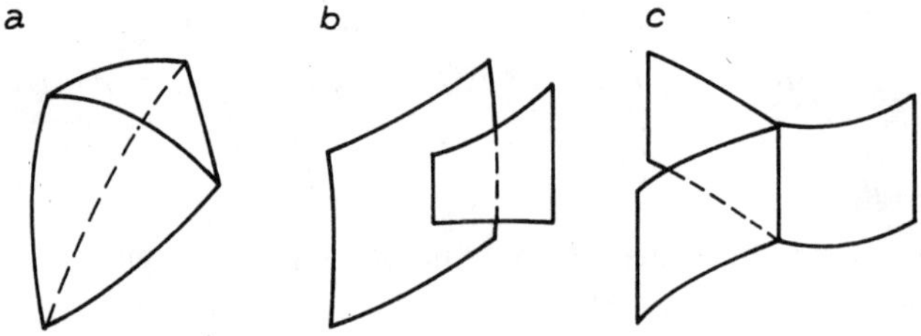

müssen. Unter den in der Figur skizzierten zweidimensionalen Gebilden im $\mathbb{R}^3$ ist nur (*a*) eine reguläre Mannigfaltigkeit. In (*b*) ist Bedingung (1) und in (*c*) Bedingung (2) verletzt.
Integrale von Abbildungen oder Normalintegrale von Vektorfeldern können auf regulären Mannigfaltigkeiten als Summe der Integrale auf den einzelnen Bausteinen erklärt werden. Elementare Schlüsse zeigen, daß diese Integrale nicht von der Auswahl der regulären Darstellung der regulären Mannigfaltigkeit abhängen.

Ergänzungen und Aufgaben

36A Aufgabe: Für den in 36.I angegebenen Atlas der Sphäre S^2 berechne man explizit den Kartenwechsel $\psi_{1,2}$. Welches sind die Urbilder der halben Großkreise $S^2 \backslash F_1$, $S^2 \backslash F_2$ in G_2 bzw. G_1 bei den entsprechenden Kartenabbildungen?

36B Die in 36.II angegebene Parameterdarstellung einer Torusfläche T bildet zwar den Bereich $[0, 2\pi[\times [0, 2\pi[$ der Ebene bijektiv auf T ab. Dieser Bereich ist aber kein Gebiet, weil er nicht offen ist. Erweitert man ihn aber zu einer offenen Menge, so geht die Bijektivität verloren.
Der in 36.II angegebene Atlas von T besteht aus vier Karten, die aber offensichtlich sehr großzügig gewählt sind.

Aufgabe: Man bestimme einen minimalen Atlas von T, also einen Atlas mit möglichst wenigen Karten.

36C In 36.III wurde gezeigt, daß der dort angegebene Atlas des *Möbius*-Bandes nicht orientiert ist und daß er auch nicht durch Umorientierung der Karten orientiert werden kann. Möglich wäre noch, daß ein anderer Atlas des *Möbius*-Bandes orientierbar ist. Dies ist jedoch nicht der Fall.

Aufgabe: Es sei $\mathfrak{A}^*$ ein orientierter differenzierbarer Atlas einer differenzierbaren Mannigfaltigkeit M. Man zeige, daß dann jeder andere differenzierbare Atlas $\mathfrak{A}$ von M ebenfalls orientierbar ist, also durch eventuell erforderliche Umorientierungen in einen orientierten Atlas überführt werden kann.

36D Aufgabe: Man zeige, daß in 36.IV der zum Parameterwert $u = \frac{\pi}{2}$ gehörende Punkt von $\overline{M_1^*}$ ein innerer Punkt der berandeten Mannigfaltigkeit ist. Hierzu gebe man eine entsprechende Karte und eine zugehörige Kartenabbildung an.

§ 37 Integration alternierender Differentiale

Es sei T ein k-dimensionaler orientierter euklidischer Vektorraum, und $A^k(T,Y)$ sei der Vektorraum aller k-fach linearen alternierenden Abbildungen ϕ von T in den Vektorraum Y, die also je k Vektoren $\mathfrak{a}_1, \ldots, \mathfrak{a}_k$ aus T einen Bildvektor $\phi(\mathfrak{a}_1, \ldots, \mathfrak{a}_k)$ in Y so zuordnen, daß

$$\phi(\mathfrak{a}_{\pi 1}, \ldots, \mathfrak{a}_{\pi k}) = (\operatorname{sgn} \pi)\, \phi(\mathfrak{a}_1, \ldots, \mathfrak{a}_k)$$

für alle Permutationen π der Indizes erfüllt ist.

37.1 *Sind* $\{\mathfrak{e}_1, \ldots, \mathfrak{e}_k\}$ *und* $\{\mathfrak{e}_1^*, \ldots, \mathfrak{e}_k^*\}$ *gleichorientierte Orthonormalbasen von* T, *so gilt für jedes* $\phi \in A^k(T,Y)$

$$\phi(\mathfrak{e}_1^*, \ldots, \mathfrak{e}_k^*) = \phi(\mathfrak{e}_1, \ldots, \mathfrak{e}_k).$$

Beweis: Mit einer Transformationsmatrix $A = (a_{\kappa,\lambda})$ gilt

$$\mathfrak{e}_\kappa^* = \sum_{\lambda=1}^{k} a_{\kappa,\lambda}\, \mathfrak{e}_\lambda \qquad (\kappa = 1, \ldots, k)$$

und daher weiter

$$\begin{aligned}\phi(\mathfrak{e}_1^*, \ldots, \mathfrak{e}_k^*) &= \sum_{\lambda_1, \ldots, \lambda_k = 1}^{k} a_{1,\lambda_1} \ldots a_{k,\lambda_k}\, \phi(\mathfrak{e}_{\lambda_1}, \ldots, \mathfrak{e}_{\lambda_k}) \\ &= \Big(\sum_{\pi \in \mathfrak{S}_k} (\operatorname{sgn} \pi)\, a_{1,\pi 1} \ldots a_{k,\pi k}\Big)\, \phi(\mathfrak{e}_1, \ldots, \mathfrak{e}_k) \\ &= (\operatorname{Det} A) \cdot \phi(\mathfrak{e}_1, \ldots, \mathfrak{e}_k).\end{aligned}$$

Da es sich aber bei beiden Basen um Orthonormalbasen handelt, ist A eine orthogonale Matrix, die wegen der Gleichorientierung sogar eigentlich orthogonal ist. Es folgt $\operatorname{Det} A = 1$ und damit die Behauptung. ◆

Weiter sei nun immer X ein n-dimensionaler orientierter euklidischer Vektorraum, und M sei eine k-dimensionale orientierte differenzierbare Mannigfaltigkeit in X ($k \leqq n$). Schließlich sei $\alpha: M \to A^k(X,Y)$ ein auf M definiertes alternierendes Differential k-ter Ordnung mit Werten in einem Vektorraum Y. Für jeden Punkt $\mathfrak{x} \in M$ ist dann $\alpha\mathfrak{x}$ eine k-fach lineare alternierende Abbildung, die auf je k Vektoren aus X angewandt werden kann. Nun ist durch $\mathfrak{x}$ eindeutig der Tangentialraum $T_\mathfrak{x}$ bestimmt. Ist dann $\{\mathfrak{e}_1(\mathfrak{x}), \ldots, \mathfrak{e}_k(\mathfrak{x})\}$ eine beliebige positiv orientierte Orthonormalbasis von $T_\mathfrak{x}$, so ist $[\alpha\mathfrak{x}]\,(\mathfrak{e}_1(\mathfrak{x}), \ldots, \mathfrak{e}_k(\mathfrak{x}))$ ein Vektor aus Y, der wegen des vorangehenden Satzes nicht von der Wahl dieser Basis, sondern nur von $\mathfrak{x}$ abhängt. Durch $\xi_\alpha \mathfrak{x} = k!\,[\alpha\mathfrak{x}]\,(\mathfrak{e}_1(\mathfrak{x}), \ldots, \mathfrak{e}_k(\mathfrak{x}))$ wird also eine durch α eindeutig bestimmte Abbildung $\xi_\alpha: M \to Y$ definiert.

Definition 37a: *Ein auf einer k-dimensionalen orientierten differenzierbaren Mannigfaltigkeit M definiertes* **alternierendes Differential** $\alpha: M \to A^k(X, Y)$ *der Ordnung k heißt auf M* **integrierbar,** *wenn die durch*

$$\xi_\alpha \mathfrak{x} = k! \, [\alpha \mathfrak{x}] \, (\mathfrak{e}_1(\mathfrak{x}), \ldots, \mathfrak{e}_k(\mathfrak{x}))$$

definierte und nicht von der Wahl der positiv orientierten Orthonormalbasis $\{\mathfrak{e}_1(\mathfrak{x}), \ldots, \mathfrak{e}_k(\mathfrak{x})\}$ *des Tangentialraumes* $T_\mathfrak{x}$ *abhängende Abbildung* $\xi_\alpha: M \to Y$ *auf M integrierbar ist. Es wird dann*

$$\int_M \alpha = \int_M \xi_\alpha d\lambda_M$$

das Integral von α *auf M genannt.*

Natürlich kann diese Definition unmittelbar auf berandete und auf reguläre Mannigfaltigkeiten sinngemäß übertragen werden.
Am einfachsten gestaltet sich die Berechnung des Integrals eines Differentials α auf M, wenn M selbst ein Gebiet G im $\mathbb{R}^k$ ist. Hinsichtlich der kanonischen Basis $\{\mathfrak{e}'_1, \ldots, \mathfrak{e}'_k\}$ des $\mathbb{R}^k$ besitzt α nach 15.8 die Form $\alpha = \varphi \, d\omega'_1 \wedge \ldots \wedge d\omega'_k$ mit einer Abbildung $\varphi: G \to Y$, da ja in diesem Fall die Summe wegen $n = k$ aus nur einem Summanden besteht. Für diese spezielle Situation gilt nun

37.2 *Es sei G ein Gebiet des* $\mathbb{R}^k$, *und* $\alpha = \varphi \, d\omega'_1 \wedge \ldots \wedge d\omega'_k$ *mit einer Abbildung* $\varphi: G \to Y$ *sei ein alternierendes Differential k-ter Ordnung: Es ist* α *genau dann auf G integrierbar, wenn* φ *auf G integrierbar ist. In diesem Fall gilt*

$$\int_G \alpha = \int_G \varphi \, d\lambda^k.$$

Beweis: G kann als lokale Mannigfaltigkeit mit G selbst als Karte und der Identität als Kartenabbildung aufgefaßt werden. Der $\mathbb{R}^k$ selbst ist Tangentialraum in allen Punkten, und die kanonische Basis $\{\mathfrak{e}'_1, \ldots, \mathfrak{e}'_k\}$ ist eine positiv orientierte Orthonormalbasis. Es folgt wegen 15.6

$$\xi_\alpha \mathfrak{x} = k! \, (\varphi \mathfrak{x}) \, d\omega'_1 \wedge \ldots \wedge d\omega'_k(\mathfrak{e}'_1, \ldots, \mathfrak{e}'_k) = \varphi \mathfrak{x}$$

für alle $\mathfrak{x} \in G$ und daher $\xi_\alpha = \varphi$, also die Behauptung. ◆

Zur Behandlung des allgemeinen Falles genügt es offenbar, eine lokale Mannigfaltigkeit M zu betrachten. Der folgende Satz zeigt, daß Integrale auf M sich auf den gerade behandelten Trivialfall in einfacher Weise zurückführen lassen.

37.3 *Es sei M eine k-dimensionale lokale Mannigfaltigkeit in X, und* $\psi: G \to M$ *sei eine reguläre Parameterdarstellung von M mit einem Gebiet* $G \subset \mathbb{R}^k$. *Dann ist ein alternierendes Differential* α *der Ordnung k genau dann auf M integrierbar,* *wenn* $\alpha \vartriangle \psi$ (vgl. 13b) *auf G integrierbar ist. In diesem Fall gilt*

$$\int_M \alpha = \int_G \alpha \vartriangle \psi .$$

Beweis: Mit Hilfe von 35.1 und 35.2 ergibt sich zunächst, daß α genau dann auf M integrierbar ist, wenn $\xi_\alpha \circ \psi$ auf G integrierbar ist, und daß in diesem Fall

$$\int_M \alpha = \int_M \xi_\alpha d\lambda_M = \int_G (\xi_\alpha \circ \psi) \operatorname{Det}\left(\vartheta_{\psi \mathrm{u}} \circ (d_{\mathrm{u}}\psi)\right) d\lambda^k$$

gilt. Dabei ist für jedes $\mathrm{u} \in G$ die Abbildung $\vartheta_{\psi \mathrm{u}}$ derjenige Isomorphismus $\vartheta_{\psi \mathrm{u}} : T_{\psi \mathrm{u}} \to \mathbb{R}^k$, der eine gegebene positiv orientierte Orthonormalbasis $\{\mathrm{e}_1, \ldots$ $\ldots, \mathrm{e}_k\}$ des Tangentialraums $T_{\psi \mathrm{u}}$ auf die kanonische Basis des $\mathbb{R}^k$ abbildet, für den also $\vartheta_{\psi \mathrm{u}} \mathrm{e}_\kappa = \mathrm{e}'_\kappa$ für $\kappa = 1, \ldots, k$ gilt.
Für einen beliebigen Punkt $\mathrm{u} \in G$ erhält man (vgl. 13b)

$$\begin{aligned}(\xi_\alpha \circ \psi)\mathrm{u} &= \xi_\alpha(\psi \mathrm{u}) = [\alpha(\psi \mathrm{u})]\,(\mathrm{e}_1, \ldots, \mathrm{e}_k)\\ &= [\alpha(\psi \mathrm{u})]\,\left((d_{\mathrm{u}}\psi) \circ (d_{\mathrm{u}}\psi)^{-1} \mathrm{e}_1, \ldots, (d_{\mathrm{u}}\psi) \circ (d_{\mathrm{u}}\psi)^{-1} \mathrm{e}_k\right)\\ &= [(\alpha \vartriangle \psi)\mathrm{u}]\,\left((d_{\mathrm{u}}\psi)^{-1} \mathrm{e}_1, \ldots, (d_{\mathrm{u}}\psi)^{-1} \mathrm{e}_k\right)\\ &= [(\alpha \vartriangle \psi)\mathrm{u}]\,\left((d_{\mathrm{u}}\psi)^{-1} \circ \vartheta_{\psi \mathrm{u}}^{-1} \mathrm{e}'_1, \ldots, (d_{\mathrm{u}}\psi)^{-1} \circ \vartheta_{\psi \mathrm{u}}^{-1} \mathrm{e}'_k\right).\end{aligned}$$

Nun ist aber $\phi = (\alpha \vartriangle \psi)\mathrm{u}$ eine k-fach lineare alternierende Abbildung auf dem $\mathbb{R}^k$. Mit einem beliebigen Isomorphismus $\eta : \mathbb{R}^k \to \mathbb{R}^k$ gilt daher

$$\phi(\eta \mathrm{e}'_1, \ldots, \eta \mathrm{e}'_k) = (\operatorname{Det} \eta)\, \phi(\mathrm{e}'_1, \ldots, \mathrm{e}'_k).$$

Es folgt

$$\begin{aligned}(\xi_\alpha \circ \psi)\mathrm{u} &= \operatorname{Det}\left((\vartheta_{\psi \mathrm{u}} \circ d_{\mathrm{u}}\psi)^{-1}\right) [(\alpha \vartriangle \psi)\mathrm{u}]\,(\mathrm{e}'_1, \ldots, \mathrm{e}'_k)\\ &= \left(\operatorname{Det}(\vartheta_{\psi \mathrm{u}} \circ d_{\mathrm{u}}\psi)\right)^{-1} \xi_{\alpha \vartriangle \psi}\, \mathrm{u}\end{aligned}$$

und somit

$$\int_M \alpha = \int_G (\xi_\alpha \circ \psi) \operatorname{Det}(\vartheta_{\psi \mathrm{u}} \circ d_{\mathrm{u}}\psi)\, d\lambda^k = \int_G \xi_{\alpha \vartriangle \psi}\, d\lambda^k = \int_G \alpha \vartriangle \psi ,$$

weil ja $\lambda_G = \lambda^k$ gilt. ◆

Aus 37.2 und 37.3 folgt, daß jedenfalls stetige alternierende Differentiale α integrierbar sind: $\alpha \vartriangle \psi$ ist dann nämlich aus Summanden der in 37.2 behandelten Art aufgebaut, wobei wegen der Regularität von ψ sich die Stetigkeit der Koeffizientenabbildungen und die Stetigkeit von α gegenseitig bedingen.

37.I Als Beispiel diene die im $\mathbb{R}^4$ durch

$$\psi(u, v) = (v \sin u,\ v \cos u,\ uv,\ u - v) \qquad \textit{mit} \qquad 0 < u < \pi,\ 0 < v < 1$$

definierte zweidimensionale lokale Mannigfaltigkeit M und die auf dem $\mathbb{R}^4$ definierte alternierende Differentialform zweiter Ordnung

$$\alpha = x_4 dx_1 \wedge dx_2 + \sqrt{x_1^2 + x_2^2}\, dx_3 \wedge dx_4 .$$

Es gilt

$$\begin{aligned}\alpha \vartriangle \psi &= (u-v)(v\cos u\, du + \sin u\, dv) \wedge (-v\sin u\, du + \cos u\, dv)\\ &\quad + v(v\, du + u\, dv) \wedge (du - dv)\\ &= -2v^2\, du \wedge dv .\end{aligned}$$

Für das Integral von α auf M erhält man daher den Wert

$$\int_M \alpha = -2 \int_0^\pi \int_0^1 v^2\, dv\, du = -\tfrac{2}{3}\pi .$$

Es sei jetzt M eine k-dimensionale differenzierbare berandete oder eine reguläre Mannigfaltigkeit im n-dimensionalen Raum X, und α sei ein auf M stetig differenzierbares alternierendes Differential $(k-1)$-ter Ordnung. Dann ist die alternierende Ableitung $\mathrm{d}\alpha$ ein stetiges alternierendes Differential der Ordnung k, das somit auf M integrierbar ist. Andererseits ist $\partial^0 M$ eine $(k-1)$-dimensionale differenzierbare Mannigfaltigkeit, auf der dann das Integral von α selbst gebildet werden kann. Einen Zusammenhang zwischen diesen Integralen stellt der folgende **allgemeine Integralsatz von Stokes** her, der hier für reguläre Mannigfaltigkeiten formuliert wird.

37.4 *Es sei M eine k-dimensionale (orientierte) reguläre Mannigfaltigkeit im n-dimensionalen Raum X ($n \geqq k > 0$), und $\partial^0 M$ sei mit der induzierten Randorientierung* (vgl. 36.4) *versehen. Ferner sei α ein auf M stetig differenzierbares alternierendes Differential $(k-1)$-ter Ordnung. Dann gilt*

$$\int_M \mathrm{d}\alpha = \int_{\partial^0 M} \alpha .$$

Beweis: Die behauptete Gleichung soll zunächst in dem Spezialfall bewiesen werden, daß $n = k$ gilt und M ein kompaktes k-dimensionales Intervall $J = [\mathfrak{a}, \mathfrak{b}]$ hinsichtlich der kanonischen Basis des $\mathbb{R}^k$ ist. Bezeichnet man die Koordinaten im $\mathbb{R}^k$ wieder mit $u_1, \ldots, u_k$ und benutzt man die Schreibweise du_κ statt $d\omega'_\kappa$, so gilt

$$\alpha = \sum_{\kappa=1}^{k} \varphi_\kappa\, du_1 \wedge \ldots \wedge \overline{du_\kappa} \wedge \ldots \wedge du_k$$

mit stetig differenzierbaren Koeffizientenabbildungen φ_κ, wobei $\overline{du_\kappa}$ bedeutet, daß dieser Faktor im alternierenden Produkt fortzulassen ist. Es genügt jedoch, die Behauptung für nur einen Summanden zu beweisen, so daß man von

$$\alpha = \varphi_\kappa du_1 \wedge \ldots \wedge \widehat{du_\kappa} \wedge \ldots \wedge du_k$$

mit festem Index κ ausgehen kann. Es folgt

$$\begin{aligned} d\alpha &= \frac{\partial \varphi_\kappa}{\partial u_\kappa} du_\kappa \wedge du_1 \wedge \ldots \wedge \widehat{du_\kappa} \wedge \ldots \wedge du_k \\ &= (-1)^{\kappa-1} \frac{\partial \varphi_\kappa}{\partial u_\kappa} du_1 \wedge \ldots \wedge du_\kappa \wedge \ldots \wedge du_k \end{aligned}$$

und daher weiter wegen 37.2

$$\begin{aligned} (1) \quad \int_J d\alpha &= (-1)^{\kappa-1} \int_J \frac{\partial \varphi_\kappa}{\partial u_\kappa} d\lambda^k = (-1)^{\kappa-1} \int_{a_1}^{b_1} \cdots \int_{a_k}^{b_k} \frac{\partial \varphi_\kappa}{\partial u_\kappa} du_k \ldots du_1 \\ &= (-1)^{\kappa-1} \int_{a_1}^{b_1} \cdots \widehat{\int_{a_\kappa}^{b_\kappa}} \cdots \int_{a_k}^{b_k} [\varphi(u_1, \ldots, b_\kappa, \ldots, u_k) \\ &\qquad - \varphi(u_1, \ldots, a_\kappa, \ldots, u_k)] \, du_k \ldots \widehat{du_\kappa} \ldots du_1 . \end{aligned}$$

Das letzte $(k-1)$-fache Integral ist dabei dadurch entstanden, daß die Integration nach u_κ bereits durchgeführt wurde und entsprechend in φ für die Variable u_κ die Grenzen b_κ und a_κ eingesetzt wurden.
Der glatte Rand $\partial^0 J$ des Intervalls besteht aus den $2k$ „Seitenflächen“

$$\begin{aligned} J'_\nu &= \{(u_1, \ldots, b_\nu, \ldots, u_k) : a_\mu < u_\mu < b_\mu \quad \textit{für} \quad \mu \neq \nu\}, \\ J''_\nu &= \{(u_1, \ldots, a_\nu, \ldots, u_k) : a_\mu < u_\mu < b_\mu \quad \textit{für} \quad \mu \neq \nu\} \qquad (\nu = 1, \ldots, k). \end{aligned}$$

Eine Orthonormalbasis des Tangentialraums von J'_ν und J''_ν ist $\{e'_1, \ldots, \widehat{e'_\nu}, \ldots, e'_k\}$. Äußere Randnormale von J'_ν ist e'_ν. Für die induzierte Randorientierung auf J'_ν ist nun maßgebend, ob $\{e'_\nu, e'_1, \ldots, \widehat{e'_\nu}, \ldots, e'_k\}$ die positive Orientierung des $\mathbb{R}^k$ repräsentiert. Da diese Basis durch $\nu - 1$ Vertauschungen in die kanonische Basis $\{e'_1, \ldots, e'_\nu, \ldots, e'_k\}$ überführt wird, ergibt sich: Wenn man die Orientierung von J'_ν durch die Basis $\{e'_1, \ldots, \widehat{e'_\nu}, \ldots, e'_k\}$ des Tangentialraums repräsentiert, so hat man bei der Integration als Korrektur den Orientierungsfaktor $(-1)^{\nu-1}$ anzubringen. Entsprechende Überlegungen gelten hinsichtlich J''_ν: Hier ist $-e'_\nu$ äußere Randnormale, so daß jetzt der Korrekturfaktor $(-1)^\nu$ lautet.
Bei der Berechnung der Randintegrale

$$\int_{J'_\nu} \alpha = \int_{J'_\nu} \xi_\alpha d\lambda_{J'_\nu} = \int_{J'_\nu} \xi_\alpha d\lambda^{k-1}, \quad \int_{J''_\nu} \alpha = \int_{J''_\nu} \xi_\alpha d\lambda_{J''_\nu} = \int_{J''_\nu} \xi_\alpha d\lambda^{k-1},$$

bei denen das Flächenmaß gerade das $(k-1)$-dimensionale *Borel-Lebesgue-*

sche Maß ist, hat man zunächst $\xi_\alpha \mathfrak{u}$ in Punkten $\mathfrak{u} \in J_\nu'$ bzw. $\mathfrak{u} \in J_\nu''$ zu berechnen. Da als Basis des Tangentialraums bis auf den Orientierungsfaktor hier immer $\{\mathfrak{e}_1', \ldots, \overline{\mathfrak{e}_\nu'}, \ldots, \mathfrak{e}_k'\}$ unabhängig von $\mathfrak{u}$ gewählt werden kann, folgt

$$\begin{aligned}
\xi_\alpha \mathfrak{u} &= (-1)^{\nu-1}(k-1)!\,[\alpha\mathfrak{u}](\mathfrak{e}_1', \ldots, \overline{\mathfrak{e}_\nu'}, \ldots, \mathfrak{e}_k') \\
&= (-1)^{\nu-1}(k-1)!\,\varphi(u_1, \ldots, b_\nu, \ldots, u_k)\,[du_1 \wedge \ldots \wedge \overline{du_\kappa} \wedge \ldots \wedge du_k] \\
&\qquad\qquad (\mathfrak{e}_1', \ldots, \overline{\mathfrak{e}_\nu'}, \ldots, \mathfrak{e}_k') \\
&= (-1)^{\nu-1}\varphi(u_1, \ldots, b_\nu, \ldots, u_k) \cdot \delta_{\kappa,\nu} \qquad (\mathfrak{u} \in J_\nu'), \\
\xi_\alpha \mathfrak{u} &= (-1)^{\nu}(k-1)!\,[\alpha\mathfrak{u}](\mathfrak{e}_1', \ldots, \overline{\mathfrak{e}_\nu'}, \ldots, \mathfrak{e}_k') \\
&= (-1)^{\nu}(k-1)!\,\varphi(u_1, \ldots, a_\nu, \ldots, u_k)\,[du_1 \wedge \ldots \wedge \overline{du_\kappa} \wedge \ldots \wedge du_k] \\
&\qquad\qquad (\mathfrak{e}_1', \ldots, \overline{\mathfrak{e}_\nu'}, \ldots, \mathfrak{e}_k') \\
&= (-1)^{\nu}\varphi(u_1, \ldots, a_\nu, \ldots, u_k) \cdot \delta_{\kappa,\nu} \qquad (\mathfrak{u} \in J_\nu''),
\end{aligned}$$

wobei $\delta_{\kappa,\nu}$ das *Kronecker*-Symbol ist. Die Integrale von α auf J_ν' und J_ν'' verschwinden daher für $\nu \neq \kappa$, und nur im Fall $\nu = \kappa$ ergibt sich

$$\int_{J_\kappa'} \alpha = \int_{J_\kappa'} \xi_\alpha d\lambda^{k-1} = (-1)^{\kappa-1} \int_{a_1}^{b_1} \cdots \overline{\int_{a_\kappa}^{b_\kappa}} \cdots \int_{a_k}^{b_k} \varphi(u_1, \ldots, b_\kappa, \ldots, u_k)\,du_k \ldots \overline{du_\kappa} \ldots du_1,$$

$$\int_{J_\kappa''} \alpha = \int_{J_\kappa''} \xi_\alpha d\lambda^{k-1} = (-1)^{\kappa} \int_{a_1}^{b_1} \cdots \overline{\int_{a_\kappa}^{b_\kappa}} \cdots \int_{a_k}^{b_k} \varphi(u_1, \ldots, a_\kappa, \ldots, u_k)\,du_k \ldots \overline{du_\kappa} \ldots du_1.$$

Es folgt

$$\begin{aligned}
\int_{\partial^0 J} \alpha = \int_{J_\kappa'} \alpha + \int_{J_\kappa''} \alpha = (-1)^{\kappa-1} \int_{a_1}^{b_1} \cdots \overline{\int_{a_\kappa}^{b_\kappa}} \cdots \int_{a_k}^{b_k} [\varphi(u_1, \ldots, b_\kappa, \ldots, u_k) \\
- \varphi(u_1, \ldots, a_\kappa, \ldots, u_k)]\,du_k \ldots \overline{du_\kappa} \ldots du_1,
\end{aligned}$$

also dasselbe Ergebnis wie in (1). Damit ist die Behauptung des Integralsatzes im Spezialfall eines k-dimensionalen Intervalls im $\mathbb{R}^k$ bewiesen.

Zweitens sei $M = (J, \psi)$ ein k-dimensionaler Baustein im n-dimensionalen Raum X. Es gilt also $M = \psi J$ mit einem Intervall J des $\mathbb{R}^k$ und mit einer regulären Abbildung $\psi: J \to M$. Unmittelbar aus der Definition des Randes folgt $\partial^0 M = \psi(\partial^0 J)$, und mit Hilfe des bereits Bewiesenen und wegen 37.3 ergibt sich bei Berücksichtigung von $\mathrm{d}(\alpha \vartriangle \psi) = (\mathrm{d}\alpha) \vartriangle \psi$ (15.14)

$$\int_M \mathrm{d}\alpha = \int_J (\mathrm{d}\alpha) \vartriangle \psi = \int_J \mathrm{d}(\alpha \vartriangle \psi) = \int_{\partial^0 J} \alpha \vartriangle \psi = \int_{\partial^0 M} \alpha.$$

Der Integralsatz gilt also auch für Bausteine.

Im letzten Beweisschritt sei nun M eine k-dimensionale reguläre Mannigfaltigkeit in X, die sich also nach Definition 36i aus endlich vielen Bausteinen $M_\varrho = (J_\varrho, \psi_\varrho)$ $(\varrho = 1, \ldots, r)$ zusammensetzt. Da die Bausteine wegen 36i (1) höchstens Randpunkte gemeinsam haben und diese eine k-dimensionale Nullmenge bilden, folgt nach dem zweiten Beweisschritt

$$(2) \qquad \int_M \mathrm{d}\alpha = \sum_{\varrho=1}^{r} \Big(\int_{M_\varrho} \mathrm{d}\alpha \Big) = \sum_{\varrho=1}^{r} \Big(\int_{\partial^0 M_\varrho} \alpha \Big).$$

Es muß daher nur noch das Integral von α auf $\partial^0 M$ mit der Summe der Integrale von α auf den Rändern $\partial^0 M_\varrho (\varrho = 1, \ldots, r)$ in Verbindung gebracht werden.

Für einen beliebigen Punkt $\mathfrak{x} \in \partial^0 M_\varrho$ gilt offenbar sogar $\mathfrak{x} \in \partial^0 M$, oder aber es gibt wegen 36i (2) und (3) genau einen Index $\sigma \neq \varrho$ mit $\mathfrak{x} \in \partial^0 M_\varrho \cap \partial^0 M_\sigma$, wobei dann M_ϱ und M_σ passende Bausteine sind. Setzt man zur Abkürzung noch $R_{\varrho,\sigma} = \partial^0 M_\varrho \cap \partial^0 M_\sigma \; (\sigma \neq \varrho)$, so folgt

$$\partial^0 M_\varrho = (\partial^0 M_\varrho \cap \partial^0 M) \cup \bigcup_{\sigma \neq \varrho} R_{\varrho,\sigma},$$

wobei die auf der rechten Seite auftretenden Randbestandteile paarweise punktfremd sind. Damit ergibt sich

$$(3) \qquad \int_{\partial^0 M_\varrho} \alpha = \int_{\partial^0 M_\varrho \cap \partial^0 M} \alpha + \sum_{\sigma \neq \varrho} \Big(\int_{R_{\varrho,\sigma}} \alpha \Big).$$

Als Mengen sind $R_{\varrho,\sigma}$ und $R_{\sigma,\varrho}$ offenbar identisch, nicht aber als orientierte Randbestandteile: $R_{\varrho,\sigma}$ trägt die induzierte Randorientierung von M_ϱ, während die von $R_{\sigma,\varrho}$ durch M_σ induziert wird. Da aber M_ϱ und M_σ passende Bausteine sind, folgt aus Definition 36h, daß die äußere Randnormale von $R_{\varrho,\sigma}$ die innere Randnormale von $R_{\sigma,\varrho}$ ist, so daß $R_{\varrho,\sigma}$ und $R_{\sigma,\varrho}$ entgegengesetzt orientiert sind. Es folgt

$$\int_{R_{\varrho,\sigma}} \alpha = - \int_{R_{\sigma,\varrho}} \alpha \qquad (\varrho \neq \sigma)$$

und daher wegen (3)

$$(4) \qquad \sum_{\varrho=1}^{r} \Big(\int_{\partial^0 M_\varrho} \alpha \Big) = \sum_{\varrho=1}^{r} \Big(\int_{\partial^0 M_\varrho \cap \partial^0 M} \alpha \Big),$$

wobei die rechts auftretenden Integrationsbereiche $\partial^0 M_\varrho \cap \partial^0 M$ wieder paarweise punktfremd sind. Ihre Vereinigung

$$(\partial^0 M_1 \cap \partial^0 M) \cup \ldots \cup (\partial^0 M_r \cap \partial^0 M)$$

braucht aber nicht ganz $\partial^0 M$ zu sein: Ein Punkt $\mathfrak{x} \in \partial^0 M$ kann nämlich auch noch zu einer Menge der Form $\partial M_\varrho \backslash \partial^0 M_\varrho$ gehören, weil „Ecken" oder „Kanten" durch das Zusammenfügen der Bausteine „geglättet" werden können.

Da sich aber $\partial M_\varrho \backslash \partial^0 M$ aus regulären Bildern höchstens $(k-2)$-dimensionaler Randbestandteile von J_ϱ zusammensetzt, handelt es sich um eine $(k-1)$-dimensionale Nullmenge, die zum Integral von α auf $\partial^0 M$ keinen Beitrag leistet. Daher gilt

$$\sum_{\varrho=1}^{r} \Big(\int_{\partial^0 M_\varrho \cap \partial^0 M} \alpha \Big) = \int_{\partial^0 M} \alpha ,$$

so daß zusammen mit (2) und (4) die Behauptung des Satzes jetzt allgemein bewiesen ist. ◆

Der Beweis zeigt, daß der Satz in verschiedener Weise verallgemeinert werden kann. So kann man etwa zu Mannigfaltigkeiten übergehen, die aus unendlich vielen Bausteinen zusammengesetzt sind. Aber bereits mit den regulären Mannigfaltigkeiten erfaßt man eine umfangreiche Klasse, da ja diffeomorphe Bilder von regulären Mannigfaltigkeiten wieder solche Mannigfaltigkeiten sind. Zum Beispiel ist eine Kreisscheibe eine zweidimensionale reguläre Mannigfaltigkeit, da sie sich entsprechend der Figur aus Bausteinen zusammensetzen läßt. Es folgt, daß ein Kreiszylinderstumpf eine dreidimensionale reguläre Mannigfaltigkeit ist. Ihn wieder kann man diffeomorph verbiegen und aus zwei Exemplaren einen Torus zusammensetzen.

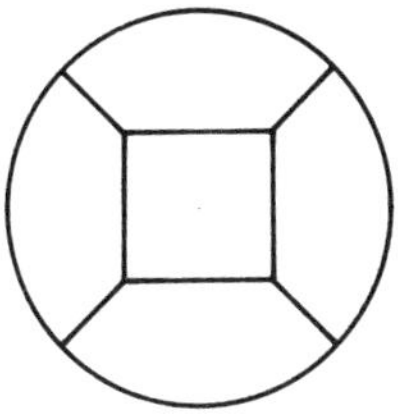

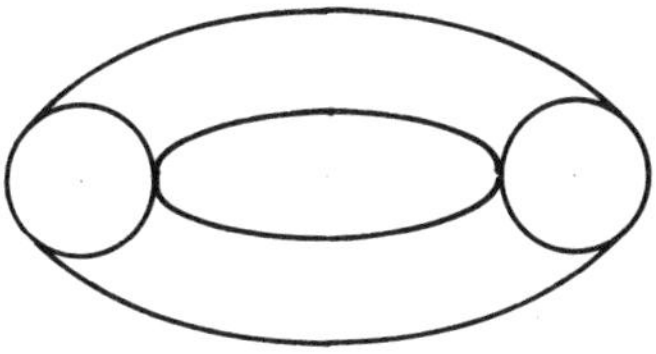

37. II Läßt man bei der lokalen Mannigfaltigkeit aus Beispiel 37.I in den Parameterintervallen auch das Gleichheitszeichen zu, so hat man es mit einem zweidimensionalen Baustein M im $\mathbb{R}^4$ zu tun:

$$M : \psi(u, v) = (v \sin u, v \cos u, uv, u - v) \qquad \textit{mit} \qquad 0 \leqq u \leqq \pi, \quad 0 \leqq v \leqq 1 .$$

Der Rand $\partial^0 M$ besteht hier aus folgenden vier Kurven, die den Werten $u = 0$, $u = \pi$ bzw. $v = 0$, $v = 1$ entsprechen:

$$K_1 : \mathfrak{x}(v) = (0, v, 0, -v) \qquad \textit{mit} \qquad 0 < v < 1 .$$
$$K_2 : \mathfrak{x}(v) = (0, -v, \pi v, \pi - v) \qquad \textit{mit} \qquad 0 < v < 1 .$$
$$K_3 : \mathfrak{x}(u) = (0, 0, 0, u) \qquad \textit{mit} \qquad 0 < u < \pi .$$
$$K_4 : \mathfrak{x}(u) = (\sin u, \cos u, u, u - 1) \qquad \textit{mit} \qquad 0 < u < \pi .$$

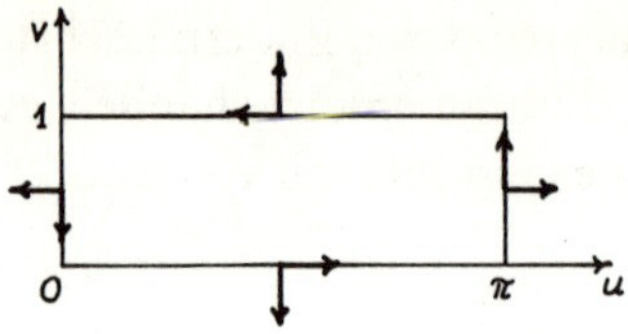

Die Figur zeigt, daß die von M induzierte Randorientierung im Fall von K_2 und K_3 mit der durch die Orientierung des Parameterintervalls bestimmten Orientierung übereinstimmt, während dies im Fall von K_1 und K_4 nicht der Fall ist, so daß bei den entsprechenden Integralen der Orientierungsfaktor (-1) anzubringen ist.

Es sei nun

$$\alpha = x_2\,dx_1 - x_1\,dx_2 + x_3\,dx_4 .$$

Dann erhält man als Randintegral

$$\begin{aligned}\int_{\partial^0 M} \alpha &= -\int_{K_1} \alpha + \int_{K_2} \alpha + \int_{K_3} \alpha - \int_{K_4} \alpha \\ &= -\int_0^1 0 \cdot dv + \int_0^1 (-\pi v)\,dv + \int_0^\pi 0 \cdot du - \int_0^\pi (\cos^2 u + \sin^2 u + u)\,du \\ &= -\frac{\pi}{2} - \left(\pi + \frac{\pi^2}{2}\right) = -\frac{\pi}{2}(3+\pi).\end{aligned}$$

Andererseits gilt

$$\mathrm{d}\alpha = dx_2 \wedge dx_1 - dx_1 \wedge dx_2 + dx_3 \wedge dx_4 = -2\,dx_1 \wedge dx_2 + dx_3 \wedge dx_4,$$

$$\begin{aligned}\mathrm{d}\alpha \vartriangle \psi &= -2(v\cos u\,du + \sin u\,dv) \wedge (-v\sin u\,du + \cos u\,dv) \\ &\quad + (v\,du + u\,dv) \wedge (du - dv) \\ &= (-2v\cos^2 u - 2v\sin^2 u - v - u)\,(du \wedge dv) \\ &= -(3v + u)\,(du \wedge dv)\end{aligned}$$

und daher wieder ($J = [0,\pi] \times [0,1]$)

$$\int_M \mathrm{d}\alpha = \int_J \mathrm{d}\alpha \vartriangle \psi = -\int_0^\pi \int_0^1 (3v+u)\,dv\,du = -\int_0^\pi \left(\tfrac{3}{2} + u\right) du = -\frac{\pi}{2}(3+\pi).$$

Wendet man den allgemeinen Integralsatz auf spezielle Differentiale an, so erhält man die bekannten klassischen Integralsätze. So sei etwa zunächst M eine k-dimensionale reguläre Mannigfaltigkeit im $\mathbb{R}^k$, und $\varphi: M \to \mathbb{R}^k$ sei ein stetig differenzierbares Vektorfeld. Nach 13.II entspricht ihm umkehrbar eindeutig die durch

$$[\beta_\varphi \mathfrak{x}]\,(\mathfrak{a}_1, \ldots, \mathfrak{a}_{k-1}) = \Delta(\varphi\mathfrak{x}, \mathfrak{a}_1, \ldots, \mathfrak{a}_{k-1})$$

definierte $(k-1)$-fach alternierende Differentialform β_φ, wobei

$$\Delta(\varphi\mathfrak{x}, \mathfrak{a}_1, \ldots, \mathfrak{a}_{k-1}) = \begin{vmatrix} (\varphi\mathfrak{x}) \cdot \mathfrak{e}_1 & \cdots & (\varphi\mathfrak{x}) \cdot \mathfrak{e}_k \\ \mathfrak{a}_1 \cdot \mathfrak{e}_1 & \cdots & \mathfrak{a}_1 \cdot \mathfrak{e}_k \\ \cdots & \cdots & \cdots \\ \mathfrak{a}_{k-1} \cdot \mathfrak{e}_1 & \cdots & \mathfrak{a}_{k-1} \cdot \mathfrak{e}_k \end{vmatrix}$$

nicht von der Wahl der positiv orientierten Orthonormalbasis $\{\mathfrak{e}_1, \ldots, \mathfrak{e}_k\}$ des $\mathbb{R}^k$ abhängt. Wegen 21.1 gilt außerdem

$$(\mathrm{d}\beta_\varphi)\mathfrak{x} = \frac{1}{k}\left(\operatorname{div}\varphi(\mathfrak{x})\right)\Delta$$

und daher wegen $\Delta(\mathfrak{e}_1, \ldots, \mathfrak{e}_k) = 1$

$$\xi_{\mathrm{d}\beta_\varphi}\mathfrak{x} = k!\,[(\mathrm{d}\beta_\varphi)\mathfrak{x}](\mathfrak{e}_1, \ldots, \mathfrak{e}_k) = (k-1)!\,\operatorname{div}\varphi(\mathfrak{x}).$$

Es folgt also

$$\int_M \mathrm{d}\beta_\varphi = (k-1)! \int_M \operatorname{div}\varphi\, d\lambda^k.$$

Ist weiter $\mathfrak{x}$ ein Punkt von $\partial^0 M$, $\{\mathfrak{e}_1'(\mathfrak{x}), \ldots, \mathfrak{e}_{k-1}'(\mathfrak{x})\}$ eine die induzierte Randorientierung des Tangentialraumes $T_\mathfrak{x}$ von $\partial^0 M$ bestimmende Orthonormalbasis und $\mathfrak{n}_\mathfrak{x}$ die äußere Randnormale, so erhält man, da ja $\{\mathfrak{n}_\mathfrak{x}, \mathfrak{e}_1'(\mathfrak{x}), \ldots, \mathfrak{e}_{k-1}'(\mathfrak{x})\}$ eine positiv orientierte Orthonormalbasis des $\mathbb{R}^k$ ist,

$$\begin{aligned} \xi_{\beta_\varphi}\mathfrak{x} &= (k-1)!\,[\beta_\varphi\mathfrak{x}]\left(\mathfrak{e}_1'(\mathfrak{x}), \ldots, \mathfrak{e}_{k-1}'(\mathfrak{x})\right) \\ &= (k-1)!\,\Delta\left(\varphi(\mathfrak{x}), \mathfrak{e}_1'(\mathfrak{x}), \ldots, \mathfrak{e}_{k-1}'(\mathfrak{x})\right) \\ &= (k-1)! \begin{vmatrix} (\varphi\mathfrak{x}) \cdot \mathfrak{n}_\mathfrak{x} & (\varphi\mathfrak{x}) \cdot \mathfrak{e}_1'(\mathfrak{x}) & \cdots & (\varphi\mathfrak{x}) \cdot \mathfrak{e}_{k-1}'(\mathfrak{x}) \\ \mathfrak{e}_1'(\mathfrak{x}) \cdot \mathfrak{n}_\mathfrak{x} & \mathfrak{e}_1'(\mathfrak{x}) \cdot \mathfrak{e}_1'(\mathfrak{x}) & \cdots & \mathfrak{e}_1'(\mathfrak{x}) \cdot \mathfrak{e}_{k-1}'(\mathfrak{x}) \\ \cdots & \cdots & \cdots & \cdots \\ \mathfrak{e}_{k-1}'(\mathfrak{x}) \cdot \mathfrak{n}_\mathfrak{x} & \mathfrak{e}_{k-1}'(\mathfrak{x}) \cdot \mathfrak{e}_1'(\mathfrak{x}) & \cdots & \mathfrak{e}_{k-1}'(\mathfrak{x}) \cdot \mathfrak{e}_{k-1}'(\mathfrak{x}) \end{vmatrix} \\ &= (k-1)!\,(\varphi\mathfrak{x}) \cdot \mathfrak{n}_\mathfrak{x}. \end{aligned}$$

Damit ergibt sich

$$\int_{\partial^0 M} \beta_\varphi = (k-1)! \int_{\partial^0 M} (\varphi\mathfrak{x}) \cdot \mathfrak{n}_\mathfrak{x} d\lambda_{\partial^0 M},$$

also das Normalintegral des Vektorfelds auf $\partial^0 M$. Benutzt man noch die Schreibweise $\mathfrak{v}(\mathfrak{x})$ statt $\varphi\mathfrak{x}$ und setzt die erhaltenen Ergebnisse in den allgemeinen Integralsatz 37.4 ein, so erhält man

37.5 (Integralsatz von Gauß.) *Es sei M eine k-dimensionale reguläre Mannigfaltigkeit im $\mathbb{R}^k$, und $\mathfrak{v}(\mathfrak{x})$ sei ein auf M stetig differenzierbares Vektorfeld. Dann gilt*

$$\int_M \operatorname{div} \mathfrak{v}\, d\lambda^k = \int_{\partial^0 M} \mathfrak{v}(\mathfrak{x}) \cdot \mathfrak{n}_{\mathfrak{x}}\, d\lambda_{\partial^0 M}.$$

Faßt man das Vektorfeld als Geschwindigkeitsfeld einer Strömung auf, so mißt das Randintegral der rechten Seite den Durchsatz der Strömung durch den Rand von M, nämlich je nach Vorzeichen von $\mathfrak{v}(\mathfrak{x}) \cdot \mathfrak{n}_{\mathfrak{x}}$ die Menge des aus- bzw. einströmenden Mediums. Das Integral auf der linken Seite hingegen mißt die Menge des strömenden Mediums, die im Inneren von M erzeugt bzw. abgeführt wird.

37. III Als Beispiel diene im $\mathbb{R}^3$ der durch

$$M: x^2 + y^2 \leqq 1, \qquad 0 \leqq z \leqq 1$$

beschriebene Zylinderstumpf und das durch

$$\mathfrak{v}(\mathfrak{x}) = (x^2 y + xz, xyz, y^2 + z^2)$$

gegebene Vektorfeld. Es gilt

$$\operatorname{div} \mathfrak{v}(\mathfrak{x}) = (2xy + z) + xz + 2z = x(2y + z) + 3z$$

und daher mit Hilfe der Transformationsformel

$$\int_M \operatorname{div} \mathfrak{v}\, d\lambda^3 = \int_0^1 \int_0^1 \int_0^{2\pi} [r \cos u (2r \sin u + z) + 3z]\, r\, du\, dr\, dz$$

$$= 6\pi \int_0^1 \int_0^1 zr\, dr\, dz = 3\pi \int_0^1 z\, dz = \tfrac{3}{2}\pi.$$

Dasselbe Ergebnis muß nun nach dem Integralsatz von Gauß das Normalintegral von $\mathfrak{v}$ auf $\partial^0 M$ ergeben. Der Rand $\partial^0 M$ besteht hier aus den drei Flächen

$$F_1: x^2 + y^2 = 1, \qquad 0 < z < 1,$$
$$F_2: x^2 + y^2 < 1, \qquad z = 0,$$
$$F_3: x^2 + y^2 < 1, \qquad z = 1.$$

Äußere Randnormalen sind offenbar die Vektoren

$$F_1: (x, y, 0), \quad F_2: (0, 0, -1), \quad F_3: (0, 0, 1).$$

Damit erhält man

$$\int_{F_1} \mathfrak{v}(\mathfrak{x}) \cdot \mathfrak{n}_{\mathfrak{x}} d\lambda_{F_1} = \int_{F_1} (x^3 y + x^2 z + x y^2 z) d\lambda_{F_1}$$

$$= \int_0^1 \int_0^{2\pi} (\cos^3 u \sin u + z \cos^2 u + z \cos u \sin^2 u) \, du \, dz$$

$$= \pi \int_0^1 z \, dz = \frac{\pi}{2},$$

$$\int_{F_2} \mathfrak{v}(\mathfrak{x}) \cdot \mathfrak{n}_{\mathfrak{x}} d\lambda_{F_2} = - \int_{F_2} y^2 d\lambda^2 = - \int_0^1 \int_0^{2\pi} r^3 \sin^2 u \, du \, dr$$

$$= -\pi \int_0^1 r^3 \, dr = -\frac{\pi}{4},$$

$$\int_{F_3} \mathfrak{v}(\mathfrak{x}) \cdot \mathfrak{n} \; d\lambda_{F_3} = \int_{F_3} (y^2 + 1) d\lambda^2 = \int_0^1 \int_0^{2\pi} r(r^2 \sin^2 u + 1) \, du \, dr$$

$$= \pi \int_0^1 (r^3 + 2r) \, dr = \tfrac{5}{4}\pi,$$

zusammen also

$$\int_{\partial^0 M} \mathfrak{v}(\mathfrak{x}) \cdot \mathfrak{n}_{\mathfrak{x}} d\lambda_{\partial^0 M} = \frac{\pi}{2} - \frac{\pi}{4} + \frac{5\pi}{4} = \frac{3}{2}\pi.$$

Neben der Differentialform β_φ konnte einem Vektorfeld $\varphi : \mathbb{R}^n \to \mathbb{R}^n$ auch umkehrbar eindeutig die durch

$$[\alpha_\varphi \mathfrak{x}] \mathfrak{a} = (\varphi \mathfrak{x}) \cdot \mathfrak{a}$$

definierte Differentialform α_φ erster Ordnung zugeordnet werden. Um auf sie den allgemeinen Integralsatz anwenden zu können, bedarf es einer zweidimensionalen regulären Mannigfaltigkeit M im $\mathbb{R}^n$, deren Rand $\partial^0 M$ also eindimensional ist und somit aus einer oder mehreren Kurven besteht. Sie tragen die induzierte Randorientierung, die durch den jeweiligen Tangentenvektor $\mathfrak{t}(\mathfrak{x})$ der Randkurve repräsentiert wird. Es folgt

$$\xi_{\alpha_\varphi} \mathfrak{x} = 1! \, [\alpha_\varphi \mathfrak{x}] \, \mathfrak{t}(\mathfrak{x}) = (\varphi \mathfrak{x}) \cdot \mathfrak{t}(\mathfrak{x}),$$

so daß mit $\mathfrak{v} = \varphi \mathfrak{x}$

$$\int_{\partial^0 M} \alpha_\varphi = \int_{\partial^0 M} (\varphi \mathfrak{x}) \cdot \mathfrak{t}(\mathfrak{x}) \, ds = \int_{\partial^0 M} \mathfrak{v} \cdot d\mathfrak{s}$$

gilt. Im Fall $n = 3$ erhält man weiter nach 21.4 für die alternierende Ableitung

$$\mathrm{d}\alpha_\varphi = \tfrac{1}{2} \beta_{\operatorname{rot} \varphi}.$$

Ist nun $\{\mathfrak{e}_1(\mathfrak{x}), \mathfrak{e}_2(\mathfrak{x})\}$ eine die positive Orientierung des Tangentialraums $T_{\mathfrak{x}}$ von M im Punkt $\mathfrak{x}$ repräsentierende Orthonormalbasis und $\mathfrak{n}_{\mathfrak{x}}$ diejenige Normale von M, die diese Basis zu einer positiv orientierten Basis $\{\mathfrak{n}_{\mathfrak{x}}, \mathfrak{e}_1(\mathfrak{x}), \mathfrak{e}_2(\mathfrak{x})\}$ des $\mathbb{R}^3$ ergänzt, so folgt

$$\begin{aligned} \xi_{\mathrm{d}\alpha_\varphi}\mathfrak{x} &= 2!\,[(\mathrm{d}\alpha_\varphi)\mathfrak{x}]\,(\mathfrak{e}_1(\mathfrak{x}), \mathfrak{e}_2(\mathfrak{x})) = [\beta_{\mathrm{rot}\,\varphi}\mathfrak{x}]\,(\mathfrak{e}_1(\mathfrak{x}), \mathfrak{e}_2(\mathfrak{x})) \\ &= \Delta(\mathrm{rot}\,\varphi(\mathfrak{x}), \mathfrak{e}_1(\mathfrak{x}), \mathfrak{e}_2(\mathfrak{x})) = \mathfrak{n}_{\mathfrak{x}}\cdot \mathrm{rot}\,\varphi(\mathfrak{x}) \end{aligned}$$

und weiter

$$\int_M \mathrm{d}\alpha_\varphi = \int_M \mathfrak{n}_{\mathfrak{x}}\cdot \mathrm{rot}\,\varphi(\mathfrak{x})\, d\lambda_M .$$

Damit hat sich als zweiter praktisch wichtiger Spezialfall der folgende Satz ergeben.

37.6 (Integralsatz von Stokes.) *Es sei M eine zweidimensionale reguläre Mannigfaltigkeit im orientierten $\mathbb{R}^3$, und $\mathfrak{v} = \varphi\mathfrak{x}$ sei ein auf M stetig differenzierbares Vektorfeld. Dann gilt*

$$\int_M \mathfrak{n}_{\mathfrak{x}}\cdot \mathrm{rot}\,\mathfrak{v}\, d\lambda_M = \int_{\partial^0 M} \mathfrak{v}\cdot d\mathfrak{s} .$$

Der Integrand der linken Seite ist die Komponente des Rotationsvektors bezüglich der Flächennormalen $\mathfrak{n}_{\mathfrak{x}}$, die den Drehanteil des Feldes in der Fläche mißt. Wegen der rechten Seite kann die Gesamtrotation des Feldes in der Fläche auch durch das Kurvenintegral des Feldes längs der Randkurven bestimmt werden. Dabei hängen diese Randintegrale nur von der Orientierung der Mannigfaltigkeit M bzw. von der durch sie induzierten Randorientierung ab, die nichts mit der Orientierung des $\mathbb{R}^3$ zu tun hat. In das Normalintegral auf der linken Seite des Integralsatzes geht jedoch die Orientierung des $\mathbb{R}^3$ z. B. wesentlich in die Bestimmung von $\mathfrak{n}_{\mathfrak{x}}$ ein. Ändert man die Orientierung des $\mathbb{R}^3$, so hat man bei dem Normalenvektor $\mathfrak{n}_{\mathfrak{x}}$ das Vorzeichen zu wechseln. Dies widerspricht jedoch nicht der Unabhängigkeit der rechten Seite von der Orientierung des $\mathbb{R}^3$: Bei Umorientierung wechselt nämlich nicht nur $\mathfrak{n}_{\mathfrak{x}}$, sondern auch der Rotationsvektor $\mathrm{rot}\,\mathfrak{v}$ sein Vorzeichen! Der Integralsatz von *Stokes* soll nun abschließend noch an einem Beispiel erläutert werden.

37. IV In 36.V wurde bereits die durch

$$M : \mathfrak{x} = \psi(u, v) = (u, v, u^2 + v^2) \qquad \textit{mit} \qquad u^2 - 1 \leqq v \leqq 1 - u^2$$

beschriebene Mannigfaltigkeit M behandelt, die Teil eines Rotationsparaboloids ist. Die Orientierung von M ist durch die Reihenfolge (u, v) der Koordinaten des $\mathbb{R}^2$ bestimmt, und die Orientierung des $\mathbb{R}^3$ sei durch die kanonische

Basis gegeben. Für das stetig differenzierbare Vektorfeld

$$\mathfrak{v}(\mathfrak{x}) = (z, x^3 + z, y^2 + z)$$

gilt

$$\operatorname{rot} \mathfrak{v}(\mathfrak{x}) = (2y - 1, 1, 3x^2),$$

also

$$\operatorname{rot} \mathfrak{v}(\mathfrak{x}(u, v)) = (2v - 1, 1, 3u^2).$$

Mit

$$\mathfrak{x}'_u \times \mathfrak{x}'_v = (1, 0, 2u) \times (0, 1, 2v) = (-2u, -2v, 1)$$

erhält man

$$\int_M \mathfrak{n}_{\mathfrak{x}} \cdot \operatorname{rot} \mathfrak{v} \, d\lambda_M = \int_{-1}^{1} \int_{u^2-1}^{1-u^2} (\mathfrak{x}'_u \times \mathfrak{x}'_v) \cdot \operatorname{rot} \mathfrak{v} \, dv \, du$$

$$= \int_{-1}^{1} \int_{u^2-1}^{1-u^2} (2u - 4uv - 2v + 3u^2) \, dv \, du$$

$$= \int_{-1}^{1} (4u + 6u^2)(1 - u^2) \, du = \tfrac{8}{5}.$$

Der Rand $\partial^0 M$ besteht aus den beiden Kurven

$$K_1 : \mathfrak{x} = (u, u^2 - 1, u^4 - u^2 + 1) \quad \textit{mit} \quad -1 < u < 1,$$

$$K_2 : \mathfrak{x} = (u, 1 - u^2, u^4 - u^2 + 1) \quad \textit{mit} \quad -1 < u < 1.$$

Dabei entspricht im Fall von K_1 die durch M induzierte Randorientierung der durch das Parameterintervall induzierten Orientierung der Kurve, während dies bei K_2 nicht der Fall ist, so daß dort das Vorzeichen beim Tangentenvektor zu ändern ist. Wegen

$$\mathfrak{v}(\mathfrak{x}(u, u^2 - 1)) = \mathfrak{v}(\mathfrak{x}(u, 1 - u^2))$$
$$= (u^4 - u^2 + 1, u^4 + u^3 - u^2 + 1, 2u^4 - 3u^2 + 2)$$

und

$$\mathfrak{x}'_u = (1, 2u, 4u^3 - 2u) \quad \textit{auf } K_1,$$

$$-\mathfrak{x}'_u = (-1, 2u, -4u^3 + 2u) \quad \textit{auf } K_2$$

folgt

$$\int_{K_1} \mathfrak{v} \cdot d\mathfrak{s} + \int_{K_2} \mathfrak{v} \cdot d\mathfrak{s} = 4 \int_{-1}^{1} (u^5 + u^4 - u^3 + u) \, du = \tfrac{8}{5}.$$

Ergänzungen und Aufgaben

37A Als Bausteine, aus denen reguläre Mannigfaltigkeiten zusammengesetzt sind, wurden hier reguläre Bilder von Intervallen benutzt. Häufig ist es jedoch bequemer, wenn man statt eines Intervalls ein Simplex S benutzen kann, wie es etwa im $\mathbb{R}^k$ durch

$$S: x_1 \geqq 0, \ldots, x_k \geqq 0, x_1 + \ldots + x_k \leqq 1$$

beschrieben wird.

Aufgabe: Man zeige, daß S eine reguläre Mannigfaltigkeit ist, und folgere, daß man sinngemäß auch reguläre Bilder von S als Bausteine benutzen kann.

37B Aufgabe: Man berechne das Integral aus 31C nochmals mit Hilfe des Integralsatzes von Gauß (37.5) durch das Normalintegral auf dem Rand von M.

37C Es sei M eine k-dimensionale reguläre Mannigfaltigkeit im $\mathbb{R}^k$, und die Abbildungen $\varphi: M \to \mathbb{R}$, $\psi: M \to \mathbb{R}$ seien zweimal stetig differenzierbar. Ferner bedeute Δ den k-dimensionalen *Laplace*-Operator (vgl. 20D), und $\mathfrak{n}$ sei jeweils die äußere Normale auf $\partial^0 M$.

Aufgabe: (1) Mit Hilfe des Integralsatzes von Gauß (37.5) beweise man die folgenden **Integralsätze von Green:**

$$\int_M [\psi(\Delta\varphi) + (\operatorname{grad}\varphi)\cdot(\operatorname{grad}\psi)]\, d\lambda^k = \int_{\partial^0 M} \psi \frac{\partial\varphi}{\partial\mathfrak{n}}\, d\lambda_{\partial^0 M},$$

$$\int_M [\psi(\Delta\varphi) - \varphi(\Delta\psi)]\, d\lambda^k = \int_{\partial^0 M} \left[\psi \frac{\partial\varphi}{\partial\mathfrak{n}} - \varphi \frac{\partial\psi}{\partial\mathfrak{n}}\right] d\lambda_{\partial^0 M}.$$

(2) Es seien φ_1, φ_2 im Inneren von M Lösungen der Potentialgleichung $\Delta\varphi = 0$. Man zeige: Stimmen φ_1 und φ_2 auf dem Rand von M überein, so sind sie sogar in ganz M identisch.

Lösungen der Aufgaben

22A (1) Es kann $k > 1$ vorausgesetzt werden. Es sei $\mathfrak{S}_1 = \{W\}$, wobei $W = \left\{\mathfrak{x}: 0 \leqq x_\kappa < \frac{1}{k}\right\}$ ein in M_1 enthaltener Würfel ist. Für $n \geqq 1$ sei weiter $\mathfrak{S}_{n+1}$ das System aller Würfel der Form

$$\left\{\mathfrak{x}: \frac{m_\kappa}{k^{n+1}} \leqq x_\kappa < \frac{m_\kappa + 1}{k^{n+1}} \ (\kappa = 1, \ldots, k)\right\} \qquad mit \qquad m_\kappa \in \mathbb{N},$$

die in M_1, nicht aber in der Vereinigung aller Würfel aus $\mathfrak{S}_1 \cup \ldots \cup \mathfrak{S}_n$ enthalten sind. Jedes $\mathfrak{S}_n$ besteht aus nur endlich vielen Würfeln, und $\mathfrak{S} = \bigcup_{n=1}^{\infty} \mathfrak{S}_n$ ist ein abzählbares disjunktes System von Würfeln, deren Vereinigung V in M_1 enthalten ist. Es sei nun $\mathfrak{x}$ ein beliebiger Punkt aus M_1. Gezeigt wird $\mathfrak{x} \in V$. Es gilt

$$x_\kappa = \sum_{\nu=1}^{\infty} \frac{c_{\kappa,\nu}}{3^\nu} \qquad und \qquad x_1 + \ldots + x_k = \sum_{\nu=1}^{\infty} \frac{c_\nu}{3^\nu},$$

wobei die $c_{\kappa,\nu}$ c_ν nur die Werte $0, 1, \ldots, k-1$ besitzen und $c_{\kappa,\nu} = k-1$ bzw. $c_\nu = k-1$ nicht für schließlich alle ν erfüllt sein darf. Es gibt also einen ersten Index n mit $c_n < k-1$ und weiter Indizes $n_\kappa \geqq n+2$ mit $c_{\kappa,n_\kappa} < k-1$ für $\kappa = 1, \ldots, k$. Es folgt

$$\frac{m_\kappa}{k^{n_\kappa}} \leqq x_\kappa < \frac{m_\kappa + 1}{k^{n_\kappa}} \qquad mit \qquad m_\kappa = \frac{c_{\kappa,1}}{k} + \ldots + \frac{c_{\kappa,n}}{k^{n_\kappa}} \qquad (\kappa = 1, \ldots, k)$$

und

$$\frac{m_1 + 1}{k^{n_1}} + \ldots + \frac{m_k + 1}{k^{n_k}} \leqq \left(x_1 + \frac{1}{k^{n+2}}\right) + \ldots + \left(x_k + \frac{1}{k^{n+2}}\right)$$
$$\leqq \sum_{\nu=1}^{\infty} \frac{c_\nu}{3^\nu} + \frac{1}{k^{n+1}} < 1.$$

Daher liegt $\mathfrak{x}$ jedenfalls auch in einem Würfel aus $\mathfrak{S}_1 \cup \ldots \cup \mathfrak{S}_{n^*}$ mit $n^* = \max\{n_1, \ldots, n_k\}$. Im Fall der Menge M_1 ist die Entscheidung also positiv.

(2) Der Punkt $\mathfrak{x}$ mit $x_\kappa = \frac{1}{k}$ für $\kappa = 1, \ldots, k$ liegt in M_2. Aus

$$\mathfrak{x} \in J = \{\mathfrak{y}: a_\kappa \leqq y_\kappa < b_\kappa\}$$

folgt

$$b_1 + \ldots + b_k > x_1 + \ldots + x_k = 1,$$

weswegen das Intervall J nicht in M_2 enthalten sein kann. Daher ist M_2 nicht als Vereinigung von Intervallen darstellbar.

(3) Es sei $\mathfrak{x}$ ein Punkt aus M_3 mit $x_1 + \ldots + x_k = -1$. Gilt dann $\mathfrak{x} \in [\mathfrak{a}, \mathfrak{b}[$ mit $[\mathfrak{a}, \mathfrak{b}[\subset M_3$, so folgt notwendig $a_\kappa = x_\kappa$ für $\kappa = 1, \ldots, k$, also $\mathfrak{a} = \mathfrak{x}$. Verschiedene solche Punkte $\mathfrak{x}$ müßten daher auch in verschiedenen Intervallen liegen. Da M_3 aber überabzählbar viele derartige Punkte enthält, kann M_3 nicht Vereinigung von abzählbar vielen Intervallen sein.

22B Aus $\mathfrak{x} \in \underline{J}'$ folgt $U_\varepsilon(\mathfrak{x}) \subset \underline{J}'$ mit einem geeigneten $\varepsilon > 0$. Es gibt daher weiter ein Intervall $J_\mathfrak{x}^*$ bezüglich B mit $\mathfrak{x} \in J_\mathfrak{x}^*$ und $J_\mathfrak{x}^* \subset U_\varepsilon(\mathfrak{x}) \subset J'$. Es folgt $\underline{J}' = \bigcup \{J_\mathfrak{x}^* : \mathfrak{x} \in \underline{J}\}$ und wegen 5.1 sogar $\underline{J}' = \bigcup_{\nu=0}^{\infty} J_{\mathfrak{x}_\nu}^*$ mit abzählbar vielen Punkten. Die durch $F_0 = J_{\mathfrak{x}_0}^*$, $F_{n+1} = (\bigcup_{\nu=0}^{n+1} J_{\mathfrak{x}_\nu}^*) \setminus (\bigcup_{\nu=0}^{n} J_{\mathfrak{x}_\nu}^*)$ definierten Mengen sind paarweise disjunkt und außerdem wegen 22.2 Figuren. Wegen 22.3 können sie daher jeweils als Vereinigung endlich vieler disjunkter Intervalle dargestellt werden, die dann insgesamt ein abzählbares disjunktes Intervallsystem $\{J_\nu : \nu \in \mathbb{N}\}$ mit $\underline{J}' = \bigcup J_\nu$ bilden. Wegen $\underline{J}' \subset J'$ folgt jetzt $\sum \lambda(J_\nu) \leqq \lambda'(J')$.
Weiter sei $\mathfrak{m}$ der Mittelpunkt von J', und φ sei die durch $\varphi\mathfrak{x} = \mathfrak{m} + c(\mathfrak{x} - \mathfrak{m})$ definierte Ähnlichkeitsabbildung mit einem Ähnlichkeitsfaktor $c > 1$. Dann gilt $\lambda(\varphi J_\nu) = c^k \lambda(J_\nu)$ für alle ν, und wegen $J' \subset \varphi\underline{J}' = \bigcup (\varphi J_\nu)$ folgt

$$\lambda'(J') \leqq \sum c^k \lambda(J_\nu) = c^k \sum \lambda(J_\nu) \leqq c^k \lambda'(J').$$

Durch Grenzübergang $c \to 1$ folgt hieraus die Behauptung.

22C Da eine offene Menge mit jedem Punkt auch eine Umgebung dieses Punktes enthält, kann die erste Behauptung ebenso wie in 22B bewiesen werden. Weiter sei M eine kompakte Teilmenge von X. Für $n = 1, 2, 3, \ldots$ ist dann

$$M_n = \bigcup \{U_{\frac{1}{n}}(\mathfrak{x}) : \mathfrak{x} \in M\}$$

eine offene Menge mit $M \subset M_n$, und es gilt $M = \bigcap M_n$. Wegen des ersten Teils ist M_n als Vereinigung abzählbar vieler disjunkter Intervalle darstellbar, die somit erst recht M überdecken. Da M kompakt ist, überdecken aber sogar bereits endlich viele dieser Intervalle die Menge M. Die Vereinigung dieser endlich vielen Intervalle ist eine Figur F_n mit $M \subset F_n \subset M_n$. Es folgt $M \subset \bigcap F_n \subset \bigcap M_n = M$ und damit die zweite Behauptung.

23A (1) Das Intervall $J_{n,\varrho}$ hat die Länge $\varepsilon_n = 3^{-n}$. Aus $\mathfrak{x} \in J_{n,\varrho}$ folgt daher wegen der Konstruktion dieser Intervalle $U_{\varepsilon_n}(\mathfrak{x}) \cap J_{n,\sigma} = \emptyset$ für $\sigma \neq \varrho$. Für jeden Punkt $\mathfrak{x} \in G_{n,\varrho}$ ist daher $U'(\mathfrak{x}) = U_{\varepsilon_n}(\mathfrak{x}) \cap \mathbb{D}$ eine Umgebung mit $U'(\mathfrak{x}) \subset G_{n,\varrho}$. Somit ist $G_{n,\varrho}$ eine offene Menge.
Weiter sei M eine in $\mathbb{D}$ offene Teilmenge von $\mathbb{D}$. Zu jedem $\mathfrak{x} \in M$ gibt es dann ein $\varepsilon_{\mathfrak{x}} > 0$ mit $U_{\varepsilon_{\mathfrak{x}}}(\mathfrak{x}) \cap \mathbb{D} \subset M$. Bestimmt man nun n so, daß $3^{-n} < \varepsilon_{\mathfrak{x}}$ erfüllt ist, so muß $\mathfrak{x}$ ja in einem der Intervalle $J_{n,\varrho}$ liegen, mit dem dann $G_{n,\varrho} = J_{n,\varrho} \cap \mathbb{D} \subset$ $\subset U_{\varepsilon}(\mathfrak{x}) \cap \mathbb{D} \subset M$ erfüllt ist. Daher ist M als Vereinigung von solchen Mengen $M_{n,\varrho}$ darstellbar.
(2) Jedenfalls gilt $\mathbb{D} \in \mathfrak{A}$. Weiter seien A_μ ($\mu \in \mathbb{N}$) abzählbar viele Mengen aus $\mathfrak{A}$. Für jeden Index μ gilt also $A_\mu = \bigcap_\nu M_{\mu,\nu}$ mit in $\mathbb{D}$ offenen Mengen $M_{\mu,\nu}$, die nach (1) ihrerseits in der Form $M_{\mu,\nu} = \bigcup_\sigma G^*_{\mu,\nu,\sigma}$ darstellbar sind, wobei die Mengen $G^*_{\mu,\nu,\sigma}$ geeignete der Mengen $G_{n,\varrho}$ sind. Es folgt

$$\bigcup_\mu A_\mu = \bigcup_\mu \bigcap_\nu \bigcup_\sigma G^*_{\mu,\nu,\sigma} = \bigcap_\nu \Big(\bigcup_{\mu,\sigma} G^*_{\mu,\nu,\sigma}\Big) \in \mathfrak{A},$$

weil ja die eingeklammerten Mengen wieder in $\mathbb{D}$ offen sind. Schließlich sei $A = \bigcap_\mu M_\mu$ die Darstellung einer Menge $A \in \mathfrak{A}$ als Durchschnitt in $\mathbb{D}$ offener Mengen M_μ. Für jedes $n \geqq 1$ ist

$$U_{\mu,n} = \bigcup \{U_{\frac{1}{n}}(\mathfrak{x}) : \mathfrak{x} \in \complement M_\mu \cap \mathbb{D}\} \cap \mathbb{D}$$

ebenfalls eine in $\mathbb{D}$ offene Menge mit $\complement M_\mu \subset U_{\mu,n}$, und es gilt sogar $\complement M_\mu \cap \mathbb{D} =$ $= \bigcap_n U_{\mu,n}$. Damit folgt

$$\mathbb{D} \setminus A = \bigcup_\mu (\complement M_\mu \cap \mathbb{D}) = \bigcup_\mu \bigcap_n U_{\mu,n} = \bigcap_n \Big(\bigcup_\mu U_{\mu,n}\Big),$$

also wieder $\mathbb{D} \setminus A \in \mathfrak{A}$. Wegen 23.3 ist daher $\mathfrak{A}$ eine σ-Algebra.
(3) Da $\mathfrak{A}$ alle in $\mathbb{D}$ offenen Mengen enthält, folgt $\mathfrak{B}(\mathbb{D}) \subset \mathfrak{A}_\sigma(\mathfrak{A}) = \mathfrak{A}$.
(4) Die Partialsummen der Reihen der angegebenen Art liefern genau die Anfangspunkte der Intervalle $J_{n,\varrho}$. Wegen der Kompaktheit von $\mathbb{D}$ konvergiert jede Folge solcher Anfangspunkte gegen einen Punkt von $\mathbb{D}$, und umgekehrt ist jeder Punkt von $\mathbb{D}$ auch Grenzwert einer Folge von Anfangspunkten, die den Partialsummen einer triadischen Darstellung entsprechen.

23B Da X endliche Dimension besitzt, ist U als Unterraum eine abgeschlossene Teilmenge von X (4.1). Jede in U abgeschlossene Teilmenge von U ist daher auch als Teilmenge von X abgeschlossen, so daß für die entsprechenden Systeme der abgeschlossenen Mengen $\mathfrak{H}(U) \subset \mathfrak{H}(X)$ gilt. Daher enthält $\mathfrak{B}(X) =$ $= \mathfrak{A}_\sigma(\mathfrak{H}(X))$ auch die von $\mathfrak{H}(U)$ in U erzeugte σ-Algebra $\mathfrak{B}(U)$.

23C Es sei M eine offene Teilmenge der Ebene. Aus $\mathfrak{x} \in M$ folgt dann $U_{\varepsilon_\mathfrak{x}}(\mathfrak{x}) \subset M$ mit einem geeigneten $\varepsilon_\mathfrak{x} > 0$. Das System $\{U_{\varepsilon_\mathfrak{x}}(\mathfrak{x}) : \mathfrak{x} \in M\}$ ist eine Überdeckung von M, und wegen 5.1 folgt $M = \bigcup_{\nu=0}^{\infty} U_{\varepsilon_{\mathfrak{x}_\nu}}(\mathfrak{x}_\nu)$ bereits mit abzählbar vielen Punkten. Da die ε-Umgebungen konvexe Mengen sind, ergibt sich $M \in \mathfrak{A}_\sigma(\mathfrak{E})$ für alle offenen Mengen M, also $\mathfrak{G} \subset \mathfrak{A}_\sigma(\mathfrak{E})$ und somit wegen 23.5

$$\mathfrak{B}(\mathbb{R}^2) = \mathfrak{A}_\sigma(\mathfrak{G}) \subset \mathfrak{A}_\sigma(\mathfrak{E}).$$

Wegen 23A gibt es jedenfalls eine Teilmenge M des reellen Intervalls $[0, 1]$, die keine *Borel*'sche Menge ist. Dann ist aber auch die Menge

$$M^* = \{(\cos(2\pi t), \sin(2\pi t)) : t \in M\}$$

keine *Borel*'sche Teilmenge der Kreislinie $S = \{\mathfrak{x} : |\mathfrak{x}| = 1\}$. Da S eine abgeschlossene Teilmenge der Ebene ist, folgt aber ebenso wie in 23B, daß M^* auch als Teilmenge des $\mathbb{R}^2$ keine *Borel*'sche Menge ist. Andererseits ist $K = \{\mathfrak{x} : |\mathfrak{x}| < 1\}$ als offene Menge auch eine *Borel*'sche Menge, so daß $K^* = K \cup M^*$ wiederum keine *Borel*'sche Menge sein kann. K^* ist aber eine konvexe Menge. Die erste Inklusion ist daher falsch.

24A Mit den Bezeichnungen aus 23A erhält man durch vollständige Induktion

$$\lambda(V_n) = \sum_{\varrho=0}^{2^n-1} \lambda(J_{n,\varrho}) = \left(\tfrac{2}{3}\right)^n$$

und daher wegen $(V_n) \downarrow \mathbb{D}$ nach 24.2

$$\lambda^*(\mathbb{D}) = \lim_{n\to\infty} \lambda(V_n) = 0.$$

Da das von λ induzierte äußere Maß auf der σ-Algebra $\mathfrak{A}_\lambda$ der λ-meßbaren Mengen ein vollständiges Maß ist (24.4, 24.5), müssen alle Teilmengen der λ^*-Nullmenge $\mathbb{D}$ zu $\mathfrak{A}_\lambda$ gehören. Nach 23A gibt es aber Teilmengen von $\mathbb{D}$, die keine *Borel*'schen Mengen sind. Daher ist $\mathfrak{B}$ eine echte Teilalgebra von $\mathfrak{A}_\lambda$, und λ^* kann kein vollständiges Maß sein.

24B Jedenfalls muß $\mathfrak{A}^*$ alle Mengen aus $\mathfrak{A}$ und deren Vereinigungsmengen mit Y enthalten. Gezeigt wird, daß diese Mengen bereits eine σ-Algebra in Z bilden, daß also

$$\mathfrak{A}^* = \mathfrak{A} \cup \{A \cup Y : A \in \mathfrak{A}\}$$

gilt. Wegen $X \in \mathfrak{A}$ ist $Z = X \cup Y \in \mathfrak{A}^*$ erfüllt. Aus $A_\nu^* = A_\nu$ bzw. $A_\nu^* = A_\nu \cup Y$ $(\nu \in \mathbb{N})$ folgt $\bigcup A_\nu^* = \bigcup A_\nu$ oder $\bigcup A_\nu^* = (\bigcup A_\nu) \cup Y$, also $\bigcup A_\nu^* \in \mathfrak{A}^*$. Schließlich ist $\mathfrak{A}^*$ wegen

$$\complement_Z A = \complement_X A \cup Y, \qquad \complement_Z(A \cup Y) = \complement_X A \qquad (A \in \mathfrak{A})$$

auch gegenüber Komplementbildung in Z abgeschlossen. Nach 23.3 ist $\mathfrak{A}^*$ also eine σ-Algebra. Durch

$$\mu_1^*(A) = \mu_2^*(A) = \mu(A), \quad \mu_1^*(A \cup Y) = \mu(A), \quad \mu_2^*(A \cup Y) = \infty \quad (A \in \mathfrak{A})$$

werden Fortsetzungen μ_1^*, μ_2^* von μ zu Maßen auf $\mathfrak{A}^*$ definiert, die die behaupteten Eigenschaften besitzen. Der Eindeutigkeitssatz 24.6 ist hier deswegen nicht anwendbar, weil alle Mengen aus $\mathfrak{A}$ in X enthalten sind, weil also wegen $Y \neq \emptyset$ keine Folge (A_ν) aus $\mathfrak{A}$ mit $(A_\nu) \uparrow Z$ existieren kann.
Das von μ auf $\mathfrak{P}(Z)$ induzierte äußere Maß α_μ erfüllt jedenfalls die Gleichung $\alpha_\mu(A) = \mu(A)$, da μ als Maß σ-additiv ist (24.3). Für Mengen der Form $A^* = A \cup Y$ aus $\mathfrak{A}^*$ gilt aber $F(A^*) = \emptyset$ und daher nach Definition $\alpha_\mu(A^*) = \infty$. Es folgt $\alpha_\mu = \mu_2^*$.

24C Die Vereinigungsmenge A einer disjunkten Folge (A_ν) aus $\mathfrak{R}$ kann nur dann wieder in $\mathfrak{R}$ liegen, also eine endliche Menge sein, wenn $A_\nu \neq \emptyset$ für höchstens endlich viele Mengen der Folge gilt. Die σ-Additivität fällt daher mit der gewöhnlichen Additivität zusammen.
Die von $\mathfrak{R}$ erzeugte σ-Algebra besteht aus allen abzählbaren Teilmengen von X und deren Komplementen (23.VII). Jede Menge $A \in \mathfrak{A}_\sigma(\mathfrak{R})$, die nicht in $\mathfrak{R}$ liegt, enthält eine Folge $(x_\nu)_{\nu \in \mathbb{N}}$ verschiedener Punkte. Für eine beliebige Fortsetzung von μ zu einem Maß μ^* auf $\mathfrak{A}_\sigma(\mathfrak{R})$ muß daher wegen der Isotonie

$$\mu^*(A) \geqq \mu(\{x_0, \ldots, x_{n-1}\}) = n$$

für alle $n \in \mathbb{N}$, also $\mu^*(A) = \infty$ gelten. Umgekehrt wird durch

$$\mu^*(A) = \begin{cases} \mu(A) & \text{wenn} \quad A \in \mathfrak{R} \\ \infty & \quad A \notin \mathfrak{R} \end{cases} \qquad (A \in \mathfrak{A}_\sigma(\mathfrak{R}))$$

ein Maß auf $\mathfrak{A}_\sigma(\mathfrak{R})$ definiert. Es gibt also nur genau eine Fortsetzung von μ zu einem Maß auf $\mathfrak{A}_\sigma(\mathfrak{R})$. Da die Vereinigungsmenge einer aufsteigenden Folge aus $\mathfrak{R}$ höchstens abzählbar unendlich sein kann, X aber nach Voraussetzung überabzählbar ist, gibt es keine Folge (A_ν) in $\mathfrak{R}$ mit $(A_\nu) \uparrow X$. Die Voraussetzung des Eindeutigkeitssatzes 24.6 ist also nicht erfüllt.
Aus $\mu^*(A) = 0$ folgt nach der Definition von μ^* notwendig $A \in \mathfrak{R}$ und dann weiter sogar $A = \emptyset$. Die Vollständigkeitsbedingung ist also trivial erfüllt. Die σ-Algebra $\mathfrak{A}_\mu$ der μ-meßbaren Mengen ist in diesem Fall die ganze Potenzmenge $\mathfrak{P}(X)$: Es gilt $\alpha_\mu(B) < \infty$ nur genau für endliche Mengen B. Die Meßbarkeits-

bedingung (M) ist also bei beliebigem $A \in \mathfrak{P}(X)$ mit einer unendlichen Menge B trivial erfüllt, mit einer endlichen Menge B wegen

$$\alpha_\mu(A \cap B) + \alpha_\mu(\complement A \cap B) = \mu(A \cap B) + \mu(\complement A \cap B) = \mu(B)$$

aber ebenfalls. Da es jedoch Teilmengen A von X gibt, die überabzählbar sind und deren Komplement $\complement A$ ebenfalls überabzählbar ist, die also nicht in $\mathfrak{A}_\sigma(\mathfrak{R})$ liegen, ist $\mathfrak{A}_\mu = \mathfrak{P}(X)$ echt größer als $\mathfrak{A}_\sigma(\mathfrak{R})$.

24D Die Frage ist positiv zu beantworten: Für eine beliebige Teilmenge M von X habe $F(M)$ die Bedeutung aus 24.3 bezüglich $\mathfrak{R}$ und $F^*(M)$ die entsprechende Bedeutung bezüglich $\mathfrak{A}_\sigma(\mathfrak{R})$. Wegen $\mathfrak{R} \subset \mathfrak{A}_\sigma(\mathfrak{R})$ gilt dann $F(M) \subset$ $\subset F^*(M)$. Im Fall $F(M) = F^*(M) = \emptyset$ folgt $\alpha_\mu(M) = \alpha_{\mu*}(M) = \infty$. Zweitens gelte $F(M) = \emptyset$ und $F^*(M) \neq \emptyset$. Ist dann (A_ν^*) eine Folge aus $\mathfrak{A}_\sigma(\mathfrak{R})$ mit $M \subset \bigcup A_\nu^*$, so muß für mindestens einen Index ν_0 die Menge $F(A_{\nu_0}^*)$ leer sein: Andernfalls würde es nämlich zu jedem ν Folgen $(A_{\nu,\varrho})_{\varrho \in \mathbb{N}}$ aus $\mathfrak{R}$ mit $A_\nu^* \subset$ $\subset \bigcup A_{\nu,\varrho}$ geben, und $(A_{\nu,\varrho})_{\nu,\varrho \in \mathbb{N}}$ wäre eine Folge aus $\mathfrak{R}$ mit $M \subset \bigcup\limits_{\nu,\varrho} A_{\nu,\varrho}$, was $F(M) = \emptyset$ widerspricht. Wegen $F(A_{\nu_0}^*) = \emptyset$ folgt nun $\mu^*(A_{\nu_0}^*) = \alpha_\mu(A_{\nu_0}^*) = \infty$. Und da dies für alle Folgen aus $F^*(M)$ gilt, ergibt sich $\alpha_{\mu*}(M) = \infty = \alpha_\mu(M)$. Schließlich sei $F(M) \neq \emptyset$, also auch $F^*(M) \neq \emptyset$ erfüllt. Dann gilt jedenfalls $\alpha_\mu(M) \geqq \alpha_{\mu*}(M)$ und daher im Fall $\alpha_{\mu*}(M) = \infty$ sogar $\alpha_\mu(M) = \alpha_{\mu*}(M)$. Im Fall $\alpha_{\mu*}(M) < \infty$ sei $\varepsilon > 0$ beliebig, und (A_ν^*) sei eine Folge aus $F^*(M)$ mit

$$\sum_{\nu=0}^{\infty} \mu^*(A_\nu^*) = \sum_{\nu=0}^{\infty} \alpha_\mu(A_\nu^*) < \alpha_{\mu*}(M) + \frac{\varepsilon}{2}.$$

Für jeden Index ν gilt dann $\alpha_\mu(A_\nu^*) < \infty$, und es gibt daher eine Folge $(A_{\nu,\varrho})_{\varrho \in \mathbb{N}}$ in $F(A_\nu^*)$ mit

$$\sum_{\varrho=0}^{\infty} \mu(A_{\nu,\varrho}) < \alpha_\mu(A_\nu^*) + \frac{\varepsilon}{2^{\nu+2}}.$$

Es ist dann $(A_{\nu,\varrho})_{\nu,\varrho \in \mathbb{N}}$ eine Folge aus $F(M)$ mit

$$\begin{aligned}\alpha_\mu(M) \leqq \sum_{\nu,\varrho=0}^{\infty} \mu(A_{\nu,\varrho}) \leqq \sum_{\nu=0}^{\infty} \alpha_\mu(A_\nu^*) + \sum_{\nu=0}^{\infty} \frac{\varepsilon}{2^{\nu+2}} < \alpha_{\mu*}(M) + \frac{\varepsilon}{2} + \frac{\varepsilon}{2} \\ = \alpha_{\mu*}(M) + \varepsilon.\end{aligned}$$

Da dies für alle $\varepsilon > 0$ erfüllt ist, folgt auch in diesem letzten Fall $\alpha_\mu(M) = \alpha_{\mu*}(M)$.

24E Es gilt

$$\mu(\emptyset) = c_1 \mu_1(\emptyset) + \ldots + c_n \mu_n(\emptyset) = 0$$

und für disjunkte Mengen A_ϱ

$$\mu\left(\bigcup_\varrho A_\varrho\right) = \sum_{\nu=1}^{n} c_\nu \mu_\nu\left(\bigcup_\varrho A_\varrho\right) = \sum_{\nu=1}^{n} \sum_\varrho c_\nu \mu_\nu(A_\varrho) = \sum_\varrho \mu(A_\varrho),$$

wobei ϱ je nach der Voraussetzung eine endliche oder abzählbar unendliche Indexmenge durchläuft. Daher ist μ ein Inhalt bzw. ein σ-additiver Inhalt bzw. ein Maß.

Da die Inhalte $\mu_1, \ldots, \mu_n$ alle auf demselben Ring $\mathfrak{A}$ definiert sind, kann die Bezeichnung „$F(M)$" aus 24.3 simultan verwandt werden. Im Fall $F(M) = \emptyset$ gilt $\alpha_{\mu_1}(M) = \ldots = \alpha_{\mu_n}(M) = \infty$, ebenso aber auch $\alpha_\mu(M) = \infty$ und daher $\alpha_\mu(M) = c_1 \alpha_{\mu_1}(M) + \ldots + c_n \alpha_{\mu_n}(M)$. Im Fall $F(M) \neq \emptyset$ gibt es bei gegebenem $\varepsilon > 0$ zu jedem ν eine Folge $(A_{\nu,\varrho})_{\varrho \in \mathbb{N}}$ aus $F(M)$ mit

$$\sum_\varrho \mu_\nu(A_{\nu,\varrho}) < \alpha_{\mu_\nu}(M) + \varepsilon$$

und ebenso eine Folge $(A_\varrho)_{\varrho \in \mathbb{N}}$ aus $F(M)$ mit

$$\sum_\varrho \mu(A_\varrho) < \alpha_\mu(M) + \varepsilon.$$

Dann aber bilden auch die Mengen $A_{\varrho,\varrho_1,\ldots,\varrho_n} = A_\varrho \cap A_{1,\varrho_1} \cap \ldots \cap A_{n,\varrho_n}$ eine Folge aus $F(M)$, und man erhält

$$\alpha_{\mu_\nu}(M) \leqq \sum_{\varrho,\varrho_1,\ldots,\varrho_n} \mu_\nu(A_{\varrho,\varrho_1,\ldots,\varrho_n}) < \alpha_{\mu_\nu}(M) + \varepsilon \qquad (\nu = 1, \ldots, n),$$

$$\begin{aligned}\alpha_\mu(M) \leqq \sum_{\varrho,\varrho_1,\ldots,\varrho_n} \mu(A_{\varrho,\varrho_1,\ldots,\varrho_n}) &= \sum_{\nu=1}^{n} c_\nu \sum_{\varrho,\varrho_1,\ldots,\varrho_n} \mu_\nu(A_{\varrho,\varrho_1,\ldots,\varrho_n}) \\ &< \alpha_\mu(M) + \varepsilon.\end{aligned}$$

Da diese Ungleichungen für alle $\varepsilon > 0$ mit geeigneten Folgen erfüllt sind, folgt wieder $\alpha_\mu(M) = c_1 \alpha_{\mu_1}(M) + \ldots + c_n \alpha_{\mu_n}(M)$.

Da die Koeffizienten $c_1, \ldots, c_n$ nach Voraussetzung positiv sind, ist $\mu(A) = 0$ gleichwertig mit $\mu_1(A) = \ldots = \mu_n(A) = 0$. Notwendig und hinreichend für die Vollständigkeit von μ ist daher, daß $\mathfrak{A}$ alle Teilmengen solcher Mengen $A \in \mathfrak{A}$ enthält, für die $\mu_1(A) = \ldots = \mu_n(A) = 0$ gilt, die also gleichzeitig μ_ν-Nullmengen für $\nu = 1, \ldots, n$ sind. Diese Bedingung kann aber durchaus erfüllt sein, wenn keines der Maße $\mu_1, \ldots, \mu_n$ vollständig ist.

24F Es sei X eine unendliche Menge. Für endliche Teilmengen A von X sei $\mu(A) = 0$, für unendliche Teilmengen A hingegen $\mu(A) = \infty$. Dann ist μ ein auf der Potenzmenge von X definierter Inhalt: $\mu(\emptyset) = 0$ folgt aus der Definition. Ferner ist $\mu(A_1 \cup \ldots \cup A_n) = 0$ gleichwertig damit, daß $A_1 \cup \ldots \cup A_n$ eine endliche Menge ist, also auch gleichwertig damit, daß die Mengen $A_1, \ldots, A_n$ einzeln endlich sind und somit $\mu(A_1) + \ldots + \mu(A_n) = 0$ gilt. Daher ist μ auch additiv. Dagegen ist μ nicht σ-additiv: Da X unendlich ist, gibt es eine Folge $(x_\nu)_{\nu\in\mathbb{N}}$ verschiedener Punkte in X, und es gilt $\mu(\{x_\nu\}) = 0$ für alle ν, also auch $\sum \mu(\{x_\nu\}) = 0$, jedoch $\mu(\bigcup \{x_\nu\}) = \infty$. Andererseits besitzt der Inhalt μ trivialerweise die Eigenschaft (2) aus 24.2.

25A Es sei $\{r_0, r_1, r_2, \ldots\}$ eine Abzählung der rationalen Zahlen. Man setze $J_0 = \left[r_0, r_0 + \frac{\varepsilon}{2} \right[$. Sind die Intervalle $J_0, \ldots, J_{n-1}$ bereits konstruiert und gilt $r_n \in J_0 \cup \ldots \cup J_{n-1}$, so sei $J_n = \emptyset$. Andernfalls gibt es ein $\delta_n > 0$ mit $\delta_n < \frac{\varepsilon}{2^{n+1}}$ und $[r_n, r_n + \delta_n[\cap (J_0 \cup \ldots \cup J_{n-1}) = \emptyset$. Dann sei $J_n = [r_n, r_n + \delta_n[$. Es folgt $r_n \in J_0 \cup \ldots \cup J_n$ für alle n und somit $\mathbb{Q} \subset \bigcup J_n$. Außerdem gilt $\sum \lambda(J_n) < \varepsilon \sum 2^{-(n+1)} = \varepsilon$.

25B (a) Zu gegebenem n und $\varepsilon > 0$ gibt es wegen der vorausgesetzten *Riemann*-Integrierbarkeit von f Teilpunkte $a = x_0 < x_1 < \ldots < x_r = b$ mit

$$\sum_{\varrho=1}^{r} (x_\varrho - x_{\varrho-1}) [\sup\{f(x) : x_{\varrho-1} \leqq x \leqq x_\varrho\} - \inf\{f(x) : x_{\varrho-1} \leqq x \leqq x_\varrho\}] < \frac{\varepsilon}{n}.$$

Die linke Seite kann hier nach unten dadurch abgeschätzt werden, daß man nur solche Summanden berücksichtigt, bei denen $[x_{\varrho-1}, x_\varrho] \cap M_n \neq \emptyset$ gilt. Da in diesen Fällen die eckige Klammer nach Definition von M_n mindestens den Wert $\frac{1}{n}$ besitzt, folgt

$$\frac{1}{n} \sum \{(x_\varrho - x_{\varrho-1}) : [x_{\varrho-1}, x_\varrho] \cap M_n \neq \emptyset\} < \frac{\varepsilon}{n}.$$

Daher wird M_n von endlich vielen Intervallen mit einer Gesamtlänge $< \varepsilon$ überdeckt. Da dies für jedes $\varepsilon > 0$ gilt, folgt $\lambda(M_n) = 0$. Nun gilt aber $M = \bigcup M_n$ und daher auch $\lambda(M) = 0$.

(b) Umgekehrt sei $\lambda(M) = 0$ vorausgesetzt, also auch $\lambda(M_n) = 0$ für alle n. Ferner gibt es wegen der Beschränktheit von f eine Konstante $c > 0$ mit $|f(x)| \leqq c$ für alle $x \in J$. Bestimmt man nun n so, daß $\frac{1}{n} < \frac{\varepsilon}{2(b-a)}$ erfüllt ist, so gibt es wegen $\lambda(M_n) = 0$ Teilintervalle J_σ von J mit

$$M_n \subset \bigcup_{\sigma=0}^{\infty} J_\sigma \qquad \textit{und} \qquad \sum_{\sigma=0}^{\infty} \lambda(J_\sigma) < \frac{\varepsilon}{4c}.$$

Dabei können die Intervalle J_σ noch ohne Einschränkung der Allgemeinheit als offene Intervalle vorausgesetzt werden. Aus der Definition von M_n folgt nun unmittelbar, daß M_n abgeschlossen und somit kompakt ist. Daher wird M_n bereits von endlich vielen der Intervalle J_σ überdeckt, deren Anfangs- und Endpunkte zusammen mit a und b Teilpunkte $a = x_0 < x_1 < \ldots < x_r = b$ ergeben. In der zu dieser Einteilung gehörenden Differenz von Ober- und Untersumme

$$d = \sum_{\varrho=1}^{r} (x_\varrho - x_{\varrho-1})[\sup\{f(x): x_{\varrho-1} \leqq x \leqq x_\varrho\} - \inf\{f(x): x_{\varrho-1} \leqq x \leqq x_\varrho\}]$$

liefern diejenigen Summanden, die $[x_{\varrho-1}, x_\varrho] \cap M_n \neq \emptyset$ erfüllen, insgesamt einen Beitrag $< \frac{\varepsilon}{4c} \cdot 2c = \frac{\varepsilon}{2}$, da die eckige Klammer ja höchstens den Wert $2c$ annehmen kann. Bei den übrigen Summanden hat die eckige Klammer einen Wert $< \frac{1}{n} < \frac{\varepsilon}{2(b-a)}$, und die Gesamtlänge dieser Intervalle kann jedenfalls durch $(b-a)$ abgeschätzt werden. Zusammen folgt dann $d < \varepsilon$. Daher ist f im *Riemann*'schen Sinn auf dem Intervall J integrierbar.

26A (1) Für eine beliebige Teilmenge A^* von Y gilt $\psi^-(A^*) = (\psi^-(A^*) \cap M) \cup$ $\cup (\psi^-(A^*) \cap \complement M)$. Da M nach Voraussetzung eine *Lebesgue*'sche Nullmenge ist, muß wegen der Vollständigkeit des *Lebesgue*'schen Maßes auch $A_1 =$ $= \psi^-(A^*) \cap M$ eine *Lebesgue*'sche Nullmenge sein. Da auf $\complement M$ die Abbildungen φ und ψ übereinstimmen, gilt weiter $A_2 = \psi^-(A^*) \cap \complement M = \varphi^-(A^*) \cap \complement M$. Ist nun A^* speziell eine *Borel*'sche Teilmenge von Y, so ist wegen der Meßbarkeit von φ auch $\varphi^-(A^*)$ eine *Borel*'sche Menge. Wegen $M \in \mathfrak{L}(X)$, also $\complement M \in \mathfrak{L}(X)$, gilt dann aber ebenfalls $A_2 \in \mathfrak{L}(X)$ und somit $\psi^-(A^*) =$ $= A_1 \cup A_2 \in \mathfrak{L}(X)$.

(2) Nach 24A gibt es in X jedenfalls eine *Lebesgue*'sche Nullmenge A, die keine *Borel*'sche Teilmenge von X ist. Die Indikatorfunktion $\psi = \chi_A$ unterscheidet sich von der meßbaren Nullabbildung φ nur auf einer *Lebesgue*'schen Nullmenge M, nämlich auf $M = A$. Die Abbildung ψ ist aber nicht $\mathfrak{B}(X)$-meßbar, weil $\psi^-\{1\} = A$ als Urbild der *Borel*'schen Menge $\{1\}$ keine *Borel*'sche Menge ist.

(3) Die Indikatorfunktion $\psi = \chi_J$ des Intervalls $J =]-\infty, 0]$ der Zahlengeraden besitzt nur eine Unstetigkeitsstelle, nämlich den Nullpunkt. Es werde die Existenz einer stetigen Funktion φ angenommen, die sich von ψ nur auf einer *Lebesgue*'schen Nullmenge M unterscheidet. Dann muß φ jedenfalls die Werte 0 und 1, nach dem Zwischenwertsatz (7.13) aber auch den Wert $\frac{1}{2}$ an-

nehmen. Gilt $\varphi(x_0)=\frac{1}{2}$, so gibt es wegen der Stetigkeit von φ in x_0 ein $\delta>0$ mit $\varphi U_\delta(x_0)\subset\,]0,1[$. Es folgt $\varphi(x)\neq\psi(x)$ für alle $x\in U_\delta(x_0)$, weil ψ ja nur die Werte 0 und 1 annimmt. Daher muß $U_\delta(x_0)\subset M$ gelten. Im Widerspruch hierzu ist aber $U_\delta(x_0)$ als nicht leeres Intervall keine *Lebesgue*'sche Nullmenge.
(4) Es genügt, den Fall einer reellwertigen Abbildung $\psi: X\to\mathbb{R}$ zu untersuchen. Es sei M die Menge der Unstetigkeitsstellen von ψ, und es gelte $\lambda(M)=0$. Bei gegebenem $c\in\mathbb{R}$ sei nun $A=\{\mathfrak{x}:\psi\mathfrak{x}<c\}$. Ferner bedeute A_0 die Menge der inneren Punkte von A. Dann gilt $A=A_0\cup A_1$ mit $A_1=A\setminus A_0$. Aus $\mathfrak{x}\in A\cap\complement M$ folgt $\mathfrak{x}\in A_0$: Wegen $\mathfrak{x}\in\complement M$ ist ψ nämlich in $\mathfrak{x}$ stetig. Zu der positiven Fehlerschranke $\varepsilon=c-\psi\mathfrak{x}$ gibt es daher ein $\delta>0$ mit $\psi U_\delta(\mathfrak{x})\subset U_\varepsilon(\psi\mathfrak{x})$, also mit $U_\delta(\mathfrak{x})\subset A$, weswegen $\mathfrak{x}$ innerer Punkt von A ist. Es folgt $A_1\subset M$, wegen $\lambda(M)=0$ und wegen der Vollständigkeit des *Lebesgue*'schen Maßes also $A_1\in\mathfrak{L}(X)$. Da A_0 als offene Menge sogar eine *Borel*'sche Menge ist, gilt erst recht $A_0\in\mathfrak{L}(X)$ und daher auch $A=A_0\cup A_1\in\mathfrak{L}(X)$. Wegen 26.6 ist ψ somit $\mathfrak{L}(X)$-meßbar.

26B Aus $A\in\mathfrak{A}$ folgt nach Definition von $\mathfrak{A}$, daß A selbst oder $\complement A$ eine abzählbare Menge ist. Wegen der Stetigkeit von φ sind die Urbilder $\varphi^-\{\mathfrak{y}\}$ einpunktiger Mengen $\{\mathfrak{y}\}$ abgeschlossen (7.7). Ist also A abzählbar, so ist $\varphi^-(A)=$ $=\bigcup\{\varphi^-\{\mathfrak{y}\}:\mathfrak{y}\in A\}$ eine Vereinigung von abzählbar vielen abgeschlossenen Mengen, also eine *Borel*'sche Menge. Und dasselbe gilt dann für $\varphi^-(\complement A)=$ $=\complement\varphi^-(A)$. Ebenso schließt man in dem Fall, daß $\complement A$ abzählbar ist. Daher ist φ eine $\mathfrak{B}(X)$-$\mathfrak{A}$-meßbare Abbildung.

26C Auf folgenden disjunkten Intervallen, die sich als Durchschnitte der Intervalle $A,\dots,E$ ergeben, nimmt φ die darunterstehenden Werte an:

$$\begin{array}{ccccccccc}]-\infty,-3[, & [-3,-2], &]-2,-1], &]-1,0], &]0,1], &]1,2], &]2,3], &]3,\infty[\\ 1\;, & 0\;, & 1\;, & 2\;, & 0\;, & 2\;, & 1\;, & 2\;. \end{array}$$

Demgemäß ist mit

$$F=]-\infty,-3[\,\cup\,]-2,-1]\cup]2,3],\quad G=]-1,0]\cup]1,2]\cup]3,\infty[$$
$$\varphi=\chi_F+2\chi_G$$

die ausgezeichnete Normaldarstellung von φ.

26D Bei gegebener ganzer Zahl k und ebenfalls gegebener natürlicher Zahl $n\geqq 1$ gilt

$$M_{k,n}=\{x:k(x)=k\wedge n(x)=n\}=\,]-b,-a]\cup[a,b[$$

mit

$$a = 2^k\left(1 + \frac{1}{2} + \ldots + \frac{1}{2^{n-1}}\right) = 2^{k+1-n}(2^n - 1),$$

$$b = 2^k\left(1 + \frac{1}{2} + \ldots + \frac{1}{2^n}\right) = 2^{k-n}(2^{n+1} - 1).$$

Es folgt, daß $M_{k,n}$ eine *Borel*'sche Menge ist und daß außerdem

$$\lambda(M_{k,n}) = 2(b-a) = 2^{k+1-n}$$

gilt. Die Meßbarkeit von φ wird mit Hilfe von 26.6 bewiesen. Und da φ nur ganzzahlige Werte annimmt, kann man sich auch auf ganzzahlige Werte von c beschränken. Es gelte also $c = m \in \mathbb{Z}$. Dann folgt

$$A_2'(c) = \{\mathfrak{x} : \varphi\mathfrak{x} \leqq c\} = \bigcup_{2k \geqq 1-m} \bigcup_{n=1}^{m+2k} M_{k,n},$$

so daß also auch $A_2'(c)$ eine *Borel*'sche Menge ist. Daher ist φ meßbar. Weiter gilt

$$\lambda_\varphi[-2,3] = \sum_{m=-2}^{3} \lambda\Big(\bigcup_{2k\geqq 1-m} M_{k,2k+m}\Big) = \sum_{m=-2}^{3} \sum_{2k \geqq 1-m} 2^{1-m-k}$$

$$= \sum_{k=2}^{\infty} 2^{3-k} + \sum_{k=1}^{\infty} 2^{2-k} + \sum_{k=1}^{\infty} 2^{1-k} + \sum_{k=0}^{\infty} 2^{-k} + \sum_{k=0}^{\infty} 2^{-1-k} + \sum_{k=-1}^{\infty} 2^{-2-k}$$

$$= 4 + 4 + 2 + 2 + 1 + 1 = 14.$$

Analog erhält man

$$\lambda_\varphi[0,\infty[= \sum_{m=0}^{\infty} \sum_{2k \geqq 1-m} 2^{1-m-k} = \sum_{s=0}^{\infty} \sum_{k=-s}^{\infty} (2^{-2s-k} + 2^{-2s-k})$$

$$= 2\sum_{s=0}^{\infty} 2^{1-s} = 8.$$

2E Es ist ψ genau dann $\mathfrak{A}$-meßbar, wenn $\psi^-(B) \in \mathfrak{A}$ für jedes $B \in \mathfrak{B}(Z)$ erfüllt ist. Ebenso ist $\psi \circ \varphi$ genau dann ${}_\varphi\mathfrak{A}$-meßbar, wenn für alle $B \in \mathfrak{B}(Z)$ die Bedingung $(\psi \circ \varphi)^-(B) = \varphi^-(\psi^-(B)) \in {}_\varphi\mathfrak{A}$ erfüllt ist. Nach Definition von ${}_\varphi\mathfrak{A}$ ist dies aber gerade gleichwertig mit $\psi^-(B) \in \mathfrak{A}$.

27A (1) Es sei M eine konvexe Teilmenge von X, und $\mathfrak{x}_1, \mathfrak{x}_2$ seien zwei Punkte von M. Dann ist $\mathfrak{x} = t\mathfrak{x}_1 + (1-t)\mathfrak{x}_2$ für alle t mit $0 \leqq t \leqq 1$ eine konvexe Linearkombination von M, die somit wieder im M liegt. Andererseits bilden diese Punkte gerade die Verbindungsstrecke von $\mathfrak{x}_1$ und $\mathfrak{x}_2$.

Umgekehrt sei jetzt M eine Teilmenge von X, die mit je zwei Punkten auch deren Verbindungsstrecke enthält. Aus $\mathfrak{x}_1, \mathfrak{x}_2 \in M$ folgt daher $c_1 \mathfrak{x}_1 + c_2 \mathfrak{x}_2 \in M$, sofern $c_1 \geqq 0$, $c_2 \geqq 0$ und $c_1 + c_2 = 1$ gilt. Die Menge M enthält also alle konvexen Linearkombinationen von je zweien ihrer Punkte. Durch vollständige Induktion über n wird gezeigt, daß M auch alle konvexen Linearkombinationen von je n ihrer Punkte enthält. Aus $c_1 \geqq 0, \ldots, c_n \geqq 0$ und $c_1 + \ldots + c_n = 1$ $(n > 2)$ folgt nämlich mit $d_1 = c_1$ und $d_2 = c_2 + \ldots + c_n$

$$(*) \qquad c_1 \mathfrak{x}_1 + \ldots + c_n \mathfrak{x}_n = d_1 \mathfrak{x}_1 + d_2 \left[\frac{c_2}{d_2} \mathfrak{x}_2 + \ldots + \frac{c_n}{d_2} \mathfrak{x}_n \right]$$

$$\textit{mit} \quad d_1 \geqq 0, \quad d_2 \geqq 0 \quad \textit{und} \quad d_1 + d_2 = 1 .$$

Nun ist der in der eckigen Klammer stehende Ausdruck eine konvexe Linearkombination von $n-1$ Punkten aus M, die nach Induktionsvoraussetzung in M liegt. Die rechte Seite ist also eine konvexe Linearkombination von zwei Punkten aus M, die nach dem Induktionsbeginn zu M gehört.

(2) Im allgemeinen braucht man zur Darstellung eines Punktes aus M als konvexe Linearkombination von Punkten $\mathfrak{x}_\nu$ aus M mindestens $n+1$ solche Punkte, weil erst dann die Differenzvektoren $\mathfrak{x}_1 - \mathfrak{x}_{n+1}, \ldots, \mathfrak{x}_n - \mathfrak{x}_{n+1}$ eine Basis von X bilden können. Umgekehrt wird anschließend bewiesen, daß man auch stets mit $n+1$ Punkten auskommt.

Nun kann man jede konvexe Linearkombination

$$\mathfrak{y} = c_1 \mathfrak{x}_1 + \ldots + c_{n+1} \mathfrak{x}_{n+1} \qquad (c_\nu \geqq 0, c_1 + \ldots + c_{n+1} = 1)$$

von M auch folgendermaßen als konvexe Linearkombination von zwei Punkten aus $\hat{M}$ schreiben:

$$\mathfrak{y} = d_1 \left(\frac{c_1}{d_1} \mathfrak{x}_1 + \ldots + \frac{c_k}{d_1} \mathfrak{x}_k \right) + d_2 \left(\frac{c_{k+1}}{d_2} \mathfrak{x}_{k+1} + \ldots + \frac{c_{n+1}}{d_2} \mathfrak{x}_{n+1} \right)$$

$$\textit{mit} \quad d_1 = c_1 + \ldots + c_k \quad \textit{und} \quad d_2 = c_{k+1} + \ldots + c_{n+1},$$

sofern nur d_1 und d_2 von Null verschieden sind. Iteration dieses Prozesses zeigt, daß die gesuchte Minimalzahl k gerade die Anzahl der Schritte ist, die man braucht, um eine $(n+1)$-gliedrige Summe aus zweigliedrigen Summen aufzubauen. Daher ist k durch n mit Hilfe der Ungleichung

$$2^{k-1} < n + 1 \leqq 2^k$$

eindeutig bestimmt.

Die Behauptung, daß man im n-dimensionalen Raum jeden Punkt aus M als konvexe Linearkombination von $n+1$ Punkten aus M darstellen kann, ist für

$n=1$ offenbar richtig. Im Fall $n>1$ gelte

$$\mathfrak{y}=c_1\mathfrak{x}_1+\cdots+c_{n+2}\mathfrak{x}_{n+2} \quad \textit{mit} \quad c_\nu \geqq 0 \quad \textit{und} \quad c_1+\cdots+c_{n+2}=1.$$

Dabei kann sogar $c_\nu>0$ für alle ν angenommen werden, da man es sonst mit höchstens $n+1$ Punkten zu tun hätte. Mit

$$\mathfrak{x}^*=\frac{c_1}{d}\mathfrak{x}_1+\cdots+\frac{c_{n+1}}{d}\mathfrak{x}_{n+1} \quad \textit{und} \quad d=c_1+\cdots+c_{n+1}$$

gilt

$$\mathfrak{y}=d\mathfrak{x}^*+(1-d)\mathfrak{x}_{n+2},$$

so daß $\mathfrak{y}$ auf der durch $\mathfrak{x}=t\mathfrak{x}^*+(1-t)\mathfrak{x}_{n+2}$ $(0\leqq t\leqq 1)$ gegebenen Verbindungsstrecke von $\mathfrak{x}^*$ und $\mathfrak{x}_{n+2}$ liegt. Weiter kann angenommen werden, daß $\{\mathfrak{x}_1-\mathfrak{x}_{n+1}, \ldots, \mathfrak{x}_n-\mathfrak{x}_{n+1}\}$ eine Basis von X ist, da diese Vektoren sonst in einem niederdimensionalen Raum liegen würden und nach Induktionensvoraussetzung dann bereits bei der Darstellung von $\mathfrak{x}^*$ eine Reduktion um einen Vektor möglich wäre. Ferner kann vorausgesetzt werden, daß $\mathfrak{y}$ nicht schon in der konvexen Hülle K der Punkte $\mathfrak{x}_1, \ldots, \mathfrak{x}_{n+1}$ liegt, da sonst $\mathfrak{x}_{n+2}$ überflüssig gewesen wäre. Da K kompakt ist, gibt es daher ein minimales $t_0\geqq 0$ mit $\mathfrak{x}_0=t_0\mathfrak{x}^*+ +(1-t_0)\mathfrak{x}_{n+2}\in K$. Es gilt also

$$\mathfrak{x}_0=t_0\mathfrak{x}^*+(1-t_0)\mathfrak{x}_{n+2}=a_1\mathfrak{x}_1+\cdots+a_{n+1}\mathfrak{x}_{n+1}.$$

Würde hier $a_\nu>0$ für $\nu=1,\ldots,n+1$ erfüllt sein, so könnte man aus Stetigkeitsgründen und wegen der Darstellbarkeit von $\mathfrak{x}_{n+2}$ als Linearkombination von $\mathfrak{x}_1-\mathfrak{x}_{n+1}, \ldots, \mathfrak{x}_n-\mathfrak{x}_{n+1}$ den Wert von t_0 noch verkleinern, ohne mit $\mathfrak{x}_0$ die Menge K zu verlassen. Da dies der Bestimmung von t_0 widerspricht, gilt etwa $a_{n+1}=0$, und $\mathfrak{y}$ liegt auch auf der Verbindungsstrecke von $\mathfrak{x}_{n+2}$ und $\mathfrak{x}_0=a_1+\cdots+a_n\mathfrak{x}_n$, also in der konvexen Hülle der $n+1$ Punkte $\mathfrak{x}_1, \ldots, \mathfrak{x}_n, \mathfrak{x}_{n+2}$.

27B Da $k(M)$ gleichzeitig abgeschlossen und konvex ist, gilt $\bar{M}\subset k(M)$ und weiter auch $\hat{\bar{M}}\subset k(M)$. Im allgemeinen besteht hier jedoch keine Gleichheit, wie im $\mathbb{R}^2$ das Beispiel der Menge

$$M=\{(0,0)\}\cup\left\{\left(x,\frac{1}{x}\right): x>0\right\}$$

zeigt: M besteht aus dem Nullpunkt und einem Hyperbelast und ist bereits eine abgeschlossene Menge, deren konvexe Hülle die positive x-Achse nicht enthält. Diese gehört jedoch zu $k(M)$.
Weiter sei jetzt M beschränkt, $\bar{M}$ also kompakt. Aus $\mathfrak{x}\in k(M)$ folgt $\mathfrak{x}=\lim\limits_{r\to\infty}\mathfrak{x}_r$

mit Punkten $\mathfrak{x}_r \in \hat{M}$, die sich also als konvexe Linearkombinationen

$$\mathfrak{x}_r = c_{r,1}\mathfrak{x}^*_{r,1} + \cdots + c_{r,n+1}\mathfrak{x}^*_{r,n+1}$$

von je $n+1$ Punkten aus M darstellen lassen (vgl. 27A(2), $n = \operatorname{Dim} X$). Wegen $c_{\varrho,\nu} \in [0,1]$ und wegen der Kompaktheit von $\bar{M}$ gibt es eine Teilfolge (r_λ) der natürlichen Zahlen, für die folgende Grenzwerte existieren:

$$c_\nu = \lim_{\lambda\to\infty} c_{r_\lambda,\nu} \in [0,1], \quad \mathfrak{x}^*_\nu = \lim_{\lambda\to\infty} \mathfrak{x}^*_{r_\lambda,\nu} \in \bar{M} \qquad (\nu = 1,\ldots,n+1).$$

Es folgt $c_1 + \cdots + c_{n+1} = 1$, weswegen $\mathfrak{x} = c_1\mathfrak{x}^*_1 + \cdots + c_{n+1}\mathfrak{x}^*_{n+1}$ ein Punkt aus $\hat{\bar{M}}$ ist. Damit gilt jetzt auch $k(M) \subset \hat{\bar{M}}$.

27C (1) Aus $\mathfrak{z}_1,\ldots,\mathfrak{z}_n \in M+N$, also $\mathfrak{z}_\nu = \mathfrak{x}_\nu + \mathfrak{y}_\nu$ mit $\mathfrak{x}_\nu \in M$ und $\mathfrak{y}_\nu \in N$ für $\nu = 1,\ldots,n$, folgt für jede konvexe Linearkombination

$$\mathfrak{z} = c_1\mathfrak{z}_1 + \cdots + c_n\mathfrak{z}_n = (c_1\mathfrak{x}_1 + \cdots + c_n\mathfrak{x}_n) + (c_1\mathfrak{y}_1 + \cdots + c_n\mathfrak{y}_n)$$

wegen der Konvexität von M und N, daß die in den Klammern stehenden Vektoren zu M bzw. N gehören und somit $\mathfrak{z} \in M+N$ gilt.
Weiter gelte $\mathfrak{x}_1,\ldots,\mathfrak{x}_n \in M$ und $a_1,\ldots,a_n \in U$. Mit $c_1 \geqq 0,\ldots,c_n \geqq 0$ und $c_1 + \cdots + c_n = 1$, sowie $s = c_1a_1 + \cdots + c_na_n$ ergibt sich dann im Fall $s \neq 0$

$$\mathfrak{x} = c_1(a_1\mathfrak{x}_1) + \cdots + c_n(a_n\mathfrak{x}_n) = \left(\sum_{\nu=1}^{n} c_\nu a_\nu\right)\left(\frac{c_1a_1}{s}\mathfrak{x}_1 + \cdots + \frac{c_na_n}{s}\mathfrak{x}_n\right).$$

Dabei ist auf der rechten Seite die erste Klammer eine konvexe Linearkombination von U und die zweite Klammer eine konvexe Linearkombination von M. Wegen der Konvexität von U und M folgt also $\mathfrak{x} \in U\cdot M$. Im Fall $s = 0$ gilt $c_\nu a_\nu = 0$ für $\nu = 1,\ldots,n$, also $\mathfrak{x} = \mathfrak{o}$. Wegen $c_1 + \cdots + c_n = 1$ muß aber jedenfalls $a_{\nu_0} = 0$ für mindestens einen Index ν_0 und damit $0 \in U$, also wieder $\mathfrak{x} = \mathfrak{o} \in U\cdot M$ erfüllt sein.
(2) Auch ohne Konvexitätsvoraussetzung gilt jedenfalls

$$(U+V)\cdot M \subset U\cdot M + V\cdot M \qquad \text{und} \qquad U\cdot(M+N) \subset U\cdot M + U\cdot N.$$

Umgekehrt sei $\mathfrak{x} = u\mathfrak{x}_1 + v\mathfrak{x}_2$ mit $u \in U$, $v \in V$ und $\mathfrak{x}_1, \mathfrak{x}_2 \in M$ eine Punkt aus $U\cdot M + V\cdot M$. Im Fall $u = 0$ oder $v = 0$, also $0 \in U$ oder $0 \in V$, folgt trivialerweise $\mathfrak{x} \in (U+V)\cdot M$. Im Fall $u > 0$, $v > 0$ oder $u < 0$, $v < 0$ folgt $\mathfrak{x} \in (U+V)\cdot M$ wegen

$$\mathfrak{x} = (u+v)\left(\frac{u}{u+v}\mathfrak{x}_1 + \frac{v}{u+v}\mathfrak{x}_2\right)$$

aus der Konvexität von M, weil in der zweiten Klammer die Koeffizienten positiv sind und es sich daher um eine konvexe Linearkombination handelt.

Die erste Gleichung gilt also für konvexe Mengen M und beliebige Teilmengen U und V von $\mathbb{R}$, sofern diese beide in $[0,\infty[$ oder beide in $]-\infty, 0]$ enthalten sind. Andernfalls gilt die Gleichung auch tatsächlich nicht allgemein, wie das Beispiel

$$M=[-1,1], \quad U=\{-1\}, \quad V=\{1\}$$

zeigt, in dem

$$(U+V)\cdot M=\{0\} \quad \textit{und} \quad U\cdot M+V\cdot M=[-1,1]+[-1,1]=[-2,2]$$

gilt.

Die Inklusion $U\cdot M+U\cdot N\subset U\cdot(M+N)$ ist im allgemeinen falsch. Sie gilt jedoch, wenn M und N symmetrisch zum Nullpunkt sind, also mit $\mathfrak{x}$ auch stets $-\mathfrak{x}$ enthalten. Aus $\mathfrak{x}_1\in M, \mathfrak{x}_2\in N, u_1, u_2\in U$ und etwa $|u_1|\geqq|u_2|>0$ folgt dann nämlich

$$\mathfrak{x}=u_1\mathfrak{x}_1+u_2\mathfrak{x}_2=u_1\left(\mathfrak{x}_1+\frac{u_2}{u_1}\mathfrak{x}_2\right)\in U\cdot(M+N),$$

weil wegen $\left|\frac{u_2}{u_1}\right|\leqq 1$, $\pm\mathfrak{x}_2\in N$ und wegen der Konvexität von N auch $\frac{u_2}{u_1}\mathfrak{x}_2$ ein Punkt von N ist.

27D (1) Es gilt

$$\hat{\varphi}^-(B)=\begin{cases}\varphi^-(B) & \text{wenn } \quad \mathfrak{o}\notin B\\ \varphi^-(B)\cup\complement D=\varphi^-(B)\cup\complement T_\varphi & \phantom{\text{wenn }}\quad \mathfrak{o}\in B\end{cases}\qquad (B\subset Y).$$

Ist $\hat{\varphi}$ eine $\mathfrak{A}$-meßbare Abbildung, so folgt $T_\varphi=\hat{\varphi}^-(Y\backslash\{\mathfrak{o}\})\in\mathfrak{A}$, weil $Y\backslash\{\mathfrak{o}\}$ eine *Borel*'sche Teilmenge von Y ist. Außerdem ist für alle $B\in\mathfrak{B}(Y)$ das Urbild $\hat{\varphi}^-(B)=A$ eine Menge aus $\mathfrak{A}$ und daher $\varphi^-(B)=A\cap D$ eine Menge aus $\mathfrak{A}_D$. Daher ist φ auch $\mathfrak{A}_D$-meßbar.

Umgekehrt seien $T_\varphi\in\mathfrak{A}$ und die $\mathfrak{A}_D$-Meßbarkeit von φ vorausgesetzt. Dann gilt für beliebiges $B\in\mathfrak{B}(Y)$ im Fall $\mathfrak{o}\notin B$ zunächst $\hat{\varphi}^-(B)=\varphi^-(B)=A\cap D$ mit einer Menge $A\in\mathfrak{A}$, wegen $\varphi^-(B)\subset T_\varphi$ aber sogar $\hat{\varphi}^-(B)=A\cap T_\varphi\in\mathfrak{A}$. Im Fall $\mathfrak{o}\in B$ erhält man entsprechrnd

$$\hat{\varphi}^-(B)=\varphi^-(B)\cup\complement T_\varphi=(\varphi^-(B)\cap T_\varphi)\cup\complement T_\varphi\in\mathfrak{A},$$

d.h. $\hat{\varphi}$ ist $\mathfrak{A}$-meßbar.

(2) Ist $\mathfrak{Z}$ eine Normalzerlegung von $(X, \mathfrak{A}, \mu)$, so ist

$$\mathfrak{Z}_T=\{A\cap T_\varphi : A\in\mathfrak{Z}\}$$

eine Normalzerlegung von $(T_\varphi, \mathfrak{A}_T, \mu_T)$. Es folgt

$$\sigma(\phi, \mathfrak{Z}) = \sum_{A \in \mathfrak{Z}} \mu(A) \sup\{|\phi \mathfrak{x}| : \mathfrak{x} \in A\}$$
$$\geqq \sum_{A \in \mathfrak{Z}} \mu_T(A \cap T_\varphi) \sup\{|\varphi \mathfrak{x}| : \mathfrak{x} \in A \cap T_\varphi\} = \sigma(\varphi, \mathfrak{Z}_T)$$

und daher aus der Integrierbarkeit von ϕ auf X bezüglich μ die Integrierbarkeit von φ_T auf T_φ bezüglich μ_T. (Die Meßbarkeit von φ_T folgt bereits aus (1)). Umgekehrt sei jetzt φ_T auf T_φ bezüglich μ_T integrierbar, wegen (1) also ϕ jedenfalls $\mathfrak{A}$-meßbar. Weiter sei $\mathfrak{Z}^*$ eine φ_T-Normalzerlegung von T_φ. Wegen der $\mathfrak{A}_T$-Meßbarkeit von φ_T folgt nach (1) weiter $T_\varphi \in \mathfrak{A}$, da ja in diesem Fall $D = T_\varphi$ gilt. Aus $A^* \in \mathfrak{Z}^*$, also $A^* \in \mathfrak{A}_T$ und somit $A^* = A \cap T_\varphi$ mit $A \in \mathfrak{A}$, folgt daher jetzt sogar $A^* \in \mathfrak{A}$ und $\mu(A^*) = \mu_T(A^*)$. Ergänzt man $\mathfrak{Z}^*$ durch Hinzunahme einer Normalzerlegung von $\complement T_\varphi$, so erhält man eine Normalzerlegung $\mathfrak{Z}$ von X. Nun gilt aber für Mengen $A \in \mathfrak{Z}$ mit $A \subset \complement T_\varphi$ jedenfalls $\sup\{|\phi \mathfrak{x}| : \mathfrak{x} \in A\} = 0$. Somit folgt

$$\sigma(\phi, \mathfrak{Z}) = \sum_{A \in \mathfrak{Z}} \mu(A) \sup\{|\phi \mathfrak{x}| : \mathfrak{x} \in A\}$$
$$= \sum_{A^* \in \mathfrak{Z}^*} \mu(A^*) \sup\{|\phi \mathfrak{x}| : \mathfrak{x} \in A^*\}$$
$$= \sum_{A^* \in \mathfrak{Z}^*} \mu_T(A^*) \sup\{|\varphi_T \mathfrak{x}| : \mathfrak{x} \in A^*\} = \sigma(\varphi_T, \mathfrak{Z}^*)$$

und daher die Integrierbarkeit von ϕ auf X bezüglich μ. Da man sich bei der Berechnung der Integrale jedenfalls auf Normalzerlegungen der soeben benutzten Art beschränken kann, ergibt sich die behauptete Gleichheit der Integrale wegen

$$S(\phi, \mathfrak{Z}) = \sum_{A \in \mathfrak{Z}} \mu(A)(\phi A) = \sum_{A^* \in \mathfrak{Z}^*} \mu(A^*)(\phi A^*)$$
$$= \sum_{A^* \in \mathfrak{Z}^*} \mu_T(A^*)(\varphi_T A^*) = S(\varphi_T, \mathfrak{Z}^*),$$

da ja für Mengen $A \in \mathfrak{Z}$ mit $A \subset \complement T_\varphi$ stets $\phi A = \{\mathfrak{o}\}$ gilt.
(3) Ist φ auf M integrierbar, so ist nach Definition $\psi = \phi \cdot \chi_M$ auf X integrierbar. Nun gilt aber $T_\psi = T_\varphi \cap M$, so daß die Behauptung mit Hilfe von (1) folgt.

27E Wie in 26C gezeigt wurde, gilt

$$\varphi = \chi_F + 2\chi_G \quad \textit{mit} \quad F =]-\infty, -3] \cup]-2, -1] \cup]2, 3]$$
$$\textit{und} \quad G =]-1, 0] \cup]1, 2] \cup]3, \infty[.$$

Wegen $F \cap G = \emptyset$, also $\chi_F \cdot \chi_G = 0$, folgt $\varphi^2 = \chi_F^2 + 4\chi_G^2 = \chi_F + 4\chi_G$ und damit

$\psi = \varphi^2 - \varphi = 2\chi_G$. Es folgt jetzt

a) $T_\varphi \cap M =]-\infty, -3] \cup]-2, 0], \quad T_\psi \cap M =]-1, 0]$,

b) $T_\varphi \cap M =]1, \infty[, \quad T_\psi \cap M =]1, 2] \cup]3, \infty[$,

c) $T_\varphi \cap M = [-5, -3] \cup]-2, 0] \cup]1, 5]$,
$T_\psi \cap M =]-1, 0] \cup]1, 2] \cup]3, 5]$.

Die Integrierbarkeit von φ auf M, also die Gültigkeit der Bedingung $\lambda(T_\varphi \cap M) < \infty$, ist daher nur im Fall c), die von ψ in den Fällen a) und c) gewährleistet. Im Fall a) erhält man

$$\int_M \psi \, d\lambda = 2$$

und im Fall c)

$$\int_M \varphi \, d\lambda = 2 \cdot 1 + 1 \cdot 1 + 1 \cdot 2 + 1 \cdot 2 + 1 \cdot 1 + 2 \cdot 2 = 12,$$

$$\int_M \psi \, d\lambda = 1 \cdot 2 + 1 \cdot 2 + 2 \cdot 2 = 8.$$

27F Mit den in der Lösung von 26D definierten Mengen $M_{k,n}$ sei $J_{k,n} = M_{k,n} \cap \mathbb{R}_+$. Für $x \in J_{k,n}$ gilt $\varphi x = n - 2k$ und außerdem $\lambda(J_{k,n}) = 2^{k-n}$. Die Intervalle $J_{k,n}$ bilden eine Normalzerlegung $\mathfrak{Z}$ von $\mathbb{R}_+$ mit

$$\sigma(\varphi, \mathfrak{Z}) = \sum_{n=1}^{\infty} \sum_{k=-\infty}^{\infty} |n - 2k| \cdot 2^{k-n} = \infty \qquad \textit{und}$$

$$\sigma(\varphi^2, \mathfrak{Z}) = \sum_{n=1}^{\infty} \sum_{k=-\infty}^{\infty} |n - 2k|^2 \cdot 2^{k-n} = \infty.$$

Hieran ändert sich auch nichts bei Verfeinerung von $\mathfrak{Z}$, da φ bereits auf den Intervallen $J_{k,n}$ konstant ist. Daher sind φ und φ^2 auf $[0, \infty[$ nicht integrierbar. Weiter gilt

$$]0, 1[= \bigcup_{n=1}^{\infty} \bigcup_{k=-1}^{-\infty} J_{k,n}$$

und daher für die durch diese Intervalle bestimmte Zerlegung $\mathfrak{Z}^*$ von $]0, 1[$

$$\sigma(\varphi, \mathfrak{Z}^*) = \sum_{n=1}^{\infty} \sum_{k=-1}^{-\infty} |n - 2k| \cdot 2^{k-n} \leqq 2 \sum_{n=1}^{\infty} \sum_{m=1}^{\infty} (n + m) \cdot 2^{-(n+m)}$$

$$= 2 \sum_{n=1}^{\infty} \sum_{r=n+1}^{\infty} r \cdot 2^{-r},$$

$$\sigma(\varphi^2, \mathfrak{Z}^*) = \sum_{n=1}^{\infty} \sum_{k=-1}^{-\infty} |n-2k|^2 2^{k-n} \leqq 4 \sum_{n=1}^{\infty} \sum_{m=1}^{\infty} (n+m)^2 2^{-(n+m)}$$
$$= 4 \sum_{n=1}^{\infty} \sum_{r=n+1}^{\infty} r^2 2^{-r}.$$

Da die rechts stehenden Reihen beide gegen einen endlichen Wert konvergieren, sind φ und φ^2 auf $[0,1]$ integrierbar.

28A Nach Voraussetzung gibt es zu jedem Index $\nu \in \mathbb{N}$ eine μ-Nullmenge A_ν, so daß $\psi_\nu \mathfrak{x} = \varphi_\nu \mathfrak{x}$ für alle $\mathfrak{x} \in \complement A_\nu$ gilt. Als Vereinigung abzählbar vieler Nullmengen ist $A = \bigcup A_\nu$ ebenfalls eine μ-Nullmenge, und es gilt jetzt $\psi_\nu \mathfrak{x} = \varphi_\nu \mathfrak{x}$ für alle $\nu \in \mathbb{N}$ und alle $\mathfrak{x} \in \complement A$. Es folgt $\varphi \mathfrak{x} = \lim(\varphi_\nu \mathfrak{x}) = \lim(\psi_\nu \mathfrak{x})$ für alle $\mathfrak{x} \in \complement A$. Die Folge (ψ_ν) konvergiert daher punktweise auf $\complement A$ gegen φ. Bei beliebiger Erweiterung der Grenzabbildung zu einer Abbildung $\psi: X \to Y$ stimmen φ und ψ also μ-fast-überall überein.

28B (1) Nach Voraussetzung existiert eine Menge $N \in \mathfrak{A}$ mit $\mu(N) = 0$ und $\varphi \mathfrak{x} = \psi \mathfrak{x}$ für alle $\mathfrak{x} \in \complement N$. Nun gilt für $A^* \in \mathfrak{A}^*$

$$\psi^-(A^*) = (\psi^-(A^*) \cap N) \cup (\psi^-(A^*) \cap \complement N)$$
$$= (\psi^-(A^*) \cap N) \cup (\varphi^-(A^*) \cap \complement N).$$

Die ganz rechts stehende erste Klammer gehört als Teilmenge einer μ-Nullmenge wegen der Vollständigkeit des Maßes zu $\mathfrak{A}$. Wegen der $\mathfrak{A}$-$\mathfrak{A}^*$-Meßbarkeit von φ gilt $\varphi^-(A^*) \in \mathfrak{A}$, so daß auch die zweite Klammer eine Menge aus $\mathfrak{A}$ ist. Es folgt $\psi^-(A^*) \in \mathfrak{A}$, also die $\mathfrak{A}$-$\mathfrak{A}^*$-Meßbarkeit von ψ.
Weiter gilt für $A^* \in \mathfrak{A}^*$

$$\mu_\psi(A^*) = \mu(\psi^-(A^*)) = \mu(\psi^-(A^*) \cap N) + \mu(\psi^-(A^*) \cap \complement N)$$
$$= \mu(\varphi^-(A^*) \cap N) + \mu(\varphi^-(A^*) \cap \complement N) = \mu(\varphi^-(A^*)) = \mu_\varphi(A^*).$$

(2) Die Voraussetzung besagt die Existenz einer Menge $N^* \in \mathfrak{A}^*$ mit $0 = \mu_\varphi(N^*) = \mu(\varphi^-(N^*))$ und mit $\varphi' \mathfrak{y} = \psi' \mathfrak{y}$ für alle $\mathfrak{y} \in \complement N^*$. Da $\varphi^-(N^*)$ eine μ-Nullmenge ist, gilt dasselbe für $N' = N \cup \varphi^-(N^*)$ mit der Nullmenge N aus (1). Aus $\mathfrak{x} \in \complement N'$ folgt jetzt wegen $\mathfrak{x} \in \complement N$ erstens $\varphi \mathfrak{x} = \psi \mathfrak{x}$, wegen $\mathfrak{x} \in \complement \varphi^-(N^*)$ aber zweitens $\varphi \mathfrak{x} = \psi \mathfrak{x} \in \complement N^*$ und daher weiter $(\varphi' \circ \varphi)\mathfrak{x} = (\psi' \circ \psi)\mathfrak{x}$.

28C Für alle $n \in \mathbb{N}$ sei

$$\varphi_n = \varphi \cdot \chi_{M_0} + \cdots + \varphi \cdot \chi_{M_n}.$$

Mit φ sind dann auch die Abbildungen φ_n meßbar. Ferner folgt aus $\mathfrak{x} \in M$ auch $\mathfrak{x} \in M_{n_0}$ für einen geeigneten Index n_0 und daher weiter $\varphi_n \mathfrak{x} = \varphi \mathfrak{x}$ für alle

$n \geqq n_0$. Daher gilt $\lim(\varphi_n) = \varphi$ punktweise auf M und außerdem $|\varphi_n \mathfrak{x}| \leqq |\varphi \mathfrak{x}|$ für alle $\mathfrak{x} \in M$. Anwendung von 28.7 mit $\psi = |\varphi|$ liefert bei Berücksichtigung von 27.8

$$\int_M \varphi \, d\mu = \lim_{n\to\infty} \Big(\int_M \varphi_n \, d\mu \Big) = \lim_{n\to\infty} \Big(\sum_{\nu=0}^{n} \int_{M_\nu} \varphi \, d\mu \Big) = \sum_{\nu \in \mathbb{N}} \Big(\int_{M_\nu} \varphi \, d\mu \Big).$$

28D Wegen der gleichmäßigen Konvergenz gilt mit geeignetem n für alle $\mathfrak{x} \in M$ die Abschätzung $|\varphi \mathfrak{x} - \varphi_n \mathfrak{x}| < 1$. Mit einer φ_n-Normalzerlegung $\mathfrak{Z}$ von M ergibt sich dann wegen $\mu(M) < \infty$

$$\begin{aligned} \sigma(\varphi, \mathfrak{Z}) &= \sum_{A \in \mathfrak{Z}} \mu(A) \sup\{|\varphi \mathfrak{x}| : \mathfrak{x} \in A\} \\ &< \sum_{A \in \mathfrak{Z}} \mu(A)\,(1 + \sup\{|\varphi_n \mathfrak{x}| : \mathfrak{x} \in A\}) \\ &= \mu(M) + \sigma(\varphi_n, \mathfrak{Z}) < \infty . \end{aligned}$$

Daher ist auch φ auf M integrierbar, da ja die $\mathfrak{A}$-Meßbarkeit von φ wegen 26.10 gesichert ist. Nach 27.8 ist dann auch $|\varphi|$ auf M integrierbar und ebenso $|\varphi| + 1$, da wegen $\mu(M) < \infty$ die konstante Funktion 1 ebenfalls integrierbar ist. Da wegen der gleichmäßigen Konvergenz $|\varphi_\nu \mathfrak{x}| \leqq |\varphi \mathfrak{x}| + 1$ ab einem geeigneten Index für alle ν und alle $\mathfrak{x} \in M$ erfüllt ist, kann 28.7 mit $\psi = |\varphi| + 1$ angewandt werden.

28E Es sei $\mathfrak{Z}$ eine φ-Normalzerlegung von M. Dann gilt wegen der *Schwarz*'schen Ungleichung

$$\begin{aligned} \sigma(\psi, \mathfrak{Z}) &= \sum_{A \in \mathfrak{Z}} \mu(A) \sup\{|(\varphi \mathfrak{x}) \cdot \mathfrak{b}| : \mathfrak{x} \in A\} \\ &\leqq |\mathfrak{b}| \sum_{A \in \mathfrak{Z}} \mu(A) \sup\{|\varphi \mathfrak{x}| : \mathfrak{x} \in A\} = |\mathfrak{b}| \cdot \sigma(\varphi, \mathfrak{Z}) < \infty . \end{aligned}$$

Daher ist ψ auf M integrierbar, da die $\mathfrak{A}$-Meßbarkeit durch 26.9 gesichert ist. Weiter gilt für beliebige φ-Normalzerlegungen $\mathfrak{Z}$

$$\begin{aligned} S(\psi, \mathfrak{Z}) &= k\Big(\sum_{A \in \mathfrak{Z}} \mu(A)\, \{(\varphi \mathfrak{x}) \cdot \mathfrak{b} : \mathfrak{x} \in A\} \Big) \\ &= k\Big(\sum_{A \in \mathfrak{Z}} \mu(A)(\varphi A) \Big) \cdot \mathfrak{b} = \big(S(\varphi, \mathfrak{Z})\big) \cdot \mathfrak{b}, \end{aligned}$$

woraus die behauptete Gleichheit der Integrale folgt.

29A (1) Die Elementarfunktion φ besitzt eine eindeutig bestimmte ausgezeichnete Normaldarstellung

$$\varphi = \sum_{\kappa=1}^{k} c_\kappa \chi_{C_\kappa},$$

hinsichtlich derer dann $\varphi\mathfrak{x}_1 = \varphi\mathfrak{x}_2$ gleichwertig damit ist, daß $\mathfrak{x}_1$ und $\mathfrak{x}_2$ in derselben Zerlegungsmenge C_κ liegen. Weiter sei nun

$$\varphi = \sum_{\nu=1}^{n} a_\nu \chi_{A_\nu}$$

eine beliebige Darstellung von φ, die keine Normaldarstellung zu sein braucht. Durch

$$\mathfrak{x}_1 \sim \mathfrak{x}_2 \Leftrightarrow \big(\mathfrak{x}_1 \in A_\nu \Leftrightarrow \mathfrak{x}_2 \in A_\nu \qquad (\nu = 1, \ldots, n)\big)$$

wird eine Äquivalenzrelation definiert, hinsichtlich derer X in endlich viele Äquivalenzklassen $K_1, \ldots, K_s$ zerlegt wird. Für jeden Punkt $\mathfrak{x} \in K_\sigma$ gilt

$$\varphi\mathfrak{x} = \sum_{\substack{\nu=1 \\ K_\sigma \subset A_\nu}}^{n} a_\nu .$$

Nach der Vorbemerkung gibt es daher einen eindeutig bestimmten Index $\kappa(\sigma)$ mit $K_\sigma \subset C_{\kappa(\sigma)}$, und es folgt

$$c_{\kappa(\sigma)} = \sum_{\substack{\nu=1 \\ K_\sigma \subset A_\nu}}^{n} a_\nu .$$

Damit ergibt sich jetzt

$$\begin{aligned}
\sum_{\nu=1}^{n} a_\nu \mu(A_\nu) &= \sum_{\nu=1}^{n} a_\nu \Big(\sum_{\substack{\sigma=1 \\ K_\sigma \subset A_\nu}}^{s} \mu(K_\sigma)\Big) = \sum_{\sigma=1}^{s} \Big(\sum_{\substack{\nu=1 \\ K_\sigma \subset A_\nu}}^{n} a_\nu\Big) \mu(K_\sigma) \\
&= \sum_{\sigma=1}^{s} c_{\kappa(\sigma)} \mu(K_\sigma) = \sum_{\kappa=1}^{k} c_\kappa \Big(\sum_{\substack{\sigma=1 \\ K_\sigma \subset C_\kappa}}^{s} \mu(K_\sigma)\Big) \\
&= \sum_{\kappa=1}^{k} c_\kappa \mu(C_\kappa).
\end{aligned}$$

Jede beliebige Darstellung von φ ergibt also denselben Summenwert.

(2) Es seien

$$\varphi_\nu = \sum_{\varrho=1}^{r} a_\varrho \chi_{A_\varrho} \qquad \text{und} \qquad \varphi_{\nu+1} = \sum_{\sigma=1}^{s} b_\sigma \chi_{B_\sigma}$$

Normaldarstellungen. Mit $C_{\varrho,\sigma} = A_\varrho \cap B_\sigma$ erhält man dann neue Normaldarstellungen

$$\varphi_\nu = \sum_{\varrho=1}^{r} \sum_{\sigma=1}^{s} a_\varrho \chi_{C_{\varrho,\sigma}} \qquad \text{und} \qquad \varphi_{\nu+1} = \sum_{\sigma=1}^{s} \sum_{\varrho=1}^{r} b_\sigma \chi_{C_{\varrho,\sigma}} .$$

Aus $\mathfrak{x} \in C_{\varrho,\sigma}$ folgt jetzt $a_\varrho = \varphi_\nu \mathfrak{x} \leqq \varphi_{\nu+1} \mathfrak{x} = b_\sigma$ und daher

$$\int_X \varphi_\nu d\mu = \sum_{\varrho=1}^{r} \sum_{\sigma=1}^{s} a_\varrho \mu(C_{\varrho,\sigma}) \leqq \sum_{\sigma=1}^{s} \sum_{\varrho=1}^{r} b_\sigma \mu(C_{\varrho,\sigma}) = \int_X \varphi_{\nu+1} d\mu .$$

Die Integrale der Funktionen φ_ν bilden also ebenfalls eine monoton wachsende Folge, und dasselbe gilt für die Integrale der Funktionen ψ_ν, so daß die Grenzwerte der Integralfolgen jedenfalls als numerische Werte existieren.
Es sei jetzt

$$s_\nu = \int_X \varphi_\nu d\mu, \qquad s = \lim(s_\nu),$$

$$t_\varrho = \int_X \psi_\varrho d\mu, \qquad t = \lim(t_\varrho)$$

und bei gegebenem $\eta > 0$

$$M_{\nu,\varrho}(\eta) = \{\mathfrak{x} : \varphi_\nu \mathfrak{x} - \psi_\varrho \mathfrak{x} < \eta\} .$$

Bei festem ν gilt $\bigcup_\varrho M_{\nu,\varrho}(\eta) = X$ und daher wegen 24.2 für jede Menge $A \in \mathfrak{A}$

$$(*) \quad \lim_{\varrho\to\infty} \mu(A \cap M_{\nu,\varrho}(\eta)) = \mu(A) \qquad \textit{und} \qquad \lim_{\varrho\to\infty} \mu(A \backslash M_{\nu,\varrho}(\eta)) = 0 .$$

Es sei nun weiter bei festem ν

$$\varphi_\nu = \sum_{\kappa=1}^{k} a_\kappa \chi_{A_\kappa}$$

die ausgezeichnete Normaldarstellung von φ_ν. Im Fall $s_\nu = \infty$ gilt dann für mindestens einen Index (ohne Einschränkung der Allgemeinheit sei es der Index $\kappa = 1$) $a_1 > 0$ und $\mu(A_1) = \infty$. Zu gegebenem $c > 0$ existiert dann wegen (*) ein Index ϱ mit $\mu(A_1 \cap M_{\nu,\varrho}(\frac{1}{2}a_1)) > c$. Es folgt $\psi_\varrho \mathfrak{x} > \varphi_\nu \mathfrak{x} - \frac{1}{2}a_1$ für alle $\mathfrak{x} \in A_1 \cap M_{\nu,\varrho}(\frac{1}{2}a_1)$ und daher

$$t_\varrho > \tfrac{1}{2}a_1 \cdot \mu(A_1 \cap M_{\nu,\varrho}(\tfrac{1}{2}a_1)) > \tfrac{1}{2}a_1 \cdot c .$$

Da c beliebig groß gewählt werden konnte, folgt $t = \lim(t_\varrho) = \infty$. Andererseits gilt aber auch $s = \infty$ wegen $s \geqq s_\nu$ und damit in diesem Fall die Behauptung $s = t$.
Zweitens gelte $s_\nu < \infty$, und zwar für jeden Index ν. Bei festem ν muß dann jedenfalls $c = \mu(T_{\varphi_\nu}) < \infty$ erfüllt sein, so daß es bei gegebenem $\varepsilon > 0$ zu $\eta = \dfrac{\varepsilon}{2c}$ und $a = \max\{a_1, \ldots, a_k\}$ wegen (*) einen Index ϱ gibt mit $\mu(T_{\varphi_\nu} \backslash M_{\nu,\varrho}(\eta)) < \dfrac{\varepsilon}{2a}$.

Es folgt jetzt

$$\psi_\varrho \mathfrak{x} > \varphi_\nu \mathfrak{x} - \eta = \varphi_\nu \mathfrak{x} - \frac{\varepsilon}{2\mu(T_{\varphi_\nu})} \quad \textit{für} \quad \mathfrak{x} \in T_{\varphi_\nu} \cap M_{\nu,\varrho}(\eta)$$

$$\psi_\varrho \mathfrak{x} \geqq 0 \geqq \varphi_\nu \mathfrak{x} - a \quad \textit{für} \quad \mathfrak{x} \in T_{\varphi_\nu} \setminus M_{\nu,\varrho}(\eta)$$

und daher

$$t_\varrho \geqq s_\nu - \frac{\varepsilon}{2\mu(T_{\varphi_\nu})} \mu(T_{\varphi_\nu} \cap M_{\nu,\varrho}(\eta)) - a \cdot \mu(T_{\varphi_\nu} \setminus M_{\nu,\varrho}(\eta)) > s_\nu - \varepsilon .$$

Da ε beliebig wählbar war, folgt $t = \lim(t_\varrho) \geqq s_\nu$ für alle ν und damit $t \geqq s$, also aus Symmetriegründen wieder $t = s$.

(3) Die Behauptung folgt unmittelbar aus (2), wenn man dort $\psi_\nu = \varphi$ für alle Indizes ν setzt.

29B Wegen 26.10 sind mit den Abbildungen φ_ν auch alle Abbildungen ψ_n ebenfalls $\mathfrak{A}$-meßbar. Wegen $0 \leqq \psi_n \mathfrak{x} \leqq \varphi_n \mathfrak{x}$ für alle $\mathfrak{x} \in X$ folgt aus der Integrierbarkeit von φ_n nach 27.8 aber sogar die Integrierbarkeit von ψ_n. Aus der Definition der Abbildungen ψ_n ergibt sich außerdem unmittelbar, daß sie eine monoton wachsende Folge bilden. Anwendung von 29.8 liefert daher im Fall der Integrierbarkeit von φ

$$\int_X \varphi \, d\mu = \lim_{n \to \infty} \left(\int_X \psi_n \, d\mu \right),$$

und umgekehrt folgt aus der Endlichkeit des rechts stehenden Grenzwerts die Integrierbarkeit von φ. Da sich wegen 29.5 unmittelbar

$$\int_X \psi_n \, d\mu \leqq \inf \left\{ \int_X \varphi_\nu \, d\mu : \nu \geqq n \right\}$$

für alle n ergibt, folgt auch

$$\lim_{n \to \infty} \left(\int_X \psi_n \, d\mu \right) \leqq \underline{\lim} \left(\int_X \varphi_\nu \, d\mu \right)$$

und damit die Behauptung.

29C (1) Wegen

$$\lim_{\substack{x \to 0 \\ x > 0}} \frac{\sin x}{x} = 1$$

ist das Integral an der unteren Grenze eigentlich. Es gilt für $0 < s < t$

$$\int_s^t \frac{\sin x}{x} \, dx = \frac{\cos s}{s} - \frac{\cos t}{t} - \int_s^t \frac{\cos x}{x^2} \, dx$$

und daher

$$\left|\int_s^t \frac{\sin x}{x}\,dx\right| \leqq \frac{1}{s} + \frac{1}{t} + \int_s^t \frac{dx}{x^2} = \frac{2}{s}.$$

Das uneigentlich *Riemann*'sche Integral existiert daher nach dem *Cauchy*'schen Kriterium.

Für $(n+\frac{1}{6})\pi \leqq x \leqq (n+\frac{5}{6})\pi$ gilt $|\sin x| \geqq \frac{1}{2}$ und daher

$$\int_{n\pi}^{(n+1)\pi} \left|\frac{\sin x}{x}\right| dx \geqq \frac{1}{2} \int_{(n+\frac{1}{6})\pi}^{(n+\frac{5}{6})\pi} \frac{dx}{x} \geqq \frac{1}{2}\cdot\frac{4}{6}\pi\cdot\frac{1}{(n+\frac{5}{6})\pi} = \frac{1}{3}\cdot\frac{1}{n+\frac{5}{6}} > \frac{1}{3}\cdot\frac{1}{n+1}.$$

Es folgt

$$\int_{\pi}^{(n+1)\pi} \left|\frac{\sin x}{x}\right| dx \geqq \frac{1}{3}\sum_{\nu=1}^{n} \frac{1}{\nu+1}.$$

Wegen der Divergenz der harmonischen Reihe ist also auch das uneigentliche Integral über den absoluten Betrag divergent. Daß das *Lebesgue*'sche Integral ebenfalls nicht existiert, folgt aus (2).

(2) Es existiere das uneigentliche *Riemann*'sche Integral der reellwertigen Funktion φ auf dem Intervall J, jedoch divergiere das uneigentliche Integral von $|\varphi|$ auf J. Es gilt also mit einer Zerlegung von J in abzählbar unendlich viele beschränkte Teilintervalle J_n $(n \in \mathbb{N})$

$$(*) \qquad \sum_{n=0}^{\infty} \Big(\int_{J_n} |\varphi(x)|\,dx\Big) = \infty\,.$$

Nun gilt mit einer φ-Normalzerlegung $\mathfrak{Z}$ von J im Fall der Lebesgue'schen Integrierbarkeit von φ

$$\sigma(\varphi, \mathfrak{Z}) = \sum_{A\in\mathfrak{Z}} \lambda(A)\sup\{|\varphi(x)| : x \in A\} \geqq \int_J |\varphi|\,d\lambda,$$

wegen 28.5 also

$$\sum_{n=0}^{\infty} \Big(\int_{J_n} |\varphi|\,d\lambda\Big) = \int_J |\varphi|\,d\lambda \leqq \sigma(\varphi, \mathfrak{Z}) < \infty\,.$$

Dies widerspricht (*), da auf den Teilintervallen J_n das *Lebesgue*'sche Integral mit dem *Riemann*'schen Integral zusammenfällt.

29D Nach 24A gilt $\lambda(\mathbb{D}) = 0$ und daher erst recht $\lambda(M) = 0$. Da sich φ nur auf M von der stetigen Nullfunktion unterscheidet, ist die Menge der Unstetigkeitsstellen von φ eine *Lebesgue*'sche Nullmenge. Wegen 25C ist daher φ auch im *Riemann*'schen Sinn auf $[0,1]$ integrierbar. Wäre φ *Borel*-meßbar, so müßte $\varphi^{-}\{1\} = M$ eine *Borel*'sche Menge sein, was der Wahl von M widerspricht.

30A Es sei $\{\phi_\iota : \iota \in I\}$ ein System *Stone*'scher Vektorräume, die alle in dem *Stone*'schen Vektorraum ϕ^* aller reellwertigen Abbildungen von X enthalten sind. Dann ist $\phi = \bigcap \{\phi_\iota : \iota \in I\}$ jedenfalls selbst ein Vektorraum, der aber auch mit φ die Abbildungen $|\varphi|$ und $\min\{\varphi, 1\}$ enthält, weil dies für alle ϕ_i zutrifft. Daher ist ϕ sogar selbst ein *Stone*'scher Vektorraum. Es folgt, daß

$$\psi^* = \bigcap \{\phi : \psi \subset \phi \subset \phi^* \wedge \phi \textit{ Stone'scher Vektorraum}\}$$

der kleinste *Stone*'scher Vektorraum ist, in den ψ eingebettet werden kann. Er besteht im Fall des Vektorraums ψ aller linearen Abbildungen genau aus den stetigen und stückweise linearen Funktionen, also aus denjenigen Funktionen $\varphi : \mathbb{R} \to \mathbb{R}$, die in endlich vielen Intervallen $J_0 =]-\infty, a_1]$, $J_1 =]a_1, a_2]$, $\ldots$, $J_k =]a_k, \infty[$ linear und an den Anschlußstellen noch stetig sind. Diese bilden nämlich einen *Stone*'schen Vektorraum, der alle linearen Funktionen enthält. Andererseits kann aber auch jede stetige und stückweise lineare Funktion φ durch Minimum- und Maximumbildung aus linearen Funktionen gewonnen werden und muß daher in ψ^* liegen: Es gelte nämlich $\varphi = \varphi_\kappa$ für $x \in J_\kappa$ $(\kappa = 0, \ldots, k)$ mit linearen Funktionen $\varphi_0, \ldots, \varphi_k$, wobei also $\varphi_\kappa(a_{\kappa+1}) = \varphi_{\kappa+1}(a_{\kappa+1})$ für $\kappa = 0, \ldots, k-1$ erfüllt sein muß. Durch $\psi_0 = \varphi_0$ und

$$\psi_{\kappa+1} = \begin{cases} \psi_\kappa + \min\{\varphi_{\kappa+1} - \varphi_\kappa, 0\} & \textit{wenn} \quad \varphi'_\kappa(a_{\kappa+1}) \geqq \varphi'_{\kappa+1}(a_{\kappa+1}) \\ \psi_\kappa + \max\{\varphi_{\kappa+1} - \varphi_\kappa, 0\} & \qquad\quad\; \varphi'_\kappa(a_{\kappa+1}) < \varphi'_{\kappa+1}(a_{\kappa+1}) \end{cases}$$

werden dann stetige und stückweise lineare Funktionen $\psi_0, \ldots, \psi_k$ definiert, und es gilt $\psi_k = \varphi$.

30B (1) Aus $A, A' \in \mathfrak{E}_\phi$ folgt $\chi_A, \chi_{A'} \in \bar{\phi}_+$. Es gibt daher Folgen (φ_ν), (φ'_ν) in ϕ_+ mit $(\varphi_\nu) \uparrow \chi_A$ und $(\varphi'_\nu) \uparrow \chi_{A'}$, also auch mit $(\min\{\varphi_\nu, \varphi'_\nu\}) \uparrow \min\{\chi_A, \chi_{A'}\}$. Wegen 30.1 gilt $\min\{\varphi_\nu, \varphi'_\nu\} \in \phi_+$ für alle ν und daher $\chi_{A \cap A'} = \min\{\chi_A, \chi_{A'}\} \in \bar{\phi}_+$. Damit hat sich $A \cap A' \in \mathfrak{E}_\phi$ ergeben.

Zweitens sei $A = \bigcup_{\nu=0}^{\infty} A_\nu$ mit Mengen $A_\nu \in \mathfrak{E}_\phi$. Mit $\varphi_n = \max\{\chi_{A_0}, \ldots, \chi_{A_n}\}$ gilt dann $(\varphi_n) \uparrow \chi_A$. Ebenso wie vorher folgt nun aus $\chi_{A_0}, \ldots, \chi_{A_n} \in \bar{\phi}_+$ auch $\varphi_n \in \bar{\phi}_+$, wegen 30.2 also ebenfalls $\chi_A \in \bar{\phi}_+$ und somit $A \in \mathfrak{E}_\phi$.
Im allgemeinen ist $\mathfrak{E}_\phi$ jedoch nicht gegenüber der Bildung relativer Komplemente abgeschlossen: Es sei etwa ϕ der *Stone*'sche Vektorraum aus 30C, nämlich der Vektorraum aller auf $\mathbb{R}$ definierten stetigen reellwertigen Funktionen.

In der Lösung zu 30C wird gezeigt, daß $\mathfrak{E}_\phi$ in diesem Fall alle offenen Intervalle der Form $]a, b[$ enthält. Würde nun $J =]-1, 1[\setminus]0, 1[=]-1, 0]$ ebenfalls zu $\mathfrak{E}_\phi$ gehören, würde also $\chi_J \in \bar{\phi}_+$ gelten, so müßte $(\varphi_\nu) \uparrow \chi_J$ mit einer Folge aus ϕ_+ erfüllt sein. Wegen $0 \leqq \varphi_\nu \leqq \chi_J$ würde dann $\varphi_\nu(x) = 0$ für alle ν und für alle $x > 0$ gelten, wegen der Stetigkeit der Abbildungen φ_ν aber auch $\varphi_\nu(0) = 0$ für alle ν und somit $\chi_J(0) = \lim_{\nu \to \infty} \varphi_\nu(0) = 0$, was $0 \in J$ widerspricht.

(2) Aus $A \in \mathfrak{E}_\phi$ folgt $\chi_A \in \bar{\phi}_+$ und daher $(\varphi_\nu) \uparrow \chi_A$ mit einer Folge aus ϕ_+. Die Mengen $A_\nu = \{\mathfrak{x} : \varphi_\nu \mathfrak{x} > 0\}$ sind α_η-meßbar wegen 26.6 und 30.6 und liegen somit in $\mathfrak{A}(\alpha_\eta)$. Wegen $A = \bigcup A_\nu$ folgt aber auch $A \in \mathfrak{A}(\alpha_\eta)$, also $\mathfrak{E}_\phi \subset \mathfrak{A}(\alpha_\eta)$, und weiter dann $\mathfrak{A}_\phi = \mathfrak{A}_\sigma(\mathfrak{E}_\phi) \subset \mathfrak{A}(\alpha_\eta)$.

Die Abbildungen aus ϕ_+ sind nach 30.7 wegen 26.6 jedenfalls $\mathfrak{A}_\phi$-meßbar, dann aber wegen 26.11 überhaupt alle Abbildungen aus ϕ. Umgekehrt sei $\mathfrak{A}$ eine σ-Algebra aus Teilmengen von X, hinsichtlich derer alle Abbildungen aus ϕ meßbar sind. Mit den gerade vorherbenutzten Bezeichnungen folgt dann $A_\nu \in \mathfrak{A}$ und weiter $A = \bigcup A_\nu \in \mathfrak{A}$. Daher gilt $\mathfrak{E}_\phi \subset \mathfrak{A}$ und schließlich $\mathfrak{A}_\phi = \mathfrak{A}_\sigma(\mathfrak{E}_\phi) \subset \mathfrak{A}$.

(3) Aus $A \in \mathfrak{E}_\phi$ folgt nach Definition $\chi_A \in \bar{\phi}_+$. Es gibt daher Abbildungen $\varphi_\nu \in \phi_+$ mit $(\varphi_\nu) \uparrow \chi_A$. Dann sei

$$A_\nu = \{\mathfrak{x} : 2\varphi_\nu \mathfrak{x} \geqq 1\} \qquad (\nu \in \mathbb{N}).$$

Im Fall $\mathfrak{x} \in \complement A$ gilt $\varphi_\nu \mathfrak{x} = 0$ für alle ν und daher auch $\mathfrak{x} \in \complement A_\nu$, so daß $A_\nu \subset A$ für alle Indizes erfüllt ist. Andererseits folgt aus $\mathfrak{x} \in A$ wegen $\lim (\varphi_\nu \mathfrak{x}) = \chi_A \mathfrak{x} = 1$ jedenfalls $\mathfrak{x} \in A_\nu$ für hinreichend große Indizes. Deswegen gilt $(A_\nu) \uparrow A$.

Wegen $\varphi_\nu \in \phi_+$ ist auch $\psi_\nu = \min\{2\varphi_\nu, 1\}$ eine Abbildung aus ϕ_+ und daher für $r = 1, 2, 3, \ldots$ ebenfalls

$$\psi_{\nu,r} = r \cdot \left(\psi_\nu - \min\left\{\psi_\nu, 1 - \frac{1}{r}\right\}\right).$$

Nun gilt für $\mathfrak{x} \in A_\nu$ zunächst $\psi_\nu \mathfrak{x} = 1$ und daher weiter

$$\psi_{\nu,r}\mathfrak{x} = r \cdot \left(1 - \left(1 - \frac{1}{r}\right)\right) = 1$$

für alle r. Im Fall $\mathfrak{x} \in \complement A_\nu$ gilt jedoch $\psi_\nu \mathfrak{x} < 1$, also auch $\psi_\nu \mathfrak{x} < 1 - \frac{1}{r}$ für hinreichend großes r, und dann weiter

$$\psi_{\nu,r}\mathfrak{x} = r \cdot (\psi_\nu \mathfrak{x} - \psi_\nu \mathfrak{x}) = 0.$$

Es folgt $(\psi_{\nu,r}) \uparrow \chi_{A_\nu}$ und somit $A_\nu \in \mathfrak{E}_\phi$. Außerdem gilt $\psi_{\nu,\varrho} \leqq 2\varphi_\nu$ und daher bei beliebiger Integralform η

$$\mu_\eta(A_\nu) = \bar{\eta}(\chi_{A_\nu}) = \lim_{r\to\infty} \eta(\psi_{\nu,r}) \leqq 2\eta(\varphi_\nu) < \infty$$

für alle ν.

30C Mit φ und ψ sind auch $\varphi+\psi$, $c\varphi$ $(c\in\mathbb{R})$, $|\varphi|$ und $\min\{\varphi,1\}$ stetige Funktionen, so daß ϕ ein *Stone*'scher Vektorraum ist. Wegen

$$\eta(\varphi+\psi) = \varphi(0)+\psi(0) = \eta(\varphi)+\eta(\psi), \quad \eta(c\varphi) = c\varphi(0) = c\cdot\eta(\varphi)$$

ist η eine Linearform auf ϕ. Aus $\varphi\in\phi_+$, also $\varphi(x)\geqq 0$ für alle x, folgt speziell $\eta(\varphi)=\varphi(0)\geqq 0$. Und aus $(\varphi_\nu)\uparrow\varphi$ mit Funktionen $\varphi_\nu, \varphi\in\phi$ folgt $\eta(\varphi) = \varphi(0) = \lim_{\nu\to\infty}\varphi_\nu(0) = \lim_{\nu\to\infty}\eta(\varphi_\nu)$. Daher ist η sogar eine Integralform.

Es sei jetzt $J =]a,b[$ ein nicht leeres offenes Intervall. Dann werden durch

$$\varphi_n(x) = \begin{cases} 0 & & x\leqq a \\ \dfrac{2(n+1)}{b-a}(x-a) & & a<x<a+\dfrac{b-a}{2(n+1)} \\ 1 & \textit{für} & a+\dfrac{b-a}{2(n+1)} \leqq x \leqq b-\dfrac{b-a}{2(n+1)} \\ \dfrac{2(n+1)}{b-a}(b-x) & & b-\dfrac{b-a}{2(n+1)}<x<b \\ 0 & & b\leqq x \end{cases}$$

Funktionen aus ϕ_+ mit $(\varphi_n)\uparrow\chi_J$ definiert, und es folgt $J\in\mathfrak{E}_\phi$. Da aber jede nicht leere offene Teilmenge von $\mathbb{R}$ als Vereinigung abzählbar vieler offener Intervalle dargestellt werden kann, enthält $\mathfrak{E}_\phi$ wegen 30B sogar alle offenen Mengen. Wegen 23.5 muß daher $\mathfrak{A}_\phi = \mathfrak{A}_\sigma(\mathfrak{E}_\phi)$ alle *Borel*'schen Mengen enthalten, es gilt also $\mathfrak{A}_\phi\supset\mathfrak{B}$.
Umgekehrt gelte $A\in\mathfrak{E}_\phi$, also $(\varphi_\nu)\uparrow\chi_A$ mit einer geeigneten Folge aus ϕ_+. Wegen der Stetigkeit sind die Funktionen φ_ν nach 26.4 *Borel*-meßbar. Nach 26.10 ist dann aber auch χ_A eine $\mathfrak{B}$-meßbare Funktion und daher A selbst eine *Borel*'sche Menge. Damit hat sich $\mathfrak{E}_\phi\subset\mathfrak{B}$, also auch $\mathfrak{A}_\phi = \mathfrak{A}_\sigma(\mathfrak{E}_\phi)\subset\mathfrak{B}$ ergeben. Zusammen mit der vorher bewiesenen umgekehrten Inklusion folgt $\mathfrak{A}_\phi = \mathfrak{B}$.
Wegen der Definition von η gilt für Mengen $A\in\mathfrak{E}_\phi$ mit einer geeigneten Folge (φ_ν) aus ϕ_+

$$\mu_\eta(A) = \bar{\eta}(\chi_A) = \lim_{\nu\to\infty}\eta(\varphi_\nu) = \lim_{\nu\to\infty}\varphi_\nu(0) = \chi_A(0),$$

also $\mu_\eta(A) = 1$ genau dann, wenn $0 \in A$ gilt, und $\mu_\eta(A) = 0$ im Fall $0 \notin A$. Ist nun M eine beliebige Teilmenge von $\mathbb{R}$ mit $0 \in M$, so folgt aus $A \in \mathfrak{E}_\phi$ und $M \subset A$ auch $0 \in A$, also $\mu_\eta(A) = 1$ und damit $\mu_\eta(M) = 1$. Gilt jedoch $0 \notin M$, so ist $A = \mathbb{R} \setminus \{0\}$ eine offene Menge, also eine Menge aus $\mathfrak{E}_\phi$, mit $M \subset A$ und $\mu_\eta(A) = 0$, so daß auch $\mu_\eta(M) = 0$ folgt. Es gilt also allgemein $\mu_\eta(M) = 1$ im Fall $0 \in M$ und $\mu_\eta(M) = 0$ im Fall $0 \notin M$. Daher ist auch jede Teilmenge M von $\mathbb{R}$ meßbar: Mit einer beliebigen Teilmenge B von $\mathbb{R}$ gilt nämlich die Meßbarkeitsbedingung

$$\mu_\eta(M \cap B) + \mu_\eta(\complement M \cap B) = \mu_\eta(B),$$

da die Null Element höchstens einer der beiden Mengen $M \cap B$, $\complement M \cap B$ sein kann, und zwar genau dann, wenn sie Element von B ist.

Nach dem Maß μ_η auf $\mathfrak{P}(\mathbb{R})$ ist jede numerische Funktion $\varphi: \mathbb{R} \to \overline{\mathbb{R}}$ mit $|\varphi(0)| < \infty$ auf $\mathbb{R}$ integrierbar: Trivialerweise ist jede solche Funktion $\mathfrak{P}(\mathbb{R})$-meßbar. Weiter ist $\mathfrak{Z} = \{\{0\}, \mathbb{R} \setminus \{0\}\}$ wegen $\mu_\eta(\{0\}) = 1$ und $\mu_\eta(\mathbb{R} \setminus \{0\} = 0$ eine Normalzerlegung von $\mathbb{R}$, mit der

$$\sigma(\varphi, \mathfrak{Z}) = |\varphi(0)| < \infty \qquad \textit{und} \qquad S(\varphi, \mathfrak{Z}) = \{\varphi(0)\}$$

gilt. Da Verfeinerung von $\mathfrak{Z}$ hieran nichts ändert, erhält man

$$\int_{\mathbb{R}} \varphi \, d\mu_\eta = \varphi(0).$$

30D Mit Funktionen $\varphi, \psi \in \phi$ sind offenbar auch $\varphi + \psi$, $c\varphi$ $(c \in \mathbb{R})$, $|\varphi|$ und $\min\{\varphi, 1\}$ beschränkte Funktionen, die somit wieder zu ϕ gehören. Daher ist ϕ ein *Stone*'scher Vektorraum. Die Indikatorfunktion einer beliebigen Teilmenge M von $\mathbb{R}$ ist beschränkt und liegt daher in ϕ. Es folgt $M \in \mathfrak{E}_\phi$ und somit $\mathfrak{A}_\phi =$ $= \mathfrak{E}_\phi = \mathfrak{P}(\mathbb{R})$.

Aus $\varphi \in \phi$ folgt nach Voraussetzung $|\varphi(x)| \leqq a$ mit einer geeigneten Schranke a für alle x und weiter

$$\sum_{\nu=0}^{\infty} \frac{1}{2^\nu} |\varphi(\nu)| \leqq a \sum_{\nu=0}^{\infty} \frac{1}{2^\nu} = 2a.$$

Daher konvergiert die Reihe, durch die η definiert ist. Ferner gilt

$$\begin{aligned}\eta(\varphi + \psi) &= \sum_{\nu=0}^{\infty} \frac{1}{2^\nu} (\varphi(\nu) + \psi(\nu)) = \sum_{\nu=0}^{\infty} \frac{1}{2^\nu} \varphi(\nu) + \sum_{\nu=0}^{\infty} \frac{1}{2^\nu} \psi(\nu) \\ &= \eta(\varphi) + \eta(\psi), \\ \eta(c\varphi) &= \sum_{\nu=0}^{\infty} \frac{c}{2^\nu} \varphi(\nu) = c \sum_{\nu=0}^{\infty} \frac{1}{2^\nu} \varphi(\nu) = c \cdot \eta(\varphi),\end{aligned}$$

und aus $\varphi \geqq 0$ folgt auch $\eta(\varphi) \geqq 0$. Es seien nun φ_ϱ, φ Funktionen aus ϕ_+ mit

$(\varphi_\varrho) \uparrow \varphi$. Zu gegebenem $\varepsilon > 0$ gibt es dann zunächst einen Index n mit

$$0 \leqq \eta(\varphi) - \sum_{\nu=0}^{n} \frac{1}{2^\nu} \varphi(\nu) = \sum_{\nu=n+1}^{\infty} \frac{1}{2^\nu} \varphi(\nu) < \frac{\varepsilon}{3}.$$

Wegen $0 \leqq \varphi_\varrho \leqq \varphi$ gilt dann aber auch

$$0 \leqq \sum_{\nu=n+1}^{\infty} \frac{1}{2^\nu} \varphi_\varrho(\nu) < \frac{\varepsilon}{3}$$

für alle Indizes ϱ. Wegen der punktweisen Konvergenz der Folge (φ_ϱ) gegen φ gibt es aber ein ϱ_0 mit

$$0 \leqq \sum_{\nu=0}^{n} \frac{1}{2^\nu} \left(\varphi(\nu) - \varphi_\varrho(\nu)\right) < \frac{\varepsilon}{3}$$

für alle $\varrho \geqq \varrho_0$. Für diese ϱ folgt

$$|\eta(\varphi) - \eta(\varphi_\varrho)| \leqq \sum_{\nu=n+1}^{\infty} \frac{1}{2^\nu} \varphi(\nu) + \sum_{\nu=0}^{n} \frac{1}{2^\nu} \left(\varphi(\nu) - \varphi_\varrho(\nu)\right) + \sum_{\nu=n+1}^{\infty} \frac{1}{2^\nu} \varphi_\varrho(\nu) < \varepsilon$$

und daher $\lim_{\varrho \to \infty} \eta(\varphi_\varrho) = \eta(\varphi)$. Damit ist gezeigt, daß η eine Integralform ist. Für eine beliebige Teilmenge M von $\mathbb{R}$ gilt

$$\mu_\eta(M) = \bar{\eta}(\chi_M) = \sum_{\nu=0}^{\infty} \frac{1}{2^\nu} \chi_M(\nu) = \sum_{\substack{\nu=0 \\ \nu \in M}}^{\infty} \frac{1}{2^\nu}.$$

Wegen $\mathfrak{A}_\phi = \mathfrak{P}(\mathbb{R})$ ist jede Funktion $\mathfrak{A}_\phi$-meßbar. Eine spezielle Normalzerlegung von $\mathbb{R}$ ist

$$\mathfrak{Z} = \{]-\infty, 0[\} \cup \{]\nu, \nu+1[: \nu \in \mathbb{N}\} \cup \{\{\nu\} : \nu \in \mathbb{N}\}$$

$$\textit{mit} \quad \mu_\eta(]-\infty, 0[) = \mu_\eta(]\nu, \nu+1[) = 0 \quad \textit{und} \quad \mu_\eta(\{\nu\}) = \frac{1}{2^\nu} \quad (\nu \in \mathbb{N}).$$

Es folgt für beliebige Funktionen φ

$$\sigma(\varphi, \mathfrak{Z}) = \sum_{\nu=0}^{\infty} \frac{1}{2^\nu} |\varphi(\nu)|,$$

und an diesem Wert ändert auch eine Verfeinerung von $\mathfrak{Z}$ nichts. Integrierbar sind also genau die Funktionen, für die diese Reihe konvergent ist; und zwar sind dies gerade die Funktionen φ mit $|\varphi| \in \bar{\Phi}_+$. Für sie gilt dann

$$\int_{\mathbb{R}} \varphi \, d\mu_\eta = \sum_{\nu=0}^{\infty} \frac{1}{2^\nu} \varphi(\nu).$$

Da bei gegebenem n stets $v^n < \sqrt{2^v}$ für hinreichend große v gilt, folgt speziell die Integrierbarkeit der Potenzen x^n.

31A Die Antwort fällt negativ aus: Es sei M^* eine Teilmenge von X'', die keine *Lebesgue*'sche Teilmenge von X'' ist. Da X'' ein Unterraum von X ist, kann man M^* auch als Teilmenge von X auffassen und als solche mit M bezeichnen. Es gilt dann $M^* = M''_0$ mit dem Nullvektor aus X'. Da X'' als echter Unterraum nach 25.7 eine k-dimensionale Nullmenge ist, ist auch M eine k-dimensionale *Lebesgue*'sche Menge. Ihre Schnittmenge M^* ist aber nach Voraussetzung keine *Lebesgue*'sche Teilmenge von X'', nämlich keine q-dimensionale *Lebesgue*'sche Menge ($q = \operatorname{Dim} X''$).

31B Als kompakte Menge ist M eine *Borel*'sche Menge endlichen Maßes. Daher ist die Indikatorfunktion χ_M auf X, die konstante Funktion 1 also auf M integrierbar. Nach dem Satz von *Fubini* (31.6) folgt

$$\lambda(M) = \int_M 1\,d\lambda = \int_{\pi' M} \Big(\int_{M''_{\mathfrak{a}'}} 1\,d\lambda''\Big)\,d\lambda' = \int_{\pi' M} \lambda''(M''_{\mathfrak{a}'})\,d\lambda' = 0\,,$$

weil ja nach Voraussetzung $\lambda''(M''_{\mathfrak{a}'}) = 0$ für alle $\mathfrak{a}' \in \pi' M$ gilt. Benutzt wurde hierbei lediglich, daß M eine *Borel*'sche Teilmenge endlichen Maßes von X ist. Da sich aber jede *Borel*'sche Teilmenge M von X als Vereinigung abzählbar vieler *Borel*'scher Teilmengen M_ν $(\nu \in \mathbb{N})$ endlichen Maßes darstellen läßt, gilt die Behauptung für beliebige *Borel*'sche Teilmengen von X: Wegen $(M_\nu)''_{\mathfrak{a}'} \subset M''_{\mathfrak{a}'}$ sind mit den Schnittmengen von M auch alle Schnittmengen der M_ν Nullmengen. Es folgt $\lambda(M_\nu) = 0$ $(\nu \in \mathbb{N})$ und daher auch $\lambda(M) = 0$.

31C Es gilt

$$\operatorname{div}\mathfrak{v} = \frac{\partial(xz)}{\partial x} + \frac{\partial(yz)}{\partial y} + \frac{\partial(yz^2)}{\partial z} = 2z(1+y)$$

und daher

$$\begin{aligned}
\int_M \operatorname{div}\mathfrak{v}\,d\lambda &= \int_{-1}^{1} \int_{-\sqrt{1-x^2}}^{\sqrt{1-x^2}} \int_0^{\sqrt{4-x^2-y^2}} 2z(1+y)\,dz\,dy\,dx \\
&= \int_{-1}^{1} \int_{-\sqrt{1-x^2}}^{\sqrt{1-x^2}} (1+y)(4-x^2-y^2)\,dy\,dx \\
&= \int_{-1}^{1} \Big[2(4-x^2)\sqrt{1-x^2} - \tfrac{2}{3}\sqrt{1-x^2}^{\,3}\Big]\,dx \\
&= \tfrac{1}{3}\int_{-1}^{1} (22-4x^2)\sqrt{1-x^2}\,dx = \tfrac{1}{3}\int_{-\frac{\pi}{2}}^{\frac{\pi}{2}} (18+4\cos^2 t)\cos^2 t\,dt = \tfrac{7}{2}\pi.
\end{aligned}$$

31D Der Ansatz $V(n, r) = c_n r^n$ ist für $n = 1$ wegen $V(1, r) = 2r$ mit $c_1 = 2$ richtig. Der Satz von *Fubini* (31.6) liefert nun als Induktionsschluß

$$V(n+1, r) = \int_{-r}^{r} V(n, \sqrt{r^2 - t^2})\,dt = c_n \int_{-r}^{r} \sqrt{r^2 - t^2}^{\,n}\,dt$$

$$= c_n r^{n+1} \int_{-\frac{\pi}{2}}^{\frac{\pi}{2}} \cos^{n+1} u\,du,$$

also $V(n+1, r) = c_{n+1} r^{n+1}$ mit

$$c_{n+1} = c_n \int_{-\frac{\pi}{2}}^{\frac{\pi}{2}} \cos^{n+1} u\,du.$$

Es folgt nach bekannter Umformung mit Hilfe partieller Integration die Rekursion

$$\frac{c_{n+1}}{c_n} = \int_{-\frac{\pi}{2}}^{\frac{\pi}{2}} \cos^{n+1} u\,du = \frac{n}{n+1} \int_{-\frac{\pi}{2}}^{\frac{\pi}{2}} \cos^{n-1} u\,du = \frac{n}{n+1}\,\frac{c_{n-1}}{c_{n-2}},$$

also

$$\frac{c_{n+1}}{c_{n-1}} = \frac{n}{n+1}\,\frac{c_n}{c_{n-2}}.$$

Hieraus ergibt sich wegen $c_1 = V(1,1) = 2$ und $c_3 = V(3,1) = \frac{4}{3}\pi$

$$\frac{c_{n+1}}{c_{n-1}} = \frac{n}{n+1}\,\frac{n-1}{n} \cdots \frac{4}{5} \cdot \frac{3}{4} \cdot \frac{c_3}{c_1} = \frac{2\pi}{n+1},$$

also

$$c_{n+1} = \frac{2\pi}{n+1} c_{n-1}$$

und damit

$$c_{2k} = \frac{(2\pi)^{k-1}}{4 \cdot 6 \cdots (2k)} c_2 = \frac{\pi^k}{k!},$$

$$c_{2k+1} = \frac{(2\pi)^k}{3 \cdot 5 \cdots (2k+1)} c_1 = \frac{2^{k+1}\pi^k}{3 \cdot 5 \cdots (2k+1)} < 2\,\frac{\pi^k}{k!}.$$

Speziell folgt

$$V(6,1) = c_6 = \frac{\pi^3}{6} \qquad \textit{und} \qquad \lim_{n\to\infty} V(n,1) = 0,$$

da wegen der Konvergenz der Exponentialreihe für e^π deren Glieder $\frac{\pi^k}{k!}$ eine Nullfolge bilden.

32A Bedeutet π_1 die Projektion auf die x-Achse und $F(x)$ den zu dem entsprechenden x-Wert gehörenden Schnitt von F, so gilt für den Abstand a des Schwerpunkts von F von der x-Achse

$$a = \frac{1}{\lambda^2(F)} \int_F y\, d\lambda^2 = \frac{1}{\lambda^2(F)} \int_{\pi_1 F} \int_{F(x)} y\, dy\, dx .$$

Andererseits erhält man nach Einführung von Zylinderkoordinaten

$$x = x, \qquad y = r\cos u, \qquad z = r\sin u$$

wegen

$$\operatorname{Det}\left(\frac{\partial(x, y, z)}{\partial(x, r, u)}\right) = r,$$

wegen $\pi_1 M = \pi_1 F$ und nach Umbenennung von r in y bei Berücksichtigung entsprechender Überlegungen über die Anwendbarkeit der Transformationsformel

$$\lambda^3(M) = \int_M 1\, d\lambda^3 = \int_{\pi_1 F} \int_{F(x)} \int_0^{2\pi} r\, du\, dr\, dx$$

$$= 2\pi \int_{\pi_1 F} \int_{F(x)} r\, dr\, dx = 2\pi a \lambda^2(F).$$

Für die in der (x, y)-Ebene durch

$$1 \leqq x < \infty, \qquad 0 \leqq y \leqq \frac{1}{x}$$

bestimmte Menge F gilt

$$\lambda^2(F) = \lim_{n\to\infty} \int_1^n \frac{dx}{x} = \lim_{n\to\infty} \log n = \infty .$$

Der entsprechende Rotationskörper M besitzt jedoch wegen

$$\lambda^3(M) = \int_1^\infty \frac{\pi}{x^2}\, dx = -\frac{\pi}{x}\bigg|_1^\infty = \pi$$

endliches Maß.

32B Die Transformationsgleichungen für Polarkoordinaten im $\mathbb{R}^n$ lauten

$$\begin{aligned}
x_1 &= r\cdot \cos u_1 \cdot \cos u_2 \cdots \cos u_{n-1}\,,\\
x_2 &= r\cdot \sin u_1 \cdot \cos u_2 \cdots \cos u_{n-1}\,,\\
x_3 &= r\cdot \qquad\quad \sin u_2 \cdots \cos u_{n-1}\,,\\
&\cdots\cdots\cdots\cdots\cdots\cdots\\
x_n &= r\cdot \qquad\qquad\qquad\quad \sin u_{n-1}\,.
\end{aligned}$$

Bezeichnet man die zugehörige Funktionalmatrix mit A_n, so ergibt sich ($n \geqq 2$)

$$A_n = \left(\begin{array}{c|c} & \sin u_{n-1} \\ A_{n-1}\cos u_{n-1} & 0 \\ & \vdots \\ & 0 \\ \hline Z & r\cos u_{n-1} \end{array}\right),$$

wobei sich die mit Z bezeichnete $(n-1)$-gliedrige Zeile von der ersten Zeile der darüber stehenden Matrix $A_{n-1}\cos u_{n-1}$ nur dadurch unterscheidet, daß der Faktor $\cos u_{n-1}$ durch $-r\sin u_{n-1}$ ersetzt ist. Berechnet man nun Det A_n durch Entwicklung nach der letzten Spalte, so ist die Adjunkte von $r\cos u_{n-1}$ offenbar

$$\operatorname{Det}(A_{n-1}\cos u_{n-1}) = \cos^{n-1} u_{n-1}\,(\operatorname{Det} A_{n-1})\,.$$

Bei der Berechnung der Adjunkte von $\sin u_{n-1}$ ist das Vorzeichen $(-1)^{n-1}$ zu berücksichtigen. Vertauscht man jedoch Z noch mit den darüber stehenden $n-2$ Zeilen, um Z in die Position der ersten, gestrichenen Zeile zu bringen, so bleibt der Faktor (-1), und man erhält als Adjunkte von $\sin u_{n-1}$ wegen der oben gemachten Bemerkung

$$(-1)\,(-r\sin u_{n-1})\cos^{n-2} u_{n-1}\,(\operatorname{Det} A_{n-1})\,.$$

Es folgt

$$\begin{aligned}
\operatorname{Det} A_n &= r\sin^2 u_{n-1}\cos^{n-2} u_{n-1}\,(\operatorname{Det} A_{n-1}) + r\cos^n u_{n-1}\,(\operatorname{Det} A_{n-1})\\
&= r\cos^{n-2} u_{n-1}\,(\operatorname{Det} A_{n-1})\,.
\end{aligned}$$

Wegen Det $A_2 = r$ folgt hieraus leicht durch Induktion

$$\operatorname{Det} A_n = r^{n-1}\cdot\cos u_2\cdot\cos^2 u_3\cdots\cos^{n-2} u_{n-1}\,.$$

Wendet man nun zur Berechnung des Kugelvolumens die Transformationsformel an, so erhält man ($n \geqq 2$)

$$V(n, r^*) = \int_0^{r^*} \int_0^{2\pi} \int_{-\frac{\pi}{2}}^{\frac{\pi}{2}} \cdots \int_{-\frac{\pi}{2}}^{\frac{\pi}{2}} |\operatorname{Det} A_n| \, du_{n-1} \cdots du_2 \, du_1 \, dr$$

$$= \Big(\int_0^{r^*} r^{n-1} dr\Big)\Big(\int_0^{2\pi} du_1\Big)\Big(\int_{-\frac{\pi}{2}}^{\frac{\pi}{2}} \cos u_2 \, du_2\Big) \cdots \Big(\int_{-\frac{\pi}{2}}^{\frac{\pi}{2}} \cos^{n-2} u_{n-1} \, du_{n-1}\Big).$$

Nach Einsetzen der Integralwerte führt dies unmittelbar zu den in 31D gewonnenen Ergebnissen.

32C Der Minimalwert des Betrages von $\mathfrak{x} = (x, y, z)$ wird bei festem u für $v = \pi$ angenommen; und zwar gilt

$$|\mathfrak{x}| \geqq \frac{1}{2+u} - \frac{1}{(2+u)^2} = \frac{1+u}{(2+u)^2}.$$

Bei gleichem u nimmt $|\mathfrak{x}|$ für $u + 2\pi$ seinen Maximalwert für $v = 0$ an; und zwar gilt dann

$$|\mathfrak{x}| \leqq \frac{1}{2+u+2\pi} + \frac{1}{(2+u+2\pi)^2} = \frac{3+2\pi+u}{(2+u+2\pi)^2}.$$

Eine leichte Zwischenrechnung ergibt nun wegen $u \geqq 0$

$$\frac{1+u}{(2+u)^2} - \frac{3+2\pi+u}{(2+u+2\pi)^2} > 0,$$

so daß verschiedenen Werten von u auch verschiedene Punkte $\mathfrak{x}$ entsprechen müssen. Hieraus folgt leicht die Bijektivität der Abbildung, deren Funktionaldeterminante den Wert

$$\begin{vmatrix} \cos u \cos v & \sin u \cos v & \sin v \\ -r \sin u \cos v - \dfrac{\sin u}{2+u} - \dfrac{\cos u}{(2+u)^2} & r \cos u \cos v + \dfrac{\cos u}{2+u} - \dfrac{\sin u}{(2+u)^2} & 0 \\ -r \cos u \sin v & -r \sin u \sin v & r \cos v \end{vmatrix}$$

$$= r^2 \cos v + \frac{r}{2+u}$$

besitzt und die somit nur für $r = 0$, also auf einer Nullmenge, verschwindet. Dem Wert $r = 0$ entspricht als Bildmenge eine Kreislinie und damit ebenfalls eine Nullmenge. Entsprechende Überlegungen ergeben daher die Anwendbarkeit der Transformationsformel, und man erhält

$$\lambda^3(M) = \int_0^\infty \int_0^{2\pi} \int_0^{(2+u)^{-2}} \left(r^2 \cos v + \frac{r}{2+u} \right) dr\, dv\, du$$
$$= \int_0^\infty \int_0^{2\pi} \left(\frac{\cos v}{3(2+u)^6} + \frac{1}{2(2+u)^5} \right) dv\, du$$
$$= \pi \int_0^\infty \frac{du}{(2+u)^5} = -\frac{\pi}{4} \frac{1}{(2+u)^4} \bigg|_0^\infty = \frac{\pi}{64}.$$

33A Zunächst sei $\psi: J \to J'$ stetig. Es werde jedoch angenommen, daß ψ nicht monoton ist. Dann gibt es Punkte $x, y, z \in J$ mit $x < y < z$, für die einer der beiden folgenden Fälle eintritt:

(a) $\psi x < \psi y$ *und* $\psi y > \psi z$,

(b) $\psi x > \psi y$ *und* $\psi y < \psi z$.

Gilt im Fall (a) sogar $\psi x < \psi z < \psi y$, so muß ψ nach dem Zwischenwertsatz (7.13) den Wert ψz auch in einem Punkt u mit $x < u < y$ annehmen. Wegen $u \neq z$ und $\psi u = \psi z$ widerspricht dies der Bijektivität. Ebenfalls wegen der Bijektivität muß dann aber $\psi z < \psi x < \psi y$ erfüllt sein, und ψ muß jetzt den Zwischenwert ψx in einem Punkt w mit $y < w < z$ annehmen. Man erhält einen analogen Widerspruch, so daß Fall (a) widerlegt ist. Ganz entsprechend widerlegt man (b).
Umgekehrt sei ψ etwa monoton wachsend, wegen der Bijektivität also sogar streng monoton wachsend. Für Punkte $a, b \in J$ ist dann $a < b$ gleichwertig mit $\psi a < \psi b$. Es folgt $\psi[a, b] = [\psi a, \psi b]$ und die entsprechende Gleichung für offene bzw. halboffene Intervalle. Hieraus ergibt sich unmittelbar die Stetigkeit, da ja als Umgebungen von Punkten immer offene (bei Anfangs- oder Endpunkten halboffene) Intervalle gewählt werden können. Ist ψ monoton fallend, so ist $-\psi$ monoton wachsend, mit $-\psi$ also auch ψ stetig.
Da die Stetigkeit mit der Monotonie gleichwertig ist und da sich andererseits die Monotonie von ψ und die Monotonie von ψ^{-1} gegenseitig bedingen, folgt auch die letzte Behauptung.

33B (1) $\Rightarrow$ (2): Es gelte $K = \psi J$ mit einer topologischen Abbildung $\psi: J \to K$ des Intervalls J. Im Fall $J = [a, b]$ ist K selbst ein Bogen, und man kann $B_\nu = K$ für alle ν wählen. Gilt $J =]a, b]$ bzw. $J =]-\infty, b]$, so erfüllen die Bogen $B_\nu = \psi\left[a + \frac{1}{\nu}, b\right]$ bzw. $B_\nu = \psi[-\nu, b]$ $(\nu \geqq \nu_0)$ die Bedingung (2). In den Fällen $J = [a, b[$, $J = [a, \infty[$, $J =]a, b[$ usw. verfährt man entsprechend.

(2) $\Rightarrow$ (3): Es gelte $(B_\nu)\uparrow K$, und B_ν sei Teilbogen von $B_{\nu+1}$ $(\nu\in\mathbb{N})$. Dabei kann nach eventueller Auswahl einer Teilfolge noch vorausgesetzt werden, daß die Bogen B_ν entweder lauter verschiedene Anfangspunkte besitzen oder daß alle Anfangspunkte gleich sind; und eine entsprechende Voraussetzung kann auch hinsichtlich der Endpunkte gemacht werden. Für $\nu>0$ sei $B_\nu=\psi_\nu[a_\nu,b_\nu]$ mit einer stetigen Bijektion $\psi_\nu:[a_\nu,b_\nu]\rightarrow B_\nu$. Wegen $B_{\nu-1}\subset B_\nu$ folgt $B_{\nu-1}=$ $=\psi_\nu[a'_\nu,b'_\nu]$ mit $a_\nu\leqq a'_\nu<b'_\nu\leqq b_\nu$. Nach Voraussetzung gilt nun entweder $a_\nu=a'_\nu$ für alle ν oder aber $a_\nu<a'_\nu$ für alle ν. Im zweiten Fall sei $B^*_{-\nu}=\psi_\nu[a_\nu,a'_\nu]$. Entsprechend sei $B^*_\nu=\psi_\nu[b'_\nu,b_\nu]$, falls $b'_\nu<b_\nu$ für alle ν erfüllt ist. Setzt man noch $B^*_0=B_0$, so erfüllen die so konstruierten Bogen die Behauptung: Es handelt sich nämlich um die Bogen $B^*_\nu(\nu\in I)$ mit $I=\{0\}$ oder $I=\mathbb{N}$ oder $I=\mathbb{Z}$ oder auch um die Bogen $B^*_{-\nu}(\nu\in I)$ mit $I=\mathbb{N}$. Läßt man die anfänglich gemachte Zusatzvoraussetzung fallen, können auch noch andere endliche Indexmengen auftreten.

(3) $\Rightarrow$ (1): Es gelte $B^*_\nu=\psi_\nu[a_\nu,b_\nu]$ mit stetigen Bijektionen $\psi_\nu(\nu\in I)$. Durch entsprechendes Vorschalten von Translationen kann wegen der Vorausetzung über die Anfangs- bzw. Endpunkte erreicht werden, daß $b_\nu=a_{\nu+1}$ für alle ν erfüllt ist. Es ist dann $J=\bigcup\{[a_\nu,b_\nu]:\nu\in T\}$ ein Intervall, und durch $\psi t=\psi_\nu t$ für $t\in[a_\nu,b_\nu]$ wird eine stetige Bijektion $\psi:J\rightarrow\bigcup B^*_\nu$ definiert, deren Umkehrabbildung ebenfalls stetig ist: Zunächst bestimmt nämlich jedes $t\in J$ entweder eindeutig einen Index ν mit $t\in[a_\nu,b_\nu]$, oder aber es gilt $t=b_\nu=a_{\nu+1}$ und dann aber auch $\psi_\nu t=\psi_{\nu+1}t$. Die Bijektivität und die Stetigkeit von ψ folgen unmittelbar aus den entsprechenden Eigenschaften der Abbildungen ψ_ν und daraus, daß die Parameterintervalle ebenso wie die Bogen B^*_ν bis auf entsprechende Anfangs- bzw. Endpunkte disjunkt sind. Da auch ψ^{-1} sich analog aus den Abbildungen ψ_ν^{-1} zusammensetzt und diese stetig sind, folgt außerdem die Stetigkeit von ψ^{-1}. Daher ist $K=\psi J$ eine Kurve.

33C (1) Ist $\varphi:[0,1]\rightarrow X$ eine stetige Abbildung, so wird durch $\phi(t,u)=\varphi(t)$ eine stetige Abbildung $\phi:[0,1]\times[0,1]\rightarrow X$ mit $\phi(t,0)=\phi(t,1)=\varphi(t)$ definiert. Daher ist φ zu sich selbst homotop. Ist zweitens φ zu ψ homotop, gilt also $\phi(t,0)=\varphi(t)$ und $\phi(t,1)=\psi(t)$ mit einer geeigneten stetigen Abbildung ϕ, so ist auch die durch $\psi(t,u)=\phi(t,1-u)$ definierte Abbildung stetig, und es gilt $\psi(t,0)=\phi(t,1)=\psi(t)$, $\psi(t,1)=\phi(t,0)=\varphi(t)$. Umgekehrt ist also auch ψ zu φ homotop. Zum Nachweis der Transitivität gelte $\phi_1(t,0)=\varphi(t)$, $\phi_1(t,1)=\phi_2(t,0)=\psi(t)$ und $\phi_2(t,1)=\chi(t)$ mit stetigen Abbildungen ϕ_1 und ϕ_2. Durch

$$\Psi(t,u)=\begin{cases}\phi_1(t,2u) & \textit{für}\quad 0\leqq u\leqq\frac{1}{2}\\ \phi_2(t,2u-1) & \phantom{\textit{für}}\quad \frac{1}{2}<u\leqq 1\end{cases}$$

wird dann eine ebenfalls stetige Abbildung definiert, da ja

$$\lim_{\substack{u \to \frac{1}{2} \\ u > \frac{1}{2}}} \Psi(t, u) = \phi_2(t, 0) = \phi_1(t, 1) = \Psi(t, \tfrac{1}{2})$$

gilt. Wegen $\Psi(t, 0) = \varphi(t)$ und $\Psi(t, 1) = \chi(t)$ ist dann auch φ zu χ homotop.
(2) Wegen $\varphi \sim \varphi'$ und $\psi \sim \psi'$ gilt $\varphi' = \varphi \circ \varphi''$, $\psi' = \psi \circ \psi''$ mit isotonen Bijektionen φ'', ψ'' von $[0, 1]$ auf sich (vgl. 33A). Mit einer stetigen Abbildung $\phi: [0, 1] \times [0, 1] \to X$ gelte ferner $\phi(t, 0) = \varphi(t)$ und $\phi(t, 1) = \psi(t)$. Durch

$$\Psi(t, u) = \phi\big((1-u)\varphi''(t) + u\psi''(t), u\big)$$

wird dann wegen der Stetigkeit von φ'' und ψ'' eine ebenfalls stetige Abbildung $\Psi: [0, 1] \times [0, 1] \to X$ definiert. Mit ihr gilt

$$\Psi(t, 0) = \phi\big(\varphi''(t), 0\big) = \varphi\big(\varphi''(t)\big) = \varphi'(t),$$
$$\Psi(t, 1) = \phi\big(\psi''(t), 1\big) = \psi\big(\psi''(t)\big) = \psi'(t),$$

weswegen auch φ' und ψ' homotop sind.

33D (1) Die Abbildung φ_0 besitzt die Eigenschaften (a)–(c) mit $J_{0,\nu} = \left]\frac{1}{\nu+1}, \frac{1}{\nu}\right]$ ($\nu = 1, 2, 3, \ldots$). Beim Übergang von φ_k zu φ_{k+1} werden die Intervalle $J_{k,\nu}$ ihrerseits in Teilintervalle der Form

$$\left]a_{k,\nu} + \frac{b_{k,\nu} - a_{k,\nu}}{r+1}, a_{k,\nu} + \frac{b_{k,\nu} - a_{k,\nu}}{r}\right] \qquad (r = 1, 2, 3, \ldots)$$

zerlegt, auf denen φ_k und auch die modifizierte Abbildung φ_0 linear sind, ebenfalls also φ_{k+1}. Aus der Rekursionsgleichung folgt wegen $\varphi_0(0) = \varphi_0(1) = 0$ außerdem $\varphi_{k+1}(1) = 0$, $\varphi_{k+1}(a_{k,\nu}) = \varphi_k(a_{k,\nu})$ und $\varphi_{k+1}(b_{k,\nu}) = \varphi_k(b_{k,\nu})$, so daß auf $]0, 1]$ die Stetigkeit von φ_{k+1} aus der Stetigkeit von φ_k und φ_0 folgt. Die Stetigkeit im Nullpunkt ergibt sich aus der Abschätzung

$$|\varphi_k(t)| \leqq t\left(1 + \frac{1}{2} + \cdots + \frac{1}{2^k}\right) \leqq 2t.$$

Diese ist für φ_0 richtig; es gilt sogar $|\varphi_0(t)| \leqq \frac{1}{2}$ für alle $t \in [0, 1]$. Durch Induktion ergibt sich dann

$$|\varphi_{k+1}(t)| \leqq |\varphi_k(t)| + \frac{t}{2^k}|\varphi_0(t)| \leqq t\left(1 + \frac{1}{2} + \cdots + \frac{1}{2^k} + \frac{1}{2^{k+1}}\right).$$

Schließlich folgt aus $1 \in J_{k,\nu}$ offenbar $b_{k,\nu} = 1$ und daher

$$\varphi_{k+1}(1) = \varphi_k(1) + \frac{a_{k,\nu}}{2^k}\varphi_0(1) = 0.$$

(2) Wegen $|\varphi_0(t)| \leqq \frac{1}{2}$ für alle $t \in [0,1]$ folgt aus der Rekursionsgleichung

$$|\varphi_{k+1}(t) - \varphi_k(t)| \leqq \frac{t}{2^{k+1}} \leqq \frac{1}{2^{k+1}},$$

woraus sich mit Hilfe des *Cauchy*'schen Konvergenzkriteriums unmittelbar die gleichmäßige Konvergenz der Folge (φ_k) gegen eine Grenzabbildung $\varphi: [0,1] \to \mathbb{R}$ ergibt. Diese ist als Limes einer gleichmäßig konvergenten Folge stetiger Abbildungen nach 8.5 selbst stetig. Daher ist weiter ψ stetig und offenbar auch injektiv, so daß $B = \psi([0,1])$ ein Bogen ist.

(3) Es sei $B' = \psi([a', b'])$ mit $0 \leqq a' < b' \leqq 1$ ein Teilbogen von B. Wählt man k hinreichend groß, so gilt $J_{k,\nu} \subset [a', b']$ für ein geeignetes Teilintervall. Wie in (1) bemerkt wurde, nehmen dann φ_{k+1} und alle folgenden Abbildungen, also auch φ, in den Teilpunkten

$$x_r = a_{k,\nu} + \frac{b_{k,\nu} - a_{k,\nu}}{r} \qquad (r = 1, 2, 3, \ldots)$$

von $J_{k,\nu}$ die Werte

$$\varphi(x_r) = \varphi_k(x_r) + \frac{a_{k,\nu}}{2^k} \varphi_0\left(\frac{x_r - a_{k,\nu}}{b_{k,\nu} - a_{k,\nu}}\right)$$

$$= \varphi_k(x_r) + \frac{a_{k,\nu}}{2^k} \varphi_0\left(\frac{1}{r}\right) = \varphi_k(x_r) + (-1)^{r-1} \frac{a_{k,\nu}}{r \cdot 2^k} \qquad (r = 1, 2, 3, \ldots)$$

an. Da jedoch φ_k in $J_{k,\nu}$ linear ist, gilt mit von r unabhängigen Konstanten c_1, c_2 und $c_3 = a_{k,\nu} \cdot 2^{-k} > 0$

$$\varphi(x_r) = c_1 + c_2 x_r + (-1)^{r-1} c_3 \cdot \frac{1}{r}.$$

Wegen

$$|\psi(x_r) - \psi(x_{r+1})| \geqq |\varphi(x_r) - \varphi(x_{r+1})|$$

$$\geqq \left| \left| c_2 \frac{b_{k,\nu} - a_{k,\nu}}{r(r+1)} \right| - c_3 \frac{2r+1}{r(r+1)} \right|$$

folgt

$$s(B') \geqq \sum_{r=1}^{\infty} \left| c_3 \frac{2r+1}{r(r+1)} - \left| c_2 \frac{b_{k,\nu} - a_{k,\nu}}{r(r+1)} \right| \right| = \infty,$$

da ja die Reihe der ersten Summanden divergiert, die der zweiten aber konvergiert.

34A Es ist nur zu zeigen, daß bei Existenz einer Abbildung φ der angegebenen Art auch eine Homotopieabbildung φ^* mit den in 34d geforderten Eigenschaften existiert. Durch

$$\varphi^*(t,u)=\begin{cases}\varphi(0,6t) & & 0\leqq t<\frac{u}{3}, & 0\leqq u\leqq\frac{1}{2}\\ \varphi\left(\frac{3t-u}{3-2u},2u\right) & & \frac{u}{3}\leqq t\leqq 1-\frac{u}{3}, & 0\leqq u\leqq\frac{1}{2}\\ \varphi\big(1,6(1-t)\big) & \text{für} & 1-\frac{u}{3}<t\leqq 1, & 0\leqq u\leqq\frac{1}{2}\\ \varphi\big(0,2(1-u)(1-(2t-1)^2)\big) & & 0\leqq t\leqq 1, & \frac{1}{2}<u\leqq 1\end{cases}$$

wird eine Abbildung $\varphi^*:[0,1]\times[0,1]\to D$ definiert, die innerhalb der durch die Fallunterscheidung bestimmten Teilbereiche wegen der Stetigkeit von φ jedenfalls auch stetig ist. Daß der stetige Anschluß auch bei den Übergängen zwischen den Teilbereichen gewährleistet ist, erkennt man im Fall $0\leqq u\leqq\frac{1}{2}$ unmittelbar. Für $u=\frac{1}{2}$ liefern die ersten drei Fälle die Werte

$$\varphi(0,6t),\qquad \varphi\left(\frac{6t-1}{4},1\right),\qquad \varphi\big(1,6(1-t)\big),$$

und der vierte Fall liefert beim Grenzübergang $u\to\frac{1}{2}$ den Wert

$$\varphi\big(0,1-(2t-1)^2\big).$$

Aus den vorausgesetzten Eigenschaften der Abbildung φ folgt aber, daß diese vier Werte alle gleich sind. Daher ist φ^* stetig. Weiter gilt

$$\varphi^*(t,0)=\varphi(t,0)=\psi(t),$$

da für $u=0$ nur der zweite Fall der Definition von φ^* eintritt. Ferner ergibt sich für alle u bzw. t

$$\varphi^*(0,u)=\varphi(0,0),\qquad \varphi^*(1,u)=\varphi(1,0),\qquad \varphi^*(t,1)=\varphi(0,0),$$

und auch diese Werte sind nach Voraussetzung gleich. Dem Leser wird empfohlen, sich die Wirkung der Homotopieabbildung φ^* anschaulich klarzumachen.

34B Ähnlich wie in 34A wird durch

$$\psi(t,u)=\begin{cases}\varphi(0,3t) & & 0\leqq t<\frac{u}{3} & \\ \varphi\left(\frac{3t-u}{3-2u},u\right) & \text{für} & \frac{u}{3}<t\leqq 1-\frac{u}{3} & (0\leqq u\leqq 1)\\ \varphi\big(1,3(1-t)\big) & & 1-\frac{u}{3}<t\leqq 1 & \end{cases}$$

eine Homotopieabbildung $\psi:[0,1]\times[0,1]\to D$ definiert, deren Stetigkeit in den Anschlußstellen hier unmittelbar ersichtlich ist. Es gilt $\psi(t,0)=\varphi(t,0)=$ $=\varphi_0(t)$. Dagegen entsteht der durch $\varphi_1^*(t)=\psi(1,t)$ beschriebene Weg W_1^* aus W_1 durch Vorschalten des durch $\psi_0(t)=\varphi(0,3t)$ mit $0\leqq t<\frac{u}{3}$ beschriebenen Weges W' und durch Nachschalten des durch $\psi_1(t)=\varphi\bigl(1,3(1-t)\bigr)$ mit $1-\frac{u}{3}<t\leqq 1$ beschriebenen Weges W''. Da aber W' und W'' sich nur durch ihre Orientierung unterscheiden, heben sich die Integrale von $\mathfrak{v}$ längs W' und W'' gegenseitig auf, und es folgt die Behauptung.

34C Ohne Einschränkung der Allgemeinheit kann in den Fällen (1) und (2)

$$D=\mathbb{R}^4\backslash G_1 \qquad \textit{bzw.} \qquad D=\mathbb{R}^4\backslash(G_1\cup G_2)$$

angenommen werden, wobei die Geraden durch

$$G_1: x_1=x_2=x_3=0, \qquad G_2: x_1=x_2=x_4=0$$

gegeben sind. Es sei nun W ein geschlossener Weg in D, weiter sei E die (x_1,x_2)-Ebene, W' sei die senkrechte Projektion von W auf E, und M' sei entsprechend die Projektion der Menge M aller Punkte $\mathfrak{x}\in W$ mit $x_3=0$ bzw. im Fall (2) mit $x_3=0$ oder $x_4=0$. Dann ist M' eine kompakte Menge, die wegen $W\subset D$ den Nullpunkt nicht enthält. Wegen der Stetigkeit von W kann man daher durch eine hinreichend kleine Translation in E erreichen, daß der Nullpunkt nicht auf W' liegt und daß er bei Durchführung der Translation auch außerhalb M' bleibt. Dies besagt, daß bei der Translation der Weg W in D bleibt. Danach gilt $x_1^2+x_2^2\neq 0$ für alle $\mathfrak{x}\in W$, und wegen der Kompaktheit von W kann man durch hinreichend große Translationen in x_3- und x_4-Richtung erreichen, daß sogar $x_3>0$ und $x_4>0$ für alle $\mathfrak{x}\in W$ gilt. Wegen $x_1^2+x_2^2\neq 0$ bleibt man dabei in D. Da der durch $x_3>0$, $x_4>0$ gekennzeichnete Viertelraum in D enthalten und konvex ist, kann W in ihm, erst recht also in D, stetig auf einen Punkt zusammengezogen werden. Bei Berücksichtigung von 34A folgt, daß in D alle geschlossenen Wege nullhomotop sind, daß also D in beiden Fällen einfach zusammenhängend ist.
Ähnlich kann man im Fall (4) schließen, in dem $D=\mathbb{R}^4\backslash K$ gilt und die Kreislinie K etwa durch

$$K: x_1=x_2=0, \qquad x_3^2+x_4^2=1$$

gegeben ist. Wie vorher sei W' die Projektion des geschlossenen Weges W in die (x_1,x_2)-Ebene E, während M' jetzt die Projektion derjenigen Menge M

von Punkten $\mathfrak{x} \in W$ sei, für die $x_3^2 + x_4^2 = 1$ gilt. Wie vorher folgt, daß man W einer Translation in E unterwerfen kann, die nicht aus D hinausführt und nach deren Durchführung W' nicht den Nullpunkt enthält. Nunmehr erreicht man durch eine Translation in x_3-Richtung, die wegen $x_1^2 + x_2^2 \neq 0$ in D verläuft, daß W in dem durch $x_3 > 0$ bestimmten Halbraum liegt, in dem dann ein stetiges Zusammenziehen möglich ist. Daher ist auch in diesem Fall D einfach zusammenhängend.

Im Fall (3) ist jedoch D nicht einfach zusammenhängend. Hier kann $D = \mathbb{R}^4 \backslash E^*$ mit der durch $x_1 = x_2 = 0$ bestimmten Ebene E^* angenommen werden. Die durch

$$K: \mathfrak{x} = (\cos t, \sin t, 0, 0) \qquad (0 \leqq t \leqq 2\pi)$$

beschriebene Kreislinie liegt dann in D, ist aber in D nicht nullhomotop: Es bedeute ψ die senkrechte Projektion des $\mathbb{R}^4$ auf die (x_1, x_2)-Ebene E. Dann ist $\psi K = K$ ein geschlossener Weg in E, der den Nullpunkt umschließt. Wäre nun $\varphi(t, u)$ eine Homotopieabbildung der in 34d angegebenen Art, so wäre $\psi \circ \varphi$ eine Homotopieabbildung, die K in ψD auf einen Punkt zusammenzieht. Da aber ψD aus E durch Herausnahme des Nullpunkts entsteht und nicht einfach zusammenhängend ist, erhält man einen Widerspruch.

34D (1) Es gilt $\mathfrak{v} = \mathfrak{v}' + \mathfrak{v}''$ mit

$$\mathfrak{v}' = \frac{1}{x^2 + (1+y)^2}(1+y, -x) \qquad \textit{und} \qquad \mathfrak{v}'' = \frac{1}{x^2 + (1-y)^2}(1-y, x).$$

Dabei ist $\mathfrak{v}'$ für alle $\mathfrak{x} \neq \mathfrak{x}' = (0, -1)$ und $\mathfrak{v}''$ für alle $\mathfrak{x} \neq \mathfrak{x}'' = (0, 1)$ stetig differenzierbar, $\mathfrak{v}$ also in $D = \mathbb{R}^2 \backslash \{\mathfrak{x}', \mathfrak{x}''\}$. In D erfüllen $\mathfrak{v}'$ und $\mathfrak{v}''$ einzeln die Bedingung (*) und damit auch $\mathfrak{v}$: Es gilt nämlich

$$\frac{\partial v_1'}{\partial y} = \frac{x^2 - (1+y)^2}{(x^2 + (1+y)^2)^2} = \frac{\partial v_2'}{\partial x},$$

$$\frac{\partial v_1''}{\partial y} = \frac{-x^2 + (1-y)^2}{(x^2 + (1-y)^2)^2} = \frac{\partial v_2''}{\partial x}.$$

(2) Es seien

$$K': \quad \mathfrak{x} = (\cos t, \sin t - 1) \qquad (0 \leqq t \leqq 2\pi),$$
$$K'': \quad \mathfrak{x} = (\cos t, \sin t + 1) \qquad (0 \leqq t \leqq 2\pi)$$

die Kreise mit dem Radius Eins um $\mathfrak{x}'$ bzw. $\mathfrak{x}''$. Da $\mathfrak{v}''$ in $\mathbb{R}^2 \backslash \{\mathfrak{x}'\}$ stetig differenzierbar ist und die Bedingung (*) dort erfüllt, verschwindet das Integral von $\mathfrak{v}''$ längs K'. Entsprechend folgt, daß das Integral von $\mathfrak{v}'$ längs K'' den Wert Null besitzt. Da in beiden Fällen $\dot{\mathfrak{x}} = (-\sin t, \cos t)$ gilt, erhält man

$$\int_{K'} \mathfrak{v} \cdot d\mathfrak{s} = \int_{K'} \mathfrak{v}' \cdot d\mathfrak{s} = \int_0^{2\pi} \frac{(\sin t, -\cos t) \cdot \dot{\mathfrak{x}}}{\cos^2 t + \sin^2 t} dt = -\int_0^{2\pi} dt = -2\pi,$$

$$\int_{K''} \mathfrak{v} \cdot d\mathfrak{s} = \int_{K''} \mathfrak{v}'' \cdot d\mathfrak{s} = \int_0^{2\pi} \frac{(-\sin t, \cos t) \cdot \dot{\mathfrak{x}}}{\cos^2 t + \sin^2 t} dt = \int_0^{2\pi} dt = 2\pi.$$

Da $\mathfrak{v}$ die Bedingung (*) in D erfüllt, ist das Feld jedenfalls in jedem einfach zusammenhängenden Teilgebiet von D konservativ. Beispiele für solche Gebiete erhält man, wenn man etwa aus der Ebene das Intervall $[-1, \rightarrow[$ oder $]\leftarrow, 1]$ der y-Achse entfernt, ebenso aber auch durch Entfernen der beiden Intervalle $]\leftarrow, -1], [1, \rightarrow[$ der y-Achse. Darüber hinaus ist $\mathfrak{v}$ aber auch z. B. in demjenigen Gebiet D^* konservativ, das aus der Ebene durch Herausnahme des Intervalls $[-1, 1]$ der y-Achse entsteht: Dieses Gebiet ist zwar nicht einfach zusammenhängend. Wohl aber ist jeder geschlossene Weg in D entweder nullhomotop, oder aber er umläuft das herausgenommene Intervall einmal oder mehrfach. Ist W ein Weg, der das Intervall einmal umläuft (etwa mit positivem Drehsinn), so ist W in D nach 34B zu dem in der Figur angedeuteten Weg W^* Drehsinn), so ist W in D nach 34B zu demjenigen Weg homotop, der sich aus K' und K'' und der zweimal entgegengesetzt durchlaufenen Strecke S zwischen $(0, 1)$ und $(0, -1)$ zusammensetzt. Da die Integrale längs S sich aufheben, folgt wegen 34B

$$\int_W \mathfrak{v} \cdot d\mathfrak{s} = \int_{K'} \mathfrak{v} \cdot d\mathfrak{s} + \int_{K''} \mathfrak{v} \cdot d\mathfrak{s} = -2\pi + 2\pi = 0.$$

Dann aber verschwindet auch das Integral von $\mathfrak{v}$ längs jedes Weges, der das herausgenommene Intervall mehrfach umschließt, und somit überhaupt längs jedes geschlossenen Weges in D.

(3) Die angegebenen Wege haben den in den Figuren skizzierten Verlauf.

(a) Das Integral verschwindet wegen der in (2) gemachten Bemerkung.

(b) Der Weg setzt sich aus zwei Teilen zusammen: Im Sinn von 34B ist die untere Hälfte zu dem entgegengesetzt durchlaufenen Kreis K' homotop, und die obere Hälfte ist zu K'' homotop. Der Integralwert ist daher (vgl. (1))

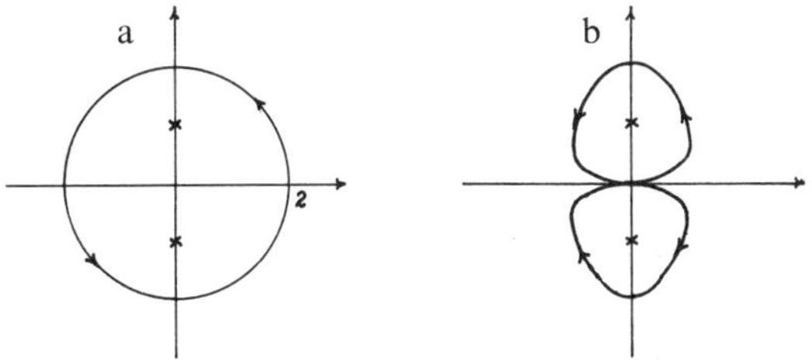

$$\int_{K''} \mathfrak{v} \cdot d\mathfrak{s} - \int_{K'} \mathfrak{v} \cdot d\mathfrak{s} = 4\pi.$$

(c) Schließt man den angegebenen Weg W durch die Verbindungsstrecke des Endpunkts von W mit dem Anfangspunkt, so ist der entstehende geschlossene

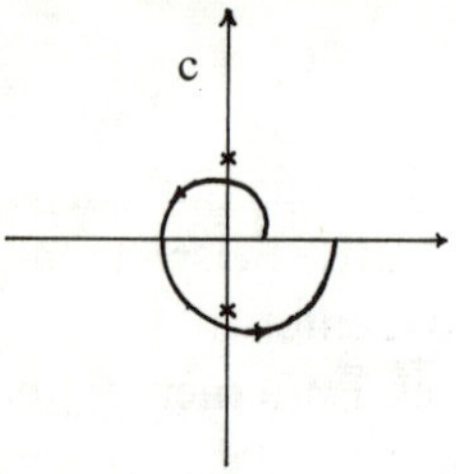

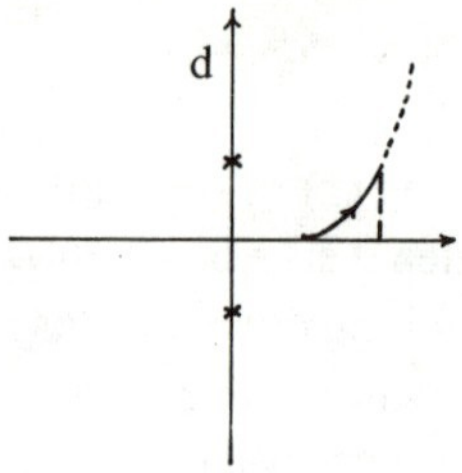

Weg im Sinn von 34B zu K' homotop. Umgekehrt gilt daher mit der vom Anfangspunkt zum Endpunkt orientierten Strecke S

$$\int_W \mathfrak{v} \cdot d\mathfrak{s} = \int_{K'} \mathfrak{v} \cdot d\mathfrak{s} + \int_S \mathfrak{v} \cdot d\mathfrak{s} = -2\pi + \int_{\frac{1}{2}}^{\frac{3}{2}} \mathfrak{v}(t,0) \cdot (1,0)\, dt$$

$$= -2\pi + \int_{\frac{1}{2}}^{\frac{3}{2}} \frac{2}{1+t^2}\, dt = -2\pi + 2(\arctan \tfrac{3}{2} - \arctan \tfrac{1}{2}).$$

(d) Der gegebene Weg W ist im Sinn von 34B zu demjenigen Weg homotop, der durch Aneinanderfügen der beiden Strecken

W_1: $\mathfrak{x} = (t, 0)$ *mit* $1 \leqq t \leqq 2$ *und*

W_2: $\mathfrak{x} = (2, t)$ *mit* $0 \leqq t \leqq 1$

entsteht. Es folgt

$$\int_W \mathfrak{v} \cdot d\mathfrak{s} = \int_{W_1} \mathfrak{v} \cdot d\mathfrak{s} + \int_{W_2} \mathfrak{v} \cdot d\mathfrak{s}$$

$$= \int_1^2 \frac{2}{1+t^2}\, dt + \int_0^1 \left(\frac{-2}{4+(1+t)^2} + \frac{2}{4+(1-t)^2} \right) dt$$

$$= 2 \arctan t \Big|_1^2 - \arctan\left(\frac{1+t}{2}\right)\Big|_0^1 - \arctan\left(\frac{1-t}{2}\right)\Big|_0^1$$

$$= 2(\arctan 2 + \arctan \tfrac{1}{2}) - 3 \arctan 1 = \arctan 1 = \frac{\pi}{4}.$$

35A Es sei $\mathfrak{x}$ ein fester Punkt aus D, und $\mathfrak{S}_\mathfrak{x}$ sei das System aller Teilgebiete G von D mit $\mathfrak{x} \in G$. Da D offen ist, gibt es ein $\varepsilon > 0$ mit $U_\varepsilon(\mathfrak{x}) \subset D$. Es folgt $U_\varepsilon(\mathfrak{x}) \in \mathfrak{S}_\mathfrak{x}$, weswegen $\mathfrak{S}_\mathfrak{x}$ nicht leer ist. Nach 4.3 muß

$$G_\mathfrak{x} = \bigcup \{G : G \in \mathfrak{S}_\mathfrak{x}\}$$

jedenfalls eine offene Teilmenge von D mit $\mathfrak{x} \in G_{\mathfrak{x}}$ sein. Um zu zeigen, daß $G_{\mathfrak{x}}$ sogar ein Gebiet, also eine zusammenhängende Menge ist, muß wegen 5.6 nur bewiesen werden, daß sich je zwei Punkte $\mathfrak{y}, \mathfrak{z} \in G_{\mathfrak{x}}$ in $G_{\mathfrak{x}}$ durch einen Streckenzug verbinden lassen. Nun gilt aber $\mathfrak{y} \in G$ und $\mathfrak{z} \in G'$ mit geeigneten Gebieten $G, G' \in \mathfrak{S}_{\mathfrak{x}}$. Wegen $\mathfrak{x} \in G \cap G'$ ist nach 5.4 auch $G \cup G'$ zusammenhängend, woraus die Behauptung unmittelbar folgt.
Es seien jetzt $\mathfrak{x}$ und $\mathfrak{y}$ zwei verschiedene Punkte aus D, und es gelte $G_{\mathfrak{x}} \cap G_{\mathfrak{y}} \neq \emptyset$. Dann ist nach 4.3 und 5.4 auch $G_{\mathfrak{x}} \cup G_{\mathfrak{y}}$ ein Teilgebiet von D mit $\mathfrak{x}, \mathfrak{y} \in G_{\mathfrak{x}} \cup G_{\mathfrak{y}}$, also mit $G_{\mathfrak{x}} \cup G_{\mathfrak{y}} \in \mathfrak{S}_{\mathfrak{x}}$ und mit $G_{\mathfrak{x}} \cup G_{\mathfrak{y}} \in \mathfrak{S}_{\mathfrak{y}}$. Es folgt $G_{\mathfrak{x}} \cup G_{\mathfrak{y}} \subset G_{\mathfrak{x}}$ und $G_{\mathfrak{x}} \cup G_{\mathfrak{y}} \subset G_{\mathfrak{y}}$ und somit $G_{\mathfrak{x}} = G_{\mathfrak{y}}$. Die zu zwei verschiedenen Punkten $\mathfrak{x}, \mathfrak{y} \in D$ gehörenden Gebiete sind also entweder identisch, oder sie sind punktfremd. Damit läßt sich also D als Vereinigung von disjunkten Gebieten darstellen. Da jedes dieser Gebiete als offene Menge mindestens einen Punkt mit lauter rationalen Koordinaten (hinsichtlich einer gegebenen Basis) enthält, die Menge solcher Punkte aber abzählbar ist, kann es sich auch nur um höchstens abzählbar viele Gebiete handeln.
Es seien jetzt

$$D = \bigcup_{\nu=0}^{\infty} G_{\nu} \qquad \textit{und} \qquad D = \bigcup_{\mu=0}^{\infty} G'_{\mu}$$

zwei Darstellungen von D als Vereinigung abzählbar vieler disjunkter nicht leerer Gebiete. Dann bilden bei festen Indizes m und n die beiden Mengen

$$G'_m \cap G_n \qquad \textit{und} \qquad \bigcup \{G'_{\mu} : \mu \neq m\} \cap G_n$$

eine Zerlegung von G_n in zwei in G_n offene Teilmengen. Da aber G_n zusammenhängend ist, folgt $G'_m \cap G_n = G_n$ oder $G'_m \cap G_n = \emptyset$. Aus Symmetriegründen folgt also, daß für je ein Gebiet aus der ersten und der zweiten Zerlegung gilt, daß sie entweder identisch oder punktfremd sind. Die beiden Zerlegungen müssen daher übereinstimmen. Das ist die Eindeutigkeitsaussage.

35B (1) Mit ψ_1 und ψ_2 ist auch $\psi_2 \circ \psi_1$ injektiv und stetig differenzierbar. Weiter gilt nach 11.5

$$d_{\mathfrak{u}}(\psi_2 \circ \psi_1) = (d_{\psi_1 \mathfrak{u}} \psi_2) \circ (d_{\mathfrak{u}} \psi_1) \qquad (\mathfrak{u} \in G).$$

Wegen $\mathrm{Rg}(d_{\mathfrak{u}}\psi_1) = k$ und $\mathrm{Rg}(d_{\psi_1 \mathfrak{u}}\psi_2) = m$ sind die linearen Abbildungen $d_{\mathfrak{u}}\psi_1$, $d_{\psi_1 \mathfrak{u}}\psi_2$ beide injektiv. Dasselbe gilt dann für $d_{\mathfrak{u}}(\psi_2 \circ \psi_1)$, woraus $\mathrm{Rg}\big(d_{\mathfrak{u}}(\psi_2 \circ \psi_1)\big) = k$ folgt. Daher ist $\psi_2 \circ \psi_1$ regulär.
(2) Es sei J ein k-dimensionales Intervall mit $\bar{J} \subset G_1$. Da $\bar{J}$ kompakt ist, gibt es wegen der stetigen Differenzierbarkeit von ψ_1 zu gegebenem $\varepsilon > 0$ eine Zer-

legung von J in abzählbar viele Teilintervalle J_ν, so daß für je zwei Punkte $\mathfrak{u}, \mathfrak{u}' \in J$ stets

$$|\psi\mathfrak{u} - \psi\mathfrak{u}' - (d_\mathfrak{u}\psi)(\mathfrak{u}' - \mathfrak{u})| < \varepsilon$$

gilt. Es folgt

$$\lambda^m(\psi J) \leqq \lambda^k(J) \cdot \varepsilon^{m-k} \sup\{|\operatorname{Det}(d_\mathfrak{u}\psi)| : \mathfrak{u} \in J\}$$

für alle $\varepsilon > 0$, wegen $m > k$ also $\lambda^m(\psi J) = 0$. Da sich G_1 als Vereinigung abzählbar vieler kompakter Intervalle darstellen läßt, ergibt sich weiter sogar $\lambda^m(F_1) = = \lambda^m(\psi G_1) = 0$. Die Behauptung folgt nun mit Hilfe von 35.2: Zunächst ist $\chi = \sqrt{\operatorname{Det}((d\psi_2)^* \circ (d\psi_2))}$ auf jeder kompakten Teilmenge M von F_1 beschränkt, so daß man

$$\begin{aligned}\lambda_{F_2}(\psi_2 M) = \int_{\psi_2 M} 1\, d\lambda_{F_2} = \int_M \chi\, d\lambda^m &\leqq \sup\{\chi\mathfrak{v} : \mathfrak{v} \in M\} \cdot \lambda^m(M) \\ &\leqq \sup\{\chi\mathfrak{v} : \mathfrak{v} \in M\} \cdot \lambda^m(F_1) = 0,\end{aligned}$$

also $\lambda_{F_2}(\psi_2 M) = 0$ erhält. Da aber jedenfalls $(M_\nu) \uparrow F_1$ mit einer Folge kompakter Teilmengen gilt, folgt sogar

$$\lambda_{F_2}(F) = \lim_{\nu \to \infty} \lambda_{F_2}(\psi_2 M_\nu) = 0.$$

35C (1) Es sei $\psi : G \to S^2$ eine reguläre Parameterdarstellung von S^2 mit einem Gebiet $G \subset \mathbb{R}^2$. Ferner sei $\mathfrak{x}^* = \psi\mathfrak{u}^*$ mit $\mathfrak{u}^* \in G$ ein fester Punkt von S^2. Dann ist $S^2 \setminus \{\mathfrak{x}^*\}$ einfach zusammenhängend. Da aber ψ eine topologische Abbildung von $G \setminus \{\mathfrak{u}^*\}$ auf $S^2 \setminus \{\mathfrak{x}^*\}$ induziert, ist mit jeder Nullhomotopie φ in $S^2 \setminus \{\mathfrak{x}^*\}$ auch $\psi^{-1} \circ \varphi$ eine Nullhomotopie in $G \setminus \{\mathfrak{u}^*\}$, so daß auch $G \setminus \{\mathfrak{u}^*\}$ einfach zusammenhängend sein müßte, was wegen $G \subset \mathbb{R}^2$ nicht der Fall ist.
(2) Mit einem festen Punkt $\mathfrak{x}^* \in S^2$ ist jedoch $F = S^2 \setminus \{\mathfrak{x}^*\}$ Bildmenge einer lokalen Mannigfaltigkeit, wobei man eine reguläre Parameterdarstellung mit Hilfe der bekannten „stereographischen Projektion" erhält: Man fasse den $\mathbb{R}^2$ als den durch $x_3 = 0$ bestimmten Unterraum des $\mathbb{R}^3$ auf, und S^2 sei durch $x_1^2 + x_2^2 + x_3^2 = 1$ gegeben. Ist nun $(x_1, x_2, 0)$ ein beliebiger Punkt des $\mathbb{R}^2$, so schneidet die Verbindungsgerade dieses Punktes mit dem „Pol" $(0, 0, 1)$ die Sphäre S^2 in genau einem weiteren Punkt $\psi(x_1, x_2)$. Es ist dann $\psi : \mathbb{R}^2 \to S^2$ eine reguläre Bijektion.

35D Eine Parameterdarstellung von S^{n-1} im $\mathbb{R}^n$ ist (vgl. 32B)

$$\begin{aligned}x_1 &= \cos u_1 \cos u_2 \cdots \cos u_{n-1}, \\ x_2 &= \sin u_1 \cos u_2 \cdots \cos u_{n-1}, \\ x_3 &= \qquad\quad \sin u_2 \cdots \cos u_{n-1}, \\ &\cdots\cdots\cdots\cdots\cdots\cdots \\ x_n &= \qquad\qquad\qquad \sin u_{n-1}.\end{aligned}$$

Bezeichnet man die zugehörige Funktionalmatrix mit B_{n-1}, so gilt offenbar

$$B_n = \left(\begin{array}{c|c} B_{n-1}\cos u_n & \begin{matrix}0\\ \vdots \\ 0\end{matrix} \\ \hline -Z_{n-1}\sin u_n & \cos u_n \end{array}\right).$$

Dabei ist Z_{n-1} eine Zeile, deren Elemente gerade die Produktausdrücke für $x_1, \ldots, x_n$ in $u_1, \ldots, u_{n-1}$ sind. Nun gilt mit $\mathfrak{x} = (x_1, \ldots, x_n)$ zunächst $\mathfrak{x} \cdot \mathfrak{x} = 1$. Hieraus folgt durch partielle Ableitung $\mathfrak{x} \cdot \mathfrak{x}'_u = 0$ für $v = 1, \ldots, n-1$. Daher ist Z_{n-1} ein Einheitsvektor, der auf allen Zeilenvektoren von B_{n-1} senkrecht steht. Hieraus folgt nun unmittelbar

$$B_n B_n^T = \left(\begin{array}{c|c} B_{n-1} B_{n-1}^T \cos^2 u_n & \begin{matrix}0\\ \vdots \\ 0\end{matrix} \\ \hline 0 \cdots\cdots\cdots 0 & 1 \end{array}\right),$$

$$\sqrt{\operatorname{Det}(B_n B_n^T)} = \cos^{n-1} u_n \sqrt{\operatorname{Det}(B_{n-1} B_{n-1}^T)},$$

wegen $\operatorname{Det}(B_1 B_1^T) = 1$ also

$$\operatorname{Det}(B_{n-1} B_{n-1}^T) = \cos u_2 \cos^2 u_3 \cdots \cos^{n-2} u_{n-1}.$$

Für das Flächenmaß $F(n-1)$ von S^{n-1} erhält man daher

$$F(n-1) = \int_0^{2\pi} \int_{-\frac{\pi}{2}}^{\frac{\pi}{2}} \cdots \int_{-\frac{\pi}{2}}^{\frac{\pi}{2}} \sqrt{\operatorname{Det}(B_{n-1} B_{n-1}^T)}\, du_{n-1} \cdots du_1$$

$$= 2\pi \Big(\int_{-\frac{\pi}{2}}^{\frac{\pi}{2}} \cos u_2\, du_2 \Big) \cdots \Big(\int_{-\frac{\pi}{2}}^{\frac{\pi}{2}} \cos^{n-2} u_{n-1}\, du_{n-1} \Big).$$

Vergleicht man dieses Ergebnis mit 32B, so folgt

$$V(n, r^*) = \Big(\int_0^{r^*} r^{n-1}\, dr \Big) F(n-1)$$

und daher

$$F(n-1) = \frac{\partial V(n, 1)}{\partial r}.$$

36A Bezeichnet man die Parameter bezüglich G_2 mit u^*, v^*, so muß

$\psi_2(u^*, v^*) = \psi_1(u, v)$, also

$$(*)\qquad \begin{aligned} \cos u^* \cos v^* &= \cos u \cos v, \\ \sin v^* &= \sin u \cos v, \\ \sin u^* \cos v^* &= \sin v \end{aligned}$$

erfüllt sein. Der halbe Großkreis $S^2 \setminus F_2$ ist durch $u^* = \pi$ und $-\frac{\pi}{2} \leqq v^* \leqq \frac{\pi}{2}$ gekennzeichnet. Dies ist gleichwertig mit $\frac{\pi}{2} \leqq u \leqq \frac{3\pi}{2}$ und $v = 0$. Daher ist $\psi_{1,2}$ nur für $0 < u < 2\pi$ und $-\frac{\pi}{2} < v < 0$ bzw. $0 < v < \frac{\pi}{2}$ und außerdem für $0 < u < \frac{\pi}{2}$ bzw. $\frac{3\pi}{2} < u < 2\pi$ und $v = 0$ definiert. Aus den Gleichungen (*) folgt

$$\operatorname{ctg} u^* = \cos u \operatorname{ctg} v \qquad \textit{und} \qquad \sin v^* = \sin u \cos v .$$

Die letzte Gleichung gestattet die Auflösung

$$v^* = \arcsin(\sin u \cos v)$$

mit dem Hauptwert. Zur Berechnung von u^* ergibt sich aus der ersten Gleichung im Fall $0 < v < \frac{\pi}{2}$

$$u^* = \operatorname{arcctg}(\cos u \operatorname{ctg} v)$$

wieder mit dem Hauptwert, während im Fall $-\frac{\pi}{2} < v < 0$ vom Hauptwert noch π abzuziehen ist. Im Fall $v = 0$ ergibt sich schließlich $u^* = 0$ für alle Werte von u. Es folgt

$$\psi_{1,2}(u, v) = \begin{cases} (\operatorname{arcctg}(\cos u \operatorname{ctg} v) - \pi, \arcsin(\sin u \cos v)) & -\frac{\pi}{2} < v < 0 \\ (0, u) \qquad\qquad \textit{für} & v = 0 \\ (\operatorname{arcctg}(\cos u \operatorname{ctg} v), \quad \arcsin(\sin u \cos v)) & 0 < v < \frac{\pi}{2}. \end{cases}$$

Der halbe Großkreis $S^2 \setminus F_1$ ist durch $u = 0$ und $-\frac{\pi}{2} \leqq v \leqq \frac{\pi}{2}$ gekennzeichnet. Dies ist gleichwertig mit $-\frac{\pi}{2} \leqq u^* \leqq \frac{\pi}{2}$ und $v^* = 0$.

36B Zunächst gibt es keinen Atlas von T, der aus nur einer Karte besteht, d.h. T ist keine lokale Mannigfaltigkeit: Es werde nämlich angenommen, daß

$T=\varphi G$ mit einem Gebiet $G \subset \mathbb{R}^2$ und einer topologischen Abbildung $\varphi: G \to T$ gilt. Hinsichtlich der Parameterdarstellung aus 36.II wird durch $\mathfrak{x}(u)=\psi(u,0)$ mit $0 \leqq u \leqq 2\pi$ ein geschlossener Weg W auf T beschrieben. Entfernt man ihn aus T, so ist $T \backslash W$ immer noch eine zusammenhängende Menge. Dagegen ist $\varphi^{-}(W)$ ein geschlossener Weg in G, und $G \backslash \varphi^{-}(W)$ ist nicht zusammenhängend (*Jordan*'scher Kurvensatz). Da φ eine topologische Abbildung ist, die zusammenhängende Mengen auf zusammenhängende Mengen abbildet und umgekehrt, ist dies ein Widerspruch. T ist also keine lokale Mannigfaltigkeit und besitzt keinen Atlas aus nur einer Karte.
Es gibt jedoch einen Atlas aus zwei Karten G_1, G_2. In der Ebene sei nämlich

$$G_1 = G_2 = \{(u,v): 0 < u^2+v^2 < 1\}.$$

Mit $r=\sqrt{u^2+v^2}$ seien dann die Kartenabbildungen $\psi_1: G_1 \to F_1$ und $\psi_2: G_2 \to F_2$ durch

$$\psi_1(u,v) = \left((2+\cos(2r\pi))\frac{u}{r},\ (2+\cos(2r\pi))\frac{v}{r},\ \sin(2r\pi)\right),$$

$$\psi_2(u,v) = \left((2+\cos(2r+1)\pi)\frac{u}{r},\ (2+\cos(2r+1)\pi)\frac{v}{r},\ \sin(2r+1)\pi\right)$$

definiert. Der Kartenbereich F_1 entsteht dann aus T durch Herausnahme von $W_1 = \{\psi(u,0): 0 \leqq u \leqq 2\pi\}$ und F_2 durch Herausnahme von $W_2 = \{\psi(u,\pi): 0 \leqq u \leqq 2\pi\}$ im Sinn der Parameterdarstellung aus 36.II. Da W_1 und W_2 punktfremd sind, gilt $T = F_1 \cup F_2$.

36C Es sei G eine Karte aus $\mathfrak{A}$ mit der zugehörigen regulären Kartenabbildung ψ. Ist dann G_ι^* eine Karte aus $\mathfrak{A}^*$ mit der entsprechenden Kartenabbildung ψ_ι^*, für die $\psi_\iota^* G_\iota^* \cap \psi G \neq \emptyset$ gilt, so ist $G_\iota = (\psi^{-1} \circ \psi_\iota^*) G_\iota^*$ eine offene Teilmenge von G, und durch $d_{\mathfrak{u}}(\psi^{-1} \circ \psi_\iota^*)$ ($\mathfrak{u} \in G_\iota^*$) wird die Orientierung von G_ι^* auf G übertragen, und zwar wegen des Zusammenhangs von G_ι^* auch unabhängig von der Wahl von $\mathfrak{u}$. Es sei nun I' die Menge derjenigen Indizes ι, die in diesem Sinn eine gemeinsame Orientierung in G induzieren, und I'' die Menge der Indizes ι, die die entgegengesetzte Orientierung induzieren. Dann sind

$$G' = \bigcup \{G_\iota : \iota \in I'\} \qquad \textit{und} \qquad G'' = \bigcup \{G_\iota : \iota \in I''\}$$

offene Teilmengen von G mit $G = G' \cup G''$. Aus $\mathfrak{v} \in G_{\iota_1} \cap G_{\iota_2}$, also aus $\mathfrak{v} = \psi_{\iota_1}^* \mathfrak{u}_1 = \psi_{\iota_2}^* \mathfrak{u}_2$ mit $\mathfrak{u}_1 \in G_{\iota_1}^*$, $\mathfrak{u}_2 \in G_{\iota_2}^*$, folgt

$$\operatorname{Det}\left((d_{\mathfrak{u}_2}(\psi^{-1} \circ \psi_{\iota_2}^*))^{-1} \circ (d_{\mathfrak{u}_1}(\psi^{-1} \circ \psi_{\iota_1}^*))\right) = \operatorname{Det}\left((d_{\mathfrak{u}_2}\psi_{\iota_2}^*)^{-1} \circ (d_{\mathfrak{u}_1}\psi_{\iota_1}^*)\right) > 0,$$

weil ja $\mathfrak{A}^*$ nach Voraussetzung ein orientierter Atlas ist. Daher bestimmen dann ι_1 und ι_2 dieselbe Orientierung von G, so daß die Mengen G' und G'' sogar punktfremd sind. Wegen des Zusammenhangs von G ist daher eine der beiden Mengen leer. Somit induzieren alle Karten G_ι^* mit $\psi_\iota^* G_\iota^* \cap \psi G \neq \emptyset$ in G dieselbe Orientierung. Man kann also die Karten von $\mathfrak{A}$ so orientieren, daß sie alle im Sinn des soeben Besprochenen die durch $\mathfrak{A}^*$ induzierte Orientierung tragen. Dann aber ist auch $\mathfrak{A}$ selbst orientiert, wie unmittelbar aus der Konstruktion zu entnehmen ist.

36D Mit den Bezeichnungen aus 36.IV gilt zunächst

$$\psi_1\left(\frac{\pi}{2}, v\right) = (0, 0, -2),$$

so daß dem Parameterwert $u = \frac{\pi}{2}$ tatsächlich nur ein Punkt von $\overline{M_1^*}$ entspricht.

Wegen $z = \cos 2u - 1 = -2\sin^2 u$, also $\sin u = \sqrt{-\frac{z}{2}}$ $(-2 \leqq z < 0)$, folgt

$$\begin{aligned} x^2 + y^2 &= (\cos u + \sin 2u)^2 = \cos^2 u (1 + 2\sin u)^2 \\ &= \left(1 + \frac{z}{2}\right)\left(1 + 2\sqrt{-\frac{z}{2}}\right)^2. \end{aligned}$$

Die rechts stehende Funktion von z ist in einer Umgebung von -2 umkehrbar, so daß z als Funktion von $x^2 + y^2$ darstellbar ist. Man erhält so eine lokale Parameterdarstellung auf der durch $x^2 + y^2 < 1$ gegebenen Karte, die durch eine Translation in $\underline{\mathbb{R}}_+^2$ abgebildet werden kann.

37A Die Punkte

$$\begin{array}{ll} \mathfrak{o}, \frac{1}{2}\,\mathfrak{e}_\kappa & (\kappa = 1, \ldots, k), \\ \frac{1}{3}(\mathfrak{e}_\kappa + \mathfrak{e}_\lambda) & (1 \leqq \kappa < \lambda \leqq k), \\ \cdots\cdots\cdots & \\ \frac{1}{k}(\mathfrak{e}_1 + \cdots + \overline{\mathfrak{e}_\kappa} + \cdots + \mathfrak{e}_k) & (\kappa = 1, \ldots, k), \\ \frac{1}{k+1}(\mathfrak{e}_1 + \cdots + \mathfrak{e}_k) & \end{array}$$

bilden die 2^k Ecken eines von Teilen linearer Mannigfaltigkeiten berandeten Bausteins. Weitere Bausteine erhält man auf dieselbe Art, wenn man jeweils den Nullpunkt durch einen der Punkte $\mathfrak{e}_1, \ldots, \mathfrak{e}_k$ ersetzt. Diese bilden zusammen eine reguläre Mannigfaltigkeit, die gerade das Simplex S ist. Umgekehrt kann jedes k-dimensionale Intervall offenbar regulär aus linearen Bildern von S aufgebaut werden. Da außerdem reguläre Bilder regulärer Mannigfaltigkeiten wieder reguläre Mannigfaltigkeiten sind, kann man gleichberechtigt auch reguläre Bilder von Simplices als Bausteine benutzen.

37B Der Rand $\partial^0 M$ besteht aus dem Zylindermantel

$$F_1: \quad \mathfrak{x} = (\cos u, \sin u.\ v) \qquad \textit{mit} \qquad 0 \leqq u < 2\pi,\ 0 < v < \sqrt{3},$$

der unteren Deckfläche

$$F_2: \quad \mathfrak{x} = (r\cos u, r\sin u, 0) \qquad \textit{mit} \qquad 0 \leqq u < 2\pi,\ 0 \leqq r < 1$$

und einem Teil der Sphäre mit dem Radius 2 um den Nullpunkt, nämlich

$$F_3: \quad \mathfrak{x} = (r\cos u, r\sin u, \sqrt{4-r^2}) \qquad \textit{mit} \qquad 0 \leqq u < 2\pi,\ 0 \leqq r < 1.$$

Im Fall von F_1 ist

$$\mathfrak{x}'_u \times \mathfrak{x}'_v = (-\sin u, \cos u, 0) \times (0,0,1) = (\cos u, \sin u, 0)$$

die äußere Normale, so daß wegen $\mathfrak{v} = (v\cos u, v\sin u, v^2 \sin u)$

$$\int_{F_1} \mathfrak{v} \cdot \mathfrak{n}\, d\lambda_{F_1} = \int_0^{2\pi} \int_0^{\sqrt{3}} v\, dv\, du = 3\pi$$

folgt. Im Fall von F_2 ist $\mathfrak{v}$ überall der Nullvektor, so daß dieser Randbestandteil keinen Beitrag liefert. Schließlich ist im Fall von F_3

$$\mathfrak{x}'_r \times \mathfrak{x}'_u = \left(\cos u, \sin u, \frac{-r}{\sqrt{4-r^2}}\right) \times (-r\sin u, r\cos u, 0)$$
$$= \left(\frac{r^2\cos u}{\sqrt{4-r^2}}, \frac{r^2 \sin u}{\sqrt{4-r^2}}, r\right)$$

ein Vektor in Richtung der äußeren Normalen, und man erhält wegen

$$\mathfrak{v} = \left(r\cos u\sqrt{4-r^2}, r\sin u\sqrt{4-r^2}, r\sin u(4-r^2)\right)$$

den Integralwert

$$\int_{F_3} \mathfrak{v} \cdot \mathfrak{n}\, d\lambda_{F_3} = \int_0^{2\pi} \int_0^1 \left(r^3 + r^2(4-r^2)\sin u\right) dr\, du$$
$$= \int_0^{2\pi} \left(\tfrac{1}{4} + \tfrac{17}{15}\sin u\right) du = \frac{\pi}{2}.$$

Zusammen folgt

$$\int_{\partial^0 M} \mathfrak{v} \cdot \mathfrak{n}\, d\lambda_{\partial^0 M} = 3\pi + \frac{\pi}{2} = \frac{7}{2}\pi,$$

also das in 31C gewonnene Ergebnis.

37C (1) Es gilt hinsichtlich einer Orthonormalbasis

$$\begin{aligned}\operatorname{div}(\psi \operatorname{grad}\varphi) &= \sum_{\kappa=1}^{k} \frac{\partial}{\partial x_\kappa}\left(\psi \frac{\partial \varphi}{\partial x_\kappa}\right) \\ &= \sum_{\kappa=1}^{k} \psi \frac{\partial^2 \varphi}{\partial x_\kappa^2} + \sum_{\kappa=1}^{k} \frac{\partial \varphi}{\partial x_\kappa}\frac{\partial \psi}{\partial x_\kappa} \\ &= \psi(\Delta\varphi) + (\operatorname{grad}\varphi)\cdot(\operatorname{grad}\psi).\end{aligned}$$

Mit $\mathfrak{v} = \psi \operatorname{grad}\varphi$ liefert also der Integralsatz von *Gauß*

$$\begin{aligned}\int_M [\psi(\Delta\varphi) + (\operatorname{grad}\varphi)\cdot(\operatorname{grad}\psi)]\, d\lambda^k &= \int_M \operatorname{div}(\psi \operatorname{grad}\varphi)\, d\lambda^k \\ &= \int_{\partial^0 M} \psi (\operatorname{grad}\varphi)\cdot \mathfrak{n}\, d\lambda_{\partial^0 M} = \int_{\partial^0 M} \psi \frac{\partial \varphi}{\partial \mathfrak{n}}\, d\lambda_{\partial^0 M},\end{aligned}$$

da ja das skalare Produkt $(\operatorname{grad}\varphi)\cdot\mathfrak{n}$ gerade die Ableitung von φ nach dem Vektor $\mathfrak{n}$ ist (10.3). Vertauscht man in diesem ersten *Green*'schen Satz φ und ψ und subtrahiert beide Gleichungen, so folgt der zweite *Green*'sche Satz

$$\int_M [\psi(\Delta\varphi) - \varphi(\Delta\psi)]\, d\lambda^k = \int_{\partial^0 M} \left[\psi \frac{\partial \varphi}{\partial \mathfrak{n}} - \varphi \frac{\partial \psi}{\partial \mathfrak{n}}\right] d\lambda_{\partial^0 M},$$

da sich ja das skalare Produkt auf der linken Seite heraushebt.

(2) Wegen $\Delta\varphi_1 = \Delta\varphi_2 = 0$ gilt auch $\Delta(\varphi_1 - \varphi_2) = 0$. Setzt man daher in dem ersten Satz von *Green* $\varphi = \psi = \varphi_1 - \varphi_2$, so erhält man

$$\int_M |\operatorname{grad}(\varphi_1 - \varphi_2)|^2\, d\lambda^k = \int_{\partial^0 M} (\varphi_1 - \varphi_2) \frac{\partial}{\partial \mathfrak{n}} (\varphi_1 - \varphi_2)\, d\lambda_{\partial^0 M}.$$

Nach Voraussetzung gilt aber $\varphi_1 \mathfrak{x} = \varphi_2 \mathfrak{x}$ für alle $\mathfrak{x} \in \partial^0 M$, so daß in dem rechten Integral der Faktor $(\varphi_1 - \varphi_2)$ identisch verschwindet. Daher besitzt auch das linke Integral den Wert Null. Da sein Integrand nicht negativ und stetig ist, folgt sogar $\operatorname{grad}(\varphi_1 - \varphi_2) = \mathfrak{o}$ in M und somit $\varphi_1 - \varphi_2 = \text{const}$. Dise Konstante muß aber selbst Null sein, weil ja $\varphi_1 - \varphi_2$ auf dem Rand von M verschwindet.

Namen- und Sachverzeichnis